水利灌渠施工与安全监测

主　编　魏国宏

副主编　于文林　赵志刚

编　委　孙双福　王永强　吴贻起

　　　　董喜合　崔换霞

黄河水利出版社

·郑州·

图书在版编目(CIP)数据

水利灌渠施工与安全监测/魏国宏主编. —郑州:黄河水
利出版社,2016.10

ISBN 978 - 7 - 5509 - 1098 - 0

Ⅰ.①水… Ⅱ.①魏… Ⅲ.①渠道 - 水利工程 - 工
程施工 - 安全监测 Ⅳ.①TV672

中国版本图书馆 CIP 数据核字(2016)第 244434 号

出 版 社:黄河水利出版社
　　　　地址:河南省郑州市顺河路黄委会综合楼 14 层　　邮政编码:450003
发行单位:黄河水利出版社
　　　　发行部电话:0371 -66026940、66020550、66028024、66022620(传真)
　　　　E-mail:hhslcbs@ 126.com
承印单位:河南承创印务有限公司
开本:787 mm ×1 092 mm　1/16
印张:19.25
字数:445 千字　　　　　　　　　　　　　印数:1—1 000
版次:2016 年 10 月第 1 版　　　　　　　　印次:2016 年 10 月第 1 次印刷

定价:45.00 元

前　言

在我国北方的广大地区,水利灌渠在日常的生产与生活中发挥着重要作用。在国家农田水利建设的过程中水利灌渠体系建设是重要的内容之一,它不仅直接惠泽百姓,同时还和农村的经济发展有着直接的联系,在保证和促进农业发展、社会和谐的过程中,起着重要的作用。

近年来,国家相关部门先后出台了一系列措施,对灌渠管理体系予以强化,比如开展综合管理措施,并与当今现代化管理技术进行有效结合,就综合自动化信息管理开展实质性建设,对农田水利灌溉渠道在设计、施工、监测、信息化等方面进行综合维护,旨在加强对农田水利灌渠的保护与利用。

本书作者长期从事水利工程建设与施工工作,拥有丰富的建设与管理经验。本书在结构安排上遵循了由简单至复杂的逻辑思维,全书共分八章,从工程地质勘查,到施工组织方案设计,再到具体的施工过程,最后阐述了灌渠事后维护的一项重要内容——安全监测。

本书由魏国宏担任主编,于文林、赵志刚担任副主编,其他编委分别编写其中的部分章节。由于现代施工与管理技术发展很快,在成书的过程中,吸收和借鉴了部分前人的成果,在此表示感谢。

由于编者水平有限,书中难免还存在错误与疏漏,恳请读者批评指正。

编　者
2016 年 9 月 10 日

目　录

第一章　渠系建筑物概述

第一节　概　述

一、渠系建筑物的概念

渠系建筑物在中国很早就已出现。《水经·渭水注》记载:汉惠帝元年(公元前 194 年)筑长安城,用飞渠引水入城;《周礼》一书中的《考工记·匠人》(成书于 2 000 多年前)记载:欲为渊,则勾于矩;《汉书》卷八十九"召信臣传"记载:汉元帝建昭五年(公元前 34 年),召信臣"行视郡中水泉,开通沟渎,起水门提阏凡数十处,以广灌溉";《后汉书·张让传》记载:中平三年(公元 186 年)毕岚"作翻车、渴乌,施于桥西"。上述之"飞渠""勾于矩""水门"及"渴乌"即为现今渡槽、跌水、水闸及虹吸管。渡槽、跌水、水闸在中国已有 2 000 年以上的历史,虹吸管也有 1 800 年的历史。建于战国前期的引漳十二渠是中国北方引河水灌溉最早的大型灌溉渠系。埃及尼罗河流域、美索不达米亚以及印度河流域等地区都有悠久的灌溉历史。这些地区最古老的灌排渠系建筑物可追溯到公元前 2 000 多年。

渠道(渠系)是水利建设中的输水工程,用来从河流、水库、湖泊等水源引水,以供农业灌溉、发电、工业与民用。为了安全合理地输配水量,满足农田灌溉、水力发电、工业及生活用水的需要,在渠道上修建的水工建筑物,统称渠系建筑物。

在农田水利工程建设中,蓄水、引水等枢纽工程,只有与渠系工程配套使用,才能达到兴利的目的,故渠系建筑物又称灌区配套建筑物。灌区工程配套是挖掘现有灌溉设施潜力、发挥工程效益的重要措施。

二、渠系建筑物的类型

渠系建筑物按其作用可分为以下几类:

(1)渠道:人工开挖或填筑的水道,用来输送水流,以满足灌溉、排水、通航或发电等需要。一个灌区内灌溉或排水渠道,一般分干、支、斗、农四级,构成渠道系统,简称渠系。

(2)调节及配水建筑物:渠道中用以调节水位和分配流量的建筑物,如节制闸、分水闸、斗门等。

(3)交叉建筑物:输送渠道水流,穿过山梁和跨越或穿越溪谷、河流、渠道、道路时修建的建筑物,分平交建筑物与立交建筑物两大类。前者为渠道与另一水道相交处有共同流床的交叉建筑物,适用于两水道底部高程相近的情况,常用的平交建筑物有水闸、倒虹吸管等。后者为渠道与天然或人工障碍在不同高程上相交时,在渠道上修建的建筑物,适用于两者高程相差较大的情况,常用的立交建筑物有渡槽、倒虹吸管、涵洞、隧洞等。

(4)落差建筑物:在地面落差集中或坡度陡峻地段所修建的连接上下游段,或在泄水与退水建筑物中连接渠道与河、沟、库、塘的建筑物,如跌水、陡坡、跌井等。

(5)渠道泄水及退水建筑物:为了防止渠道水流由于超越允许最高水位而酿成决堤事故,保护危险渠段及重要建筑物安全,放空渠水以进行渠道和建筑物维修等目的所修建的建筑物,如溢流堰、泄水闸、排洪槽、虹吸泄水道、退水闸等。

(6)冲沙和沉沙建筑物:为了防止和减少渠道淤积而在渠首或渠系中设置的冲沙和沉沙设施,如沉沙池、冲沙闸等。

(7)量水建筑物:为了按用水计划准确而合理地向各级渠道和田间输配水量,并为合理征收水费提供依据,在渠系上设置的各种量水设施,如量水堰、量水槽、量水喷嘴等。工程中,常利用符合水利计算要求的建筑物如水闸、渡槽、倒虹吸管等进行量水。

(8)专门建筑物及安全设施:为服务于某一专门目的而在渠道上修建的建筑物称专门建筑物,如通航渠道上的船闸、码头、船坞,利用渠道落差修建的水电站和水力加工站等。安全设施是指为防止、阻拦人畜等进入渠道或使落入渠道的人畜脱离危险的设施,如安全防护栏等。

渠系建筑物的形式选择,主要根据灌区规划要求、工程任务,并全面考虑地形、地质、建筑材料、施工条件、运用管理、安全经济等各种因素后,进行比较确定。

三、渠系建筑物级别划分

灌溉渠道或排水沟的级别应根据灌溉或排水流量的大小,按表1-1确定。对灌排结合的渠道工程,当按灌溉流量和排水流量分级分属两个不同工程级别时,应按其中较高的级别确定。

表1-1　灌排渠沟工程分级指标

工程级别	1	2	3	4	5
灌溉流量(m³/s)	>300	100~300	20~100	5~20	<5
排水流量(m³/s)	>500	200~500	50~200	10~50	<10

水闸、渡槽、倒虹吸、涵洞、隧洞、跌水与陡坡等灌排建筑物的级别,应根据过水流量的大小,按表1-2确定。

表1-2　灌排建筑物分级指标

工程级别	1	2	3	4	5
过水流量(m³/s)	>300	100~300	20~100	5~20	<5

蓄水、引水和提水枢纽工程中的水工建筑物级别,应根据所属枢纽工程的等别与建筑物重要性,按表1-3确定。

在防洪堤上修建的引水、提水工程及其他灌排建筑物,或在挡潮堤上修建的排水工程,其级别不得低于防洪堤或挡潮堤的级别。

表1-3　水工建筑物级别划分

工程等别	永久性建筑物级别		临时性建筑物级别
	主要建筑物	次要建筑物	
Ⅰ	1	3	4
Ⅱ	2	3	4
Ⅲ	3	4	5
Ⅳ	4	5	5
Ⅴ	5	5	—

倒虹吸、涵洞等灌排建筑物与公路或铁路交叉布置时,其级别不得低于公路或铁路的级别。蓄水、引水和提水枢纽工程的位置特别重要,若失事将造成重大灾害,可采用新型结构、实践经验较少的2~5级主要建筑物;2~5级的高填方灌排渠沟、大跨度或高排架渡槽、高水头或大落差水闸、倒虹吸、涵洞等灌排建筑物,其级别经论证后均可提高一级。

灌排建筑物、灌溉渠道的防洪标准,应根据其级别按表1-4确定。

表1-4　灌排建筑物、灌溉渠道设计防洪标准

建筑物级别	1	2	3	4	5
防洪标准(重现期,a)	50~100	30~50	20~30	10~20	10

注:1.灌排建筑物的设计防洪标准,宜取表列上限值。

2.灌排建筑物的校核防洪标准,可视工程具体情况和需要研究决定。

四、渠系建筑物的特点

(1)面广量大,总投资多。在一个灌区内,渠系建筑物的数量是很大的。如陕西宝鸡峡灌区,干渠平均每千米38座,支渠平均每千米4座,斗渠平均每千米95座,共计建筑物13 484座。虽然单个渠系建筑物的规模一般并不大,但由于分布面广,数量多,它的总投资额往往比渠首枢纽工程的投资大。因此,渠系建筑物的合理布局、选型与构造及设计革新,对降低工程造价是十分重要的。

(2)建筑物具有相似性。同一类型的渠系建筑物,其工作条件一般是较为近似的,其结构形式、尺寸及构造也较为相近。因此,在一个灌区内可以较多地采用统一的结构形式和施工方法,广泛采用定型设计和预制装配。这样不仅能简化设计和施工程序,便于群众施工,而且能够保证工程质量,加快施工进度和便于维修。对于规模较大、技术复杂的建筑物,则必须进行专门设计。

(3)受地形影响大,与群众联系密切。渠系建筑物的布置,主要取决于地形条件,同时又与群众的生产、生活密切相关。

五、渠系建筑物布置

渠系建筑物布置要求如下:

(1)数量恰当,效益最大。渠系建筑物的形式和位置,应根据渠系建筑物的平面布置图、渠道横断面图以及当地的具体地形、地质等条件,合理布局,使建筑物的位置及数量恰当,工程效益最大。

(2)安全运行,保证供水。满足渠道输水、配水、泄水和量水的综合需要,保证渠道安全运行,提高灌溉效率及灌水质量,最大限度地满足灌区需水要求。

(3)联合修建,形成枢纽。应尽量减少建筑物数量,尽可能联合修建,形成枢纽,以节约投资,便于管理。

(4)独立供水,方便管理。结合用水要求,最好做到用水单位各自有独立的取水控制建筑物。

(5)便于交通,方便生产。在满足灌区用水要求的同时,应考虑方便交通,方便生产。

第二节　常见渠系建筑物的构造及作用

在渠道上修建的水工建筑物称为渠系建筑物,它使渠水跨过河流、山谷、堤防、公路等。类型主要有渡槽、涵洞、倒虹吸管、跌水与陡坡等,下面仅介绍几种常见渠系工程的构造与作用。

一、渡槽的构造及作用

按支承结构渡槽可分为梁式、拱式、桁架式等,渡槽由输水的槽身及支承结构、基础和进出口建筑物等部分组成。小型渡槽一般采用简支梁式结构,截面采用矩形。

(一)梁式渡槽

(1)槽身结构。梁式渡槽槽身结构一般由槽身和槽墩(排架)组成,主要支承水荷载及结构自重。槽身按断面形状有矩形和 U 形;梁式渡槽又分成简支梁式、双悬臂梁式、单悬臂梁式和连续梁式。简支矩形槽身适应跨度为 8 ~ 15 m,U 形槽身适应跨度为 15 ~ 20 m。

(2)渡槽的进出口建筑物。它和水闸基本相同,由翼墙、护底、铺盖和消能设施组成,把矩形或 U 形槽身和梯形渠道连接起来,起改善水流条件、防冲及挡土作用。

(二)拱式渡槽

拱式渡槽的水荷载及结构自重由拱承担,其他和梁式渡槽相同。

二、涵洞的构造及作用

根据水流形态的不同,涵洞分为有压式、无压式和半有压式。

(一)涵洞的洞身断面形式

(1)圆形管涵。它的水力条件和受力条件较好,多由混凝土或钢筋混凝土建造,适用于有压涵洞或小型无压涵洞。

(2)箱形涵洞。它是四边封闭的钢筋混凝土整体结构,适用于现场浇筑的大中型有压或无压涵洞。

(3)盖板涵洞。断面为矩形,由底板、边墙和盖板组成,适用于小型无压涵洞。

(4)拱涵。它由底板、边墙和拱圈组成。因受力条件较好,多用于填土较高、跨度较大的无压涵洞。

（二）洞身构造

洞身构造有基础、沉降缝、截水环或涵衣，如图1-1所示。

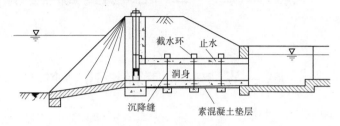

图1-1 洞身构造

（1）基础。管涵基础采用浆砌石或混凝土管座，其包角为90°～135°。拱涵和箱涵基础采用C15素混凝土垫层。它可分散荷载并增加涵洞的纵向刚度。

（2）沉降缝。设缝间距不大于10 m，且不小于2～3倍洞高，主要是适应地基的不均匀沉降。对于有压涵洞，缝中要设止水，以防止渗水使涵洞四周的填土产生渗透变形。

（3）截水环或涵衣。对于有压涵洞要在洞身四周设若干截水环或用黏土包裹形成涵衣，用以防止洞身外围产生集中渗流。

三、倒虹吸管的构造和作用

倒虹吸管有竖井式、斜管式、曲线式和桥式等，主要由管身和进、出口段三部分组成。

（1）进口段的形式。进口段包括进水口、拦污栅、闸门、渐变段及沉沙池等，用来控制水流、拦截杂物和沉积泥沙。

（2）出口段的形式。出口段包括出水口、渐变段和消力池等，用于扩散水流和消能防冲。

（3）管身的构造。水头较低的管身采用混凝土（水头在4～6 m）或钢筋混凝土（水头在30 m左右），水头较高的管身采用铸铁或钢管（水头在30 m以上）。为了防止管道因地基不均匀沉降和温度变化而被破坏，管身应设置沉降缝，内设止水。现浇钢筋混凝土管在土基上缝距为15～20 m，在岩基上缝距为10～15 m。为了便于检修，在管段上应设置冲沙放水孔兼作进人孔。为了改善路下平洞的受力条件，管顶应埋设在路面以下1.0 m左右。

（4）镇墩与支墩。在管身的变坡及转弯处或较长管身的中间应设置镇墩，以连接和固定管道，镇墩附近的伸缩缝一般设在下游侧。在镇墩中间要设置支墩，以承受水荷载及管道自重的法向分量。

第二章 工程地质勘查

第一节 土的工程地质特性

一、土的分类

（一）按《土的工程分类标准》（GB/T 50145—2007）的分类

1. 分类的依据和原则

土的分类主要依据以下指标确定：

（1）土颗粒组成及其特征；

（2）土的塑性指标，包括液限、塑限和塑性指数；

（3）土中有机质含量。

在具体分类时，巨粒类土应按粒组划分；粗粒类土应按粒组、级配、细粒含量划分；细粒类土应按塑性图所含粗粒类别及有机质含量划分。当土的含量或指标等于界限值时，可根据使用目的按偏于安全的原则分类。

2. 粒组划分

粒组划分见表 2-1。

表 2-1 粒组划分

粒组	颗粒名称		粒径 d 的范围（mm）
巨粒	漂石（块石）		$d > 200$
	卵石（碎石）		$60 < d \leqslant 200$
粗粒	砾粒	粗砾	$20 < d \leqslant 60$
		中砾	$5 < d \leqslant 20$
		细砾	$2 < d \leqslant 5$
	砂粒	粗砂	$0.5 < d \leqslant 2$
		中砂	$0.25 < d \leqslant 0.5$
		细砂	$0.075 < d \leqslant 0.25$
细粒	粉粒		$0.005 < d \leqslant 0.075$
	黏粒		$d \leqslant 0.005$

3. 巨粒类土

巨粒类土的分类见表 2-2。当试样中巨粒组含量不大于 15% 时，可扣除巨粒，按粗粒类土或细粒类土进行分类；当巨粒对土的总体性状有影响时，可将巨粒计入砾粒组进行分类。

表2-2　巨粒类土的分类

土类	粒组含量		土类代号	土类名称
巨粒土	巨粒含量＞75%	漂石含量大于卵石含量	B	漂石（块石）
		漂石含量不大于卵石含量	Cb	卵石（碎石）
混合巨粒土	50%＜巨粒含量≤75%	漂石含量大于卵石含量	BS1	混合土漂石（块石）
		漂石含量不大于卵石含量	CbS1	混合土卵石（碎石）
巨粒混合土	15%＜巨粒含量≤50%	漂石含量大于卵石含量	S1B	漂石（块石）混合土
		漂石含量不大于卵石含量	S1Cb	卵石（碎石）混合土

注：巨粒混合土可根据所含粗粒或细粒的含量进行细分。

4.粗粒类土的分类

试样中粗粒组含量大于50%的土称为粗粒类土，其中砾粒组含量大于砂粒组含量的土称为砾类土，砾粒组含量不大于砂粒组含量的土称为砂类土。砾类土的分类见表2-3。砂类土的分类见表2-4。

表2-3　砾类土的分类

土类	粒组含量		土类代号	土类名称
砾	细粒含量＜5%	级配：$C_u \geq 5$　$1 \leq C_c \leq 3$	GW	级配良好砾
		级配：不同时满足上述要求	GP	级配不良砾
含细粒土砾	5%≤细粒含量＜15%		GF	含细粒土砾
细粒土质砾	15%≤细粒含量＜50%	细粒组中粉粒含量不大于50%	GC	黏土质砾
		细粒组中粉粒含量大于50%	GM	粉土质砾

表2-4　砂类土的分类

土类	粒组含量		土类代号	土类名称
砂	细粒含量＜5%	级配：$C_u \geq 5$　$1 \leq C_c \leq 3$	SW	级配良好砂
		级配：不同时满足上述要求	SP	级配不良砂
含细粒土砂	5%≤细粒含量＜15%		SF	含细粒土砂
细粒土质砂	15%≤细粒含量＜50%	细粒组中粉粒含量不大于50%	SC	黏土质砂
		细粒组中粉粒含量大于50%	SM	粉土质砂

5. 细粒类土的分类

试样中的细粒含量不小于 50% 的土称为细粒类土,其中粗粒组含量不大于 25% 的土称为细粒土;粗粒组含量大于 25% 且不大于 50% 的土称为含粗粒的细粒土;有机质含量小于 10% 且不小于 5% 的土称为有机质土。

细粒土根据如图 2-1 所示的塑性图进行分类。图 2-1 中的液限 ω_L 为用碟式仪测定的液限含水率或用质量 76 g、锥角为 30°的液限仪锥尖入土深 17 mm 对应的含水率;虚线之间区域为黏土—粉土过渡区(CL—ML)。各类细粒土的定名及定名区域见表 2-5。

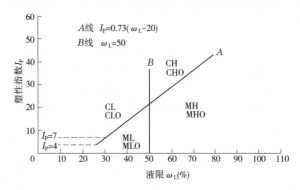

图 2-1　塑性图

表 2-5　细粒土的定名及定名区域

土的塑性指标在塑性图 2-1 中的位置		土类代号	土类名称
$I_P \geq 0.73(\omega_L - 20)$ 且 $I_P \geq 7$	$\omega_L \geq 50\%$	CH	高液限黏土
	$\omega_L < 50\%$	CL	低液限黏土
$I_P < 0.73(\omega_L - 20)$ 或 $I_P < 4$	$\omega_L \geq 50\%$	MH	高液限粉土
	$\omega_L < 50\%$	ML	低液限粉土

注:黏土—粉土过渡区(CL—ML)的土可按相邻土层的类别细分。

含粗粒的细粒土应根据所含细粒土的塑性指标在塑性图中的位置及所含粗粒类别,按下列规定划分:

(1)粗粒中砾粒含量大于砂粒含量,称含砾细粒土,应在细粒土代号后加代号 G。

(2)粗粒中砾粒含量不大于砂粒含量,称含砂细粒土,应在细粒土代号后加代号 S。

(3)有机质土按表 2-5 进行分类,并在土类代号之后加代号 O。

6. 土的工程分类体系

土的工程分类体系框图见图 2-2。

(二)按《岩土工程勘察规范》(GB 50021—2001)的分类

(1)在《岩土工程勘察规范》(GB 50021—2001)中,将晚更新世 Q_3 及其以前的土定义为老沉积土;将第四纪全新世中近期沉积的土定义为新近沉积土。按土的成因,可划分为

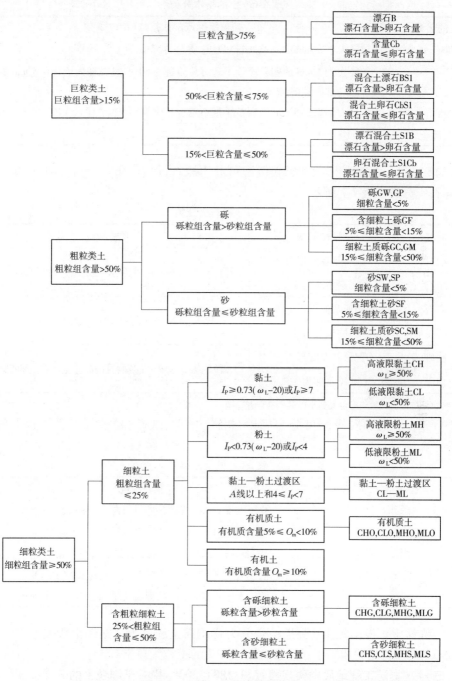

图 2-2　土的工程分类体系框图

残积土、坡积土、洪积土、冲积土、淤积土和风积土等。

（2）土按颗粒级配和塑性指数可分为碎石土、砂土、粉土和黏性土四类。土的基本分类如表 2-6 所示。

表 2-6　土的基本分类

土的名称	颗粒级配或塑性指数(I_P)
碎石土	粒径大于 2 mm 的颗粒质量超过总质量的 50%
砂土	粒径大于 2 mm 的颗粒质量不超过总质量的 50%,且粒径大于 0.075 mm 的颗粒质量超过总质量的 50%
粉土	粒径大于 0.075 mm 的颗粒质量不超过总质量的 50%,且 $I_P < 10$
黏性土	$I_P \geqslant 10$

（3）碎石土。按颗粒形状和颗粒级配可分为漂石、块石、卵石、碎石、圆砾、角砾等六类。碎石土分类如表 2-7 所示。

表 2-7　碎石土分类

土的名称	颗粒形状	颗粒级配
漂石	圆形及亚圆形为主	粒径大于 200 mm 的颗粒质量超过总质量的 50%
块石	棱角形为主	
卵石	圆形及亚圆形为主	粒径大于 20 mm 的颗粒质量超过总质量的 50%
碎石	棱角形为主	
圆砾	圆形及亚圆形为主	粒径大于 2 mm 的颗粒质量超过总质量的 50%
角砾	棱角形为主	

注:定名时,应根据颗粒级配由大到小以最先符合者确定。

（4）砂土。按颗粒级配可分为砾砂、粗砂、中砂、细砂、粉砂等五类。砂土分类如表 2-8 所示。

表 2-8　砂土分类

土的名称	颗粒级配
砾砂	粒径大于 2 mm 的颗粒质量占总质量的 25% ~50%
粗砂	粒径大于 0.5 mm 的颗粒质量超过总质量的 50%
中砂	粒径大于 0.25 mm 的颗粒质量超过总质量的 50%
细砂	粒径大于 0.075 mm 的颗粒质量超过总质量的 85%
粉砂	粒径大于 0.075 mm 的颗粒质量超过总质量的 50%

（5）黏性土。根据塑性指数进一步分为粉质黏土和黏土。塑性指数大于 10 且小于或等于 17 的土称为粉质黏土;塑性指数大于 17 的土称为黏土。

（三）按《堤防工程地质勘察规程》（SL 188—2005）中关于细粒土的分类

土的三角坐标分类见图 2-3。

二、土的主要物理、水理性质

（1）土粒比重（G_s）。是指土在 105 ~110 ℃下烘至恒值时的质量与土粒同体积 4 ℃纯水质量的比值。其试验方法有浮称法、虹吸法和比重瓶法。

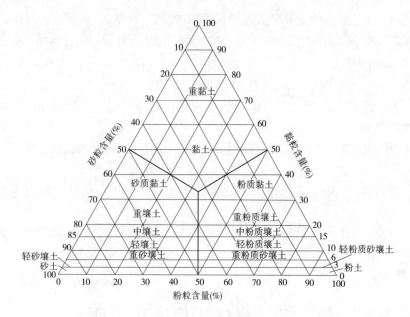

图2-3　土的三角坐标分类

（2）天然密度（ρ）。是指土在天然状态下单位体积的质量，单位为 g/cm³。

按照土的含水状态，表示土的密度的指标还有干密度（ρ_d）、饱和密度（ρ_{sat}）等。

（3）含水率（ω）。是指土中所含水分的质量与固体颗粒质量之比。通常用百分数表示。

（4）孔隙率（n）。是指土中孔隙的体积与土的总体积之比。通常用百分数表示。

（5）孔隙比（e）。是指土中孔隙体积与土粒体积之比。

（6）土的稠度与界限含水率。细粒土因土中的水分在量和质方面的变化而明显地表现出不同的物理状态，具有不同的性质。因含水率的变化而表现出的各种不同物理状态，称为细粒土的稠度。

细粒土的稠度状态主要有液态、塑态和固态三种。由一种稠度状态转变为另一种稠度状态时相应于转变点的含水率称为界限含水率，如土的液态和塑态之间的界限含水率称为液限（或称流限）含水率（ω_L），土的塑态与固态之间的界限含水率称为塑限含水率（ω_P）。

土的液限、塑限由试验直接测定。其试验方法包括液塑限联合测定法、碟式仪液限试验和滚搓法塑限试验三种。

塑性指数（I_P）是表征黏性土可塑性范围的指标，用土的液限和塑限之间的差值表示。

液性指数（I_L）是表征黏性土所处状态的指标，用土的天然含水率和液限含水率之差与塑性指数的比值表示。

（7）渗透系数（K）。是指当土中水渗流呈层流状态时，其流速与作用水力梯度成正比关系的比例系数，单位为 cm/s 或 m/d。

三、土的主要力学性质及指标

（1）压缩系数（α）。是指在 K_0 固结试验中，土试样的孔隙比减小量与有效压力增加量的比值,即 e—p 压缩曲线上某压力段的割线斜率,以绝对值表示,单位为 MPa^{-1}。

在工程实际中,常以压力段为 0.1 ~ 0.2 MPa 的压缩系数 α_{1-2} 作为判断土的压缩性高低的标准:当 $\alpha_{1-2}<0.1$ MPa^{-1} 时,为低压缩性;当 0.1 MPa$^{-1} \leqslant \alpha_{1-2}<0.5$ MPa^{-1} 时,为中压缩性;当 $\alpha_{1-2} \geqslant 0.5$ MPa^{-1} 时,为高压缩性。

(2)抗剪强度(τ)。是指土具有的抵抗剪切破坏的极限强度。抗剪强度参数用摩擦系数和凝聚力表示。

土的抗剪试验包括直剪试验、三轴剪切试验及十字板剪切试验等,一般根据工程需要和规程规范选用。

(3)无侧限抗压强度(q_u)。是指土在侧面不受限制的条件下,抵抗轴向压力的极限强度。

(4)灵敏度(S_t)。是指原状土的无侧限抗压强度与相同含水率的重塑土的无侧限抗压强度之比。当 $S_t<2$ 时为低灵敏;当 $S_t=2 ~ 4$ 时为一般灵敏;当 $S_t=4 ~ 8$ 时为灵敏;当 $S_t>8$ 时为高灵敏。

第二节　岩体工程地质特性

一、岩石的工程地质特性

(一)岩石分类

岩石是由一种或多种矿物组成的集合体。岩石是组成地壳的主要物质,在地壳中具有一定的产状,也是构成建筑物地基或围岩的基本介质。岩石的强度取决于岩石的成因类型、矿物成分、结构和构造等,它直接影响地基岩体或围岩的稳定。

1. 一级分类

一级分类即按成因进行分类。

自然界的岩石按其成因可以划分为三大类:岩浆岩(火成岩)、沉积岩和变质岩。

岩浆岩(火成岩)是指上地幔或地壳深部产生的炽热黏稠的岩浆冷凝固结形成的岩石,如花岗岩、闪长岩、玄武岩等。

沉积岩是指成层堆积的松散沉积物固结而成的岩石。在地壳表层,母岩经风化作用、生物作用、火山喷发作用而形成的松散碎屑物及少量宇宙物质经过介质(主要是水)的搬运、沉积、成岩作用形成的岩石,如灰岩、白云岩、砂岩等。

变质岩是指由于地质环境和物理化学条件的改变,使原先已形成的岩石的矿物成分、结构构造甚至化学成分发生改变所形成的岩石,如片麻岩、大理岩等。

2. 二级分类

二级分类是岩浆岩(火成岩)、沉积岩、变质岩的进一步分类。

(1)岩浆岩(火成岩)。通常按其成因、产状和岩石的化学与矿物成分进行分类。

(2)沉积岩。主要根据岩性不同进行分类。常用的沉积岩分类如表 2-9 所示。

表 2-9　沉积岩分类

大类	主要类型	基本类型
母岩风化产物组成	碎屑岩	砾岩($d>2$ mm)*
		砂岩($d=0.1\sim2$ mm)*
		粉砂岩($d=0.01\sim0.1$ mm)*
	黏土岩	各类黏土岩
		泥岩
		页岩
	化学岩	碳酸盐岩
		硅质岩
		蒸发岩(盐岩)
		其他化学岩(Fe、Mn、Al、P)
生物遗体组成	生物岩	可燃有机岩
		非可燃有机岩
火山碎屑物组成	火山碎屑岩	普通火山碎屑岩
		熔结火山碎屑岩

注: * 表示该粒度碎屑含量 >50% 。

（3）变质岩。一般根据岩石的结构、构造、矿物成分、变质作用及其程度进行分类。常用的变质岩分类如表 2-10 所示。

表 2-10　变质岩分类

分类	主要岩石类型		代表性种属名称
区域变质岩	板状构造	板岩	粉砂质板岩、碳质板岩
	千枚状构造	千枚岩	绢云母千枚岩、绿泥石千枚岩
	片状构造	片岩	白云母片岩、黑云母片岩、角闪石片岩
	片麻状构造	片麻岩	钾长片麻岩、斜长片麻岩、花岗片麻岩
	块状构造	石英岩、大理岩、麻粒岩、角闪岩	
接触变质岩	块状构造	斑点板岩	黑云母斑点板岩、红柱石斑点板岩
		角岩	白云母角岩、堇青石角岩
气－液变质岩	块状构造	云英岩	白云母云英岩、电气石云英岩
		矽卡岩	辉石矽卡岩、石榴矽卡岩
动力变质岩	碎裂结构	碎裂岩	花岗碎裂岩、石英碎裂岩
	碎斑结构	碎斑岩	
	糜棱结构	糜棱岩	
混合岩	块状构造	角砾状混合岩	
	条带状构造	条带状混合岩	
	肠状构造	肠状混合岩	
	眼球状构造	眼球状混合岩	

3.岩石的强度分类

从工程地质角度,岩石按其饱和单轴抗压强度(R_b)可分为硬质岩和软质岩两大类。如表 2-11 所示。

表 2-11　岩石硬度分类

分类	硬质岩		软质岩	
	坚硬岩	中硬岩	较软岩	软岩
饱和单轴抗压强度 R_b(MPa)	$R_b > 60$	$30 < R_b \leq 60$	$15 < R_b \leq 30$	$5 < R_b \leq 15$

（二）岩石的主要物理、水理性质及指标

(1)岩石颗粒密度(ρ_P)。指岩石的固体部分质量(G_S)与其体积(V_S)之比,单位为 g/cm³。表达式为 $\rho_P = \dfrac{G_S}{V_S}$。

(2)岩石块体密度(ρ_0)。指岩块质量(m)与其体积(V)之比,单位为 g/cm³。表达式为 $\rho_0 = \dfrac{m}{V}$。按岩块的含水状态,表示岩石的密度的指标还有干密度(ρ_d)、饱和密度(ρ_{sat})等。

(3)孔隙率(n)。指岩石中孔隙的体积(V_n)与岩石的体积(V)的比值。表达式为 $n = \dfrac{V_n}{V} \times 100\%$。

(4)自由吸水率(ω_a)。指岩石试件在一个大气压和室温条件下自由吸入水的质量 m_a 与岩石干质量 m_d 的比值。表达式为 $\omega_a = \dfrac{m_a}{m_d} \times 100\%$。

(5)饱和吸水率(ω_s)。指岩石试件强制饱和(煮沸法或真空抽气法)后吸入水的质量(m_s)与岩石干质量 m_d 的比值。表达式为 $\omega_s = \dfrac{m_s}{m_d} \times 100\%$。

自由吸水率与饱和吸水率之比称为饱水系数。

(6)渗透系数(K)。指水力坡度 I 为 1 时,水在岩石中流动的速度 v,单位为 cm/s。表达式为 $K = \dfrac{v}{I}$。

(7)软化系数(η)。指岩石浸水饱和后的抗压强度(R')与干燥状态下抗压强度(R)的比值。表达式为 $\eta = \dfrac{R'}{R}$。

（三）岩石的主要力学性质及指标

(1)单轴抗压强度(R)。指岩石试件在单向受力破坏时所能承受的最大压应力,单位为 MPa。

根据岩石的含水状态,表征岩石抗压强度的指标还有干抗压强度(R_c)、饱和抗压强度(R_s)等。

干抗压强度(R_c)是指岩石试件在干燥状态下的抗压强度。

饱和抗压强度（R_s）是指岩石试件在饱和状态下的抗压强度。

（2）抗拉强度（σ_t）。指岩石试件在单向受拉条件下所承受的最大拉应力，单位为MPa。常用的试验方法有轴向拉伸法和劈裂法，其中采用劈裂法的较多。

（3）抗剪强度（τ）。指岩石试件受剪力作用时能抵抗剪切破坏的最大剪应力，单位为MPa。由凝聚力（c）和内摩擦阻力 $\sigma\tan\varphi$ 两部分组成。一般表达式为 $\tau = \sigma\tan\varphi + c$。

岩石抗剪强度指标，按岩石受力作用形式不同（试验方式不同）通常分为 3 种。

抗剪断强度是指在一定的法向应力作用下，沿预定剪切面剪断时的最大剪应力，反映了岩石的内聚力和内摩擦阻力之和。

抗剪（摩擦）强度是指在一定的法向应力作用下，沿已有破裂面剪坏时的最大剪应力。

抗切强度是指法向应力为零时沿预定剪切面剪断时的最大剪应力。

（4）变形模量（E_0）。指在单向压缩条件下，岩石试件的轴向应力与轴向应变之比，单位为 MPa。当岩石的轴向应力于轴向应变为直线关系时，变形模量为一常量，称为弹性模量（E）。

（5）泊松比（μ）。指在单向压缩条件下，岩石试件的横向应变与轴向应变之比。

二、岩体的工程地质特性

（一）岩体结构及分类

岩体中的结构面和结构体称为岩体的结构单元，不同类型的岩体结构单元在岩体内的组合和排列形式称为岩体结构。结构面是指岩体内部具有一定方向、一定规模、一定形态与特性的面、缝、层和带状的地质界面。结构体是指不同规模、产状的结构面切割围限的岩石块体。岩体的力学强度、受力后的变形、破坏机制和稳定性，主要受岩体结构的控制。

根据水利水电工程地质评价的实际，《水利水电工程地质勘察规范》（GB 50487—2008）附录 K，将岩体结构划分为 5 大类、13 亚类，如表 2-12 所示。

表 2-12　岩体结构分类

分类	亚类	岩体结构特征
块状结构	整体状结构	岩体完整，呈巨块状，结构面不发育，间距大于 100 cm
	块状结构	岩体较完整，呈块状，结构面轻度发育，间距一般为 50～100 cm
	次块状结构	岩体较完整，呈次块状，结构面中等发育，间距一般为 30～50 cm
层状结构	巨厚层状结构	岩体完整，呈巨厚层状，结构面不发育，间距大于 100 cm
	厚层状结构	岩体较完整，呈厚层状，结构面轻度发育，间距 50～100 cm
	中厚层状结构	岩体较完整，呈中厚层状，结构面中等发育，间距一般为 30～50 cm
	互层状结构	岩体较完整或完整性差，呈互层状，结构面较发育或发育，间距一般为 10～30 cm
	薄层状结构	岩体完整性差，呈薄层状，结构面发育，间距一般小于 10 cm

续表 2-12

分类	亚类	岩体结构特征
镶嵌结构		岩体完整性差,岩块镶嵌紧密,结构面较发育到很发育,间距一般为 10 ~ 30 cm
碎裂结构	块裂结构	岩体完整性差,岩块间有岩屑和泥质物充填,嵌合中等紧密到较松弛,结构面较发育到很发育,间距一般为 10 ~ 30 cm
	碎裂结构	岩体破碎,结构面很发育,间距一般小于 10 cm
散体结构	碎块状结构	岩体破碎,岩块夹岩屑或泥质物
	碎屑状结构	岩体破碎,岩屑或泥质物夹岩块

(二)岩体质量与 RQD

RQD 是美国提出的一种岩石质量指标,是以钻孔的单位长度中的大于 10 cm 的岩芯所占的比例来确定的。严格地讲,是指采用直径为 75 mm 的双层岩芯管金刚石钻进获取的大于 10 cm 岩芯长度与该段进尺的比值。

RQD 也可用来进行岩体质量(完整性)的分级,常用的分级标准如表 2-13 所示。

表 2-13 岩体质量分级标准

分级	岩体质量	岩石质量指标(%)
I	很好	90 ~ 100
II	好	75 ~ 90
III	中等	50 ~ 75
IV	差	25 ~ 50
V	很差	0 ~ 25

(三)岩体完整性及分类

在工程实践中,岩体的完整性用岩体完整性系数 K_v 来反映。岩体完整性系数是指岩体与相应岩块的弹性波传播速度比值的平方。

《水利水电工程地质勘察规范》(GB 50487—2008)将岩体完整程度分为五类,如表 2-14所示。

表 2-14 岩体完整程度划分

岩体完整程度	完整	较完整	完整性差	较破碎	破碎
岩体完整性系数 K_v	$K_v > 0.75$	$0.55 < K_v \leqslant 0.75$	$0.35 < K_v \leqslant 0.55$	$0.15 < K_v \leqslant 0.35$	$K_v \leqslant 0.15$

(四)岩体风化及分带

岩体风化是指地表岩体在太阳辐射、温度变化、水(冰)、气体、生物等因素的综合作用下,组织结构、矿物化学成分和物理性状等发生变化的过程和现象。岩体的风化程度具有由表及里、自浅而深逐渐减弱的趋势,多呈现连续渐变过渡关系,并显示出分带特性。

当风化现象呈连续渐变的变化过程时,称之为均匀风化,发生于岩体的岩性、构造及风化营力均一的地区。反之,若岩体岩性、构造及风化营力存在较大差异,则产生不均匀风化,如:风化带不连续、不完整、突变接触,沿软弱岩层或剪切带形成风化夹层,沿断层带、裂密集带和不稳定矿物密集带形成的风化槽、风化囊等特殊风化现象。风化岩体和分布受风化作用的强弱和风化产物保存条件的双重影响,还主要受地形地貌、岩性、构造、水文、植被等条件的制约。

根据岩体风化作用有自地表向下逐渐减弱的特点,自上而下对岩体进行风化分带,目的在于区别不同程度的风化岩体,分类研究其工程地质特性,服务于工程设计,也便于进行横向对比。

根据水利水电工程地质勘察实践及《水利水电工程地质勘察规范》(GB 50487—2008),采用通用的五级分类法划分为全风化、强风化、中等风化(弱风化)、微风化、新鲜等五个风化带,如表2-15所示。

表 2-15　岩体风化带划分

风化带	主要地质特征	风化岩纵波速与新鲜岩纵波速之比
全风化	1. 全部变色,光泽消失; 2. 岩石的组织结构完全被破坏,已崩解和分解成松散的土状或砂状,有很大的体积变化,但未移动,仍残留有原始结构痕迹; 3. 除石英颗粒外,其余矿物大部分风化蚀变为次生矿物; 4. 锤击有松软感,出现洼坑,矿物用手可捏碎,用锹可以挖动	<0.4
强风化	1. 大部分变色,只有局部岩块保持原有颜色; 2. 岩石的组织结构大部分已被破坏;小部分岩石已分解或崩解成土,大部分岩石呈不连续的骨架或心石,风化裂隙发育,有时含大量次生夹泥; 3. 除石英外,长石、云母和铁镁矿物已风化蚀变; 4. 锤击哑声,岩石大部分变酥、易碎,用镐撬可以挖动,坚硬部分需爆破	0.4~0.6
中等风化 (弱风化)	1. 岩石表面或裂隙面大部分变色,但断口仍保持新鲜岩石色泽; 2. 岩石原始组织结构清楚完整,但风化裂隙发育,裂隙壁风化剧烈; 3. 沿裂隙铁镁矿物氧化锈蚀,长石变得浑浊、模糊不清; 4. 锤击哑声,开挖需用爆破	0.6~0.8
微风化	1. 岩石表面或裂隙面有轻微褪色; 2. 岩石组织结构无变化,保持原始完整结构; 3. 大部分裂隙闭合或为钙质薄膜充填,仅沿大裂隙有风化蚀变现象,或有锈膜浸染; 4. 锤击发音清脆,开挖需用爆破	0.8~1.0
新鲜	1. 保持新鲜色泽,仅大的裂隙面偶见褪色; 2. 裂隙面紧密、完整或焊接状充填,仅个别裂隙面有锈膜浸染或轻微蚀变; 3. 锤击发音清脆,开挖需用爆破	>1.0

（五）软弱夹层的工程地质特性

1. 软弱夹层的分类

软弱夹层的形成与成岩条件、构造作用和地下水活动等密切相关。按其成因一般可分为原生型、次生型、构造型三种类型。

《水利水电工程地质勘察规范》（GB 50487—2008）根据颗粒组分以黏粒（粒径小于 0.005 mm）百分含量的少或无、小于 10%、10% ~ 30%、大于 30% 将软弱夹层划分为岩块岩屑型、岩屑夹泥型、泥夹岩屑型、泥型四类。

2. 泥化夹层的工程地质特性

泥化夹层的矿物成分和化学成分与母岩的性质和后期改造程度有关。其矿物成分主要是蒙脱石、伊利石和高岭石等黏土矿物；其化学成分主要为 SiO_2、Al_2O_3、Fe_2O_3，其次为 CaO、MgO、K_2O、Na_2O 等。

泥化夹层的物理力学性质特征与其黏土矿物成分、物质组成、结构特征和微结构面的发育程度以及上、下界面形态有关。泥化夹层的物理力学性质主要表现为黏粒含量高、天然含水量高、干密度低、抗剪强度低、压缩性高，以及具有膨胀性、亲水性、渗流分带和渗流集中等特点。

夹层中泥化带的黏粒含量一般大于 30%，天然含水量常大于塑限，摩擦系数一般在 0.2 左右。但以伊利石为主的泥化带的密度、天然含水量、塑限、液限比以蒙脱石为主的泥化带为低，而干容重、抗剪强度较以蒙脱石为主的泥化带高。泥化带的抗剪强度随着碎屑物质的含量增加而增大。当泥化夹层的厚度小于上、下界面的起伏差时，其抗剪强度受夹层物质成分和起伏差双重控制。当泥化夹层的厚度大于上、下界面的起伏差时，其抗剪强度主要取决于夹层本身的物质组成。泥化夹层具有膨胀性，但以伊利石和高岭石为主、微结构面不发育的夹层，其膨胀性较小，而以蒙脱石为主的夹层，膨胀性较强。

由于泥化夹层的结构具有节理带、劈理带、泥化带的分带特征，因此泥化夹层的渗流具有明显的渗流层状分带和渗流集中的特点。泥化带渗透系数很小，一般为 10^{-5} ~ 10^{-9} cm/s；节理带透水性良好，渗透系数一般大于 10^{-3} cm/s。在泥化带与劈理带的岩石界面上往往产生渗流集中。

泥化夹层具有较强的亲水性。亲水性指标（液限含水量与黏粒含量之比）可用来判断泥化夹层性质的好坏，大于 1.25 者为较差，在 0.75 ~ 1.25 者为中等，小于 0.75 者为较好。

3. 软弱夹层的抗剪强度

影响软弱夹层抗剪强度的主要因素包括：

（1）软弱夹层的颗粒组成。一般颗粒细小、黏粒含量多、塑性指数大、自然固结程度差的软弱夹层，其抗剪强度低。

（2）矿物及化学成分。当夹层以蒙脱石为主时，其抗剪强度低。

（3）软弱夹层的产状、层面起伏和接触面情况。一般产状变化大、起伏差大于夹层厚度和接触面粗糙不平的软弱夹层，其抗剪强度大。

（4）长期渗水作用环境。软弱夹层在库水的长期渗水作用下，其物理性质和化学性质有可能进一步恶化，导致长期强度的降低。

按《水利水电工程地质勘察规范》(GB 50287—99)附录 D 的规定,软弱夹层抗剪强度的取值应遵循如下原则:

(1)软弱夹层应根据岩块岩屑型、岩屑夹泥型、泥夹岩屑型和泥型四类分别取值。

(2)当试件呈塑性破坏时,应采用屈服强度或流变强度作为标准值。

(3)当试件黏粒含量大于 30% ,或有泥化镜面,或黏土矿物以蒙脱石为主时,应采用流变强度作为标准值。

(4)当软弱夹层有一定厚度时,应考虑充填度的影响。当厚度大于起伏差时,应采用充填物的抗剪强度作为标准值;当厚度小于起伏差时,还应采用起伏差的最小爬坡角,提高充填物抗剪强度试验值作为标准值。

(5)根据软弱夹层的类型和厚度的总体地质特征进行调整,提出地质建议值。

(六)岩(土)体的渗透性及分级

岩(土)体的渗透性是指岩(土)体允许重力水透过的能力,其表征指标是渗透系数(K)或透水率(q)。

岩(土)体的渗透性是岩(土)体的主要工程地质特性。渗透性大小主要与岩(土)体的性质和结构特征有关。根据水利水电工程地质评价的实际及《水利水电工程地质勘察规范》(GB 50487—2008),将岩(土)体的渗透性分为六个等级,如表 2-16 所示。

表 2-16　岩土体渗透性分级

渗透性等级	标准		岩体特征	土类
	渗透系数 K(cm/s)	透水率 q(Lu)		
极微透水	$K < 10^{-6}$	$q < 0.1$	完整岩石,含等价开度 < 0.025 mm 裂隙的岩体	黏土
微透水	$10^{-6} \leq K < 10^{-5}$	$0.1 \leq q < 1$	含等价开度 0.025 ~ 0.05 mm 裂隙的岩体	黏土—粉土
弱透水	$10^{-5} \leq K < 10^{-4}$	$1 \leq q < 10$	含等价开度 0.05 ~ 0.1 mm 裂隙的岩体	粉土—细粒土质砂
中等透水	$10^{-4} \leq K < 10^{-2}$	$10 \leq q < 100$	含等价开度 0.1 ~ 0.5 mm 裂隙的岩体	砂—砂砾
强透水	$10^{-2} \leq K < 1$	$q \geq 100$	含等价开度 0.5 ~ 2.5 mm 裂隙的岩体	砂砾—砾石、卵石
极强透水	$K \geq 1$		含连通孔洞或等价开度 > 2.5 mm 裂隙的岩体	粒径均匀的巨砾

注:Lu 为吕荣单位,是在 1 MPa 压力下,每米试段的平均压入流量,以 L/min 计。

第三节　特殊岩(土)体的工程地质特性

一、喀斯特

(一)基本概念

喀斯特,又称岩溶,是水对可溶性岩石的溶蚀作用,及其所形成的地表与地下的各种景观和现象。可溶性岩石主要指碳酸盐类、硫酸盐类、卤盐类岩石。

喀斯特的工程地质特性主要指喀斯特发育的基本条件、发育规律和喀斯特类型。

喀斯特渗漏是在喀斯特地区修建水利水电工程的主要工程地质问题。

(二)喀斯特发育的基本条件

喀斯特的发育主要是水对可溶性岩体进行溶蚀的结果。喀斯特之所以能够持续地进行,必须具备有溶蚀能力的水在可溶性岩体内部流动的条件,使两者不断地相互接触,相互作用;同时,水又必须不断地循环更替,使之经常保持溶蚀力。因此,可溶性岩体、具有溶蚀力的水及水的循环交替条件就是喀斯特发育的基本条件。

(三)喀斯特的发育规律

喀斯特发育受时间、气候、环境水及地形地貌、地质岩性、地质构造和水文地质条件等因素的影响,其发育规律主要表现为:

(1)喀斯特发育随深度的变化。一般的规律是喀斯特化的程度随深度增加而逐渐减弱。但在特定的工程地质和水文地质条件下,深饱水带也可有较大规模的岩溶现象发育。

(2)喀斯特发育的不均匀性。即喀斯特发育的速度、程度及其空间分布的不均匀性。

(3)喀斯特发育的阶段性和多代性。喀斯特发育是一个缓慢的过程,要经过发生、发展和消亡的阶段过程。同时,在其长期的反应发育条件下,要经过幼年、青年、中年、老年的多代期。

(4)喀斯特发育的成层性。喀斯特发育的成层性取决于地质岩性、新构造运动和水文地质条件。如可溶性岩层与非可溶性岩层互层、地壳升降运动的水文地质条件改变引起的地下水溶蚀作用的变化等均可使喀斯特发育具有成层性。

(5)喀斯特发育的地带性。不同气候带内,喀斯特发育具有自己不同的形态特征。我国喀斯特地带性类型主要有热带、亚热带和温带喀斯特三大类。此外,还有高寒地区、干旱地区喀斯特类型等。

(四)喀斯特类型

根据不同的条件因素,喀斯特类型划分见表2-17。

二、湿陷性黄土

(一)基本概念

黄土在一定的压力作用下,浸水时土体结构迅速破坏而发生显著的附加下沉,称黄土的湿陷性。具有这种性质的黄土称为湿陷性黄土;不具备这种性质的黄土称为非湿陷性黄土。一般新黄土(上更新世 Q_3 及其以后形成的黄土) 多具有湿陷性,而中更新世 Q_2 以

表 2-17　喀斯特类型

分类依据	岩溶类型
气候	主要类型:热带型;亚热带型;温带型。 次要类型:高寒地区型;干旱地区型
发育时代	①古岩溶,中生代及中生代以前发育的岩溶; ②近代岩溶,新生代以来发育的岩溶
岩溶出露条件	①裸露型,岩溶岩层裸露,仅低洼地区有零星小片覆盖; ②半裸露型,岩溶岩层以裸露为主,在谷地、大型洼地及河谷附近有较大面积被第四纪沉积物覆盖; ③覆盖型,岩溶岩层大面积被厚的(一般为几十米以上)第四纪沉积物所覆盖,地面一般没有岩溶层的分布; ④埋藏型,岩溶岩层大面积埋藏于非岩溶岩层之下
岩溶作用及岩溶形态组合	①溶蚀为主类型,包括石林溶沟、溶丘洼地、峰丛洼地、峰林谷地、孤峰坡地或残丘坡地等; ②溶蚀 - 侵蚀类型,包括岩溶高山深谷、岩溶中山峡谷、岩溶低山沟谷、海岸岩溶、礁岛岩溶等; ③溶蚀构造类型,包括垄脊槽谷、垄脊谷地、岩溶断陷盆地、岩溶断块山地等
河谷发育部位	①阶地; ②斜坡; ③分水岭
水动力特征	①近河谷排泄基准面岩溶; ②远河谷排泄基准面岩溶; ③构造带岩溶
地台区类型	①河谷侵蚀岩溶; ②沿裂隙发育的岩溶; ③构造破碎带岩溶; ④埋藏的古岩溶

前形成的黄土及黄土状土则很少或不具有湿陷性。

湿陷性黄土通常又分为两类:一是被水浸湿后在土自重压力下发生湿陷的,称自重湿陷性黄土;二是被水浸湿后在土自重压力下不发生湿陷,但在土自重压力与建筑物荷载联合作用下发生湿陷的,称非自重湿陷性黄土。

(二)湿陷性黄土的工程地质特性

(1)颗粒组成。根据我国主要湿陷性黄土地区的颗粒组成分析统计得,其颗粒组成大体为:砂粒(粒径 >0.05 mm)占 11% ~29%,粉粒(粒径为 0.005 ~0.05 mm)占 52% ~74%,黏粒(粒径 <0.005 mm)占 8% ~26%。

(2)孔隙比。变化为 0.85 ~1.24,大多为 1.0 ~1.1,且随深度增加而减小。

(3)天然含水量。天然含水量与湿陷性和承载力关系密切。含水量低时,湿陷性强,承载力较高;随着含水量增大,湿陷性减弱,承载力降低。

（4）饱和度。饱和度与湿陷系数成反比。饱和度愈小，湿陷系数愈大，随着饱和度增大，湿陷系数逐渐减小。

（5）液限。一般规律为，当液限在 30% 以上时，湿陷性较弱，且多为非自重湿陷性黄土。当液限小于 30% 时，湿陷性较强。液限越高，黄土承载力也越高。

（三）黄土湿陷性判别

黄土湿陷性根据黄土沉积的时代、成因类型、地形条件、阶地类型、地下水情况及下伏地层性质等判别。一般来说，黄土形成时代越老，湿陷性越弱。此外，应根据黄土的湿陷性、建筑物场地的湿陷类型和地基的湿陷量进行湿陷等级的判定。

（1）黄土的湿陷性，应按室内压缩试验在一定压力下测定的湿陷系数值判断。湿陷系数（δ_S）其物理意义为黄土试样在一定压力作用下，浸水湿陷的下沉量与试样原高度的比值。湿陷系数可通过室内浸水压缩试验成果计算求得。

黄土湿陷性可按湿陷系数 δ_S 进行判定：当 $\delta_S \geqslant 0.015$ 时，为湿陷性黄土；当 $\delta_S < 0.015$ 时，为非湿陷性黄土。

黄土自重湿陷性应根据室内试验或现场试验测定的自重湿陷量 ΔZS 进行判定，当 $\Delta ZS \leqslant 70$ mm 时，为非自重湿陷性黄土；当 $\Delta ZS > 70$ mm 时，为自重湿陷性黄土。

（2）湿陷性黄土的湿陷程度及地基湿陷等级判定。湿陷性黄土的湿陷程度，可根据湿陷系数 δ_S 值的大小分为以下三种：当 $0.015 \leqslant \delta_S \leqslant 0.03$ 时，湿陷程度轻微；当 $0.03 < \delta_S \leqslant 0.07$ 时，湿陷程度中等；当 $\delta_S > 0.07$ 时，湿陷程度强烈。

根据《湿陷性黄土地区建筑规范》（GB 50025—2004）的规定，地基湿陷等级分为四级，可根据基底下各土层累计的总湿陷量（ΔS）和自重湿陷量（ΔZS）的大小按表 2-18 判定。

表 2-18　湿陷性黄土地基的湿陷等级

湿陷类型		非自重湿陷性场地	自重湿陷性场地	
自重湿陷量 ΔZS（mm）		$\Delta ZS \leqslant 70$	$70 < \Delta ZS \leqslant 350$	$\Delta ZS > 350$
总湿陷量 ΔS（mm）	$\Delta S \leqslant 300$	Ⅰ（轻微）	Ⅰ（中等）	—
	$300 < \Delta S \leqslant 700$	Ⅱ（中等）	*Ⅱ（中等）或Ⅲ（严重）	Ⅲ（严重）
	$\Delta S > 700$	Ⅱ（中等）	Ⅲ（严重）	Ⅳ（很严重）

注：*表示当总湿陷量的计算值 $\Delta S > 600$ mm、自重湿陷量计算值 $\Delta ZS > 300$ mm 时，可判为Ⅲ级，其他情况可判为Ⅱ级。

三、软土

（一）基本概念

软土一般是指在静水或缓慢流水环境中沉积的，天然含水量大、压缩性高、承载力低的一种软塑到流塑状态的饱和黏性土。

根据《岩土工程勘察规范》（GB 50021—2001）的规定，天然孔隙比大于或等于 1.0，且天然含水量大于液限的细粒土应判定为软土，包括淤泥、淤泥质土、泥炭、泥炭质土等。

（二）软土的工程地质特性

（1）软土具有触变特征，当原状土受到振动以后，土的结构连接被破坏了，强度降低了或很快变成稀释状态。触变性的大小常用灵敏度 S_t 来表示。软土的 S_t 一般为 3 ~ 4,个别可达 8 ~ 9。因此,当软土地基受振动荷载作用后,易产生侧向滑动、沉降及基底面两侧挤出等现象。

(2)软土除排水固结引起变形外,在剪应力作用下,土体还会发生缓慢而长期的剪切变形,对建筑物地基的沉降有较大的影响,对斜坡、堤岸及地基稳定性不利。

(3)软土属于高压缩性土,压缩系数大,建筑物的沉降量大。

(4)由于软土具有上述特性,地基强度很低,其不排水抗剪强度也很低,我国沿海地区的淤泥不排水抗剪强度在 20 kPa 以下。

(5)软土透水性能弱,一般垂向渗透系数为 10^{-6} ~ 10^{-8} cm/s,对地基排水固结不利。同时,在加载初期,地基中常出现较高的孔隙水压力,影响地基的强度,同时建筑物沉降延续的时间很长。

(6)由于沉积环境的变化,黏性土层中常局部夹有厚薄不等的粉土,使软土在水平和垂直分布上有所差异,作为建筑物地基易产生差异沉降。

四、红黏土

(一)基本概念

红黏土是指碳酸类岩石(如石灰岩、白云岩等)及部分砂岩、页岩等在亚热带温湿气候条件下,经过风化作用所形成的褐红、棕红、黄褐等色的黏性土。

根据《岩土工程勘察规范》(GB 50021—2001)的规定,颜色为棕红或黄褐,覆盖于碳酸盐系之上,其液限大于或等于 50% 的高塑性黏土应判定为原生红黏土。原生红黏土经搬运、沉积后仍保留其基本特征,且其液限大于 45% 的黏土,可判定为次生红黏土。

(二)红黏土的特性分类

(1)红黏土的状态。按含水比(α_W)即天然含水率(ω)与液限(ω_L)的比值可分为五种状态,如表 2-19 所示。

表 2-19　红黏土的状态分类

状态	含水比 α_W
坚硬	$\alpha_W \leqslant 0.55$
硬塑	$0.55 < \alpha_W \leqslant 0.70$
可塑	$0.70 < \alpha_W \leqslant 0.85$
软塑	$0.85 < \alpha_W \leqslant 1.00$
流塑	$\alpha_W > 1.00$

注:$\alpha_W = \omega / \omega_L$。

(2)红黏土的结构。按其裂隙发育特征可分为三类,如表 2-20 所示。

表 2-20　红黏土的结构分类

土体结构	裂隙发育特征
致密状的	偶见裂隙(<1 条/m)
巨块状的	较多裂隙(1 ~ 5 条/m)
碎块状的	富裂隙(>5 条/m)

（3）红黏土的复浸水特性。按其界限液塑比 I'_r 及液塑比 I_r 可分为两类,如表 2-21 所示。

表 2-21　红黏土的复浸水特性分类

类别	I_r 与 I'_r 关系	收缩特征
I	$I_r \geqslant I'_r$	收缩后复浸水膨胀能恢复到原位
II	$I_r < I'_r$	收缩后复浸水膨胀不能恢复到原位

注:$I_r = \omega_L / \omega_P$, $I'_r = 1.4 + 0.006\,6\omega_L$。

（三）红黏土的工程地质特性

（1）红黏土的矿物成分主要为高岭石、伊利石和绿泥石。

（2）红黏土的物理力学特性表现为天然含水量、孔隙比、饱和度以及液限、塑限很高,具有较高的力学强度和较低的压缩性。

（3）红黏土具有从地表向下由硬变软的现象,相应的土的强度则逐渐降低,压缩性逐渐增大。

（4）具有胀缩性。红黏土受水浸湿后体积膨胀,干燥失水后体积收缩,其胀缩性表现为以收缩为主。由于胀缩性形成了大量的收缩裂隙,常造成边坡变形失稳,由于地基的胀缩变形致使建筑物开裂破坏。

（5）红黏土透水性微弱,地下水多为裂隙性潜水和上层滞水。

五、膨胀岩土

（一）基本概念

含有大量亲水矿物,湿度变化时有较大体积变化,变形受约束时产生较大内应力的岩土,称为膨胀岩土。其特点是在环境湿度变化影响下可产生强烈的胀缩变形。我国各地区都有膨胀岩土出露,以中南、西南地区较多。

关于膨胀岩土的判定,目前还没有统一的标准。国内外对膨胀岩土的分类做了大量的研究,基于不同的目的,提出许多分类方法,诸如按黏粒含量、液限与自由膨胀率分类,按蒙脱石含量、比表面积与阳离子交换量分类,按胀缩总率分类,按最大胀缩性指标分类,按塑性图分类,按膨胀岩土结构特征与力学参数分类等。在《膨胀土地区建筑技术规范》（GB 50112—2013）中,按自由膨胀率 δ_{ef} 进行膨胀土分类,$40\% \leqslant \delta_{ef} < 65\%$ 的为弱膨胀土,$65\% \leqslant \delta_{ef} < 90\%$ 的为中膨胀土,$\delta_{ef} \geqslant 90\%$ 的为强膨胀土。

（二）膨胀岩土的工程地质特性

（1）膨胀岩土一般呈灰白、灰绿、灰黄、棕红、褐黄等颜色,分布在二级及二级以上的阶地、山前丘陵和盆地边缘。在山地表现为低丘缓坡,而在平原地带则为地面龟裂、沟槽、无直立边坡。

（2）膨胀岩土风干时出现大量的微裂隙,有光滑面、擦痕,呈坚硬、硬塑状态的土体易沿微裂隙面散裂,并遇水软化、膨胀。

（3）天然状态下,膨胀岩土一般具有较高的强度和承载力,但在遇水特别是干湿交替情况下强度变化较大,是建筑物或边坡破坏的重要原因之一。

（4）影响膨胀岩土工程地质特性的因素包括天然含水率、黏土矿物成分、岩土层结构和构造及大气影响深度等。

六、分散性土

分散性土是指其所含黏性土颗粒在水中散凝呈悬浮状,易被雨水或渗流冲蚀带走引起破坏的土。国内外研究成果表明,典型的分散性土常含有一定量的钠蒙脱石,孔隙水溶液中钠离子含量较高,介质环境属高碱性,pH>8.5。分散性土的分散特性是由土和水两方面因素决定的,在盐含量低的水中迅速分散,而在盐含量高的水中分散度降低,甚至不分散。分散性土易被水冲蚀的现象比细砂和粉土还要严重,因此在土石坝防渗料及堤防填筑物选择时应给予重视,一般不宜直接使用,如要使用必须进行改性处理或采取工程措施。

分散性土的工程性质主要为低渗透性和低抗冲蚀能力。渗透系数一般小于10^{-7} cm/s,防渗性能好,但抗冲蚀流速小于15 cm/s,冲蚀水力比降小于1.0,而一般非分散性土抗冲蚀流速为100 cm/s左右,冲蚀水力比降大于2.0。

关于分散性土的判别,目前我国还没有统一的试验和判别标准,通常是在现场调查的基础上,采用美国水土保持局(SCS)提出的针孔试验、孔隙水可溶盐试验、双比重计试验和碎块试验进行判别,划分为高分散、分散、过渡和非分散四级。一般认为,针孔试验较为可靠;孔隙水可溶盐试验成果与针孔试验比较一致,也都比较符合实际;碎块试验结果有多解性,即膨胀土也会显示分散性。

七、盐渍岩土

(一)基本概念

盐渍岩土是指含有较多易溶盐类的岩土。易溶盐含量大于0.3%,并具有吸湿、溶陷、盐胀、腐蚀等特性的土称为盐渍土;含有较多的石膏、芒硝、岩盐等硫酸盐或氯化物的岩层称为盐渍岩。

盐渍土的厚度一般不大,自地表向下1.5~4.0 m,其厚度与地下水埋深、土的毛细上升高度、当地地形以及蒸发作用等有关。盐渍土一般分布在地势比较低而且地下水位较高的地段,如内陆洼地、盐湖和河流两岸的漫滩、低阶地、牛轭湖以及三角洲洼地、山间洼地等地段。

(二)盐渍土的工程地质特性

盐渍土的物理力学性质及工程地质特性,受土中含盐量和含盐种类控制。盐渍土的工程地质特性主要表现为:

（1）盐渍土在干燥状态时,即盐类呈结晶状态时,地基土具有较高的强度。当浸水溶解后,则引起土的性质发生变化,一般是强度降低,压缩性增大。含盐量愈多,土的液限、塑限愈低。当土的含水量等于液限时,其抗剪强度即近于零,丧失强度。

（2）硫酸盐类结晶时,体积膨胀;遇水溶解后体积缩小,使地基土发生胀缩。同时少数碳酸盐液化后亦使土松散,破坏地基的稳定性。

（3）由于盐类遇水溶解,因此在地下水的作用下易使地基土产生溶蚀作用。

（4）土中含盐量愈大，土的夯实最佳密度愈小。

（5）盐渍土对金属管道和混凝土等一般具有腐蚀性。

八、冻土

（一）基本概念

冻土是指温度等于或低于 0 ℃，且含有冰的各类土。

冻土根据其冻结时间可分为季节性冻土和多年冻土；按冻结状态可分为坚硬冻土、塑性冻土和松散冻土。

（1）季节性冻土是受季节影响的，冬季冻结，夏季全部融化，且呈周期性冻结、融化的土。

（2）多年冻土是指冻结状态持续两年或两年以上不融的土。

（3）坚硬冻土中未冻水含量很少，土粒为冰牢固胶结，土的强度高、压缩性小，在荷载作用下，表现为脆性破坏，与岩石相似，当土的温度低于一定数值时，如粉砂 -0.3 ℃、粉土 -0.6 ℃、粉质黏土 -1.0 ℃、黏土 -1.5 ℃，易呈坚硬冻土。

（4）塑性冻土虽被冰胶结但仍含有大量未冻结的水，具有塑性，在荷载作用下可以压缩，土的强度不高。当土的温度在 0 ℃ 以下至坚硬冻土温度的上限、饱和度≤80% 时，常呈塑性冻土。

（5）松散冻土由于土的含水量较小，土粒未被冰所胶结，仍呈冻前的松散状态，其力学性质与未冻土无多大差别。砂土和碎石土常呈松散冻土。

（二）冻土的主要工程地质特性

（1）冻土与一般土的最大区别是冻土的孔隙中含有一定的冰，或土颗粒被冰所胶结。

（2）土在冻结过程中其体积发生相对膨胀。冻土按冻胀量可分为不冻胀、弱冻胀和冻胀。

（3）由于冰的胶结作用，冻土的抗压强度比未冻土要大许多倍。冻土的抗压强度与温度和含水量等因素有关。

（4）多年冻土具有较高的抗剪强度，但其长期荷载作用下的抗剪强度要比瞬时荷载作用下的抗剪强度低很多。

（5）冻土的变形性质主要表现为冻胀性和融沉性。冻土若长期处于稳定冻结状态，则具有较高的强度和较小的压缩性甚至不具压缩性。但在冻结过程中，却有明显的冻胀性，对地基不利。与冻胀性相反，冻土在融化后强度大为降低，压缩性急剧增大，使地基产生融化沉陷（简称融沉或融陷）。冻土的融沉性与土颗粒及含水量有关。一般土颗粒越粗、含水量越小，融沉性越小，反之则越大。

九、填土

（一）填土的分类

填土是指由人类活动而堆积的土。根据《岩土工程勘察规范》（GB 50021—2001）的规定，填土根据物质组成和填筑方式，可分为四类。

（1）素填土。由碎石土、砂土、粉土和黏性土等一种或几种材料组成，不含杂物或含杂物很少。

（2）杂填土。含有大量建筑垃圾、工业废料或生活垃圾等杂物。

（3）冲填土。由水力冲填泥沙形成。

（4）压实填土。按一定标准控制材料成分、密度、含水量，分层压实或夯实而成。

（二）填土的工程性质

1. 素填土的工程性质

素填土的工程性质取决于它的均匀性和密实度。在堆填过程中，未经人工压实者，一般密实度较差，但若堆积时间较长，由于土的自重压密作用，也能达到一定的密实度。如堆积时间超过 10 年的黏性土、超过 5 年的粉土、超过 2 年的砂性土，均具有一定的密实度和强度，可以作为一般建筑物的天然地基。

2. 杂填土的工程性质

（1）性质不均，厚度及密度变化大。

（2）杂填土往往是一种欠压密土，一般具有较高的压缩性。对部分新的杂填土，除正常荷载作用下的沉降外，还具有自重压力下沉降及湿陷变形的特点。

（3）强度低。杂填土的物质成分异常复杂，不同物质成分直接影响土的工程性质。建筑垃圾土和工业废料土，在一般情况下优于生活垃圾土。因生活垃圾土物质成分杂乱，含大量有机质和未分解的腐殖质，具有很高的压缩性和很低的强度。

3. 冲填土的工程性质

（1）冲填土在冲填过程中由于泥沙来源的变化，造成冲填土在纵横方向上的不均匀性，故土层多呈透镜体状或薄层状。

（2）冲填土的含水率大，一般大于液限，呈软塑或流塑状态。当黏粒含量多时，水分不易排出，土体形成初期呈流塑状态，后来虽然土层表面经蒸发干缩龟裂，但下面土层由于水分不易排出，仍处于流塑状态，稍加触动即发生触变现象。因此，冲填土多属未完成自重固结的高压缩性的软土。土的结构需要一定时间进行再组合，土的有效应力要在排水固结条件下才能提高。

4. 压实填土的工程性质

压实填土的工程性质取决于填土的均匀性、压实时的含水量和密度，以及压实时质量检验情况。

利用压实填土作地基时，不得使用淤泥、耕土、冻土、膨胀性土以及有机物含量大于 8% 的土作填料，当填料内含有碎石土时，其粒径一般不宜大于 200 mm。

第四节　区域构造稳定性

区域构造稳定性是指建设场地所在的一定范围和一定时段内，内动力地质作用可能对工程建筑物产生的影响程度。因为是关系到水利水电工程是否可行的根本地质问题，在可行性研究勘察中必须对此做出评价。

一、区域构造稳定性评价

按照国家标准《水利水电工程地质勘察规范》（GB 50487—2008）和配套的技术规程，

区域构造稳定性研究包括：①区域构造背景研究和区域构造稳定性分区；②活断层判定和断层活动性研究；③地震危险性分析和场地地震动参数确定；④水库诱发地震潜在危险性预测；⑤工程场地的区域构造稳定性综合评价；⑥活断层监测和地震监测。

通过水利水电工程区域构造稳定性研究，要回答的问题可以概括成两个方面：①对于制定流域开发规划、正确选择第一期开发河段和工程，以及大型跨流域调水、引水工程线路的比较选择等，提出区域构造稳定条件的评估意见；②对于拟选的水利水电工程建筑物场地，回答其在今后一二百年内，遭受活断层或地震活动破坏的可能性，以及破坏强度和破坏概率，提出水利水电工程抗震设计所需的地震动参数。

二、地震安全性评价

（一）主要术语

（1）地震烈度。地震发生时，在波及范围内一定地点的地面及房屋建筑遭受地震影响和破坏的程度。

（2）地震基本烈度。某个地区在未来一定时期内，一般场地条件和一定超越概率水平下，可能遭遇的最大地震烈度。根据国家地震局和建设部 1992 年颁布使用的《中国地震烈度区划图（1990）》（比例尺 1∶400 万），地震基本烈度"是指在 50 年期限内，一般场地条件下，可能遭遇超越概率为 10% 的烈度值"。

（3）场地相关反应谱。考虑地震环境及场地条件影响得到的地震反应谱。

（4）地震带。地震活动性与地震构造条件密切相关的地带。

（5）地震动参数。地震引起地面运动的物理参数，包括加速度、反应谱等。

（6）地震构造。与地震孕育和发生有关的地质构造。

（7）地震活动断层。曾发生和可能再发生地震的断层。

（8）地震动峰值加速度。与地震动加速度反应谱最大值相应的水平加速度。

（9）地震动反应谱特征周期。标准反应谱曲线开始下降点所对应的周期值。

（二）地震安全性评价的工作内容

根据《工程场地地震安全性评价技术规范》（GB 17741—1999）的规定，地震安全性评价的基本工作内容主要包括：

（1）区域地震活动性和地震构造的调查、分析。

（2）近场及场区地震活动性和地震构造的调查、分析。

（3）场地工程地震条件的勘察。

（4）地震烈度与地震动衰减关系的分析。

（5）地震危险性的确定性分析。

（6）地震危险性的概率分析。

（7）区域性地震区划。

（8）场地地震动参数确定和地震地质灾害评价。

（9）地震动小区划。

（三）水利水电工程对地震危险性分析工作的规定

根据《水利水电工程地质勘察规范》（GB 50487—2008），水利水电工程场地地震基本

烈度和地震危险性分析应根据工程的重要性和地区的地震地质条件,按下列规定进行:

(1)坝高大于 200 m 或库容大于 10×10^9 m³ 的大(1)型工程或地震基本烈度为 7 度及以上地区的坝高大于 150 m 的大(1)型工程,应进行专门的地震危险性分析。

(2)其他大型工程可按现行中国地震区划图确定地震基本烈度。对地震基本烈度为 7 度及以上地区的坝高为 100 ~ 150 m 的工程,当历史地震资料较少时,应进行地震基本烈度复核。

(3)地震危险性分析应包括工程使用期限内不同超越概率水平下,拦河坝、建筑物和库区可能遭受的地震烈度、坝址基岩地震峰值水平加速度及反应谱等地震动参数,以及合成基岩地震动时程。

三、中国地震动参数区划图

《中国地震动参数区划图》(GB 18306—2015)是为减轻和防御地震灾害提供抗震设防要求,更好地服务于国民经济建设而制定的标准,其全部技术内容为强制性。

标准的基本内容包括标准的范围、标准采用的术语定义、标准的技术要素、标准的使用规定及附录等。

《中国地震动参数区划图》(GB 18306—2015)包括中国地震动峰值加速度区划图、中国地震动反应谱特征周期区划图和地震动反应谱特征周期调整表。

中国地震动峰值加速度区划图和中国地震动反应谱特征周期区划图的比例尺均为1:400万,不应放大使用,其设防水准为 50 年超越概率10% 。

根据《中国地震动参数区划图》(GB 18306—2015)的规定,地震动峰值加速度与地震基本烈度的对照关系如表 2-22 所示。

表 2-22　地震动峰值加速度与地震基本烈度对照关系

地震动峰值加速度($\times g$)	<0.05	0.05	0.1	0.15	0.2	0.3	≥0.4
地震基本烈度(度)	<6	6	7	7	8	8	≥9

四、活断层

(一)活断层的定义

根据《水利水电工程地质勘察规范》(GB 50487—2008),活断层是指晚更新世(10 万年)以来有活动的断层。

(二)活断层研究方法

1.遥感图像的解译判读

遥感图像包括陆地卫星多波段图像、航空遥感彩红外相片、机载热红外扫描图像、机载侧视雷达图像等。根据图像上的线性影像、水系格局、地下水及湖海岸的形状变化等判别活动断裂的位置、规模、组合及交切关系、活动断裂的力学性质和活动强度等。

2.地质地貌法

观察活动断裂带沿线的地貌特征:洪积扇、河流阶地、断层三角面坡、夷平面、水系及第四系岩相和厚度的变化。

3. 野外地质调查和测绘

野外直接的宏观地质调查和宏观地质判断工作是不能忽视的重要工作。现场的地质调查,根据断层出露的地质条件、构造变形和地貌特征做出的判断,是评价各种技术资料和综合分析的基础,也是最终正确判别断层活动性的基础。在坝区除对断层进行逐段地面追索、实测地质剖面、槽探等工作外,在冲沟覆盖较深的地段,还需应用物探(地震和电法剖面)、钻探(斜孔对)、平硐等手段,对断层错动遗迹进行定量研究。

4. 断层活动年龄的测定

在断层带内采样,应用各种科技测试手段(^{14}C、ESR 和热释光等方法)进行测年。采样时应注意明确需要使用的方法和测试意图,取断层泥样品是为了直接说明断层活动的年龄,取断层上覆盖的完整地层样品是为了说明断层不活动的年龄。值得注意的是,各种测年断代方法都各有其适用范围和局限性。目前并没有哪种测年方法是绝对准确和可靠的,应根据具体情况来分析使用所测得的资料。切忌以为有一两组测年数据,断层活动年龄的问题就解决了。应与断层活动的其他证据互相印证,才能得出可信度较高的结论。

5. 古地震研究

用地质和考古等方法查明史前浅源强震产生的地表和沉积物剩余变形的地质标志,并复原古地震的震中位置、震级和发震年代。由于古地震强震都与构造活动有关,因此古地震研究是断层活动性研究的重要组成部分。常见判断古地震存在的最直接手段是开挖探槽,对槽壁剖面进行详细素描、测量制图、分层对比、采集测年样品,根据不同层位的埋藏断裂及其伴生的液化扰动层、喷沙体,综合分析断层的活动次数、强度、发震时间和重复周期等。值得注意的是,识别古地震是一项复杂的工作,不能仅根据某一孤立的标志就做定论,而应寻找多种标志进行综合分析。

6. 地震资料的分析处理

地震资料的分析处理包括分析地震活动的空间分布与断裂构造的关系、震源机制解析断层活动的力学性质。

7. 活动断层位移监测和测量

断层活动性观测包含两个层次的工作,即论证所研究断层是否具有现代活动性和测取已确认的现代活动断层的活动性参数。为前一个目的而设置的断层形变观测站,一般建在距勘探工地较远的地方,多采用地表跨断层的短水准、短基线、三角网等方法,近些年已开始应用高精度的 GPS 技术。为后一个目的目前应用较多的是在专门的平硐内设置断层活动测量仪,对断层形变进行连续自动的模拟记录;也可以采用跨断层的短水准、短基线、钻孔倾斜仪,以及水管倾斜仪、石英伸缩仪等方法。

(三)活断层的判别

1. 直接标志

具下列标志之一的断层,可判定为活断层:

(1)错动晚更新世(Q_3)以来地层的断层。

(2)断裂带中的构造岩或被错动的脉体,经绝对年龄测定,最新一次错动年代距今 10 万年以内。

(3)根据仪器观测,沿断层有大于 0.1 mm/年的位移。

（4）沿断层有历史和现代中、强震震中分布或有晚更新世以来的古地震遗迹，或者有密集而频繁的近期微震活动。

（5）在地质构造上，证实与已知活断层有共生或同生关系的断层。

直接标志一般可以为断层活动提供可靠的实证，特别是第（1）~（4）条，只要找到确凿无疑的证据，便可确定该断层为活断层。

第（5）条在单独使用时必须结合活断层分段的研究成果，充分考虑同一断裂系中不同断层在活动性质上的时空不一致性，以免夸大了活断层的范围。

2. 间接标志

（1）沿断层晚更新世以来同级阶地发生错位；在跨越断裂处水系、山脊有明显同步转折现象或断裂两侧晚更新世以来的沉积物厚度有明显的差异。

（2）沿断层有断层陡坎，断层三角面平直新鲜，山前分布有连续的大规模的崩塌或滑坡，沿断层有串珠状或呈线状分布的斜列式盆地、沼泽和承压泉等。

（3）沿断层有水化学异常带、同位素异常带或温泉及地热异常带分布。

间接标志主要是沿所研究断层实际观察到的地形地貌、遥感、地球物理场、地球化学场、水文地质场等方面的形迹，它们能为断层活动性研究提供重要线索，但在尚未找到直接证据的情况下，不能单独作为判定活断层的依据。也就是说，具有下述标志之一的断层，可能为活断层，应结合其他有关资料，综合分析判定。

3. 参考标志

（1）卫星相片和航空摄影相片上判读的清晰线性形迹，小比例尺地形图上标示的线形排列的沟谷、山脊、陡崖等。

（2）区域夷平面或高阶地面上明显的高程差异，河谷阶地位相图上明显的转折，两岸阶地发育明显的不对称性等。

（3）小比例尺地球物理（重力、航磁、地热）和地球化学图件上的线性异常带，人工地震剖面中解读的深部断点和隐伏断裂等。

（4）覆盖地区用简易物、化探方法测得的线性异常。

（5）区域构造应力场物理模拟（光弹、泥巴试验）和数学模拟（线弹性有限元分析、流变过程分析）求出的活动性强烈的断层段。

参考标志往往是工作中首先引起人们注意的现象，在大范围的新构造研究中有时也可以作为区域性断裂活动性的主要标志。在水电工程场区小范围的研究中，它们能指出工作的重点地段和重点问题，避免遗漏并节省许多工作量，但这些标志是否为活断层的反映，必须经过实地检验，取得直接证据，才能得出可靠的结论。

还需要指出，在不利的地质环境或恶劣的现场勘测研究和取样条件下获得的直接或间接标志，许多情况下也只有参考意义。

4. 各种标志的多解性和不确定性

间接标志具有多解性，已为水利水电部门大多数勘测人员所接受。直接标志在许多情况下同样具有多解性，却还未引起足够的重视。如最直接的晚更新世地层错动，它可能是发震断层向复盖层中的直接延续；也有可能是地震重力错动，指示附近有发震断层，但本身只反映了在强烈震动下松软沉积物表层的重力压密变形，并非真正的活断层；还可能由外动力地质作用引起(如滑坡、流水侵蚀、冰川推挤等),没有构造意义。因此,在没有发现与之相应的基岩活断层之前,往往不能得出最终的结论。

活断层的各种判别标志都具有一定的不确定性。在不同的地质环境和研究条件下,不同判别标志的可信度有所不同,或者说,在分析确定某条断层是否为活断层时,它们的权重是不一样的。第四系地层的错动或变形是最可靠、最直接的证据,在确认它属于构造成因之后,权重最大。例如,断层带物质测年为 Q_3 活动过,但断层上覆 Q_3 或 Q_2 地层没有错或变形,仍应判定为 Q_3 以来无活动;反之,测年资料较老而地层错动资料很新,就应该认为该断层确有新的活动,而测年资料需要作进一步的核对。

同一类现象在判断断层活动性上,也可能有多种含义和不同的权重。例如,断层线上发生过里氏 6.5 级以上地震或多次 5~6 级地震,可以认为是该断层有现今活动的直接证据;个别 5~6 级地震或相对密集的小震只能作为间接证据;而少量沿断层线分布的小震最多只能作为参考标志,不足以证明该断层的现代活动。

研究条件对判别标志的权重有很大的影响。例如断层位移观测,数十年的连续资料是可靠的直接标志,而三五年的资料只能作为参考。又如断层测年样品,取自埋深百米以下的平硐,应属可靠的直接标志,取自浅埋的平硐也较为可信,而在地表露头或探槽中取样,有时只能作为参考。

第五节　水库工程地质

一、水库区工程地质勘察

(一)规划阶段

(1)了解水库的工程地质和水文地质条件。

(2)了解可能威胁水库成立的滑坡、潜在的不稳定岸坡、泥石流、塌岩和浸没等的分布范围。

(3)了解可溶岩地区的喀斯特发育情况、含水层和隔水层的分布范围、河谷和分水岭的地下水位,并对水库产生渗漏的可能性进行分析。

(4)了解重要矿产和名胜古迹的分布情况。

(二)可行性研究阶段

(1)初步查明水库区的水文地质条件,确定可能的渗漏地段,估算可能的渗漏量。

(2)初步查明库岸稳定条件,确定崩塌、滑坡、泥石流、危岩体及潜在不稳定岸坡的分布位置,初步评价其在天然情况及水库运行后的稳定性。

(3)初步查明可能坍岸(塌岸)位置,初步预测水库运行后的坍岸形式和范围,初步评价其对工程、库区周边城镇、居民区、农田等的可能影响。

(4)初步查明可能产生浸没地段的地质和水文地质条件,初步预测水库浸没范围和严重程度。

(5)初步研究并预测水库诱发地震的可能性、发震位置及强度。

(6)调查是否存在影响水质的地质体。

（三）初步设计阶段

（1）查明可能严重渗漏地段的水文地质条件,对水库渗漏问题做出评价。

（2）查明可能浸没区的水文地质、工程地质条件,确定浸没影响范围。

（3）查明滑坡、崩塌等潜在不稳定库岸的工程地质条件,评价其影响。

（4）查明土质岸坡的工程地质条件,预测坍岸范围。

（5）论证水库诱发地震的可能性,评价其对工程和环境的影响。

关于水力发电工程的水库区工程地质勘察内容,应符合《水力发电工程地质勘察规范》(GB 50287—2006)的相关规定。

二、水库蓄水后的主要工程地质问题

水库蓄水后,库区可能产生的工程地质问题主要有水库渗漏问题、水库浸没问题、水库塌岸(库岸稳定)问题、水库诱发地震问题和固体径流问题。

（一）水库渗漏

1. 水库渗漏的形式

水库渗漏有暂时性渗漏和永久性渗漏两种形式,前者是暂时的,对水库蓄水效益影响不大,而后者是长期的,对水库蓄水效益影响极大。

2. 产生渗漏的工程地质条件

1）岩性条件

水库通过地下渗漏通道渗向库外的首要条件是库底和水库周边有透水岩(土)层或可溶岩层存在。

2）地形地貌条件

水库与相邻河谷间或下游河湾间的分水岭的宽窄和邻谷的切割深度对水库渗漏影响很大。当地形分水岭很单薄,而邻谷谷底又低于库水位很多时,就具备了水库渗漏的地形条件。当邻谷谷底高于库水位时,则不会向邻谷渗漏。

3）地质构造条件

在纵向河谷地段,当库区位于向斜部位时,因两岸岩层均倾向库内,隔水层将整个水库包围,水库不会渗漏,如图 2-4 所示。当库区位于背斜部位时,若岩层平缓则有沿透水层向两侧渗漏的可能,如图 2-5 所示。但是当单斜谷、背斜谷的岩层倾角较大时,水库渗漏的可能性就小。断层的存在对渗漏影响较大,如胶结或充填较好的断层将透水岩层切断,使渗漏通道失去与邻谷的连续性,对防止渗漏有利。但如果断层切断了隔水层,使水库失去了封闭条件,可能产生渗漏,如图 2-6、图 2-7 所示。

图 2-4　库区位于纵向河谷向斜部位
有隔水层包围而不致渗漏

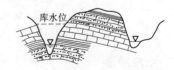

图 2-5　库区位于纵向河谷背斜部位
岩层缓斜水库易渗漏

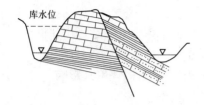
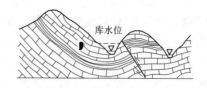

图2-6　断层切断渗漏通道　　　　图2-7　断层破坏隔水层的连续性

4）水文地质条件

水库具备了有利于渗漏的岩性、地形地貌、地质构造条件,是否能产生渗漏还取决于水文地质条件。要具体分析分水岭地区地下水出露和分布特征,判断有无地下水分水岭,若有确定地下水分水岭的高程及其与水库正常蓄水位的关系。如果水库蓄水之前该河段就向邻谷渗漏,分水岭地区无地下水分水岭,则水库蓄水后,渗漏必然加剧,如图2-8(a)所示;如果建库前邻谷地下水流向库区河谷,但邻谷水位低于水库正常蓄水位,则建库后水库会向邻谷渗漏,如图2-8(b)所示;如果水库蓄水前地下水分水岭高程大大低于水库正常蓄水位,则建库后水库蓄水导致地下水分水岭消失,库水向邻谷渗漏,如图2-8(c)所示;如果地下水分水岭高程略低于水库正常蓄水位,则建库蓄水后地下水壅高,使地下水分水岭高于水库正常蓄水位,则不会产生渗漏,如图2-8(d)所示;如果蓄水前地下水分水岭高于水库正常蓄水位,则建库后不会向邻谷渗漏,如图2-8(e)所示。

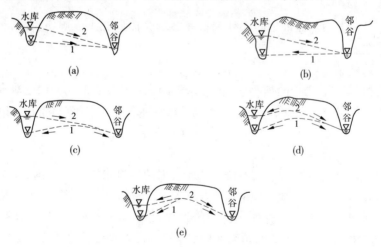

(a)、(b)蓄水前无地下水分水岭;(c)地下水分水岭大大低于库水位;
(d)地下水分水岭略低于库水位;(e)地下水分水岭高于库水位
1—水库蓄水前地下水水位;2—水库蓄水后地下水水位

图2-8　水库渗漏的水文地质条件

(二)水库浸没

水库蓄水后使库区周围地下水相应壅高而接近或高于地面,导致地面农田盐碱化、沼泽化及建筑物地基条件恶化,这种现象称为浸没。丘陵地区、山前洪积扇及平原水库,由于周围地势低缓,最易产生浸没。山区水库可能产生宽阶地浸没以及库水向低邻谷洼地渗漏的浸没。严重的水库浸没问题影响水库正常蓄水位的选择,甚至影响坝址选择。

水库周边地区是否产生浸没,应通过工程地质勘察进行评价。浸没评价宜分初判和复判两个阶段进行。浸没的初判应在调查水库区的地质与水文地质条件的基础上,排除不会发生浸没的地区,对可能浸没地区,进行稳定态潜水回水预测计算,初步圈定浸没范围。经初判圈定的浸没地区应进行复判,并应对其危害做出评价。

(1)浸没评价应依据当地浸没临界值与潜水回水位埋深之间的关系确定,当预测的潜水回水位埋深小于浸没的临界地下水位埋深时,该地区即应判定为浸没区。

(2)下列标志之一可作为不易浸没地区的判别标志:①库岸或渠道由相对不透水岩土层组成,或调查地区与库水间有相对不透水层阻隔,且该不透水层的顶部高程高于水库设计正常蓄水位。②调查地区与库岸间有水流的溪沟,其水位等于或高于水库设计正常蓄水位。

(3)下列标志之一可作为易浸没地区的判别标志:①平原型水库的周边和坝下游、顺河坝或围堤的外侧,地面高程低于库水位地区。②盆地型水库边缘与山前洪积扇、洪积裙相连的地区。③潜水位埋藏较浅,地表水或潜水排泄不畅,补给量大于排泄量的库岸地区,封闭或半封闭的洼地,或沼泽的边缘地区。

(4)下列条件之一可作为次生盐渍化、沼泽化的判别标志:①在气温较高地区,当潜水位被壅高至地表,排水条件又不畅时,可判为涝渍、湿地浸没区;对气温较低地区,可判为沼泽地浸没区。②在干旱、半干旱地区,当潜水位被壅高至土壤盐渍化临界深度时,可判为次生盐渍化浸没区。

(三)水库塌岸

水库塌岸也称水库边岸再造,是由于水库蓄水对库岸地质环境的影响,原来结构疏松的库岸在库水,特别是波浪的作用下坍塌,形成新的相对稳定的岸坡的过程。

1.影响水库塌岸的因素

1)水文因素

水库蓄水使地下水位上升,引起库岸岩土体的湿化和物理、力学、水理性质的改变,破坏了岩土体的结构,使其抗剪强度和承载力降低,易于塌岸的发生。

水库蓄水水面变宽、水深增大,风速兴起的波浪作用成为水库塌岸的主要动力。波浪对塌岸的影响主要表现为击岸浪对岸壁的淘刷和磨蚀,以及对塌落物的搬运,从而加速塌岸过程。此外,库水位的变化幅度与各种水位持续的时间对水库塌岸也有较大的影响。

2)地质因素

组成库岸的岩土类型和性质是决定水库塌岸速度及宽度的主要因素。坚硬岩石,抗冲蚀能力强,能维持较大的稳定坡角,水库塌岸不严重。半坚硬岩石,与水接触其性能显著改变,强度降低很多,塌岸问题比较严重。松散土特别是黄土类土组成的库岸,遇水易于软化湿化,强度极低,塌岸问题严重。

地质构造和岩体结构是控制基岩库岸稳定的重要因素,特别是各种软弱结构面的产状、组合关系与库水的关系。

3)库岸形态

库岸形态指的是岸高、岸的坡度、库岸的沟谷切割及岸线弯曲情况等,它们对塌岸也有很大影响。库岸愈高、愈陡,塌岸就愈严重;反之,则轻微。水下岸形陡直、岸前水深的库岸,波浪对库岸的作用强烈,塌落物被搬运得快,因此加快了塌岸过程。一般当地形坡度小于10°时,不易发生塌岸。在平面形态上,支沟发育,地形切割严重且岸线弯曲的库岸,塌岸严重,特别是凸嘴、凸岸三面临水,坍塌严重;平直岸和凹岸则较轻微。

2. 水库塌岸的预测

水库塌岸预测的目的是根据水库周边的工程地质条件和水库运用水位变化的情况等定量地估计水库塌岸范围、最终塌岸宽度、塌岸速度及进程。水库塌岸预测的方法很多。按时限划分有以水库初次蓄水后的2～3年内为限的短期预测和以最终塌岸为限的长期预测。按库岸岩性结构划分有均质松散层库岸预测、非均质松散层库岸预测和基岩库岸预测。此外,还有专门用于我国黄土地区水库塌岸的预测方法。

(四)水库诱发地震

因蓄水而引起库盆及其邻近地区原有地震活动性发生明显变化的现象,称为水库诱发地震,简称水库地震。它是人类兴建水库的工程建设活动与地质环境中原有的内、外应力引起的不稳定因素相互作用的结果,是诱发地震中震例最多、震害最严重的一种类型。

1. 水库诱发地震的特征

与一般构造地震相比,水库地震主要有下述特征:

(1)发生诱发地震的水库在水库工程总数中所占比例不足0.1%,但随着坝高和库容的增大,比例明显增高。中国百米以上大坝和库容100亿 m^3 以上的水库中诱发地震比例均在30%以上,超过世界平均水平。

(2)空间分布上震中大部分集中在库盆和距库岸3～5 km的地方;少数主震发生在大坝附近,大部分是在水库中段甚至在库尾;震源深度极浅,从距地表3～5 km至近地表。

(3)时间分布上存在着十分复杂的现象,初震往往出现在开始蓄水后不久,地震高潮和大多数主震发生在蓄水初期的1～4年内,主要取决于震中区的地震地质条件,也与水库的运行调度情况有一定关系。

(4)绝大部分主震震级是微震和弱震,但其震感强烈,震中烈度偏高;中等强度以上的破坏性地震占20%～30%,其中6.0级以上的强震仅3%。

(5)强和中强水库地震多数情况下都超过了当地历史记载的最大地震。

2. 水库诱发地震的成因类型

(1)构造型水库地震。该类地震是对水利水电工程影响最大、也是国内外研究最多的类型。通过对主震震级 $M \geqslant 4.5$ 级震例的地震地质环境的分析,可以将主要的发震条件归纳为:①区域性断裂带或地区性断裂通过库坝区;②断层有晚更新世以来活动的直接地质证据;③沿断裂带有历史地震记载或仪器记录的地震活动;④断裂带和破碎带有一定的规模和导水能力,能与库水沟通并可能渗往深部。

构造型水库地震中还有一种类型,即原来的天然地震活动水平比较高,蓄水至高水位时地震反而减少(如美国的安德逊水库、我国台湾省曾文水库等)。其震例数量较少,对工程也没有明显影响,研究程度较差。

(2)喀斯特型水库地震。该类地震是最常见的类型,我国震例中70%以上处在碳酸盐岩分布地区。主震震级多数为1～2级,最大不超过4级。震例分析表明,只有在合适的喀斯特水文地质结构条件下,才会出现喀斯特型水库地震,其发生的主要条件可归纳为:①库区有较大面积的碳酸盐岩分布,特别是质纯、层厚、块状的石灰岩;②现代喀斯特作用强烈;③一定的气候和水文条件(如暴雨中心、陡涨陡落型洪峰等)。

(3)地表卸荷型水库地震。近年的资料表明,这一类型比原先预想的更为常见。现代强烈下切的河谷下部(所谓的卸荷不足区)、富硅的岩性条件(如酸性火成岩、硅质或富含燧石结核的灰岩)等,可能有利于此类水库地震出现。此类地震一般震级不高,延续时间不长,但有时很小的地震就有强烈震感,对工程和库区环境的影响不可忽视。

3.水库诱发地震的工程地质条件分析

震例及研究表明,水库诱发地震的发生与下述工程地质条件密切相关:

(1)岩性。以碳酸盐岩地区水库诱震率较高,但震级则以火成岩特别是花岗岩区较高。

(2)地应力。水库诱发地震构造的力学类型与地应力密切相关。研究认为,大多数水库诱发地震构造的力学类型是剪切破裂,断裂能否产生新的剪切破裂,取决于区域最大主应力 σ_1 与断裂走向的夹角 α,据统计 $\alpha = 30° \sim 60°$ 时易产生新的剪切破裂。

(3)水文地质条件。库区周围隔水层的分布,可形成大致圈闭的水文地质条件,有利于保持较大的水头压力,使库水得以向深部渗入,增加了构造裂隙及断层中的孔隙水压力,降低了岩体的抗剪强度,因而易于诱发地震。

(4)历史地震。据水库地震震例分析,水库地震既可发生在地震活动水平较高的多震区,也可发生在弱震或无震区。似乎历史地震的强弱和区域地壳稳定性好坏,并不是诱发地震的直接标志。

(5)坝高与库容。水库地震震例分析表明,高坝大库诱发地震的概率大、危险性大。

第六节　拦河坝(闸)工程地质

一、坝(闸)址工程地质勘察

(一)规划阶段

1.各梯级坝址勘察

各梯级坝址勘察应包括下列内容:

(1)了解坝址所在河段的河流形态、河谷地形地貌特征及河谷地质结构。

(2)了解坝址的地层岩性、岩体结构特征、软弱岩层分布规律、岩体渗透性及卸荷与风化程度;了解第四纪沉积物的成因类型、厚度、层次、物质组成、渗透性,以及特殊土体的分布。

(3)了解坝址的地质构造,特别是大断层、缓倾角断层和第四纪断层的发育情况。

(4)了解坝址及近坝地段的物理地质现象和岸坡稳定情况。

(5)了解透水层和隔水层的分布情况,地下水埋深及补给、径流、排泄条件。

(6)了解可溶岩坝址喀斯特洞穴的发育程度、两岸喀斯特系统的分布特征和坝址防渗条件。

（7）分析坝址地形、地质条件及其对不同坝型的适应性。

（8）了解坝址附近天然建筑材料的种类及数量。

2. 近期开发工程坝址勘察

近期开发工程坝址勘察除应符合上述条件要求外，还应包括下列内容：

（1）坝基中主要软弱夹层的分布、物质组成、天然性状。

（2）坝基主要断层、缓倾角断层破碎带性状及其延伸情况。

（3）坝肩岩体的稳定情况。

（4）当第四纪沉积物作为坝基时，土层的层次、厚度、级配、性状、渗透性、地下水状态。

（5）当可能采用地下厂房布置方案时，地下洞室围岩的成洞条件。

（6）当可能采用当地材料坝方案时，溢洪道布置地段的地形地质条件及筑坝材料的分布与储量。

（二）可行性研究阶段

（1）初步查明坝址区地形地貌特征，平原区河流坝址应初步查明牛轭湖、决口口门、沙丘、古河道等的分布、埋藏情况、规模及形态特征。当基岩埋深较浅时，应初步查明基岩面的倾斜和起伏情况。

（2）初步查明基岩的岩性、岩相特征，进行详细分层，特别是软岩、易溶岩、膨胀性岩层和软弱夹层等的分布和厚度，初步评价其对坝基或边坡岩体稳定的可能影响。

（3）初步查明河床和两岸第四纪沉积物的厚度、成因类型、组成物质及其分层和分布，湿陷性黄土、软土、膨胀土、分散性土、粉细砂和架空层等的分布，基岩面的埋深、河床深槽的分布。初步评价其对坝基、坝肩稳定和渗漏的可能影响。

（4）初步查明坝址区内主要断层、破碎带，特别是顺河断层和缓倾角断层的性质、产状、规模、延伸情况、充填和胶结情况，进行节理裂隙统计，初步评价各类结构面的组合对坝基、边坡岩体稳定和渗漏的影响。

（5）初步查明坝址区地下水的类型、赋存条件、水位、分布特征及其补排条件，含水层和相对隔水层埋深、厚度、连续性、渗透性，进行岩土渗透性分级，初步评价坝基、坝肩渗漏的可能性、渗透稳定性和渗控工程条件。

（6）初步查明坝址区岩体风化、卸荷的深度和程度，初步评价不同风化带、卸荷带的工程地质特性。

（7）初步查明坝址区崩塌、滑坡、危岩及潜在不稳定体的分布和规模，初步评价其可能的变形破坏形式及对坝址选择和枢纽建筑物布置的影响。

（8）初步查明坝址区泥石流的分布、规模、物质组成、发生条件及形成区、流通区、堆积区的范围，初步评价其发展趋势及对坝址选择和枢纽建筑物布置的影响。

（9）可溶岩坝址区应初步查明喀斯特发育规律及主要洞穴、通道的规模、分布、连通和充填情况，初步评价可能发生渗漏的地段、渗漏量，喀斯特洞穴对坝址和枢纽建筑物的影响。

黄土地区应初步查明黄土喀斯特分布、规模及发育特征，初步评价其对坝址和枢纽建筑物的影响。

（10）初步查明坝址区环境水的水质,初步评价环境水的腐蚀性。

（11）初步查明岩土体的物理力学性质,初步选定岩土体物理力学参数。

（12）初步评价各比选坝址及枢纽建筑物的工程地质条件,提出坝址比选和基本坝型的地质建议。

（三）初步设计阶段

1. 土石坝坝（闸）址

（1）查明坝基基岩面形态、河床深槽、古河道、埋藏谷的具体范围、深度以及深槽或埋藏谷侧壁的坡度。

（2）查明坝基河床及两岸覆盖层的层次、厚度和分布,重点查明软土层、粉细砂、湿陷性黄土、架空层、漂孤石层以及基岩中的石膏夹层等工程性质不良岩土层的情况。

（3）查明心墙、斜墙、面板趾板及反滤层、垫层、过渡层等部位坝基有无断层破碎带、软弱岩体、风化岩体及其变形特性、允许水力比降。

（4）查明坝基水文地质结构,地下水埋深,含水层或透水层和相对隔水层的岩性、厚度变化和空间分布,岩土体渗透性。重点查明可能导致强烈漏水和坝基、坝肩渗透变形的集中渗漏带的具体位置,提出坝基防渗处理的建议。

（5）评价地下水、地表水对混凝土及钢结构的腐蚀性。

（6）查明岸坡风化卸荷带的分布、深度,评价其稳定性。

（7）查明坝区喀斯特发育特征、主要喀斯特洞穴和通道的分布规律、喀斯特泉的位置和流量、相对隔水层的埋藏条件,提出防渗处理范围的建议。

（8）提出坝基岩土体的渗透系数、允许水力比降和承载力、变形模量、强度等各种物理力学参数,对地基的沉陷、不均匀沉陷、湿陷、抗滑稳定、渗漏、渗透变形、地震液化等问题做出评价,并提出坝基处理的建议。

2. 混凝土重力坝址

（1）查明覆盖层的分布、厚度、层次及其组成物质,以及河床深槽的具体分布范围和深度。

（2）查明岩体的岩性、层次,易溶岩层、软弱岩层、软弱夹层和蚀变带等的分布、性状、延续性、起伏差、充填物、物理力学性质以及与上下岩层的接触情况。

（3）查明断层、破碎带、断层交汇带和裂隙密集带的具体位置、规模和性状,特别是顺河断层和缓倾角断层的分布和特征。

（4）查明岩体风化带和卸荷带在各部位的厚度及其特征。

（5）查明坝基、坝肩岩体的完整性、结构面的产状、延伸长度、充填物性状及其组合关系,确定坝基、坝肩稳定分析的边界条件。

（6）查明坝基、坝肩喀斯特洞穴、通道及溶蚀裂隙的分布、规模、充填状况及连通性,查明喀斯特泉的分布和流量。

（7）查明两岸岸坡和开挖边坡的稳定条件,结合边坡地质结构,提出工程边坡开挖坡比和支护措施建议。

（8）查明坝址的水文地质条件,相对隔水层埋藏深度,坝基、坝肩岩体渗透性的各向异性,以及岩体渗透性的分级,提出渗控工程的建议。

（9）查明地表水和地下水的物理化学性质，评价其对混凝土和钢结构的腐蚀性。

（10）查明消能建筑物及泄流冲刷地段的工程地质条件，评价泄流冲刷、泄流水雾对坝基及两岸边坡稳定的影响。

（11）峡谷坝址应根据需要测试岩体应力，分析其对坝基开挖岩体卸荷回弹的影响。

（12）进行坝基岩体结构分类。

（13）在分析坝基岩石性质、地质构造、岩体结构、岩体应力、风化卸荷特征、岩体强度和变形性质的基础上进行坝基岩体工程地质分类，提出各类岩体的物理力学参数建议值，并对坝基工程地质条件做出评价。

（14）提出建基岩体的质量标准，确定可利用岩面的高程，并提出重大地质缺陷处理的建议。

（15）土基上的混凝土坝（闸）勘察内容可参照土石坝和水闸的有关规定。

3.混凝土拱坝址

（1）查明坝址河谷形态、宽高比、两岸地形完整程度，评价建坝地形的适宜性。

（2）查明与拱座岩体有关的岸坡卸荷、岩体风化、断层、喀斯特洞穴及溶蚀裂隙、软弱层（带）、破碎带的分布与特征，确定拱座利用岩面和开挖深度，评价坝基和拱座岩体质量，提出处理建议。

（3）查明与拱座岩体变形有关的断层、破碎带、软弱层（带）、喀斯特洞穴及溶蚀裂隙、风化、卸荷岩体的分布及工程地质特性，提出处理建议。

（4）查明与拱座抗滑稳定有关的各类结构面，特别是底滑面、侧滑面的分布、性状、连通率，确定拱座抗滑稳定的边界条件，分析岩体变形与抗滑稳定的相互关系，提出处理建议。

（5）查明拱肩槽及水垫塘两岸边坡的稳定条件，对影响边坡稳定的岩体风化、卸荷、断裂构造、喀斯特洞穴、软弱层（带）、水文地质等因素进行综合分析，并结合边坡地质结构，进行分区、分段稳定性评价，提出工程边坡开挖坡比和支护措施建议。

（6）查明坝址区岩体应力状态，评价高应力对确定建基面、建基岩体力学特性和岩体稳定的影响。

（7）查明水垫塘及二道坝的工程地质条件，并做出评价。

（四）技施设计阶段

勘察的方法和内容、工作量大小，随专门工程地质问题的复杂性、前期研究深度、场地条件等而变。主要是利用对开挖揭露面的观察，校核坝基的工程地质条件，修正岩体风化带和卸荷带的深度及坝基岩体质量分类，配合设计研究可利用岩面的深度、预留保护层厚度以及地基处理措施等。局部地段进行大比例尺测绘和专门的勘探、试验工作。

关于水力发电工程的坝址工程地质勘察内容，应符合《水力发电工程地质勘察规范》（GB 50287—2006）的相关规定。

二、坝（闸）址工程地质评价

（一）第四纪覆盖层工程地质

1.第四纪覆盖层主要工程地质问题

在第四纪覆盖层特别是深厚覆盖层（厚度大于 40 m）上修建水利水电工程，常存在的工程地质问题包括：

（1）压缩变形与不均匀沉陷。

（2）渗漏损失与渗透变形。

（3）土的地震液化与剪切破坏。

（4）层次不均一、应力分布不均造成应力集中，导致上部建筑物局部拉裂。

关于渗漏和地基变形见水库渗漏内容，这里仅介绍渗透变形和土的地震液化。

2. 渗透变形

1）渗透变形破坏的形式

由于土体颗粒级配和土体结构的不同，渗透变形的形式也不同，可分为流土、管涌、接触冲刷、接触流失四种基本形式。

（1）流土。在上升的渗流作用下局部土体表面的隆起、顶穿或者粗细颗粒群同时浮动而流失称为流土。前者多发生于表层为黏性土与其他细粒土组成的土体或较均匀的粉细砂层中，后者多发生在不均匀的砂土层中。

（2）管涌。土体中的细颗粒在渗流作用下，由骨架孔隙通道流失称为管涌，主要发生在砂砾石地基中。

（3）接触冲刷。当渗流沿着两种渗透系数不同的土层接触面或建筑物与地基的接触面流动时，沿接触面带走细颗粒称接触冲刷。

（4）接触流失。在层次分明、渗透系数相差悬殊的两土层中，当渗流垂直于层面时，将渗透系数小的一层中的细颗粒带到渗透系数大的一层中的现象称为接触流失。

流土和管涌主要发生在单一结构的土体（地基）中，接触冲刷和接触流失主要发生在多层结构的土体（地基）中。一般来讲，黏性土的渗透变形形式主要是流土。

2）土体渗透变形的判别

根据《水利水电工程地质勘察规范》（GB 50487—2008）的规定，土的渗透变形的判别应包括土的渗透变形类型的判别、流土和管涌的临界水力比降的确定、土的允许水力比降的确定等内容。

判别方法可采用试验、计算和类比等方法。

3. 土的地震液化判别

按《水利水电工程地质勘察规范》（GB 50487—2008）的规定，土的地震液化判别应根据土层的天然结构、颗粒组成、松密程度、地震前和地震时的受力状态、边界条件和排水条件以及地震历时等因素，结合现场勘察和室内试验综合分析判定。

土的地震液化判别分为初判和复判两个阶段。初判应排除不会发生液化的土层。对初判可能发生液化的土层，应进行复判。

1）初判

（1）地层年代为第四纪晚更新世 Q_3 或以前，可判为不液化。

（2）土的粒径大于 5 mm 颗粒含量的质量百分率大于或等于 70% 时，可判为不液化；粒径大于 5 mm 颗粒含量的质量百分率小于 70% 时，若无其他整体判别方法，可按（3）判定其液化性能。

（3）对粒径小于 5 mm 颗粒含量的质量百分率大于 30% 的土，其中粒径小于 0.005

mm 颗粒含量的质量百分率相应于地震设防烈度 7 度、8 度和 9 度分别不小于 16%、18% 和 20% 时,可判为不液化。

(4)工程正常运用后,地下水水位以上的非饱和土,可判为不液化。

(5)当土层的剪切波速大于公式 $V_{st} = 291\sqrt{K_H Z r_d}$ 计算的上限剪切波速时,可判为不液化。

2)复判

土的地震液化可采用标准贯入锤击数法、相对密度法、相对含水量法或液性指数法进行复判。

(二)坝(闸)基(肩)抗滑稳定

坝(闸)基(肩)抗滑稳定性是指坝基或坝肩岩体,抵抗坝基(肩)沿建基面或坝基(肩)岩体沿某些结构面发生剪切滑动破坏的性能。

1. 滑动破坏的类型

根据滑动破坏面的位置不同,滑动破坏可分为表层滑动、浅层滑动、深层滑动和混合型滑动四种基本类型,如图 2-9 所示。

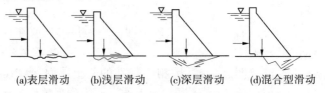

(a)表层滑动　(b)浅层滑动　(c)深层滑动　(d)混合型滑动

图 2-9　坝基滑动破坏类型示意图

(1)表层滑动。沿着坝体与岩体的接触面发生的剪切破坏。

(2)浅层滑动。坝体连同一部分坝基浅部岩体发生的剪切破坏。主要是浅部岩体较弱、风化破碎、裂隙发育、呈碎裂结构,或层状岩石产状平缓、层面和软弱结构面抗剪强度不足所致。

(3)深层滑动。在坝基岩体深部发生的剪切滑动破坏。发生深层滑动的基本条件是具备较完整的滑动面和切割面,并形成一定规模的滑移体。

(4)混合型滑动。部分沿坝体与岩体接触,部分在岩体内部组合而成的剪切滑动破坏。

2. 滑动破坏的边界条件

表层滑动边界条件比较简单,抗滑稳定性主要决定于坝体混凝土与基岩接触面的抗剪强度。浅层滑动发生在岩体浅部,滑动面参差不齐,但大致接近于一平面,抗滑稳定性取决于浅部岩体的抗剪强度。

坝基深层滑动条件比较复杂,它必须具备滑动面、纵向和横向切割面、临空面等要素。

(1)滑动面。指坝基岩体滑动破坏时,发生明显位移,并在工程作用力下产生较大的剪应力及摩擦阻力的缓倾角软弱结构面。该面的实际抗滑能力低于坝体混凝土与基岩接触面的抗剪能力,由此构成坝基滑动的控制面。通常有软弱夹层(特别是泥化夹层)、软弱断层破碎带、软弱岩脉、围岩蚀变带、缓倾角裂隙、层面、不整合面等。

当坝基下游抗力体中存在反倾向结构面,如张性裂隙密集带、大断层破碎带、软弱岩层、深风化破碎带等时,由于其抗力作用已遭破坏,也会构成滑动面。当无明显滑裂面时,常采用试算法找出抗滑稳定安全系数最小的破裂面。

(2)切割面。与滑动面相配合把滑移体与周围岩体分割开的结构面。切割面可分为纵向切割面和横向切割面。纵向切割面是指顺河方向延伸的、长而平直的陡立结构面。工程作用力在该面上只产生剪应力,不产生法向应力或法向应力很小。横向切割面是平行于坝轴线的结构面。它垂直于工程作用力方向,岩体滑动时在此面上产生拉应力,故又称拉裂面。

(3)临空面。滑移体向下游滑动时能够自由滑出地面。临空面有两类,一类是水平临空面,如下游河床地面;另一类是陡立临空面,如下游河床深潭、深槽、溢流冲刷坑、厂房及其他建筑物基坑等。当坝趾下游岩体中有横穿河床的断层破碎带、节理密集带、软弱岩体、深风化破碎带、潜伏溶洞带等时,由于它们强度低,压缩累积变形大,同样可以成为陡立临空面。

由滑动面、切割面和临空面的共同组合,形成了与周围岩体分离的滑移体。滑移体的形状随各种结构面的组合形式有楔形体、方块体、棱柱形体、锥形体等。

3.坝(闸)基(肩)岩体滑移面抗剪强度指标

坝(闸)基(肩)岩体的抗剪强度是坝(闸)基(肩)抗滑稳定的重要因素,其指标(f、c)是抗滑稳定计算中的重要参数。抗剪强度指标一般采用经验数据法、工程地质类比法和试验法确定。

1)经验数据法

经验数据法是在充分研究工程地质条件的基础上,参考经验数据确定f、c值。此法简便,常用于中、小型工程及没有试验条件或工程地质勘察初期。

2)工程地质类比法

工程地质类比法是在充分研究工程地质条件的基础上,参考工程地质条件相类似的已建工程的数据,分析比较后确定f、c值。此法与经验数据法相似,具有简便、快捷的特点,常用于各类工程地质勘察中。

3)试验法

试验法即通过室内试验或原位试验求得抗剪(断)强度指标(f、c)的方法。此法具有论据充分的特点,在大型工程或有试验条件的工程地质勘察中是必须采用的方法。

采用试验法确定的抗剪(断)强度指标,可分为试验指标、建议指标和设计指标三种。试验指标是试验成果经整理后确定的指标,属基础资料指标。建议指标是按照地层岩性、地质构造等因素划分出不同的工程地质单元,将各单元的试验指标统计整理,并根据工程地质条件、试验情况等进行调整,提出建议设计采用的指标。设计指标也称计算指标,是设计人员根据工程特点结合工程处理措施对建议指标加以调整最后采用的指标。

上述三种方法,都有其合理性,但也有一定的片面性。实际工作中,常常是三种方法相互比较、相互验证,综合确定抗剪(断)强度指标。

第七节　地下洞室与边坡工程地质

一、地下洞室

（一）工程地质勘察内容

1. 可行性研究阶段

1）水工隧洞

水工隧洞线路勘察应包括下列内容：

（1）初步查明水工隧洞地段地形地貌特征和滑坡、泥石流等不良物理地质现象的分布、规模。

（2）初步查明水工隧洞地段地层岩性、覆盖层厚度、物质组成和松散、软弱、膨胀等工程性质不良岩土层的分布及其工程地质特性。隧洞线路尚应初步查明喀斯特发育特征、放射性元素及有害气体等。

（3）初步查明水工隧洞地段的褶皱、断层、破碎带等各类结构面的产状、性状、规模、延伸情况及岩体结构等，初步评价其对边坡和隧洞围岩稳定的影响。

（4）初步查明水工隧洞岩体风化、卸荷特征，初步评价其对渠道、隧洞进出口、傍山浅埋及明管铺设地段的边坡和洞室稳定性的影响。

（5）初步查明水工隧洞地段地下水位、主要含水层、汇水构造和地下水溢出点的位置、高程、补排条件等，初步评价其对引水线路的影响。隧洞尚应初步查明与地表溪沟连通的断层、破碎带、喀斯特通道等的分布，初步评价掘进时突水（泥）、涌水的可能性及对围岩稳定和周边环境的可能影响。

（6）进行岩土体物理力学性质试验，初步提出有关物理力学参数。

（7）进行隧洞围岩工程地质初步分类。

2）地下厂房勘察内容

地下厂房勘察内容除上述水工隧洞线路勘察内容外，还应包括下列内容：

①初步查明地下厂房和洞群布置地段的岩性组成和岩体结构特征及各类结构面的产状、性状、规模、空间展布和相互切割组合情况，初步评价其对顶拱、边墙、洞群间岩体、交岔段、进出口以及高压管道上覆岩体等稳定的影响。

②初步查明地下厂房地段地应力、地温、有害气体和放射性元素等情况，初步评价其影响。

2. 初步设计阶段

1）水工隧洞

初步设计阶段水工隧洞勘察应包括下列内容：

（1）查明隧洞沿线的地形地貌条件和物理地质现象、过沟地段、傍山浅埋段和进出口边坡的稳定条件。

（2）查明隧洞沿线的地层岩性，特别是松散、软弱、膨胀、易溶和喀斯特化岩层的分布。

（3）查明隧洞沿线岩层产状、主要断层、破碎带和节理裂隙密集带的位置、规模、性状及其组合关系。隧洞穿过活动断裂带时应进行专门研究。

（4）查明隧洞沿线的地下水位、水温和水化学成分，特别要查明涌水量丰富的含水层、汇水构造、强透水带以及与地表溪沟连通的断层、破碎带、节理裂隙密集带和喀斯特通道，预测掘进时突水（泥）的可能性，估算最大涌水量，提出处理建议，提出外水压力折减系数。

（5）可溶岩区应查明隧洞沿线的喀斯特发育规律、主要洞穴的发育层位、规模、充填情况和富水性。洞线穿越大的喀斯特水系统或喀斯特洼地时应进行专门研究。

（6）查明隧洞进出口边坡的地质结构、岩体风化、卸荷特征，评价边坡的稳定性，提出开挖处理建议。

（7）确定各类岩体的物理力学参数。结合工程地质条件进行围岩工程地质分类。

（8）查明过沟谷浅埋隧洞上覆岩土层的类型、厚度及工程特性，岩土体的含水特性和渗透性，评价围岩的稳定性。

（9）对跨度较大的隧洞尚应查明主要软弱结构面的分布和组合情况，并结合岩体应力评价顶拱、边墙和洞室交叉段岩体的稳定性。

（10）查明压力管道地段上覆岩体厚度和岩体应力状态，高水头压力管道地段尚应调查上覆山体的稳定性、侧向边坡的稳定性、岩体的地质结构特征和高压水渗透特性。

（11）查明岩层中有害气体或放射性元素的赋存情况。

2）地下厂房

地下厂房系统勘察应包括下列内容：

（1）查明厂址区的地形地貌条件、沟谷发育情况，岩体风化、卸荷、滑坡、崩塌、变形体及泥石流等不良物理地质现象。

（2）查明厂址区地层岩性、岩体结构，特别是松散、软弱、膨胀、易溶和喀斯特化岩层的分布。

（3）查明厂址区岩层的产状、断层、破碎带的位置、产状、规模、性状及裂隙发育特征，分析各类结构面的组合关系。

（4）查明厂址区水文地质条件，含水层、隔水层、强透水带的分布及特征。可溶岩区应查明喀斯特水系统分布，预测掘进时发生突水（泥）的可能性，估算最大涌水量和对围岩稳定的影响，提出处理建议。

（5）确定外水压力折减系数。

（6）进行岩体物理力学性质试验，提出有关物理力学参数。

（7）进行原位地应力测试，分析地应力对围岩稳定的影响，预测岩爆的可能性和强度，提出处理建议。

（8）查明岩层中的有害气体或放射性元素的赋存情况。

（9）对地下厂房系统应分别对顶拱、边墙、端墙、洞室交叉段等进行围岩工程地质分类。

（10）根据厂址区的工程地质条件和围岩类型，提出地下厂房位置和轴线方向的建议，并对地下厂房、主变压器室、调压井（室）方案的边墙、顶拱、端墙进行稳定性评价。采用地面主变室和开敞式调压井时,应评价地基和边坡的稳定性。

3)深埋长隧洞

深埋长隧洞勘察除上述水工隧洞的勘察内容外,尚应包括下列内容:

(1)基本查明可能产生高外水压力、突涌水(泥)的水文地质、工程地质条件。

(2)基本查明可能产生围岩较大变形的岩组及大断裂破碎带的分布及特征。

(3)基本查明地应力特征,并判别产生岩爆的可能性。

(4)基本查明地温分布特征。

(5)基本确定地质超前预报方法。

(6)对存在的主要水文地质、工程地质问题进行评价。

(二)地下洞室的选址(线)

地下洞室位置的选择,除取决于工程目的外,主要受地形地质、岩石性质(岩性)、地质构造、地下水及地应力等工程地质条件的控制。

1.地形地质条件的要求

地下洞室的选址(线)要求地形完整,山体稳定,无冲沟、山洼等地形的切割破坏,无滑坡、塌方等不良地质现象。水工隧洞进出口地段,要有稳定的洞脸边坡,洞口岩石宜直接出露或覆盖层较薄,岩层宜倾向山里并有较厚的岩层作为顶板。此外,洞室的围岩应有一定的厚度,洞室围岩最小厚度的确定与洞径大小、岩体完整性及岩石强度有关。根据水利水电工程的经验,无压隧洞上覆岩体的最小厚度与洞径 B 的关系如表2-23所示。

表2-23 无压隧洞上覆岩体最小厚度与洞径 B 的关系

岩石类别	上覆岩体最小厚度
坚硬岩石	$(1.0 \sim 1.5)B$
中等坚硬岩石	$(1.5 \sim 2.0)B$
软弱岩石	$(2.0 \sim 3.0)B$

抽水蓄能电站地下洞室对上覆岩体、侧向岩体厚度的基本要求是,能承受高水头作用下隧洞岔管地段巨大的内水压力,且不发生岩体破裂,满足上抬理论。

2.岩性条件的要求

岩石性质是影响地下洞室围岩稳定、掘进、支撑和衬砌的重要因素,也是决定工程工期和造价的主要条件之一。在坚硬岩石中开挖地下洞室,围岩稳定性好,便于施工;在软弱岩层、破碎岩层和松散岩层中开挖地下洞室,围岩稳定性差,施工困难。所以,地下洞室布置应尽量避开岩性条件差的围岩,使洞身置于坚硬完整的岩层中。

3.地质构造条件的要求

地质构造条件对洞室围岩稳定有重要的影响。洞室应布置在岩体结构完整、地质构造简单的地段,尽量避开大的构造破碎带。洞室轴线宜与构造线、岩层走向垂直或大角度相交。

4.地下水条件的要求

地下水对洞室的不良影响主要表现为静水压力对洞室衬砌的作用、动水压力对松散或破碎岩层的渗透变形作用,以及施工开挖的突然涌水等。因此,应尽量将洞室置于非含水岩层中或地下水位以上,或采取地下排水措施,避免或减小渗透压力对围岩稳定的影响。

5. 地应力条件的要求

岩体中的初始应力状态对洞室围岩的稳定性有重要的影响。理论与实践研究表明,当水平应力与竖直应力比值系数(即 σ_h/σ_v)较小时,洞室的顶板和边墙容易变形破裂;当洞室处于大致均匀的应力状态时,围岩稳定性较好。因此,要重视岩体初始应力状态对洞室围岩稳定性的影响。当岩体中的水平应力值较大时,洞室轴线布置最好与最大主应力方向平行或以小夹角相交。

抽水蓄能电站地下岔管段,要求最小主应力要大于岔管处的内水压力至少 1.2 倍,满足最小主应力理论。

(三)围岩工程地质分类

据统计,目前国内外比较系统的围岩分类已有百余种。按其所采用的原则,大体可归并为三个分类系统:①按围岩的强度或岩体主要力学属性的分类;②按围岩稳定性的综合分类;③按岩体质量等级的分类。

《水利水电工程地质勘察规范》(GB 50487—2008)以控制围岩稳定的岩石强度、岩体完整程度、结构面状态、地下水和主要结构面产状五项因素之和的总评分为基础判据,以围岩强度应力比为限定判据,规定了围岩工程地质分类标准,并提出了相应的支护类型。

围岩工程地质分类详见表 2-24。

表 2-24　围岩工程地质分类

围岩类别	围岩稳定性	围岩总评分 T	围岩强度应力比 S	支护类型
I	稳定。围岩可长期稳定,一般无不稳定块体	$T>85$	>4	不支护或局部锚杆或喷薄层混凝土。大跨度时,喷混凝土、系统锚杆加钢筋网
II	基本稳定。围岩整体稳定,不会产生塑性变形,局部可能产生掉块	$65<T\leqslant85$	>4	
III	局部稳定性差。围岩强度不足,局部会产生塑性变形,不支护可能产生塌方或变形破坏。完整的较软岩,可能暂时稳定	$45<T\leqslant65$	>2	喷混凝土、系统锚杆加钢筋网。跨度为 20～25 m 时,并浇筑混凝土衬砌
IV	不稳定。围岩自稳时间很短,规模较大的各种变形和破坏都可能发生	$25<T\leqslant45$	>2	喷混凝土、系统锚杆加钢筋网,并浇筑混凝土衬砌
V	极不稳定。围岩不能自稳,变形破坏严重	$T\leqslant25$		

注:对于 II、III、IV 类围岩,当其强度应力比小于本表规定时,围岩类别宜相应降低一级。

应该说明,此围岩工程地质分类不适用于埋深小于 2 倍洞径或跨度的地下洞室和特殊土、喀斯特洞穴发育地段的地下洞室。

二、边坡工程

(一)边坡稳定性的影响因素

边坡稳定性受多种因素的影响,主要分为内在因素和外在因素两个方面。内在因素包括组成边坡岩土体的性质、地质构造、岩土体结构、岩体初始应力等;外在因素包括岩体风化、水的作用、地震、工程荷载及人为因素等。内在因素对边坡的稳定性起控制作用,外在因素则使边坡的下滑力增大、岩土体的强度降低而削弱岩土体的抗滑力,促进边坡变形破坏的发生和发展。

(1)岩土体性质。边坡岩土体性质是决定边坡抗滑力的根本因素,主要为岩土成因、矿物成分、颗粒组成、岩土结构、物理力学性质特别是抗剪强度等。

(2)地质构造和岩土体结构。地质构造和岩土体结构对边坡稳定性特别是岩质边坡稳定性影响十分明显,主要为区域构造的复杂程度、断层、节理裂隙的发育特征、缓倾角结构面和软弱结构面的发育特征、各种不利结构面的组合形态、岩土体的结构类型等。

(3)岩体风化。风化作用使边坡岩土体结构破坏,强度降低,改变了岩石的原有特性,从而降低了边坡的稳定性。

(4)水的作用。地表水和地下水对边坡岩土体的冲刷、软化、溶蚀、潜蚀,使岩土体的抗剪强度大为降低,从而影响边坡的稳定性。此外,作用于坡面的静水压力和坡体的静水压力、动水压力等也是影响边坡稳定性的重要因素。

(5)地震。地震是边坡失稳的触发因素。在地震作用下,瞬时的水平地震力和动水压力,使边坡岩土体及支挡结构受到破坏而使边坡失稳,或使坝基饱水沙层产生液化,造成坝坡失稳变形。

(6)工程荷载。水利水电工程中,拱坝坝肩承受的拱端推力、边坡坡顶的超载等工程荷载作用也会影响边坡的稳定性。

(7)工程运行。水利水电工程中,由于工程运行引起库水位的骤降(如抽水蓄能电站上、下水库水位日变幅可达数十米),边坡体内孔隙水压力不能消散,也会影响边坡的稳定性。

(8)人类活动。人类活动对边坡稳定的影响主要包括:开挖爆破、大量的施工用水等。

(二)边坡变形破坏的基本类型

《水利水电工程地质勘察规范》(GB 50487—2008)将边坡变形破坏分为崩塌、滑动、蠕变、流动四种基本类型,见表2-25。

(三)滑坡的工程地质特征

滑坡(滑动)是边坡变形破坏中分布最广、较为常见的一种。规模巨大的滑坡,其体积可达数千万立方米到数亿立方米,对工程和人员安全危害极大。

1. 滑坡的形态特征

滑坡在平面上的边界和形态与滑坡的规模、类型及所处的发育阶段有关。发育完全的滑坡,一般由下列要素组成。

表 2-25　边坡变形破坏分类

变形破坏类型		变形破坏特征
崩塌		边坡岩体坠落或滚动
滑动	平面型	边坡岩体沿某一结构面滑动
	弧面型	散体结构、碎裂结构的岩质边坡或土坡沿弧形滑动面滑动
	楔形体	结构面组合的楔形体,沿滑动面交线方向滑动
蠕变	倾倒	反倾向层状结构的边坡,表部岩层逐渐向外弯曲、倾倒
	溃屈	顺倾向层状结构的边坡,岩层倾角与坡角大致相似,边坡下部岩层逐渐向上鼓起,产生层面拉裂和脱开
	侧向张裂	双层结构的边坡,下部软岩产生塑性变形或流动,使上部岩层产生扩展、移动张裂和下沉
流动		崩塌碎屑类堆积向坡脚流动,形成碎屑流

(1)滑坡体。简称滑体,指滑坡发生后与母体脱离开的滑动部分。

(2)滑坡床。滑体以下固定不动的岩土体,它基本上未变形,保持了原有的岩体结构。

(3)滑动带。滑动时形成的辗压破碎带。

(4)滑动面。简称滑面,即滑坡体与滑坡床之间的分界面,是滑坡体滑动时的下界面,它可以是滑动带的底面,也可能位于滑动带之中。

(5)滑坡壁。滑体后部和母体脱离开后暴露在外面的部分,平面上多呈圈椅状,高数厘米至数十米,陡度多为 60°~80°,常形成陡壁。

(6)滑坡台阶。由于各段滑体运动速度的差异,在滑坡体上部常常形成滑坡错台,每一错台都形成一个陡坎和平缓台面,叫作滑坡台阶。

(7)滑坡舌。又称滑坡前缘或滑坡头,在滑坡的前部,形如舌状伸入沟谷或河流,甚至越过对岸。

(8)封闭洼地。滑体与滑坡壁之间拉开形成沟槽,相邻滑体形成反坡地形,形成四周高中间低的封闭洼地。

(9)滑坡裂隙。可分为:①拉张裂隙,分布在滑坡体的上部;②剪切裂隙,分布在滑体中部的两侧;③扇状裂隙,分布在滑坡体的中下部,尤以舌部为多;④鼓张裂隙,分布在滑体的下部。

2.滑坡分类

滑坡分类的目的在于对发生滑坡作用的地质环境和形态特征以及形成滑坡的各种因素进行概括,以便反映出各类滑坡的工程地质特征及其发生发展的规律。

滑坡分类有多种方案,常用的有以下几种:

(1)按滑动面与岩土体层面的关系可分为均质滑坡、顺层滑坡、切层滑坡。

(2)按滑坡的物质组成可分为基岩滑坡、堆积层滑坡、混合型滑坡。

（3）按滑坡的破坏方式可分为牵引式滑坡、推移式滑坡。

（4）按滑坡的规模可分为小型滑坡、中型滑坡、大型滑坡、特大型滑坡。

（5）按滑坡的形成时间可分为新滑坡、老滑坡、古滑坡。

（6）按滑坡的滑移速度可分为高速滑坡、中速滑坡、慢速滑坡。

（7）按滑坡的稳定性可分为稳定滑坡、基本稳定滑坡、稳定性较差滑坡。

其他也有按滑坡体厚度、滑坡的发展阶段等进行分类的。

（四）边坡稳定分析

边坡稳定分析的工程地质方法可概括为工程地质分析法、力学计算法和工程地质类比法三种。

根据《水利水电工程地质勘察规范》（GB 50487—2008）的规定，岩质边坡稳定分析可采用刚体极限平衡方法，根据滑动面或潜在滑动面的几何形状，选用合适的公式计算。同倾角多滑动面的岩质边坡宜采用平面斜分条块法和斜分块弧面滑动法，试算出临界滑动面和最小安全系数；均匀的土质边坡可采用滑弧条分法计算。根据工程实际需要，可进行模型试验和原位监测资料的反分析，验证其稳定性。

在稳定性分析计算时，应选择有代表性的地质剖面进行计算，并应采用不同的计算公式进行校核，综合评定边坡的稳定安全系数。当不同地质剖面用同一公式计算得出不同的边坡稳定安全系数值时，宜取其最小值；当同一地质剖面采用不同公式计算得出不同的边坡稳定安全系数值时，宜取其平均值。计算中应考虑地下水压力对边坡稳定性的不利作用。分析水位骤降时的库岸稳定性应计入地下水渗透压力的影响。在地震基本烈度为Ⅶ度或Ⅶ度以上的地区，应计算地震作用力的影响。

关于抗剪强度参数的选取，岩质边坡潜在的滑动面抗剪强度可取峰值强度；古滑坡或多次滑动的滑动面的抗剪强度可取残余强度，或取滑坡反算的抗剪强度。

第八节　天然建筑材料勘察

天然建筑材料主要包括砂砾石料（包括人工骨料）、土料、碎（砾）石类土料及块石料等。天然建筑材料的种类、数量、质量及开采、运输条件对工程设计、工程质量和造价影响很大。

天然建筑材料勘察的任务是查明并评价工程所需的天然建筑材料的储量、质量和开采、运输条件，为工程设计、施工提供依据。

天然建筑材料的勘察划分为普查、初查、详查三个级别，与水利水电工程的规划、可行性研究、初步设计三个阶段相对应。

一、各勘察设计阶段勘察任务和精度

《水利水电工程天然建筑材料勘察规程》（SL 251—2000）对各勘察设计阶段的勘察任务和精度做了规定。

（一）规划阶段

（1）对规划方案的所有水利水电工程的天然建筑材料，都必须进行普查。

（2）在规划的水利水电工程 20 km 范围内对各类天然建筑材料进行地质调查。制作草测料场地质图，初步了解材料类别、质量，估算储量。编制料场分布图。

（3）对近期开发工程或控制性工程，每个料场应根据天然露头草测综合地质图，布置少量勘探和取样试验工作，初步确定材料层质量。

（二）可行性研究阶段

（1）工程所需各类天然建筑材料必须做到：初步查明料场岩层、土层结构，岩性，夹层性质及空间分布，地下水位，剥离层、无用层厚度及方量，有用层储量、质量及开采、运输条件和对环境的影响等。

（2）当天然建筑材料的初查精度不能满足建筑物形式和结构选择时，应对控制性的料源及主要料场进行详查。

（3）进行料场地质测绘、勘探及取样试验。

（4）勘察储量与实际储量误差应不超过 40%，勘察储量不得少于设计需要量的 3 倍。

（5）编制料场分布图、料场综合地质图、料场地质剖面图。

（三）初步设计阶段

（1）应在初查基础上进行，详细查明料场岩层、土层结构，岩性，夹层性质及空间分布，地下水位，剥离层、无用层厚度及方量，有用层储量、质量及开采、运输条件和对环境的影响等。

（2）进行料场地质测绘、勘探及取样试验。

（3）勘察储量与实际储量误差应不超过 15%，勘察储量不得少于设计需要量的 2 倍。

（4）编制料场分布图、料场综合地质图、料场地质剖面图。

二、各类天然建筑材料质量评价指标

（一）砂砾石料

混凝土用天然骨料质量指标应符合表 2-26 和表 2-27 的规定；土石坝坝壳填筑用砂砾石料质量指标应符合表 2-28 的规定；反滤层用料质量指标应符合表 2-29 的规定。

表 2-26　混凝土细骨料质量指标

序号	项目	指标	备注
1	表观密度	>2.55 g/cm³	
2	堆积密度	>1.50 g/cm³	
3	孔隙率	<40%	
4	云母含量	<2%	
5	含泥量（黏粒、粉粒）	<3%	不允许存在黏土块、黏土薄膜；若有则应做专门试验论证
6	碱活性骨料含量		有碱活性骨料时，应做专门试验论证

续表 2-26

序号	项目		指标	备注
7	硫酸盐及硫化物含量(换算成 SO_3)		<1%	
8	有机质含量		浅于标准色	人工砂不允许存在
9	轻物质含量		≤1%	
10	细度	细度模数	2.5~3.5 为宜	
		平均粒径	0.36~0.50 mm 为宜	
11	人工砂中石粉含量		6%~12% 为宜	常态混凝土

表 2-27 混凝土粗骨料质量指标

序号	项目	指标	备注
1	表观密度	>2.6 g/cm³	
2	堆积密度	>1.6 g/cm³	
3	孔隙率	<45%	对砾石力学性能的要求,应符合《水工钢筋混凝土结构设计规范(试行)》(SDJ 20—78)规定
4	吸水率	<2.5% <1.5%(抗寒性混凝土)	
5	冻融损失率	<10%	
6	针片状颗粒含量	<15%	
7	软弱颗粒含量	<5%	
8	含泥量	<1%	不允许存在黏土团块、黏土薄膜;有则应做专门试验论证
9	碱活性骨料含量		有碱活性骨料时,应做专门试验论证
10	硫酸盐及硫化物含量(换算成 SO_3)	<0.5%	
11	有机质含量	浅于标准色	
12	粒度模数	宜采用 6.25~8.30	
13	轻物质含量	不允许存在	

表 2-28　土石坝坝壳填筑用砂砾石料质量指标

序号	项目	指标	备注
1	砾石含量	5 mm 至粒径相当3/4 填筑层厚度的颗粒为20% ~80%	干燥区的渗透系数可小些,含泥量可适当增加;强震区砾石含量下限应予提高,砂砾料中的砂料应尽可能采用粗砂
2	紧密密度	>2 g/cm³	
3	含泥量(黏粒、粉粒)	≤8%	
4	内摩擦角	>30°	
5	渗透系数	碾压后 >1×10⁻³ cm/s	应大于防渗体的50倍

表 2-29　反滤层用料质量指标

序号	项目	指标
1	级配	应尽量均匀,要求这一粒组的颗粒不会钻入另一粒组的孔隙中去,为避免堵塞,所用材料中粒径小于0.1 mm 的颗粒在数量上不应超过5%
2	不均匀系数	≤8
3	颗粒形状	应为无片状、针状颗粒,坚固抗冻
4	含泥量(黏粒、粉粒)	<3%
5	渗透系数	>5.8×10⁻³ cm/s
6	对于塑性指数大于20 的黏土地基第一层粒度 D_{50} 的要求:当不均匀系数 $C_u \leq 2$ 时, $D_{50} \leq 5$ mm;当不均匀系数 $2 < C_u \leq 5$ 时, $D_{50} \leq 5 \sim 8$ mm	

(二)土料

土石坝土料质量指标应符合表 2-30 的规定;黄土、膨胀土、红黏土、分散性土作土坝防渗体与坝体填筑料或堤防填筑料时,质量技术指标应按工程要求做专门改性试验。

表 2-30　土石坝土料质量指标

序号	项目	均质坝土料	防渗体土料
1	黏粒含量	10% ~30% 为宜	15% ~40% 为宜
2	塑性指数	7 ~17	10 ~20
3	渗透系数	碾压后 <1×10⁻⁴ cm/s	碾压后 <1×10⁻⁵ cm/s,并应小于坝壳透水料渗透系数的50倍
4	有机质含量(按质量计)	<5%	<2%
5	水溶盐含量	<3%	
6	天然含水率		与最优含水率或塑限接近者为优

续表 2-30

序号	项目	均质坝土料	防渗体土料
7	pH		>7
8	紧密密度		宜大于天然密度
9	SiO_2/R_2O_3		>2

（三）人工骨料

混凝土用人工骨料，要求岩石单轴饱和抗压强度应大于 40 MPa，常态混凝土人工细骨料中石粉含量以 6% ~12% 为宜，其他要求同混凝土天然骨料。

（四）碎（砾）石类土料

碎（砾）石类土料质量指标应符合表 2-31 的规定。

表 2-31　碎（砾）石类土料质量指标

序号	项目	指标	
		防渗体土料	均质坝土料
1	粒径大于 5 mm 颗粒含量	宜 <60%	
2	黏粒含量	占粒径小于 5 mm 颗粒的 15% ~40%	
3	最大颗粒粒径	<15 cm 或不超过碾压铺垫层厚 2/3	
4	塑性指数	10 ~20	
5	渗透系数	碾压后 $<1 \times 10^{-5}$ cm/s，并应小于坝壳透水料渗透系数的 50 倍	碾压后 $<1 \times 10^{-4}$ cm/s
6	有机质含量（按质量计）	<2%	<5%
7	水溶盐含量	<3%	
8	天然含水率	与最优含水率或塑限接近者为优	

（五）块石料

块石料质量指标应符合表 2-32 的规定。

表 2-32　块石料质量指标

序号	项目	指标	备注
1	饱和抗压强度	应按地域、设计要求与使用目的确定	埋石及砌石的硫酸盐及硫化物含量，同混凝土用骨料要求
2	软化系数		
3	冻融损失率	<1%	
4	干密度	>2.4 t/m³	

三、各类天然建筑材料勘察要求

(一)料场场地分类

各类天然建筑材料的料场按地形、有用层和无用层特征分为三类,具体见表2-33。

表 2-33 料场场地分类

料种	Ⅰ类	Ⅱ类	Ⅲ类
砂砾石料	面积广,有用层厚而稳定,表面剥离零星分布	呈带状分布,有用层厚度变化不大,有剥离层	面积小,有用层厚度小,岩性变化较大,有剥离层
土料	料场面积大,地形平缓,有用层厚而稳定,土层结构简单	料场面积较大,地形起伏,有用层厚度较稳定,土层结构较复杂	料场面积小,地形起伏大,有用层较薄,土层结构变化大
人工骨料	地形完整,沟谷不发育,岩性单一,岩相稳定,断裂、喀斯特不发育,风化层及剥离层较薄	地形不完整,沟谷较发育,岩性岩相较稳定,没有或有少量无用夹层,断裂、喀斯特较发育,风化层及剥离层较厚	地形不完整,沟谷发育,岩性岩相变化大,有无用夹层,断裂、喀斯特发育,风化层及剥离层厚
碎(砾)石类土料	料场面积大,地形平缓,岩性单一,有用层厚度大而稳定,成分、结构较简单	料场面积较大,地形起伏,有用层厚度和成分、结构变化较大	料场带状分布,地形起伏大,有用层厚度和成分、结构变化大
块石料	岩性单一,岩相稳定,断裂、岩溶不发育,岩石裸露,风化轻微	岩层厚度及质量较稳定,没有或有少量无用夹层,断裂、岩溶较发育,剥离层薄	岩层厚度和质量变化较大,有无用夹层,风化层较厚,断裂、岩溶发育,剥离层较厚

(二)勘探布置

各类料场的勘探网(点)间距要求见表2-34。

表 2-34 勘探网(点)间距 (单位:m)

勘察精度		Ⅰ类	Ⅱ类	Ⅲ类
普查	砂砾石料	近期开发或控制性工程,每个料场布置1~3个勘探点和1~3条物探测线		
	土料			
	人工骨料	近期开发或控制性工程每个料场实测2~4条剖面或1~3个勘探点		
	碎(砾)石类土料	利用天然露头观察		
	块石料	利用天然露头观察,必要时布置少量勘探点		

续表 2-34

勘察精度		Ⅰ类	Ⅱ类	Ⅲ类
初查	砂砾石料	200～400	100～200	＜100
	土料			
	人工骨料	200～300		
	碎(砾)石类土料			
	块石料	300～500	200～300	＜200
详查	砂砾石料	100～200	50～100	＜50
	土料			
	人工骨料	100～150		
	碎(砾)石类土料	100～200		
	块石料	150～250	100～150	＜100

第三章 施工组织设计

施工组织设计是研究工程的施工条件,确定施工方案,指导和组织施工的技术经济文件。施工组织设计的基本任务是利用实际的基本条件,对工程施工在单位工程项目的时间顺序上进行合理布置和安排,对施工现场在平面和空间上进行妥善的布局,以保证工程建设项目用较少的资金和时间保质保量如期或提前完成所承建的任务。

编制施工组织设计的目的是保证工程按设计要求的质量标准、计划规定的进度和时间,合理地设计预算,安全、优质、高效地完成所给予的施工任务。因此,施工组织设计应贯穿整个工程施工,从准备阶段到竣工验收阶段的全过程,应遵循科学管理,管理出效益的原则,并结合堤防工程各单元的具体情况、工期要求、地质条件、当地自然条件等种种因素,制订出合理的施工方法和切合实际的施工进度计划。

第一节 编制施工组织设计前的准备工作

在编制施工组织设计之前,首先应对设计文件及项目管理的内容进行核对、熟悉和了解,并对现场情况做好踏勘、调查研究等准备工作及收集了解设计和经济技术两方面的资料。

一、了解、熟悉和核对设计文件内容要求

施工单位在施工前应全面熟悉设计文件内容并会同设计单位、监理单位进行现场踏勘、校对,并做好以下工作:

(1)重点复查渠系工程项目施工和对环境保护影响较大的地形地貌工程及地质、水文地质条件是否符合实际,保护措施是否适当,方案是否合理。

(2)掌握工程的重点和难点,了解堤防各项工程方案的选定及设计意图。

(3)了解堤防、渠系各项目工程的位置、形式、类型性质和周围环境。

(4)了解堤防渠系各项目工程施工时的内外排水系统设施布置和地形地貌、水文、气象等各项条件是否相适应。

二、现场调查研究

施工单位在施工前应深入现场进行以下调查:

(1)调查施工场地布置与施工项目相邻工程,弃渣利用与堆弃,农田水利、征地等的关系。

(2)调查施工交通运输便道,进行方案比较。

(3)调查建筑物、道路工程、水利工程及通信、电力线等设施的拆迁情况和数量。

(4)调查可利用的电源、动力、通信、机械设备、车辆维修、物质、消防、劳动力、生活基

地和生活资料供应及医疗卫生条件。

（5）调查工程地质、地层、水文气象等情况及材料的来源与数量、质量鉴定及供应的方案。

（6）了解当地居民点的社会状况和风俗习惯、自然环境和生活环境情况及所需要采取的措施。

三、编制施工组织设计所需的资料

施工组织设计的编制，除需收集有关的工程规划设计方面的资料外，还必须收集与工程有关的社会经济条件等资料。

（一）设计方面的资料

（1）堤防、渠系各项施工项目建设工程的初步设计、施工图和工程概（预）算资料。

（2）设计、业主及有关部门对建设工程的要求（如工期、环保等）。

（3）地形资料，包括各项目工程地质和水文地质资料。

（4）地质地震、气象资料。

（5）有关堤防渠系各施工项目的施工技术和规范要求及设计与施工经验总结等。

（二）社会经济方面的资料

施工地区社会经济调查，包括该地区工业、农业、矿产、交通运输情况，当地建设规划及其与施工道路、临时房屋结合的可能性，施工期有关防洪、灌溉、通信、供水、渔业及交通等各部门对施工的要求，对外交通连接情况，当地厂材（水泥、钢材等）的产地、产量、质量及价格等资料，劳动力供应、供电、水源等条件。

第二节 施工组织设计的内容和编制原则

施工组织设计是组织施工的基本文件，应在确保工程质量、安全、经济的条件下确定合理的施工方法，对施工工艺、机械配备、劳动力组织、质量控制、监控测量、工序安排、材料供应、工程投资、场地布置等做出合理的计划，并采取有效措施，确保堤防、渠系工程施工项目有条不紊地顺利进行，以取得满意效果。

施工组织设计的任务是从施工导流、对外交通运输、工程建筑材料、施工场地布置、主体工程施工方案等主要方面进行比较论证，提出施工工期、工程计划、劳动工日、机械设置、主要材料需用量等的结算指标，并研究渠系堤防各建筑物的各种方案，提出施工方案的推荐意见。

一、施工组织设计的内容

施工组织设计的内容主要包括施工条件分析、施工导流、施工方法、施工进度计划、施工总体布置、施工组织管理、质量安全保证体系、物质供应及生活供应计划等 8 个方面。

（1）施工条件分析：根据工程项目所在地区的地理位置、地形地貌、水文气象、地质及水文地质的条件和当地的建筑材料、劳动力、电力供应及交通运输情况等，提出工程施工的有效工作日数，分析拟建工程的结构特征，指出本工程施工的基本特点、技术经济等主要的措施与内容。并结合施工单位的技术力量、施工设备和技术水平、施工经验,对所建设工程项目提出改进意见,拟定实施方案。绘制工地总体布置图,合理布置统筹安排。

(2)施工导流:按照施工导流的设计标准,分别对各项目工程确定施工时段,选定导流流量,制定导流方案,拟定各建筑物在施工期间度汛、灌溉、通航以及蓄水、发电等措施,并制订截流和基坑排水方案,进行导流建筑物的设计和具体实施方案的制订。

(3)施工方法:根据工程规模、现场的施工条件和各项目的具体情况,选定主体工程的施工程序、施工方案,提出雨季、冬季和夏季的施工方案及实施方法。

(4)施工进度计划:依据业主的工期要求和施工工期、施工条件、导流方法及各项目的施工方案,确定各个单位工程的施工顺序和时间,编制施工总的进度计划。

(5)施工总体布置:根据工程的特点和现场的实际情况、施工条件,拟定施工期间场内外交通的形式及道路、临时用房和各类仓库、施工辅助企业、大型临时设计等的规模和总体布置。

(6)施工组织管理:提出按项目法施工的施工管理机构和人员配套的意见。

(7)质量安全保证体系:结合工程实际,从技术、组织管理等方面全面分析,提出各项目的质量监督标准、职责,提出实现质量安全目标的各项措施。

(8)物质供应及生活供应计划:根据施工程序和施工进度的安排,确定资金、材料、施工机械设备以及各种生活用品等需要及供应计划。

二、施工组织设计的编制原则

施工组织设计的编制,必须遵照发展国民经济的各项方针和水利工程建设的政策法规,充分进行调查研究,参照有关工程经验,吸取国内外工程的先进技术,结合本工程建设的特点,制订各项目的技术措施,使施工组织设计真正符合实际,对工程的施工起着正确的指导作用,达到投资省、工效高、效益高、质量好、安全的目的。故编制施工组织设计,应遵守以下基本原则:

(1)遵循水利工程建设的程序:施工组织设计要符合水利工程建设程序的要求,施工进度的总体安排应在保证工程质量和安全的前提下,符合快速施工的要求,要切合实际保证截流、度汛、蓄水、通水、通航、发电等时段的施工措施的落实。

(2)所制订的施工技术措施和施工方案、组织形式等应符合按项目法施工模式的管理要求,能保证工程质量和施工安全。

(3)严格遵守规定的施工工期,确保工程按期或提前完成,全面考虑、合理安排,使计划既能起到动员和组织广大干群的积极性和提高劳动生产率的积极作用,又能适应不断发展的新情况,在执行计划的过程中留有余地进行适当的施工调整。

(4)分清工程的主次关系,统筹兼顾,集中力量保证关键工程项目完成日期。次要项目则配合关键工程项目进行,为关键工程项目的施工创造有利条件。

(5)重视工程的合理安排,组织平行作业和流水作业,尽量做到均衡和连续施工。

(6)不断提高施工机械化水平,充分利用现有的机械设备,并选用效率高、效果好的施工机械,减轻劳动强度。

(7)积极采用新技术、新工艺及行之有效的技术新成果,以提高水利工程建设的科技含量。

（8）必须考虑设计图纸、机电设备、资金及材料供应的可能性和现实性，使施工进度计划建立在可靠的物质保障的基础上。

（9）确保资金和资源的有效使用，以提高投资效益，因地制宜，就地取材，节省材料，降低工程成本，合理规划施工用地，少占耕地。

（10）合理使用和安排工程投资，避免资金的积压和浪费。

（11）保证施工安全，确保导流和拦洪度汛的可靠性，避免各项施工项目的相互干扰，并注意满足工农业生产及有关行业部门的用水要求。

（12）做好特殊季节（雨季、冬季、夏季）的施工准备，制订特殊季节的施工方案和保证措施。

三、施工组织设计的编制依据

施工组织设计的编制依据主要有以下三项：

（1）渠系工程施工项目的设计文件及变更设计文件等相关资料。

（2）建设单位的有关指标、技术要求，如合同技术条款。

（3）工程建设单位指导性的施工组织设计方案及要求。

四、施工组织设计的编制程序

编制施工组织设计时，应采用科学的方法，既要遵守一定的程序，还要按照施工的客观规律，协调处理好各种因素的关系。渠系、堤防项目的施工组织设计的编制程序如下：

（1）渠堤项目施工调查和技术交底。

（2）全面分析渠堤项目施工设计资料。

（3）编制工程施工进度图。

（4）按照施工定额计算劳动日（工日）、材料、机具等的需要量，并制订供应计划。

（5）按照设计要求编制技术措施、施工计划及计算技术经济指标。

（6）制订临时工程及供水、供电、供热计划。

（7）施工工地运输组织。

（8）编制说明书。

第三节　渠系工程项目施工方案设计

渠系工程项目的施工方案一般包括渠系开挖、回填、加固建筑物修建、导流、排水衬砌、机电设备制安、环保、渠系道路等方案及水电作业方案，运输及场地布置方案施工进度，劳动力及机械设备安排，材料物质的供应计划等。故施工方案设计是施工组织设计的重要环节，也是全局的关键，因此在选择施工方案时，应全面了解设计文件，然后综合分析和合理确定。

选择施工方案的依据：根据工程所在的地域和地理位置、工程地质和水文地质资料，渠系开挖断面的大小、渠系工程的长度，各类建筑物的类型、工期的要求，施工技术力量，机械设备情况,原材料供应情况,动力、电力、供水、排水情况,环境保护,工程投资,施工安全措施,地表沉降等因素综合研究和分析,并根据不同的施工类型和现场的实际情况进行选择。

选择施工方案的基本要求是:优质、高速、安全、经济、均衡施工和文明施工。

一、施工方案的选择

渠系工程项目施工方案的选择:应根据所承建的渠段的长度、项目的大小、工期的长短、地形、地貌、地质、水文气象条件、弃渣场地、机具设备等条件以及施工技术力量和施工工期等综合考虑研究分析确定。一般具体选择时应作多个施工方案进行比较,择优选择较好的方案,以便取得较好的效果。

因渠系工程项目的技术要求较高,以及渠系项目施工的场面大部分比较狭窄,而且施工场地在渠道上,故施工前应绘制施工场地总体布置图,合理地选择施工方案,对于工程地质和水文地质条件变化较大的地质地段,应特别注意选用既具有适应性和安全性又对施工进度、质量没有影响的施工方案。总之要结合设计的技术要求和规范规程及现场情况,合理安全有效地来选择制订施工方案。

二、施工场地的布置

渠系工程施工场地布置时项目较多,要综合考虑,因渠系内场地一般比较狭窄,而施工机械设备和砂卵石、石渣及材料很多,施工前根据地形特点,结合劳动力的安排、施工机械设备的布设、施工方法、弃渣场地位置等因素统筹安排,全面规划、合理布置,避免相互干扰等,注意安全施工,以使施工工地秩序井然,高效生产,充分发挥人力、物力和财力的最大效用。

三、施工场地布置的项目和要求

施工场地布置的项目主要有工地生活基地的布置、料场堆放地和料库的布置、施工生产地和设备房屋的布置、弃渣场地与卸渣和运输道路的布置等。

施工场地布置的要求有一般要求和技术要求两种。

一般要求:

(1)合理布置大堆材料(砂石料、钢筋、水泥及一般器材)、施工备品及回收材料的堆放位置。

(2)生活服务设施应集中布置,如宿舍、食堂等,应与弃料废物场所分开;应安排办公场所。

(3)机械设备、附属车间、加工场地等应相对集中,仓库应靠近交通方便地域,并要设立专用便道,还要做到合理布局,形成网络。

(4)运输的弃渣线、编组线和联络线应形成有效的循环系统,方便运输和减小运距。

(5)危险品仓库必须按照有关治安管理规定办理,一定要符合安全规定的要求。

(6)应有大型机械设备停放、安装、维修的场地。

技术要求:渠系工程施工的场地布置首先要确定施工中心,并应事先规划、分期安排,注意减少与现有道路的交叉和干扰。具体布置根据项目不同而异。

渠系工程施工总体布置的技术要求：

渠系工程施工总体布置，就是根据渠系工程施工的特点和施工条件，研究解决施工期间所需的交通道路、房屋、仓库、辅助企业及其他施工设施的平面和高程布置问题，是施工组织设计的重要组成部分，也是进行施工现场布置的依据，其目的是合理地组织和使用施工场地，使各项临时设施能最有效地为施工服务，为保证工程施工质量、组织文明施工、加快施工进度、提高经济效益创造条件。

根据工程的规模和复杂程度，必要时还要设计单项工程的施工布置图。对于工期较长的项目，一般还要根据各阶段施工的不同特点，分期编制施工布置图。施工总体布置设计图，一般标在 1：2 000 和 1：5 000 的地形图上；单项工程的施工布置图，一般标在 1：200 ~ 1：1 000 的地图上。

分项工程的施工布置按一般要求进行。

四、施工总体布置的内容和设计原则

施工总体布置的内容：

（1）一切地面上和地下原有的建筑物。

（2）一切地面上和地下拟建的建筑物。

（3）一切为拟建建筑物施工服务的临时建筑物和设施。其中包括导流建筑物，交通运输系统，临时房建及仓库，料场及加工系统，混凝土生产系统，风、水、电供应系统，金属结构，机电设备，安装基地安全防火设施及其他临时设施。

施工总体布置的设计原则：在满足施工条件下，尽可能地减少施工用地，特别应注意不占用或少占用耕地，临时设施应与工程施工顺序和施工方法相适应；最大限度地减少工地内部的运输，充分利用地形、地貌条件，缩短运输距离；根据运输量，采用不同标准的路面构造，既要利用已有建筑物或提前修建永久建筑物为施工服务，又必须遵守生产技术的相关规范规程，既要保证工程质量，又要符合安全、消防、环境保护和劳动保护的要求；各项临时建筑和设施的布置要有利于施工和生活，且便于管理。

五、施工总体布置设计的步骤

施工总体布置设计的步骤如下：

（1）收集分析基本资料：设计施工总体布置，必须深入调查研究并收集有关资料，如渠系区域的地形图、地质资料、水文气象资料、施工现场附近有无可利用的住房、当地的建材情况和电力与水供应情况、进度安排等资料。

（2）编制总体布置规划：这是施工总体布置设计的关键一步，着重解决总体布置的一些重大原则问题。如采用一岸布置还是两岸布置，是集中布置还是分散布置，现场布置几条交通干线及其与外部交通的衔接等。

规划施工场地时须对水文资料进行认真研究，主要场地和交通干线的防洪标准一般不应低于 20 年一遇。对导流工程要研究导流期间的水位变化，在峡谷冲沟内布置场地时应考虑山洪突袭的可能。

（3）编制临时建筑物的项目单：根据工程的施工条件，结合类似工程的施工经验，编制临时建筑物的项目单，并大致确定占地面积、建筑物面积和平立面布置图。在编制项目单时应了解施工期各阶段的需要，力求详尽，避免遗漏。

（4）选定合理的布置方案：在各项临时建筑物和施工设施布置完后，应对整个施工总体布置进行协调和修正工作。重点检查施工主要工程以及各项临时建筑物之间彼此有无干扰，是否协调一致，能否满足多项布置的原则，如有问题应及时进行调整、修改。

施工总体布置，一般提出若干个可能的布置方案供选择，在选取方案时常从各种物质的运输工作量或运输费用、临时建筑物的工程量或造价、占用耕地的面积以及生产管理与生活的便利程度等方面进行比较分析，选定最合理方案。

（5）具体布置各项临时建筑物：在对现场布置做出总体规划的基础上，根据对外交通方式依次合理安排各项临时建筑物的位置。对外交通采用现场附近公路时，则可与场内运输结合起来布置，然后确定施工辅助企业和仓库的位置，现场的水、电供应可结合当地的供电系统和就近供水系统相互并网。

【例 3-1】　南水北调中线一期工程总干渠×××标段的施工总体方案。

（一）施工总体方案制订的原则

（1）根据工程规模、特点和工期，结合施工现场情况，综合考虑水文、气象和工程地质的条件以及渠道施工与河道交叉建筑物施工的相互交叉影响等因素，统筹安排、科学组织、均衡施工。

（2）最大限度的按照招标文件中有关安全、质量、环保和文明施工的要求，选派经验丰富的施工管理技术人员，配备技术先进的机械设备，合理、高效地全面组织施工。

（3）本着"先建筑物后渠道"和"先地基处理后填筑"的原则安排施工生产。

（4）开挖段和回填段平衡作业。

总体方案：在本施工标段内建筑物多、工程量大、施工任务重、工期紧，特别是河谷段，必须在汛期施工，所以，按照上述原则统筹安排，制订总体方案如下：

（1）以渠道施工为主线，合理穿插河渠交叉建筑物工程和公路工程的施工。

（2）由于倒虹吸管身段开挖建基面高程低，受地下水位和汛期河水等的影响，将其安排在非汛期施工，考虑到施工的均衡，将两个倒虹吸分别安排在两个非汛期施工。

（3）2 座公路桥和生产桥优先安排施工。

（4）整个标段分为两个地质段，组织分段施工时，兼顾考虑渠道和建筑物的地基处理，统一安排处理，片段连续进行，渠道工程根据土方平衡计算，分为三大段 85 + 400 ~ 87 + 223.4、87 + 498 ~ 90 + 000、90 + 000 ~ 91 + 730，第一段靠近 87 + 223.4 的部分区段有大量的超挖和黏性土换填，所以考虑土方的平衡配置，计划从 87 + 223.4 向 85 + 400 即从下游向上游开挖施工，其他两段从上游向下游开挖施工。每一段内根据现场情况再分段组织流水作业。

（二）施工总体布置

施工总体布置的依据：南水北调中线一期工程总干渠×××标段的招标文件。

施工总体布置的内容：确定各主要工程的施工方案、施工总进度计划、现场考察成果等。

施工总体布置的原则：

(1)临时设施的布置,遵循利于生产、利于环保、易于管理、保证安全、经济合理的原则。

(2)施工布置按照便于运输,避免或减少与外界的相互干扰。

(3)施工布置有利于充分发挥施工机械装备和加工厂的生产能力,满足施工强度要求。

(4)根据工程所处的地形特点,各类生产、生活设施采用集中与分散相结合的布置原则。

(5)施工及临时工程所涉及的范围均匀布置在招标文件中所示的临时占地线以内。

场内外交通运输:场内外交通运输是保证工程正常施工的重要手段,场外交通运输是指利用外部运输系统把物资器材从外地运到工地,场内交通运输是指工地内部的运输系统,在工地范围内将材料、半成品或预制构件等物资器材运到建筑安装地点。

场外交通运输的方式基本上取决于施工地区原有的交通运输条件和发展计划建筑器材运输量、运输强度和重型器材的重量等因素。场外运输的方式最常见的是铁路、公路和水路。公路运输是一般工程采用的主要运输方式。

场内运输方式的选择取决于场内运输方式、运输量、运输距离及地形条件,汽车运输灵活机动、适应性强,因而应用最广泛。

场内运输道路的布置除应符合施工总体布置的基本原则外,还应考虑满足一定的技术要求,如路面宽度、最小转弯半径,并尽量使临时道路与永久道路相结合。

南水北调中线一期工程总干渠×××标段的施工交通布置:

(1)施工进场道路:施工段内有省道 S306、县道 X036 等道路与渠线交叉,场内道路可直接相接,褚邱公路桥处有辉县市乡道 1018 与施工段渠线交叉,现状道路为 7 m 宽的水泥路面也可以作为主要进场公路。

(2)场内临时施工道路:场内道路根据工程特点和施工期高峰交通运输量、行车密度、运输强度、运输设备、运输距离及生产、生活区布置等进行统筹设计,各项设计技术指标如表 3-1 所示。

表 3-1　主要施工道路设计技术指标

序号	道路名称	长度 (km)	路面 宽度(m)	路面形式	备注
1	左岸部分及右岸沿渠施工主干道路	9.0	7	泥结碎石	路基宽 8 m
2	左岸沿渠施工辅道	5.0	6	土路	路基宽 6 m
3	至临时料场弃渣道路	1.0	7	土路	
4	沿渠上堤马道	3.5	7	土路	斜道
5	施工道路至 2 个施工营地道路	1.0	5	泥结碎石	路基宽 6 m
6	倒虹吸绕行道路	2.0	5	土路	
7	桥梁绕行道路	3.0	5	土路	

（三）临时设施布置

1. 临时仓库

由于渠系工程施工路线长，必须修建临时仓库进行一定的物料储备，以保证及时供应，仓库面积大小应根据仓库的储存量确定，且其储量应满足施工的要求。

仓库中的储存量可按式(3-1)计算：

$$p = \frac{Qnk}{T}\qquad\qquad(3-1)$$

式中　p——某种物料的储存量，t 或 m³；

　　　Q——计算时段内该物料的需要量，t 或 m³；

　　　N——物料储存天数指标；

　　　K——物料使用的不均衡系数，一般取 1.2 ~ 1.5；

　　　T——计算时段内的天数。

根据物料的储存量，可由式(3-2)确定所需的仓库面积：

$$F = \frac{p}{qa}\qquad\qquad(3-2)$$

式中　F——仓库面积，m²；

　　　p——某种物料的储存量，t 或 m³；

　　　q——仓库单位有效面积的存放量，t/m² 或 m³/m²；

　　　a——仓库有效面积利用系数。

2. 临时房屋

在一般的水利工程施工中，常设的工地临时房屋包括办公室、会议室、居住用房、行政办公室等。各类临时房屋的需要量，取决于工程规模工期的长短及工程所在地区的条件，并参照工程所在地区的具体条件，计算出各类临时房屋的建筑面积。

3. 水供应

工地供水主要指生产、生活和消防用水。供水系统由取水工程、净水工程和输配水工程等 3 部分组成。供水设计的主要任务是确定需水量和需水地点，根据水质和水量要求，选择水源、设计供水系统。

（1）生产用水（Q_1）：主要指土石方工程、混凝土工程等的施工用水，以及施工机械、动力设备和施工辅助企业用水等，生产用水的需水量可按式(3-3)计算：

$$Q_1 = 1.2 \times \frac{\sum kq}{8 \times 3\,600}\qquad\qquad(3-3)$$

式中　Q_1——生产用水量，L/S；

　　　k——用水不均匀系数；

　　　q——生产用水项目每班(8 h)平均用水量，L；

　　　1.2——考虑水量损失和未计入的各种小额用水系数。

（2）生活用水（Q_2）：包括生活区和现场生活用水，其计算公式为：

$$Q_2 = \frac{k_2 k_4 n_3 q_3}{24 \times 3\,600} + \frac{k_2' k_4' n_3' q_3'}{8 \times 3\,600}\qquad\qquad(3-4)$$

式中 Q_2——生活用水量,L/S;

        n_3——施工高峰时工地居住最多人数;

        q_3——每人每天生活用水量定额,L/(人·d);

        k_2——居住区生活用水不均衡系数;

        k_4——居住区未预计的用水系数;

        n_3'——在同一班次内现场和施工生产企业内工作的人数;

        q_3'——每人每班在现场生活用水量定额;

        k_2'——现场生活用水不均衡系数;

        k_4'——现场生活未预计的用水系数。

各种用水不均匀系数见表3-2、表3-3;生活用水量定额见表3-4。

表3-2   用水不均匀系数

用水对象	k 值
土建工程施工	1.5
建筑运输机械	2.0
施工辅助企业	1.25
施工现场生活用水	2.7
居住区的生活用水	2.0

表3-3   给水不均衡系数

项目	不均衡系数	项目	不均衡系数
工程施工用水	1.50	居住区生活用水 k_2	2.0 ~ 2.5
辅助企业生产用水	1.25	现场生活用水 k_2'	1.3 ~ 1.5
施工机械用水	2.0		
动力设备用水	1.05 ~ 1.00		

表3-4   生活用水量定额

用水项目	用水定额	用水项目	用水定额
全部生活用水(L/人·天)	100 ~ 120	现场生活用水(L/人·班)	10 ~ 20
饮用及盥洗(L/人·天)	25 ~ 30	现场淋浴(L/人·班)	25 ~ 30
食堂(L/人·天)	15 ~ 20	现场道路洒水(L/人·班)	10 ~ 15
浴室(L/人·天)	50 ~ 60		
洗衣(L/人·天)	30 ~ 35		
道路绿化洒水(L/人·天)	20 ~ 30		

(3)消防用水(Q_3):按工地范围及居住人数计算,其用水定额见表(3-5)。

表 3-5　消防用水量定额

用水项目	按火灾同时 发生次数计	耗水量 (L/s)	用水项目	按火灾同时 发生次数计	耗水量 (L/s)
居住区消防用水			施工现场消防用水		
5 000 人以内	1	10	现场面积在 25 km² 内	3	10 ~ 15
10 000 人以内	2	10 ~ 15	每增 25 km² 递增	2	5
25 000 人以内	2	15 ~ 20			

施工供水量应满足不同时期日高峰生产用水和生活用水的需要,并按消防用水量进行校核:$Q = Q_1 + Q_2$,但不得小于 Q_3。

供水系统可分为集中供水和分区供水两种方式,一般包括水泵站、净水建筑物、蓄水池或水塔、输水管网等,生活用水和生产用水共用水源时,管网应分别设置。

第四节　施工进度计划

施工进度计划是施工组织设计的重要组成部分,并与其他部分(如施工导流、截流、施工总体布置、施工度汛及后期蓄水、通水等)的设计联系密切,因此,在编制施工进度计划时,必须通盘全面考虑,应选择先进有效并切实可行的施工方法,要与施工场地的布置相协调,并考虑技术供应的可能性和现实性,拟定的各类施工强度要与选定的施工方法和机械设备的生产能力相适应,使施工进度计划建立在可靠的基础上。因此施工进度计划的编制既要以施工组织设计中各项目的组成部分为基础,又影响着各项目组成部分的施工方法及作业方式的确定。

编制施工进度的目的,主要是保证工程进度,使工程能按规定的期限完成或提前完成。进度计划安排得当,就可以将各项单位工程的施工工作组织成一个有机的统一体,保证整个工程的施工能够均衡、连续、有规律地顺利进行,确保工程质量和生产安全,使资金材料、机械设备和劳动力的使用更为合理,以保证项目建设目标的如期实现。

施工进度计划是以图表的形式规定了工程施工的顺序和速度,它反映了工程建设从施工准备工作开始到工程竣工验收的全部施工过程,以及土建工程与机电设备、金属结构安装等工程间的分工和配合的关系。

一、编制施工计划的原则

在水利工程建设的过程中,不同的阶段对施工进度计划的编制有不同的要求,但编制的原则基本相同,其所应遵循的主要原则如下:

(1)分清工程的主次关系,统筹兼顾、集中力量保证关键工程和重点工程项目按期完成,次要工程项目配合关键工程和重点工程项目进行,并为关键工程和重点工程项目的施工创造有利的条件。

（2）重视准备工程的合理安排,组织平行作业和流水作业,尽量做到均衡和连续施工。

（3）严格遵守规定的工期,确保工程按期或提前完成,全面考虑合理安排,使计划既能起到动员和组织群众,提高劳动生产率的积极作用,又能适应不断发展的新情况,在执行计划的过程中留有余地可进行适当的调整。

（4）必须考虑图纸施工设计的意图,机械设备、资金及材料等供应时间的可能性和现实性,使施工进度计划建立在可靠的物质保障的基础上。

（5）保证施工安全,保证导流和拦洪度汛的可靠性,避免各项施工项目的干扰,并注意满足工农业生产及有关行业部门的用水要求。

（6）避免汛期和冬、夏、雨季的不利影响,使各项单位工程项目尽可能的在较短的时间和有利的条件下施工。

（7）注重施工中的计划强度指标,应与选定的施工方案和施工方法及机械设备能力相适应。

（8）合理地使用资金和安排工程投资,避免资金的浪费。

二、施工进度计划的类型

施工进度计划的类型一般分为两类:施工总进度计划和单项工程进度计划。

（1）施工总进度计划,是针对整个水利工程建设项目编制的,要求根据所确定的工期,定出整个工程中各个单项工程的施工顺序,合理安排施工工期,协调各单项工程的施工进度,提出各施工阶段的目标任务,计算均衡的施工强度、劳动、机械数量、材料等主要指标。初步设计阶段主要论证施工进度在技术上的可行性和经济上的合理性。

（2）单项施工进度计划,是对系统工程中的主要工程项目,如渠系堤防、倒虹吸、涵闸等组成部分进行编制的进度计划。单项工程进度计划是根据所批准的初步设计中施工总进度计划,安排并定出各单项工程的准备工作及施工顺序和起止日期,要求进一步从施工方面、施工技术方法等条件上,论证施工进度的合理性和可靠性,组织平行作业和流水作业。研究加快施工进度和降低工程成本的具体方法。根据单项工程进度计划,对施工总进度计划进行调整或修正,并编制各种物质及劳动力、机械等的技术供应计划。

施工作业计划有月旬的作业计划、循环作业计划以及季节性作业计划,以满足渠系工程建设的施工工期及季节多变性和施工队伍短期突击等施工的特点。

三、施工总进度计划的编制

（一）进度的概念和进度指标

1.进度的概念

进度通常是指工程项目实施结果的进展情况。在工程项目的实施过程中常用所消耗的时间(工期)、劳动力、机械、材料、成本来反映工程的进度。当然项目的实施结果理论应该以项目任务的完成情况,如工期、工程的数量来表达。但由于工程项目对象系统(技术系统)的复杂性,常常很难选定一个适当的、统一的指标来全面反映工程的进度。有时时间和费用与计划都吻合,但工程的实际进度(工作量)未达到目标,则后期就必须投入更多的时间和费用。

在现代的工程项目管理中,人们已赋予进度以综合的含义,它将工程项目任务、工期、成本等有机地结合起来,形成一个综合的指标,能全面反映项目的实际情况,进度控制已不只是传统的工期控制,而且将工期与工程实物、成本、劳动、消耗、资源等统一起来。

2.进度指标

进度控制的基本对象是工程活动,它包括项目结构图上各个层次的单元,上至整个项目,下至各项工作(包括及时直接最低层次网络上的工程活动),项目进度状况通常是通过对各工程活动完成程度(百分比)逐成统计汇总计算得到的,进度指标的确定对进度的表达计算控制有很大的影响,对所有工程活动都适用的指标有:

(1)持续时间(工程活动或整个项目)是工程进度的重要指标,人们常用工期与计划工期相比较以描述工程完成程度。例如,计划工期两年,现已进行了一年,则工期已达到50%,一个工程活动计划持续时间为 30 d,现已经进行了 15 d,则已完成了 50%,但通常还不能说工程进度已达到 50%,因为工期与通常概念上的进度是不一致的,工程的效率和进度不是一条直线。如通常工程项目开始时工作效率很低、进度慢,到工程中期投入最大、进度最快,而后期投入又较少,所以工期达到 50%,并不能表示进度达到了 50%,何况在已进行的工期中还存在各种停工、窝工、干扰作用,实际效率可能远低于计划的效率。

(2)按工程活动的结果状态数量描述,主要是针对专门的领域,其生产对象简单、工程活动简单,例如设计工作按资料数量(图纸、规范等),混凝土工程按体积(基础、边墙等),设备安装按吨位,道路、渠道堤防按长度,预制构件按数量、质量体积、长度;运输量按质量、长度,土石方按体积或运载量描述等,特别是当项目的任务仅为完成这些分部工程时,以它们作为进度指标反映实际比较合理。

(3)已完成工程的价值量,是用已经完成的工作量与相应的合同价格计算。它将不同种类的分项工程统一起来,能够较好地反映工程的进度状况,这是常用的进度指标。

(4)资源消耗指标,最常用的资源消耗指标有劳动工时、机械台班、成本的消耗。它们有统一性和较好的可比性,即各个工程活动甚至整个项目部都可用它们作为指标,这样可以统一分析进度,但在实际工程中要注意如下问题:①投入资源数量和进度有时会背离,甚至会产生误导。例如某活动计划需 100 工时,但现已用了 60 工时,则进度已达60%,这仅是偶然的,计划劳动效率和实际效率不会完全相等。②由于实际工作量和计划的工作量经常有差别,例如计划 100 工时,由于工程变更,工作难度增加,工作条件的变化,应该需要 130 工时,现完成 65 工时,实质上仅完成 50%,而不是 60%,所以只有当计划正确(或反映了新情况)并按预定的效率施工时才得到正确的结果。③用成本反映工程进度是常用的,但这里有如下因素要剔除:a.不正常原因造成的成本损失,如返工、窝工、工程停工。b.由于价格原因(如材料涨价、工资提高)造成的成本的增加。c.实际工程量、工程(工作)范围的变化造成的影响。

(二)施工总进度计划的编制步骤

编制施工总进度计划主要有以下步骤。

1.编列工程项目

根据工程设计图纸,将拟建工程的各单项工程中的各分部分项工程、各项施工前的准备工作、辅助设施及结束工作等——列出,对一些次要项目,可做必要的归并,然后按这些施工项目的先后顺序和相互联系的程度,进行适当的排队,依次排入进度计划表中。

进度计划表中工程项目的填写顺序一般先列准备工作,然后填入导流工程、渠系的基础处理、堤防填筑开挖及各项渠系建筑物等单项工程和房屋、机电金属结构、安全环保及结尾工作等。各单项工程的分部分项工程施工顺序一般按它们的施工程序所示。

列工程项目时,注意不得漏项,列项时,可参照水利部颁发的《水利基本建设工程项目划分》的规定。

2. 计算工程量

依据所列的工程项目,计算建筑物、构筑物、辅助设施以及施工准备工作和结尾工作的工程量。工程量计算一般应根据设计图纸和水利部颁布的《水利水电工程设计工程量计算规定》(SL 328—2005)。考虑到各设计阶段提供的设计图纸深度不同,又规定了按图纸计算的工程量,应乘以相应的阶段系数,如表3-6所示。

表3-6　工程量计算阶段系数表

种类	设计阶段	钢筋混凝土	混凝土工程量(m³)			土石方开挖工程量(m³)			土石方填筑工程量(m³)			钢筋	钢材	灌浆
			300以上	100~300	100以下	500以上	200~500	200以下	500以上	200~500	200以下			
永久水工建筑物	可行性研究	1.05	1.03	1.05	1.10	1.03	1.05	1.10	1.03	1.05	1.10	1.05	1.05	1.15
	初步设计	1.03	1.01	1.03	1.05	1.01	1.03	1.05	1.01	1.03	1.05	1.03	1.03	1.10
施工临时建筑物	可行性研究	1.10	1.05	1.10	1.15	1.05	1.10	1.15	1.05	1.10	1.15	1.10	1.10	
	初步设计	1.05	1.03	1.05	1.10	1.03	1.05	1.10	1.03	1.05	1.10	1.05	1.05	
金属结构	可行性研究												1.15	
	初步设计												1.10	

工程量的计算通常采用列表的方式进行。按照工程性质考虑工程分期、施工顺序等因素,分别计算各分部分项工程的工程量。有时需计算不同高程(如做出渠系不同高程或桩号的工程量积曲线),以便分期、分段组织施工。

3.初拟工程进度

初拟工程进度是编制施工总进度计划的主要步骤。初拟进度时,必须抓住关键、分清主次、合理安排、互相配合。要特别注意把与汛期洪水有关、受季节性限制较强或施工技术比较复杂的控制性工程的施工进度首先安排好。

如一般的渠系工程其建筑物或基础均位于河床,因此,施工总进度计划的安排应以导流程序为主线,先把导流、截流、基坑开挖、基础处理等关键的控制性进度安排好,其中应包括相应的准备工作、工程结尾工作和辅助工程的进度,这就构成了整个工程进度计划的轮廓,在此基础上再将不直接受水文条件控制的其他工程项目予以调整,即可拟订该工程的施工总进度计划初稿。

在初拟进度计划时,对于围堰、抗洪度汛、渠系工程等这些项目必须要进行充分论证,以便在技术、组织措施等方面都得到可靠的保证。

4.论证施工强度

拟订各项工程进度时,必须根据工程施工条件和所选用的施工方法 ,对各项工程,尤其是起控制作用的关键工程的施工强度应进行充分的论证,使编制的施工总进度计划有比较可靠的依据。

受水文、气象等条件的影响,在整个施工期间要保持均衡施工难度较大,因此在论证工作中,既要分析研究各项工程在施工期间所要达到的平均施工强度,又要考虑施工期间可能出现的短时间内的不均衡性。

论证施工强度一般采用工程类比的方法,即参照类似工程所达到的施工水平,对比本工程的施工条件,论证进度计划中所拟订的施工强度是否合理可靠。如果没有类似工程可以对比,则应通过施工设计,从施工方法、施工机械的生产能力、施工现场的布置以及施工措施等方面,利用劳动定额和机械设备使用定额进行论证。

5.编制劳动力、材料和机械设备的需用量计划

根据拟订的施工总进度计划和相关的定额指标,计算劳动力、材料和机械设备等的需要量,并提出相应需要量计划,不仅要注意到它的可能性,而且还要注意在整个施工时间内的均衡性,这也是衡量施工总进度计划是否完善的一个重要标志。

6.调整和修改

根据施工强度的论证和劳动力、材料、机械设备等的平衡,对初拟的施工总进度计划是否符合实际、各项工序之间是否相互协调、施工强度是否大体均衡(特别是主体工程)做出评价,如有不够完善的地方,要进行必要的调整和修改,形成较为合理并具有实际指导意义的施工总进度计划。

在实际工作中,编制总进度计划并不是完全按上述步骤一步一步的进行,而是要将各项问题相互联系起来,反复斟酌才能完成,之后还要结合单项工程进度计划的编制来进行修正。在施工过程中,也要根据施工条件的变化进行调整与修正,以便指导施工。

四、编制施工进度计划的网络计划技术

横道图是土木及水利电力工程施工中应用最广、历时最长的进度计划的表现形式,它虽有许多的优点,但仍有不少明显的不足之处。诸如用横道图所表达的进度计划,其编制

方法简单、表现形式直观,但难以完整确切地反映各个工作项目之间的相互依存和互相制约的关系,且不易用数学模型来处理。而网络计划技术可以确切地表明各个工作项目之间的逻辑关系,找出工程中的关键项目和关键线路,并可随工程的进展情况对计划进行优化,因此,网络计划技术目前在国内外的各类工程上得到了广泛的应用。

网络计划的形式主要有双代号和单代号两种。单代号是在双代号的基础上简化形成的。它们两者间的根本区别是图形中的节点(〇)与箭杆(→)的使用方法不同。在双代号网络中箭杆代表某项工程的工作(工序),箭杆的上部或左侧标注该项工程工作或工程项目的名称,箭杆的下部或右侧标注该项工作或工程项目施工所需的历时,节点代表事件,即该项工作或工程项目的开始和结束的瞬间。在单代号的网络中,节点则代表某项工作或工程项目,箭杆代表该项工作或工程项目间的逻辑关系。我国在工程应用上,目前多采用双代号网络计划技术来编制施工进度计划,以下仅介绍双代号网络进度计划中的关键线路法。

(一)关键线路法网络进度计划的编制程序

关键线路法的特点是每项工作或工程项目所需的历时(施工时的持续时间)是按工时定额确定下来的,各项工作或工程项目之间的衔接和联系是明确而完整的,即各项工作或工程项目之间的前导与后续的逻辑关系是肯定的,而在实际的施工过程中,往往有许多工程项目的施工持续时间因受各种因素的影响而成为非肯定型的问题。因此,在编制网络计划进度时,就需要将工程项目的施工持续时间这一非肯定的问题转化成肯定型的问题后,才可以参照关键线路法计算网络计划中的各时间参数。

应用关键线路法编制网络进度计划的主要步骤如下:

(1)确定进度计划中的各个项目(或工序活动)。

(2)明确它们的施工顺序和逻辑关系。

(3)确定每个工作项目所需的持续时间。

(4)按网络的要求和规定,绘制整个工程的网络进度计划图。

(5)计算各工作项目的最早开始、最早结束、最迟开始、最迟结束、总时差、自由时差等时间参数,并确定关键线路。

(6)检查网络进度是否符合工期的规定要求,是否与工程合同、银行贷款等约束条件相适应,若不符合或不适应则重新调整,直到满意为止。

(二)关键线路法网络图的绘制

1. 组成网络图的主要素

(1)工作。工作(工序)通常用一个箭杆(→)来表示,箭杆代表一项工作或工程项目,它具有时间和资源的消耗。对有些既不消耗时间又不消耗资源的,只用说明一项工作和另外几项工作之间的约束关系的虚拟工作,可用虚线箭杆(--➤)表示。

(2)事件。在箭杆的箭头和箭尾画上圆圈(节点)用以标志前导(紧前)工作的结束和后续(紧后)工作的开始,因此称之为事件。事件和工作不同,它是工作结束或开始的瞬间,且不消耗时间和资源。

事件的圆圈分别用数字编号,前后两个编号可用来表示一项工作,整个计划的开始事件可称为"开始事件",而最终完成的事件可称为"结束事件"。

（3）线路。网络图中，从开始事件到结束事件之间相继完成各项工作所组成的线路。其中工期最长的线路就是关键线路，位于关键线路上的工作称为关键工作，这些工作的进度直接影响到总工期，关键线路和非关键线路随着主客观因素的变化也可能互相转变。如关键线路上的某些工作由于采取了有效的技术措施而缩短了工期，这使原来的非关键线路也可能成为关键线路。

处于非关键线路上的工作都具有一定的时差，也就是有一定的机动时间或富裕时间。这意味着在组织施工时，可以抽出一定的人力、物力去支援关键工作，以缩短总工期。

2. 绘图的基本原则

（1）网络图必须正确表达各项工作的先后顺序及彼此之间的联系和互相制约与依存的关系，不能违背基本工艺或技术操作的逻辑关系。

（2）平行作业可设虚拟工作（零箭杆）表示彼此间的相互关系，即平行搭接的关系，如图3-1所示。

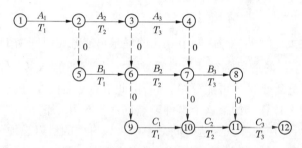

图3-1　多项工作的相互平行搭接关系图

（3）网络图中除结束事件外，不得出现没有后续工作的尽头事件。

（4）网络图中除开始事件外，不得出现没有前导工作的"尾部事件"。

（5）网络图中不允许出现闭合回路。

（6）对事件的编号一般应使箭杆终点的编号大于起点的编号，并且每两个编号只能代表一项工作，不允许用多根箭杆同时连在两个相同编号的事件条件上。

（三）网络计划的时间参数计算

当网络计划中的工作数目不太多时，可直接在图上进行计算，比较简单，现用图3-2的网络图介绍其算法。

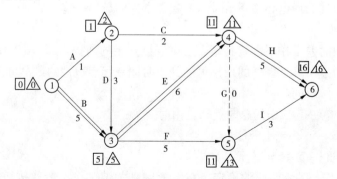

图3-2　网络进度计划示意图

（1）计算各事件的最早可能开始时间,先从整个网络的开始事件(起点)开始,并令其最早可能开始时间为零,然后由此节点从左到右,按事件编号递增的顺序逐个在图上计算。如果这个节点同时有几个箭杆指向它,说明有多条线路可以达到这个节点,则需在这些线路中选其时间之和最大值为该事件的最早可能开始时间,即某项工作的最早开始时间,为其诸前导工作最早结束时间的最大者,如图中的节点④有以下三条线路可达到该点。

即:①→②→④ = 1 + 2 = 3(个月)

　　　1 2

①→②→③→④ = 1 + 3 + 6 = 10(个月)

　　　1　3　6

①→③→④ = 5 + 6 = 11(个月)

　　5　6

三条线路中最大值为 11 个月,则节点④的最早可能开始时间为 11 月,记作 $\boxed{11}$。

（2）计算各个事件的最迟必须开始时间,从整个网络图的结束事件(终点)开始,并令其最迟必须开始时间等于最早可能开始时间,由此节点从右向左,按事件节点编号递减的逆向顺序逐个在图上计算。如果这个事件节点同时发出几个箭杆,则说明这个节点具有多条线路逆向到达,则应选择其到达时间最小值为该事件的最迟必须开始时间,如计算图中节点③的最迟必须开始时间,有两条线路可逆向到达,即④←③、⑤←③。且前面已分别算出节点④和⑤的最迟必须开始时间为 11 个月和 13 个月。从图中查出 $D_{3-4} = 6$ 个月,$D_{3-5} = 5$ 个月。所以这两条线路的逆向到达时间为:

④←③ = 11 - 6 = 5(个月)　　⑤←③ = 13 - 5 = 8(个月)

则节点③的最迟必须开始时间为两条线路中的最小值 5 个月,记作 $\boxed{5}$。

以上计算可概括为:某项工作的最迟必须开始时间为其后续工作的最迟必须开始时间减去该项工作的持续时间的最小者。

（3）工作时差计算:总时差和自由时差计算方法如下。

工作的总时差是在不影响工期的前提下,一项工作所拥有的机动时间的极限值,即:总时差 = 终点事件的最迟必须开始时间 - 起点事件的最早可能开始时间 - 该项工作的施工持续时间。

工作的自由时差是在不影响其紧后工作最早开始的前提下,一项工作所具有的机动时间,即:自由时差 = 终点事件的最早可能开始时间 - 起点事件的最早可能开始时间 - 该项工作的施工持续时间。

在图 3-2 中③→⑤工作的总时差和自由时差为:

总时差 = 13 - 5 - 5 = 3(个月)

自由时差 = 11 - 5 - 5 = 1(个月)

（4）关键工作与关键路线的确定。在图上判别关键工作一般比较简捷方便,凡图上各事件最早可能开始和最迟必须结束时间相等的工作就是关键工作,将这些工作用双箭杆连接就形成了关键线路,关键线路上的工作项目其总时差和自由时差为零,非关键线路上的工作项目的时差必不等于零,这就说明这些工作项目有一定的富裕时间,因此可以将非关键项目的持续时间在时差允许的范围内,适当延长,降低施工强度,而抽出一部分人力和物力去支援关键线路上的薄弱环节,以缩短工期。

(四)网络中各项工作持续时间的确定

对于工程施工中各项工作的持续时间,一般由劳动定额确定。但实际情况则非常复杂,每项工作的持续时间往往难以准确估计,因为在执行的过程中要受到各种因素的影响,有些是难以预料的,所以持续时间总有或多或少的变动。显然在编制进度计划时,把持续时间作为非肯定型问题来处理较合适。

非肯定型即说明时间难以肯定,只能做出某些估计,通常可按三种不同的时间来估计。

(1)最乐观的时间,即施工顺序、条件理想所需的工期(a)。

(2)最保守的时间,即认为施工既不顺利、条件也不理想时所需的工期(b)。

(3)最可能的时间,即认为实现的机会相对来说比较多的工期(c)。

根据以上三个不同的时间,按式(3-5)计算出一个期望平均值,即

$$t_e = \frac{a + 4c + b}{6} \tag{3-5}$$

当求出 t_e 后,就可以把非肯定型问题转化为肯定型问题来处理,由此算出的总工期 t_e 则成为具有某种保证率的工期。

第五节　施工组织进度管理与控制

施工管理水平对于缩短工期建设、降低工程造价、提高施工质量、保证施工安全至关重要。施工进度管理工作涉及施工、技术、经济活动等,其管理活动从制订计划开始,通过计划的制订进行协调与优化,确定管理目标,然后在实施过程中按计划目标进行指挥、协调与控制,根据实施过程中反馈的信息调整原来的控制目标,通过施工项目的计划进行组织协调与控制,来实现施工管理的目标。

一、实际工期和进度表达

进度控制的对象是各个层次的项目单元,而最低层次的工作是主要对象,有时进度控制还要细到具体的网络计划中的工程活动。有效的进度控制必须能够迅速且正确地在项目参加者(工程小组、分包商、供应商等)的工作岗位上反映如下的进度信息。

(1)项目正式开始后,必须监控项目的进度,以确保每项活动按计划进行,掌握各工作段(或工程活动)的实际工期信息,如实际开始时间、工期受到的影响及原因等,这些必须明确反映在工作段的信息报告上。

(2)工作段(或工程活动)所达到的实际状态,即完成程度及所消耗的资源。在项目控制末期(一般为月底),对各工作段的实施状况、完成程度、资源的消耗量进行统计。这时如果一个工程活动已经开始但尚未完成,为了便于比较精确地进行进度控制和成本核

算,必须定义它的完成程度,通常有如下几种定义模式。

①0～100%,即开始后完成前一直为0,直到完成才为100%,这是一种比较悲观的反映。

②50%～100%,即一经开始直到完成前都认为已完成50%,完成后才为100%。

③实物工作量或成本消耗、劳动消耗所占的比例,即按已完成的工作量与总计划的工作量的比例计算。

④按已消耗的工期与计划工期(持续时间)的比例计算,这在横道图计划与实际工期对比和网络调整中得到应用。

⑤按工序(工作步骤)分析定义,这是要分析该工作段的工作内容和步骤,并定义各个步骤的进度份额。例如某基础混凝土工程的施工进度如表3-7所示。

表3-7　某基础混凝土工程施工工程序表

步骤	时间(月)	工时投入(个)	份额	累计进度
放样	0.5	24	3%	3%
支模	4	216	27%	30%
钢筋	6	240	30%	60%
隐蔽工程验收	0.5	0	0	60%
混凝土浇筑	4	280	35%	95%
养护拆模	5	40	5%	100%
合计	20	800	100%	100%

各步骤占总进度的份额由进度描述指标的比例来计算,例如,可按工时投入比例,也可以按成本比例。如果隐蔽工程验收完成,则该分项工程完成60%,而如果混凝土浇筑完成一半,则达77%。

当工作段内容复杂,无法用统一的、均衡的指标衡量时,可以采用按工序(工作步骤)分析定义的方法,该方法的好处是可以排除工时投入浪费、初期的低效率等,可以较好地反映工程进度。例如上述某混凝土工程中,支模已完成,绑扎钢筋工作量仅完成了70%,则如果绑扎钢筋全部完成进度为60%,现绑扎钢筋仍有30%未完成,则该分项工程的进度为:60%－30%×(1－70%)=60%－9%=51%。

这比前面的各种方法都要精确。

工程活动完成程度的定义,不仅对进度描述和控制有重要的作用,有时它还是业主与承包商之间的工程价款结算的重要参数。

(3)预算工作段到结束尚需要的时间或结束的日期,常常需要考虑剩余工作量、已有的拖延、后期工作效率的提高等因素。

二、施工项目的进度计划的控制方法

施工项目的进度计划的控制方法一般有横道圆控制法,S形曲线控制法和香蕉形曲线比较法三种。

(一)横道圆控制法

这是人们常用的方法,也是最熟悉的方法,是用横道图编制实施性的进度计划,指导项目的实施。它简明形象、直观且使用方便。横道图控制法是在项目实施过程中,收集检查实际进度的信息,经整理后直接用横道线表示,并与原计划的横道线进行比较。

利用横道线控制图检查时,图形清楚明了,可在图中用粗细不同的线条表示实际进度与计划进度,在横道图中完成任务量可用实物工程量、劳动消耗量和工作量等不同的方式表示。

(二)S形曲线控制方法

S形曲线是一个以横坐标表示时间、纵坐标表示完成工作量的曲线图。工作时的具体内容可以是实物工程量、工时消耗和费用,也可以是相对的百分比。对于大多数工程项目来说,在整个项目实施期间(以天、周、旬、月、季等为单位)的资源消耗(人、财、物的消耗),通常是中间多而两头少,由于这一特性,资源消耗后便形成一条中间陡而两头平缓的形如"S"的曲线。

像横道图一样S形曲线也直观地反映工程项目的实际进展情况,项目进度控制工程师事先绘制进度计划的S形曲线,在项目的施工过程中,每隔一定时间按项目的实际情况,绘制完工进度的S形曲线,并与原计划的S形曲线进行比较,如图3-3所示。

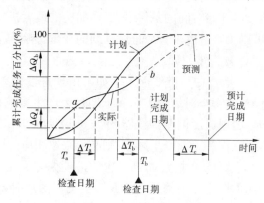

图3-3 S形曲线比较图

(1)项目实际进展的速度,如果项目实际进展的累计完成量在原计划的S形曲线左侧,表示此时的实际进度比计划进度超前(如图中 a 点),反之如果项目实际进度的累计完成量在原计划的S形曲线右侧,表示实际进度比计划进度拖后(如图中 b 点)。

(2)进度超前或拖延时间,如图中 ΔT_a 表示 T_a 时间进度超前,时间 ΔT_b 表示 T_b 时刻进度拖延时间。

(3)工程完成情况,在图中 ΔQ_a 表示 T_a 时刻超额完成的工程量,ΔQ_b 表示 T_b 时刻拖延的工程量。

(4)项目后续进度的预测,在图中虚线表示项目后续进度,若仍按原计划速度实施,总工期拖延的预测值为 ΔT_c。

(三)香蕉形曲线比较法

香蕉形曲线是由两条以同一开始时间,同一结束时间的S形曲线组合而成的。其中一条 S 形线是按最早可能开始时间安排进度所绘制的 S 形曲线,称 ES 曲线,而另一条 S 形曲线是按最迟必须开始时间安排进度所绘制的 S 形曲线,简称 LS 曲线,除项目的开始和结束点外,ES 曲线在 LS 曲线上方,同一时刻两条曲线所对应完成的工作量是不同的。在项目实现的过程中,理想的状况是任一时刻的实际进度在两条曲线所包区域内的曲线 R,如图 3-4 所示。

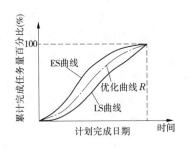

图 3-4　香蕉形曲线图

三、施工项目进度计划的调整方法

进度计划施工项目的调整方法一般有两种,即分析偏差对后续工作及工期的影响和进度计划实施中的调整方法。

(一)分析偏差对后续工作及工期的影响

当进度计划出现偏差时,需要分析偏差对后续工作产生的影响,分析的方法主要是利用网络计划中工作的总时差(TF)和自由时差(FF)来判断。工作的总时差不影响项目工程,但影响后续工作的最早开始时间,是工作拥有的最大机动时间,而工作的自由时差是指在不影响后续工作的最早开始时间的条件下,工作拥有的最大机动时间,利用时差分析进度计划出现的偏差,可以了解进度偏差对进度计划的局部影响(后续工作)和对进度计划的总体影响(工期),具体分析步骤如下:

(1)判断进度计划偏差是否在关键线路上。如果出现进度偏差的线路 $TF \neq 0$,说明工作在非关键线路上,偏差的大小对后续工作和工期是否产生影响以及影响程度还需要进一步的分析判断。如果出现进度偏差的线路 $TF = 0$,说明该工作在关键线路上。无论其偏差有多大都对其后续工作和工期产生影响,则必须采取相应的调整措施。

(2)判断进度偏差是否大于总时差,如果工作的进度偏差大于工作的总时差说明偏差必将影响后续工作和总工期。如果偏差小于或等于工作的总时差,说明偏差不会影响项目的总工期,但它是否对后续工作产生影响,还需进一步与自由时差进行比较判断来确定。

(3)判断进度偏差是否大于自由时差,如果工作的进度偏差大于工作的自由偏差,说明偏差不会对后续工作产生影响,原进度计划可不做调整。

采用上述分析方法,进度控制人员可以根据工作的偏差对后续工作的不同影响采取相应的进度调控措施,以指导项目进度计划的实施,具体的判断分析过程可用图 3-5 来表示。

(二)进度计划实施中的调整方法

当进度控制人员发现问题时对实施进度进行调整。为了实现进度计划的控制和调整的目标,究竟采取何种调整的方法,要在分析的基础上确定。从实现进度计划的目标来看,可行的调整方案可能有多种,存在一个方案优选的问题,一般来说进度调整的方法主要有以下两种。

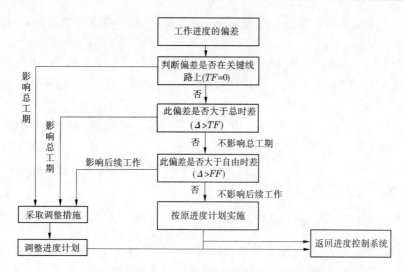

图 3-5　进度偏差对后续工作和工期影响的分析过程

1.改变工作之间的逻辑关系

改变工作之间的逻辑关系主要是通过改变关键线路上工作之间的先后顺序、逻辑关系来实现缩短工期的目的。例如,若原进度计划比较保守,各项工作依次实现和实施,即某项工作结束后,另一项工作才开始,通过改变工作之间的逻辑关系,变顺序关系为平行搭接关系,便可达到缩短工期的目的。这样的调整,由于增加了工作之间的平行搭接时间,进度控制工作就显得更加重要,在实施中必须做好协调工作。

2.改变工作延续时间

改变工作延续时间主要是对关键线路上的工作进行调整,工作之间的逻辑关系并不发生变化。例如,某一项目的进度拖延后,为了加快进度,可采用压缩关键线路上工作的持续时间、增加相应的资源来达到加快进度的目的。这种调整通常在网络计划图上直接进行,其调整的方法与限制条件及对后续工作的影响程度有关,一般可考虑三种情况。

(1)在网络图中,某项工作进度拖延,但拖延的时间在该工作的总时差范围以内、自由时差以外。若用 Δ 表示此项工作拖延时间,即:$FF < \Delta < TF$。根据前面分析,这种情况不会对工期产生影响,只对后续工作产生影响。因此在进行调整前,要确定后续工作允许拖延的时间限制,并作为进度调整的限制条件。确定这个限制条件有时很复杂,特别是当后续工作由多个平行的分包单位负责实施时更是如此。

(2)在网络图中某项工作进度的拖延时间大于项目工作的总时差,即 $\Delta > TF$。这时该项工作可能在关键线路上也可能在非关键线路,但拖延的时间超过了总时差($\Delta > TF$)。调整的方法是以工期的限制时间作为规定工期,对未实施的网络计划进行工期—费用优化。通过压缩网络图中某些工作的持续时间,使总工期满足规定工期的要求,具体的步骤如下:

①简化网络图,去掉已经执行的部分,以进度检查时间作为开始节点的起点时间,将实际数据代入简化网络图中。

②以简化的网络图和实际数据为基础,计算工作最早开始时间。

③以总工期允许拖延的极限时间作为计算工期、计算各项工作最迟开始时间,形成调整后的计划。

(3)在网络计划中工作进度超前。在计划阶段所确定的工期目标,往往是综合考虑各方面的因素优选的合理工期。正因为如此,网络计划中工作进度的任何变化无论是拖延还是超前,都可能造成其他项目目标的失控(如造成费用增加等)。

例如,在一个施工总进度计划中,由于某一项工作的超前,致使资源的使用发生变化。这不仅影响原进度计划的连续执行,也影响各项资源的合理安排,特别是施工项目由多个分包单位进行平行施工时,用进度安排发生了变化,导致协调工作的复杂化,在这种情况下,对进度超前的项目也需要加以控制。

四、进度拖延的原因分析及解决措施

对施工进度拖延的原因,项目管理者应按预定的项目计划定期评审实施进度情况,分析并确定拖延的根本原因。进度拖延是工程项目施工过程中经常发生的现象,各层次的项目单元、各个阶段都可能出现延误,分析进度拖延的原因可以采用以下几种方法:

(1)通过工程工作段的实际工期记录与计划对比确定被拖延的工程活动及拖延量。

(2)采用关键线路分析的方法确定各拖延对总工期的影响,由于各工程活动(工程段)在网络中所处的位置(关键线路或非关键线路)不同,其对整个工期的影响不同。

(3)采用因果关系分析图(表),影响因素分析表,工程量、劳动效率、对比分析等方法,详细分析各工程活动(工作段)对整个工期影响程度的大小。

进度拖延的原因是多方面的,包括工期及计划的失误、边界条件的变化、管理过程中的失调和其他原因。

(1)工期及计划的失误:这是常见现象,人们常常在计划期将持续时间安排得过于乐观,包括以下几条:

①计划时忘记(遗漏)部分必须的工程或工作量。

②计划值(如计划工作量持续时间)不足,相关的实际工作量增加。

③资源或能力不足,例如在计划时没有考虑到资源的限制或缺陷,没有考虑如何完成工作。

④出现了计划中未能考虑到的风险和状况,未能使工程实施达到预定的效果。

⑤在现代工程中,上级(业主、投资者、企业主管)常常在一开始就提出很紧迫的工期要求,使承包商或其他设计单位、供应商的工期太紧,而且许多业务为了缩短工期,常常压缩承包商的做标期前期准备的时间。

(2)边界条件的变化:主要有以下原因造成边界条件的变化:

①工作量的变化可能是由设计的变更或修改、设计的不当、业主要求修改项目的目标及系统范围的扩展造成的。

②外界(如政府上层系统)对项目新的要求或限制设计标准的提高可能造成项目资源的缺乏,使得工程无法及时完成。

③环境条件的变化,如不利的施工条件不仅造成对工程施工过程中的干扰,有时直接要求调整原来已确定的计划。

④发生不可抗力事件,如地震、台风、动乱、战争等。

(3)管理过程中的失调:在管理过程中,有时考虑不足可以产生以下失控:

①计划部门与实施者之间,总承包与分承包商之间,业主与承包商之间缺乏沟通。

②工程实施者缺乏工期的意识,例如管理者(业主)拖延了图纸的供应和批准,任务下达时缺少必要的工期说明和责任落实,拖延了工程活动。

③项目参加单位对各个活动之间的逻辑关系(活动链)没有清楚地了解,下达任务时也没有做详细的解释,同时对活动的必要前提条件准备不足,各单位之间缺乏协调和信息沟通,造成许多工作脱节、资源供应出现问题。

④由于其他方面未完成项目计划规定的任务造成拖延,例如设计单位拖延、运输不及时、上级机关拖延批准手续、质量检查拖延、业主不果断处理问题等。

⑤承包商没有集中力量施工、材料供应拖延、资金缺乏、工期控制不紧,这可能是承包商同期工程太多、力量不足造成的。

⑥业主没有及时提供资金、拖欠工程款或业主的材料、设备供应不及时。

(4)其他原因:由于采取其他调整措施造成工期的拖延,如设计的变更、质量问题的返工及实施方案的修改。

五、解决进度计划拖延的措施

(一)基本策略

对已产生的进度拖延可以有如下的基本策略:

(1)采取积极的赶工措施,以弥补或部分地弥补已经产生的拖延。主要通过调整后期计划采取赶工措施、修改网络等方法解决进度拖延问题。

(2)不采取特别的措施,在目前进度状态的基础上,仍按照原计划安排后期工作。但在通常情况下,拖延的影响会越来越大。有时刚开始仅一两周的拖延,到最后会造成一年拖延的结果。这是一种消极的办法,最终结果必然不能如期完工,降低经济效益。

(二)可以采取的赶工措施

与在计划段压缩工期一样,解决进度拖延有许多方法,但每种方法都有它的适用条件、限制,必然会带来一些负面的影响。在人们以往的讨论及实际工作中,都将重点集中在时间的问题上,这是不对的。许多措施常常没有效果,或引起其他更严重的问题,最典型的是增加成本开支、造成现场的混乱和引起质量问题,因此,应该将它作为一个新的计划过程来处理。

在实际工程中经常采取如下赶工措施:

(1)增加资源投入:例如增加劳动力、周转材料和设备的投入量。这是最常用的办法。它会带来如下问题:①造成费用增加,如增加人员的调遣费用、周转材料一次性费用、设备的进出场费用。②由于增加资源造成资源使用效率的降低。③加剧资源供应的困难,如有些资源没有增加的可能性,加剧项目之间或对资源激烈的竞争。

(2)重新分配资源:例如将服务部门的人员投入到生产中去,投入风险准备资源,采用加班或多班制工作。

(3)减少工作范围,包括减少工作量或删去一些工作段(分项工程),但这可能产生如下影响：①损害工程的完整性、经济性、安全性，降低运行效率或提高项目运行费用。②必须经过上层管理者，如投资者、业主的批准。

（4）改善工具、器具以提高劳动效率。

（5）提高劳动生产率：主要通过辅助措施和合理的工作过程来提高劳动生产率，这里要注意以下几个问题：①加强培训，通常培训应尽可能的提前。②注意工人级别与工人技能的协调。③制订工作中的激励机制。④改善工作环境及项目的公用设施。⑤项目小组时间上和空间上合理的组合和搭接。⑥避免项目组织中的矛盾、多沟通。

（6）将部分任务转移：如分包委托给另外的单位，将原计划由自己生产的结构件改为外购件。当然这不仅有风险、会产生新的费用，而且需要增加控制和协调工作。

（7）改变网络计划中工程活动的逻辑关系：如将前后顺序工作改为平行工作或采用流水作业的施工方法。这可能产生以下问题：①工程活动逻辑的矛盾。②资源的限制、平行施工要增加资源的投入强度，尽管投入总量不变。③工作面限制及由此产生的现场混乱和低效率的问题。

（8）将一些工作段合并：特别是在关键线路上按先后顺序实施的工作段合并，与实施者一道研究，通过局部调整实施过程和人力、物力的分配达到缩短工期的目的。

【例 3-2】　通常 A_1、A_2 两项工作如果由两个单位分包，按次序施工如图 3-6 所示，则持续时间较长；如果将它们合并为 A，由一个单位来完成，则持续时间就大大缩短，这是因为：①由两个单位分别负责时，它们都经过前期准备低效率→正常施工→后期低效率过程，则总的平均效率很低。②由两个单位分别负责时，中间有一个对 A_1 工作的检查、打扫和场地交接及对 A_2 工作准备的过程，会使工期延长，这是由分包合同或工作任务单所决定的。③如果将工作段合并，由一个单位完成，则平均效率会提高，而且多项工作能够穿插进行。④实践证明，采用"设计—施工"总承包或项目管理总承包，比分段、分专业平行承包工期会大大缩短。

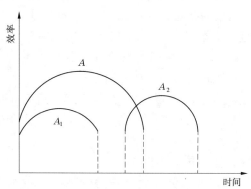

图 3-6　工作时间—效率图

（9）修改实施方案：例如将现浇混凝土改为场外预制、现场安装，这样可以提高施工速度。当然这一方面必须要有可用的资源，另一方面又要考虑到造成成本的超支。

（三）应该注意的问题

在选择所采取的措施时，要考虑到以下几点：

（1）赶工应符合项目的总目标与总的战略步骤。

（2）所采用的措施应是有效的、可以实现的、符合实际的。

（3）花费比较省。

（4）对项目的实施及承包商、供应商的影响较小。

在制订后续工作计划时，这些措施应与项目其他过程协调。但在实际工作中，人们常常采用了许多事先认为有效的措施，而实际效力却很小，常常达不到预期的效果，其主要原因有以下几种：①这些计划是正常计划状态下的计划，与进度计划拖延状态下所需的计划是不同的。②缺少协调，没将加速的要求措施、新的计划、可能引起的问题通知相关各方，如其他分包商、供应商、运输单位、设计单位等。③人们对以前造成拖延的问题的影响认识不足。例如由于外界干扰已造成的拖延，这一影响是有惯性的，还会继续扩大，所以即便现在采取措施，在一段时间内，拖延仍会继续扩大。

第四章　渠道设计与施工

　　渠道是发电、灌溉、航运、给水、排水等水利工程中广泛采用的输水建筑物。渠道遍布整个灌区或电站枢纽,线长面广。规划设计是否合理,将直接关系到渠道的安全、工程土方量大小、渠系建筑物的多少、施工和管理的难易程度以及工程效益的大小。都江堰灌区,灌溉面积 1 200 万亩(1 亩 = 1/15 hm², 下同),各级渠道数量巨大;新疆喀群引水枢纽工程,灌溉面积 500 万亩。本章以灌溉渠道为主讨论渠道系统的布置、纵横断面的设计、防渗设计及施工。

第一节　渠道选线

一、概述

　　灌溉渠道按其使用寿命分为固定渠道和临时渠道两种:多年使用的永久性渠道称为固定渠道;使用寿命小于一年的季节性渠道称为临时渠道。按控制面积的大小和水量分配层次又可把灌溉渠道分为若干等级:大、中型灌区的固定渠道一般分为干渠、支渠、斗渠、农渠四级;在地形复杂的大型灌区,固定渠道的级数往往多于四级,干渠可分成总干渠和分干渠,支渠可下设分支渠,甚至斗渠也可下设分斗渠;在灌溉面积较小的灌区,固定渠道的级数较少;如灌区地形呈狭长的带状,固定渠道的级数也较少,干渠的下一级渠道很短,可称为斗渠,这种灌区的固定渠道分为干、斗、农三级,农渠以下的小渠道一般为季节性的临时渠道。一般干、支渠主要起输水作用,称为输水渠道;斗、农渠主要起配水作用,称为配水渠道。

二、渠道线路的选择

　　渠道线路的选择,关系到枢纽合理布置开发、渠道安全输水和降低工程造价等关键问题,应综合考虑地形、地质、施工条件、挖填方平衡及便于管理养护等因素综合分析确定。

　　(1)地形条件。渠道线路尽量选用直线,并力求选择在挖填方基本平衡的地方,如不能满足,则应尽量避免高填方和深挖方地带,转弯也不能过急。对于衬砌渠道,转弯半径不应小于 2.5B(B 为渠道水面宽度);对于不衬砌渠道,转弯半径不应小于 5B。在山区及丘陵地区,渠道线路应尽量沿等高线布置,以免过大的挖填方量。当渠道通过山谷、山脊时,应对高填、深挖、绕线、渡槽、穿洞等方案进行比较,从中优选方案。为了减小工程量,渠道应与道路、河流正交。

　　(2)地质条件。渠道线路应尽量避开渗漏严重、流沙、泥泽、滑坡以及开挖困难的岩层地带。必要时,可进行多种方案比较,如采用外绕回填的办法避开滑坡地带,采取防渗措施减少渗漏,采用箱涵跨越流沙地段,采用混凝土或钢筋混凝土衬砌保证渠道安全应用等。

（3）施工条件。为了改善施工条件，确保工程质量，应全面考虑施工时的交通运输、水及动力供应、机械施工场地、取土及弃土场地等条件。

（4）管理要求。渠道线路的选择要和行政区划与土地利用规划相结合，近期目标与远期规划相结合，以确保各用水单位均有相对独立的用水渠道，便于运用和管理维护。

总之，渠道线路的选择必须充分重视野外踏勘及调查工作，从技术、经济、社会等方面进行仔细分析比较，优化设计，才可能使渠道应用方便、安全可靠、经济合理。

第二节　渠道流量确定

一、灌溉渠道流量概述

在灌溉实践中，渠道的流量是在一定范围内变化的，设计渠道的纵横断面时，要考虑流量变化对渠道的影响。通常用以下三种特征流量覆盖流量变化的范围，代表在不同运行条件下的工作流量。

（一）设计流量

它是指在灌溉设计标准条件下，为满足灌溉用水要求，需要渠道输送的最大流量。在渠道输水过程中，有水面蒸发、渠道渗漏、闸门漏水、渠尾退水等水量损失。需要渠道提供的灌溉流量称为渠道的净流量，计入损失以后的流量称为渠道的毛流量。设计流量是渠道的毛流量，它是设计渠道断面和渠系建筑物尺寸的主要依据。

（二）最小流量

它是指在灌溉设计标准条件下，渠道在工作过程中输送的最小流量。当渠道流量过小时，可能会因为水位过低，导致下级渠道引水困难，因此设计时需用渠道通过最小流量时的水位，校核下级渠道能否引取相应的水量。当不能满足下级渠道引水要求时，应在分水口下游设置节制闸，壅高水位，以保证下级渠道引水。

（三）加大流量

它是指考虑在灌溉工程运行过程中可能出现一些难以准确估计的附加流量，把设计流量适当放大后所得到的安全流量。简单地说，加大流量是渠道运行过程中可能出现的最大流量，它是设计渠道堤顶高程的依据。

二、灌溉渠道水量损失

由于渠道在输水过程中有水量损失，就出现了净流量（Q_n）、毛流量（Q_g）、损失流量（Q_l）这三种既有联系又有区别的流量，它们之间的关系是：

$$Q_g = Q_n + Q_l \tag{4-1}$$

渠道的水量损失包括渠道水面蒸发损失、闸门漏水和渠道退水、渠床渗漏损失等。水面蒸发损失一般不足渗漏损失水量的 5%，常忽略不计。闸门漏水和渠道退水取决于工程质量和管理水平，可以通过加强灌区管理工作予以限制，可以不予考虑。把渠床渗漏损失水量近似看作总输水损失水量。渗漏损失水量和渠床土壤性质、地下水埋藏深度及出流条件、渠道输水时间等因素有关。在已成灌区的管理运用中，渗漏损失水量应通过实测确定。在灌溉工程规划设计工作中,常用经验公式或经验系数估算输水损失水量。

(一)用经验公式估算损失水量

用经验公式估算损失水量的公式如下:

$$\sigma = A/(100Q_n^m) \tag{4-2}$$

式中　σ——每千米渠道输水损失系数;

　　　A——渠床土壤透水系数;

　　　m——渠床土壤透水指数;

　　　Q_n——渠道净流量,m^3/s。

经验公式中土壤透水参数的选取参见表4-1。

表4-1　土壤透水参数 A,m

渠床土壤	透水性	A	m
重黏土及黏土	弱	0.7	0.3
重黏壤土	中下	1.3	0.35
中黏壤土	中等	1.9	0.4
轻黏壤土	中上	2.65	0.45
砂壤土	强	3.4	0.5

渠道输水损失流量按式(4-3)计算:

$$Q_l = \sigma L Q_n \tag{4-3}$$

式中　Q_l——渠道输水损失流量,m^3/s;

　　　L——渠道长度,km;

　　　其他符号意义同前。

(二)用经验系数估算输水损失水量

总结已成灌区的水量量测资料,可以得到各条渠道的毛流量和净流量以及灌入农田的有效水量,经分析计算,可以得出以下几个反映水量损失情况的经验系数。

(1)渠道水利用系数。某渠道的净流量与毛流量的比值称为该渠道的渠道水利用系数,用符号 η_c 表示,即

$$\eta_c = Q_n/Q_g \tag{4-4}$$

对任一渠道而言,从水源或上级渠道引入的流量就是它的毛流量,分配给下级各条渠道流量的总和就是它的净流量。渠道水利用系数反映一条渠道的水量损失情况,或反映同一级渠道水量损失的平均情况。

(2)渠系水利用系数。灌溉渠道的净流量与毛流量的比值称为渠系水利用系数,用符号 η_s 表示。农渠向田间供水的流量就是灌溉渠系的净流量,干渠或总干渠从水源引水的流量就是渠系的毛流量。渠系水利用系数的数值等于各级渠道水利用系数的乘积,即

$$\eta_s = \eta_{c干} \cdot \eta_{c支} \cdot \eta_{c斗} \cdot \eta_{c农} \tag{4-5}$$

渠系水利用系数反映整个渠系的水量损失情况。它不仅反映灌区的自然条件和工程

技术状况,还反映出灌区的管理工作水平。我国自流灌区的渠系水利用系数见表4-2。

表4-2　我国自流灌区渠系水利用系数

灌溉面积(万亩)	<1	1~10	10~30	30~100	>100
渠系水利用系数 η_s	0.85~0.75	0.75~0.70	0.70~0.65	0.60	0.55

(3)田间水利用系数。田间水利用系数是实际灌入田间的有效水量和末级固定渠道(农渠)放出水量的比值,用符号 η_f 表示,即

$$\eta_f = A_农 m_n / W_{农净} \tag{4-6}$$

式中　$A_农$——农渠的灌溉面积,亩;

　　　m_n——净灌水定额,$m^3/$亩;

　　　$W_{农净}$——农渠供给田间的水量,m^3。

田间水利用系数是衡量田间工程状况和灌水技术水平的重要指标。在田间工程完善、灌水技术良好的条件下,旱作农田约为0.9,水稻田可达0.95以上。

(4)灌溉水利用系数。实际灌入农田的有效水量和渠首引入总水量的比值称为灌溉水利用系数,用符号 η_0 表示。它是评价渠系工作状况、灌水技术水平和灌区管理水平的综合指标,可按式(4-7)计算:

$$\eta_0 = Am_n / W_g = \eta_s \cdot \eta_f \tag{4-7}$$

式中　A——某次灌水全灌区的灌溉面积,亩;

　　　W_g——某次灌水渠首引入的总水量,m^3;

　　　其他符号意义同前。

以上这些经验系数的数值与灌区大小、渠床土质和防渗措施、渠道长度、田间工程状况、灌水技术水平以及管理工作水平等因素有关。在引用别的灌区的经验数据时,应注意这些条件要相近。选定适当的经验系数后,就可根据净流量计算相应的毛流量。

三、渠道工作方式

灌溉渠道的工作方式有续灌和轮灌两种。续灌是指在一次灌水延续时间内渠道连续输水,按此方式工作的渠道称为续灌渠道;若在同一级渠道中,在一次灌水延续时间内各条渠道分组轮流输水,则为轮灌,按轮灌方式工作的渠道称为轮灌渠道。实行轮灌时,输水流量集中,同时工作的渠道短,输水损失小,但渠道设计流量大,修建渠道土方量及渠系建筑物规模也大,一般较大的灌区,只在斗渠以下实行轮灌。

四、渠道设计流量推算

渠道的工作制度不同,设计流量的推算方法也不同,下面分别作一介绍。

(一)轮灌渠道设计流量推算

计算轮灌渠道设计流量的常用方法是:根据轮灌组划分情况自上而下逐级分配末级续灌渠道(一般为支渠)的田间净流量,再自下而上逐级计入输水损失水量,推算各级渠道的设计流量。

1. 自上而下分配末级续灌渠道的田间净流量

以图 4-1 为例,支渠为末级续灌渠道,斗、农渠的轮灌组划分方式为集中编组,同时工作的斗渠有 2 条,农渠有 4 条。为了使讨论具有普遍性,设同时工作的斗渠为 n 条,每条斗渠里同时工作的农渠为 k 条。

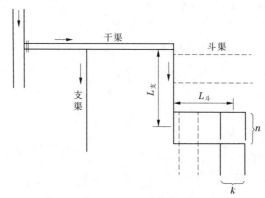

图 4-1　渠道轮灌示意图

(1)计算支渠的设计田间净流量。在支渠范围内,不考虑损失水量的设计田间净流量为

$$Q_{支田净} = A_支 \cdot q_设 \tag{4-8}$$

式中　$Q_{支田净}$——支渠的田间净流量,m^3/s;

　　　$A_支$——支渠的灌溉面积,万亩;

　　　$q_设$——设计灌水模数,$m^3/(s \cdot 万亩)$。

(2)由支渠分配到各条农渠的田间净流量为

$$Q_{农田净} = Q_{支田净} nk \tag{4-9}$$

式中　$Q_{农田净}$——农渠的田间净流量,m^3/s。

2. 自下而上推算各级渠道的设计流量

(1)计算农渠的净流量。由农渠的田间净流量计入田间损失水量,求得田间毛流量,即农渠的净流量。按式(4-10)计算:

$$Q_{农净} = Q_{农田净}/\eta_f \tag{4-10}$$

(2)推算各级渠道的设计流量(毛流量)。根据农渠的净流量自下而上逐级计入渠道输水损失,得到各级渠道的毛流量,即设计流量。

①用经验公式估算输水损失的计算方法。根据渠道净流量、渠床土质和渠道长度用式(4-11)计算:

$$Q_g = Q_n(1 + \sigma L) \tag{4-11}$$

式中　Q_g——渠道的毛流量,m^3/s;

　　　Q_n——渠道的净流量,m^3/s;

　　　σ——每千米渠道输水损失系数;

　　　L——最下游一个轮灌组灌水时渠道的平均工作长度,km,计算农渠毛流量时,一般可取农渠长度的一半进行估算。

②用经验系数估算输水损失的计算方法。根据渠道的净流量和渠道的水利用系数用式(4-12)计算渠道的毛流量,即

$$Q_g = Q_n / \eta_c \qquad (4-12)$$

在大型灌区,支渠数量多,支渠以下的各级渠道实行轮灌,按上述方法计算工作量大。为简化计算,常取一条有代表性的典型支渠按上述方法推算支、斗、农渠的设计流量,计算支渠范围内的灌溉水利用系数,以此作为扩大指标,用式(4-13)计算其余支渠的设计流量。

$$Q_支 = q_设 A_支 / \eta_{c支} \qquad (4-13)$$

(二)续灌渠道设计流量推算

续灌渠道一般为干、支渠道,渠道流量较大,上下游流量悬殊较大,这就要求分段推算设计流量。续灌渠道设计流量的推算方法是自下而上逐级、逐段进行推算。

具体推算方法以图 4-2 为例进行说明。

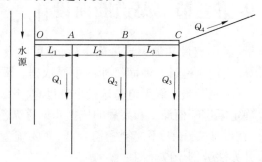

图 4-2 干渠流量推算

图中标示的渠系有 1 条干渠和 4 条支渠,各支渠的毛流量分别为 Q_1、Q_2、Q_3、Q_4,支渠取水口把干渠分成 3 段,各段长度分别为 L_1、L_2、L_3,各段的设计流量分别为 Q_{OA}、Q_{AB}、Q_{BC},计算公式如下:

$$Q_{OA} = (Q_{AB} + Q_1)(1 + \sigma_1 L_1) \qquad (4-14)$$

$$Q_{AB} = (Q_{BC} + Q_2)(1 + \sigma_2 L_2) \qquad (4-15)$$

$$Q_{BC} = (Q_3 + Q_4)(1 + \sigma_3 L_3) \qquad (4-16)$$

五、渠道最小流量和加大流量的计算

(一)最小流量的计算

对于同一条渠道,其设计流量与最小流量相差不要过大,否则在用水过程中,有可能因水位不够而造成引水困难。为了保证对下级渠道正常供水,目前有些灌区规定渠道最小流量以不低于渠道设计流量的 40% 为宜;也有的灌区规定渠道最低水位等于或大于70% 的设计水位。在实际灌水中,如某次灌水定额过小,可适当缩短供水时间,集中供水,使流量大于最小流量。

(二)渠道加大流量的计算

渠道加大流量的计算以设计流量为基础,给设计流量乘以加大系数即得。按式(4-17)计算:

$$Q_{j} = jQ_{d} \tag{4-17}$$

式中　Q_{j}——渠道加大流量，m^{3}/s；

　　　j——渠道流量加大系数，见表4-3；

　　　Q_{d}——渠道设计流量，m^{3}/s。

表 4-3　渠道流量加大系数

设计流量(m^{3}/s)	<1	1~5	5~10	10~30	>30
加大系数j	1.30~1.35	1.25~1.30	1.20~1.25	1.15~1.20	1.10~1.15

　　轮灌渠道控制面积较小，轮灌组内各渠道的输水时间和输水流量可以适当调整，因此轮灌渠道不考虑加大流量。

第三节　渠道断面设计

　　灌溉渠道的设计流量、最小流量和加大流量确定后，就可以设计渠道的纵、横断面。设计流量是进行水力计算、确定渠道过水断面尺寸的主要依据。最小流量主要用来校核对下级渠道的水位控制条件，判断当上级渠道输送最小流量时，下级渠道能否引足相应的最小流量。加大流量是确定渠道断面深度和高程的依据。渠道纵断面和横断面的设计是互相联系、互为条件的。在设计实践中，不能把它们分开，而要统盘考虑。但为了叙述方便，还得把纵、横断面设计方法分别予以介绍。

　　合理的渠道纵、横断面除应满足渠道的输水、配水要求外，还应满足渠床稳定条件，包括纵向稳定和平面稳定两个方面。纵向稳定要求渠道在设计条件下工作时，不发生冲刷和淤积，或在一定时期内冲淤平衡。平面稳定要求渠道在设计条件下工作时，渠道水流不发生左右摇摆。

一、渠道纵、横断面设计原理

　　灌溉渠道一般都是正坡明渠。在渠首进水口和第一个分水口之间或在相邻两个分水口之间，如果忽略蒸发和渗漏损失，渠段内的流量是个常数。为了水流平顺和施工方便，在一个渠段内要采用同一个过水断面和同一个比降，渠床表面要具有相同的糙率。因此，渠道水深、过水断面面积和平均流速也就沿程不变。所以，灌溉渠道可以按明渠均匀流公式设计。

　　明渠均匀流基本公式为：

$$v = C\sqrt{Ri} \tag{4-18}$$

式中　v——断面平均流速，m/s；

　　　C——谢才系数，$m^{1/2}/s$，可以用谢才公式 $C = R^{\frac{1}{6}}/n$ 计算，n 为糙率；

　　　R——水力半径，m；

　　　i——渠底比降。

则流量公式为：

$$Q = Av = AC\sqrt{Ri} \tag{4-19}$$

式中　Q——渠道设计流量，m^3/s；

　　　A——渠道过水断面面积，m^2。

若过水断面为梯形断面，将谢才公式代入式(4-19)可变形为：

$$Q = AR^{\frac{2}{3}}i^{\frac{1}{2}}/n \tag{4-20}$$

或

$$Q = i^{\frac{1}{2}}A^{\frac{5}{3}}/(n\chi^{\frac{2}{3}}) \tag{4-21}$$

式中　χ——湿周，指水流与固体边界接触的周界，m；

　　　其他符号意义同前。

二、确定渠底比降 i

渠底比降的选择关系到控制灌溉面积和工程造价。为了减少工程量，应尽可能选用和地面坡度相近的渠底比降，一般随着流量的逐级减小，渠底比降应逐级增大。当干渠及较大支渠的上下游流量相差较大时，下游段的渠底比降应增加大些；其他各级渠道的比降一般不变。清水渠道易产生冲刷，宜采用较缓的渠底比降；浑水渠道比降应适当加大。平原灌区地势平缓，宜采用较小的比降，以便控制较大的灌溉面积。石渠及衬砌的土渠可采用较大的比降，以节省工程量。设计时，一般参照地面坡度及下级渠道的水位要求，初拟一个渠道比降，求得渠道断面尺寸后，再按不冲不淤条件进行校核，不满足要求时，修改比降重新计算，直至满足要求。一般情况下初拟渠底比降时可以参考表4-4选用。

表4-4　渠底比降 i 值

渠道级别	干渠	支渠	斗渠	农渠
平原灌区	1/5 000 ~ 1/10 000	1/3 000 ~ 1/5 000	1/2 000 ~ 1/5 000	1/1 000 ~ 1/3 000
滨湖灌区	1/8 000 ~ 1/15 000	1/6 000 ~ 1/8 000	1/4 000 ~ 1/5 000	1/2 000 ~ 1/3 000
丘陵灌区	1/2 000 ~ 1/5 000	1/1 000 ~ 1/3 000	石渠:1/500； 土渠:1/2 000	石渠:1/300； 土渠:1/1 000

三、确定渠床糙率 n

渠床糙率 n 的选取影响渠道工程量和渠道的运用，若设计选用的 n 值比实际值偏大，则渠道的实际过水能力比设计要求的偏大，无形增加了渠道工程量，且会因流速大、水位低，引起渠道冲刷和影响下级渠道引水；若设计选用的 n 值比实际偏小，则渠道实际输水能力小于设计要求，影响灌溉用水。因此，渠床糙率 n 选定时，要综合考虑渠床性质、施工质量和运用管理等因素。渠床糙率 n 见表4-5。

表 4-5　渠床糙率 n 值

渠道类别及状况	糙率 n 值		
	最小值	正常值	最大值
1. 土渠			
（1）渠线顺直断面			
均匀清洁，新近完成	0.016	0.018	0.020
清洁，经过风雨侵蚀	0.018	0.022	0.025
清洁，有卵石	0.022	0.025	0.030
有牧草和杂草	0.022	0.027	0.033
（2）渠线弯曲，断面变化的土渠			
没有植物	0.023	0.025	0.030
有牧草和一些杂草	0.025	0.030	0.033
有茂密的杂草或在深槽中有水生植物	0.030	0.035	0.040
土底，碎石边壁	0.028	0.030	0.035
块石底，边壁为杂草	0.025	0.035	0.040
圆石底，边壁清洁	0.030	0.040	0.050
（3）用挖土机开凿或挖掘的渠道			
没有植物	0.025	0.028	0.033
渠岸有稀疏的小树	0.035	0.050	0.060
2. 石渠			
光滑面均匀	0.025	0.035	0.040
参差不齐，面不规则	0.035	0.040	0.050
3. 混凝土渠道			
抹灰的混凝土或钢筋混凝土护面	0.011	0.012	0.013
不抹灰的混凝土或钢筋混凝土护面	0.013	0.014	0.017
喷浆护面	0.016	0.018	0.021
4. 各种材料护面的渠道			
三合土护面	0.014	0.016	0.020
浆砌砖护面	0.012	0.015	0.017
条石护面	0.013	0.015	0.018
浆砌块石护面	0.017	0.025	0.030
干砌块石护面	0.023	0.032	0.035

四、确定渠道的边坡系数 m

渠道的边坡系数 m 是渠道边坡倾斜程度的指标,其值等于边坡在水平方向的投影长度与在垂直方向投影长度的比值。m 值的大小关系到渠坡的稳定,要根据渠床土质和渠道深度等条件选择适宜的数值。大型渠道的边坡系数应通过土工试验和稳定分析确定;中小型渠道的边坡系数根据经验选定,可参考表4-6和表4-7。

表4-6 挖方渠道最小边坡系数 m

渠床条件	水深 h(m)			渠床条件	水深 h(m)		
	<1	1~2	2~3		<1	1~2	2~3
稍胶结的卵石	1.00	1.00	1.00	轻壤土	1.00	1.25	1.50
夹砂的卵石和砾石	1.25	1.50	1.50	砂壤土	1.50	1.50	1.75
黏土、重壤土、中壤土	1.00	1.25	1.50	砂土	1.75	2.00	2.25

表4-7 填方渠道最小边坡系数 m

渠床条件	流量 Q(m³/s)							
	>10		2~10		0.5~2		<0.5	
	内坡	外坡	内坡	外坡	内坡	外坡	内坡	外坡
黏土、重壤土、中壤土	1.25	1.00	1.00	1.00	1.00	1.00	1.00	1.00
轻壤土	1.50	1.25	1.00	1.00	1.00	1.00	1.00	1.00
砂壤土	1.75	1.50	1.50	1.25	1.50	1.25	1.25	1.25
砂土	2.25	2.00	2.00	1.75	1.75	1.50	1.50	1.50

五、确定渠道断面宽深比 b/h

渠道断面宽深比即渠道底宽与水深的比值(b/h),它影响到渠道的性能和造价。选择 b/h 时常应考虑以下几个方面因素。

(一)水力最优断面

当渠底比降和糙率一定时,通过某一规定流量所需的最小过水断面称为水力最优断面,此时渠道工程量最小。对于梯形渠道,水力最优断面的宽深比为:

$$b/h = 2\left[(1 + m^2)^{\frac{1}{2}} - m\right] \tag{4-22}$$

式中　m——渠道边坡系数。

不同边坡系数下,梯形渠道水力最优断面的宽深比见表4-8。

表 4-8　梯形渠道水力最优断面的宽深比 b/h 值

m	0.00	0.25	0.50	0.75	1.00	1.50	1.75
b/h	2.00	1.56	1.24	1.00	0.83	0.61	0.53
m	2.00	2.50	3.00	3.50	4.00	4.50	5.00
b/h	0.47	0.39	0.33	0.28	0.25	0.22	0.20

　　满足水力最优断面的渠道一般为窄深形,适用于石方或衬砌渠道以及挖方较深、流量较小的渠道。对大型渠道,开挖深度大、地下水位高时施工困难,且往往因流速过大产生冲刷,因此较为宽浅的断面更为常用。

　　(二)断面稳定

　　实际应用中,渠道断面宽深比过小时易产生冲刷,过大时又易产生淤积,都会使渠道变形。因此,防止渠道变形的稳定断面宽深比,应该使渠道不冲不淤或保持周期性冲淤平衡。对于一般梯形渠道,满足不冲不淤相对稳定的适宜宽深可见表 4-9。

表 4-9　梯形渠道稳定断面宽深比 b/h 值

渠道流量 $Q(\mathrm{m^3/s})$	<1	1~3	3~5	5~10	10~30	30~60
b/h	1~2	1~3	2~4	3~5	5~7	6~10

　　对多泥沙的浑水渠道,稳定断面的宽深比 b/h 值与渠道流速、水流含沙情况等因素有关,应根据当地具体情况总结经验而定,初选时可参考陕西省提出的以下经验公式:

　　水深:

$$h = \beta Q^{1/3} \tag{4-23}$$

其中,$\beta = 0.58 \sim 0.94$,一般取 0.76。

　　宽深比:

　　当流量 $Q < 1.5\ \mathrm{m^3/s}$ 时,则:

$$b/h = N Q^{1/10} - m \tag{4-24}$$

其中,$N = 2.35 \sim 3.25$,一般取 2.8。

　　当流量 $Q = 1.5 \sim 5.0\ \mathrm{m^3/s}$ 时,则:

$$b/h = N Q^{1/4} - m \tag{4-25}$$

其中,$N = 1.8 \sim 3.4$,一般取 2.6。

　　以上式中 m 为渠道边坡系数。

　　(三)利于通航

　　渠道内有通航要求时,还应考虑船舶吃水深度、错船所需的水面宽度以及通航的流速要求等,以确定渠道的断面尺寸。渠道水面宽度应大于船舶宽度的 2.6 倍,船底以下水深不小于 15~30 cm。

六、确定渠道的不冲不淤流速

　　当渠道通过不同流量时,对应的流速是不同的。如果流速过大,可能引起渠床冲刷,使渠道破坏;如果流速过小,又会导致水流挟沙能力降低,造成渠道淤积,降低过流能力。

对于水电站引水渠道,流速的大小还影响着水电站的动力经济性。因此,必须对渠道断面平均流速加以限制。这种既不使渠道产生冲刷,又不使渠道发生淤积的流速限制值称为容许流速,即:

$$v_{不淤} < v < v_{不冲} \tag{4-26}$$

式中 $v_{不冲}$——不冲容许流速,主要与渠道边壁土壤类型或护砌材料的性质有关,也与流量有关,可参照表4-10选取,若水流挟泥沙量较大,须依据有关水力学手册确定;

$v_{不淤}$——不淤容许流速,主要与渠水中含沙量的大小、泥沙颗粒性质及组成有关,可查阅有关水力学手册确定,在清水土渠中,为防止滋生杂草,渠道的流速一般应不小于0.5 m/s。

由《水利技术标准汇编》可知,土渠设计平均流速宜控制在0.6~1.0 m/s,但不宜小于0.3 m/s。寒冷地区冬、春季灌溉的渠道,设计平均流速不宜小于1.5 m/s。

表4-10 不同渠道的不冲容许流速

①坚硬岩石和人工护面渠道	流量(m³/s)		
	<1	1~10	>10
	不冲容许流速(m/s)		
软质水成岩(泥灰岩、页岩、软砾岩)	2.5	3.0	3.5
中等硬质水成岩(致密砾石、多孔石灰岩、层状石灰岩、白云石灰岩、灰质砂岩)	3.5	4.25	5.0
硬质水成岩(白云砂岩、砂岩石灰岩)	5.0	6.0	7.0
结晶石、火成岩	8.0	9.0	10.0
单层块石铺砌	2.5	3.5	4.0
双层块石铺砌	3.5	4.5	5.0
混凝土护面	6.0	8.0	10.0
②均质黏性土渠道(R=1 m)	不冲容许流速(m/s)		
轻壤土	0.60~0.80		
中壤土	0.65~0.85		
重壤土	0.70~1.00		
黏土	0.75~0.95		

③均质无黏性土渠道(R=1 m)	粒径(mm)	不冲容许流速(m/s)	③均质无黏性土渠道(R=1 m)	粒径(mm)	不冲容许流速(m/s)
极细砂	0.1~0.25	0.35~0.45	中砾石	5~10	0.90~1.10
细砂、中砂	0.25~0.5	0.45~0.60	粗砾石	10~20	1.10~1.30
粗砂	0.5~2.0	0.60~0.75	小卵石	20~40	1.30~1.80
细砂石	2.0~5.0	0.75~0.90	中卵石	40~60	1.80~2.20

注:1.中壤土的干容重为12.75~16.67 kN/m³。

2.②和③中所列不冲容许流速为水力半径R=1 m的情况,如R≠1 m,则应将表中数值乘以R^α才得相应的不冲容许流速。对于砂、砾石、卵石、疏松壤土、黏土:$\alpha=1/3~1/4$;对于密实的壤土、黏土:$\alpha=1/4~1/5$。

七、渠道水力计算步骤

渠道水力计算的任务是依据上述因素,由计算拟定出合理的过水断面水深 h 和渠底宽度 b。一般由试算确定,求解步骤为:

(1)初拟一渠道底宽 b 及宽深比 b/h,求得一个水深 h 及各水力要素,并由式(4-19)求得渠道流量 Q。

(2)核算渠道流量。以上求出的 Q 应与渠道设计流量 $Q_设$ 相等或接近,一般要求误差不超过 5%,即 $|Q_设 - Q|/Q_设 \leqslant 5\%$。如不满足,需修改水深 h 重新计算,直至满足要求。

(3)验算流速。对于步骤(2)核定的流量 $Q_设$,验算渠道流速 v 是否满足不冲不淤条件:$v_{不淤} < v < v_{不冲}$,如不满足,另设 b 值重复上述计算,直至满足流量与流速要求。

【例4-1】　有一梯形断面中壤土土渠,糙率 $n = 0.025$,边坡系数 $m = 1.5$,底宽 $b = 1.5$ m,水深 $h = 1.2$ m,底坡坡降 $i = 0.000\ 35$,求渠道的过水能力,并校核渠道中的流速是否满足要求。

解:(1)渠道过水能力计算。计算渠道断面的水力要素:

过水断面面积:　　$A = (b + mh)h = (1.5 + 1.5 \times 1.2) \times 1.2 = 3.96(\text{m}^2)$

湿周:　$\chi = b + 2h(1 + m^2)^{1/2} = 1.5 + 2 \times 1.2 \times (1 + 1.5^2)^{1/2} = 5.83(\text{m})$

水力半径:　　　　$R = A_\chi = 3.96 \times 5.83 = 0.679(\text{m})$

流量 Q 可用明渠均匀流式(4-20)计算:

$$Q = AR^{\frac{2}{3}}i^{\frac{1}{2}}/n = 3.96 \times 0.679^{2/3} \times 0.000\ 35^{1/2} \div 0.025 = 2.29(\text{m}^3/\text{s})$$

(2)校核流速。因是土渠,流量为 2.29 m^3/s,且为中壤土,查表4-11 得,$R = 1$ m 时的不冲容许流速为 0.65 ~ 0.85 m/s,则当 $R = 0.679$ m 时,取 $\alpha = 1/4$,则不冲容许流速为:

$$v_{不冲} = (0.65 \sim 0.85) \times 0.679^{1/4} = 0.590 \sim 0.772(\text{m/s})$$

渠中流速为:

$$v = Q/A = 2.29/3.96 = 0.578(\text{m/s})$$

根据已知条件,渠中的不淤容许流速为 $v_{不淤} = 0.5(\text{m/s})$。

则渠道满足 $v_{不淤} < v < v_{不冲}$ 的设计要求。

八、确定渠道横断面参数

(一)安全超高

为防止波浪溢漫顶,保证渠道安全运行,挖、填方渠道的堤顶均应设安全超高 Δh,我国《灌溉与排水工程设计规范》(GB 50288—99)建议 Δh 为:

$$\Delta h = \frac{1}{4}h_j + 0.2 \tag{4-27}$$

式中　h_j——渠道通过加大流量时的水深,m。

填方衬砌渠道的超高可采用 0.15 ~ 0.65 m,此外填方渠道竣工时,还应预留约 10% 的沉陷超高;为安全计,傍山渠道宜采用较大的堤顶超高,寒冷地区,渠道超高还应考虑冬季安全输水要求,即留出足够高度以容纳形成的冰盖,在冰盖下面通过设计流量。冰盖厚度 h_b 可按式(4-28)计算:

$$h_b = \alpha - \sum t \qquad (4\text{-}28)$$

式中　$\sum t$——冰盖形成期的日或月平均负气温的总和，℃；

　　　α——系数，采用日平均负气温总和时，$\alpha = 2$，采用月平均负气温总和时，$\alpha = 11$。

对于衬砌渠道，也可采用较大的设计流速以防止渠道结冰，一般当水流速度达到 $2 \sim 3$ m/s 时，即可防止渠道结冰。

（二）堤顶宽度

为便于维护管理和安全运行，挖、填方渠道的堤顶均应有一定的宽度。满足管理要求的堤顶宽度 b 为：

$$b = h_j + 0.3 \qquad (4\text{-}29)$$

式中 h_j 意义同前。

填方渠道的堤顶最小宽度一般为 $1 \sim 3$ m，兼作道路时，应按交通要求确定。需满足维护管理时，渠道的堤顶宽度 b 和堤顶超高 Δh 也可参照表 4-11。

表 4-11　渠道堤顶尺寸 b 和 Δh 值

项目	田间毛渠	固定渠道流量（m³/s）						
		<0.5	0.5~1	1~5	5~10	10~30	30~50	>50
堤顶宽度 b(m)	0.2~0.5	0.5~0.8	0.8~1	1~1.5	1.5~2	2~2.5	2.5~3	3~3.5
堤顶超高 Δh(m)	0.1~0.2	0.2~0.3	0.2~0.3	0.3~0.4	0.4	0.5	0.6	0.8

九、确定渠道横断面的结构形式

按照过水断面和地面的相对位置不同，渠道可分为挖方渠道、填方渠道和半填半挖渠道三种形式。

（一）挖方渠道

当渠道水位低于地面高程时，应采用挖方渠道，两者高差越大，挖方深度也越大。一般认为，当挖方深度大于 5 m 时，则应与隧洞方案进行技术经济比较。挖方深度大于 5 m 时，应沿高度每隔 $3 \sim 5$ m 设置一级平台，平台宽 $1.5 \sim 2$ m，平台内侧设置排水沟以汇集坡面雨水。排水沟应设置纵向比降，沿排水沟纵向每隔约 50 m 设置一沉砂井，以集中沟内雨水，排入渠道内。挖方渠道的弃土，应运至渠道开口线 $1.5 \sim 2$ m 外，以免影响渠坡稳定。

（二）填方渠道

当渠道水位高于地面高程时，应采用填方渠道。填方渠道稳定性较差，易溃决、漏水、滑坡等。当填方高度大于 3 m 时，渠道内、外坡比应由稳定计算确定；为降低渠坡内浸润线，减少孔隙压力对渠坡稳定的不利影响，可在外坡脚设置反滤排水体。填方高度很大时，可在外坡设置戗台，增强渠坡稳定。当填方渠道以下为不透水地层，且渠道填方高度大，一般大于 5 m 或 2 倍渠内设计水深时，应在渠堤内设置纵横向排水体，以排除渠堤内渗水，保证渠堤稳定。

（三）半填半挖渠道

当渠底高程与地面高程接近时，一般采用半填半挖渠道。这种渠道可用挖方的弃土来填筑填方部分,比较经济,对于灌溉渠道,也便于向下级渠道分水,在地形和水位控制条件许可时应尽量采用这种形式。在横断面上,挖、填方面积的比例一般按使挖方量等于填方量的 1.1 ~ 1.3 倍来确定,以保证有足够的弃土用于填方部分。

十、渠道纵断面设计

渠道纵断面设计的任务,是根据灌溉水位要求确定渠道的空间位置,即确定渠道水面在不同桩号处的高程。

(一)灌溉渠道的水位确定

要满足自流灌溉的要求,各级渠道入口均应有足够的水位,该水位应根据其所辖灌溉面积上控制点的高程,加上控制点以上渠道的沿程水头损失及各建筑物的局部水头损失,自下而上逐级推算而得,即:

$$H_入 = A_0 + \Delta h + \sum Li + \sum \xi \qquad (4-30)$$

式中　$H_入$——渠道入口处水位,m;

A_0——渠道所辖灌溉面积上控制点高程,m,当沿渠地面坡度大于渠道纵比降时,控制点往往在渠道入口附近,反之控制点在渠尾附近;

Δh——所选控制点与末级固定渠道出口处地面的高差,m,一般取 0.1 ~ 0.2 m;

L——计算渠道入口下游各级渠道的长度,m;

i——计算渠道入口下游各级渠道的比降;

ξ——水流通过渠系建筑物的水头损失,m,可按表 4-12 选用。

表 4-12　渠系建筑物局部水头损失 ξ 最小值

渠别	控制面积(万亩)	进水闸(m)	节制闸(m)	渡槽(m)	倒虹吸管(m)	公路桥(m)
干渠	10 ~ 40	0.1 ~ 0.2	0.10	0.15	0.40	0.05
支渠	1 ~ 6	0.1 ~ 0.2	0.07	0.07	0.30	0.03
斗渠	0.3 ~ 0.4	0.05 ~ 0.15	0.05	0.05	0.20	0
农渠	—	0.05				

(二)渠道纵断面图

渠道纵断面图包括沿渠地面高程线、渠道设计水位线、渠底高程线、渠道最低水位线、渠道堤顶线、分水口及渠系建筑物的位置等,绘制步骤如下:

(1)绘制地面高程线。根据渠道中心线的水准测量成果(桩号和地面高程)按一定比例绘制;无测量成果时,也可由地形图量取不同桩号处的高程确定。

(2)绘制渠道设计水位线。先根据水源或上一级渠道的设计水位,沿渠地面坡降、各分水点的水位要求和渠系建筑物的水头损失,初步拟定一个水面设计比降,绘出渠道设计水位线,再经过反复协调修正,最终确定。

(3)绘制渠底高程线。利用横断面设计成果,在渠道设计水面线以下,以渠道设计水深为间距做一平行线,即为渠底高程线。

（4）绘制渠道最低水位线。在渠底线以上，以渠道通过最小流量时的最小水深为间距做渠底线的平行线，即为渠道最低水位线。

（5）绘制渠道堤顶线。在渠底线以下，以通过加大流量时的加大水深加安全超高为间距做渠底线的平行线，即为渠道堤顶线。

（三）渠道纵断面的水位衔接

渠道沿途分水后，渠中流量逐段减少，因此过水断面可随之减小。当渠道横断面变化时，断面变化处常设在渠系建筑物的下游端。当渠道沿线地面坡度较陡或有跌坎时，常在满足自流灌溉的条件下，在渠道上设置跌水、陡坡等落差建筑物。在诸如上述部位，应通过渠系建筑物的合理选型考虑局部水头损失后，使渠道水位合理衔接。

第四节 渠道防渗设计

一、渠道防渗的意义

渠道渗漏水量占渠系损失水量的绝大部分，一般占渠道引入水量的 30% ~ 50%，有的灌区高达 60% ~ 70%。渠系水量损失不仅降低了渠系水利用系数，减少了灌溉面积，浪费了宝贵的水资源，而且会引起地下水位上升，招致农田渍害。在有盐碱威胁的地区，会引起土壤次生盐渍化。水量损失还会增加灌溉成本和农民的水费负担，降低灌溉效益。为了减少渠道输水损失，提高渠系水利用系数，一方面要加强渠系工程配套和维修养护，实行科学的水量调配，不断提高灌区管理工作水平；另一方面要采取防渗工程措施，减少渠道渗漏水量。

渠道防渗工程措施有以下作用：

（1）减少渠道渗漏损失，节省灌溉用水量，更有效地利用水资源。

（2）提高渠床的抗冲能力，防止渠坡坍塌，增加渠床的稳定性。

（3）减小渠床糙率，加大渠道流速，提高渠道输水能力。

（4）减少渠道渗漏对地下水的补给，有利于控制地下水位和防治土壤盐碱化。

（5）防止渠道长草，减少泥沙淤积，节省工程维修费用。

（6）降低灌溉成本，提高灌溉效益。

二、渠道防渗衬砌措施

（一）土料防渗

土料防渗包括土料夯实、黏土护面、灰土护面、三合土护面等。

1. 土料夯实

土料夯实防渗措施是用人工夯实或机械碾压方法增加土壤的密度，在渠床表面建立透水性很小的防渗层。这种方法具有投资少、施工简便等优点，其防渗效果与夯实程度及影响深度有关。这种防渗措施可以用于小型渠道。

2. 黏土护面

在渠床表面铺设一层黏土是减小强透水性土壤渗漏损失的有效措施之一，具有就地取材、施工方便、投资省、防渗效果好等优点。黏土护坡的主要缺点是抗冲能力低,渠道平均流速不能大于 0.7 m/s,护面土易生杂草,渠道断水时易干裂。

3. 灰土护面

灰土护面是采用石灰和黏土或黄土的拌和料夯实而成的防渗层。石灰与土的配合比常用 1:3～1:9。根据山西省水利科学研究院试验,厚度 40 cm 的灰土护面可以减少渗漏量的 99%。灰土护面的抗冲能力较强,但抗冻性差,多用于气候温和地区。

4. 三合土护面

用石灰、砂、黏土经拌和后,夯实成渠道的防渗护面称为三合土护面。石灰、砂、黏土的配合比常用 1:1:3～1:1:6,厚度一般为 10～20 cm,性能和灰土相近,是我国南方各省(区)常用的防渗措施。

(二)砌石防渗

砌石防渗具有就地取材、施工简单、抗冲、抗磨、耐久等优点。石料有块石、卵石、条石、石板等,砌筑方法有干砌和浆砌两种。

1. 块石衬砌防渗

块石衬砌的石料要质地坚硬、没有裂纹。石料的规格一般以长 40～50 cm、宽 30～40 cm、厚度不小于 8～10 cm 为宜,且要求有一面比较平整。

干砌勾缝的护面防渗效果较差,防渗要求较高时不宜采用。浆砌石护面有护坡式和重力墙式两种,前者工程量小,投资少,应用较普遍;后者多用于容易滑坍的傍山渠段和石料比较丰富的地区,具有耐久、稳定和不易受冰冻影响等优点。

2. 卵石衬砌防渗

卵石衬砌也有浆砌和干砌两种。干砌卵石开始主要起防冲作用,使用一段时间后,卵石间的缝隙逐渐被泥沙填充,再经水中矿物盐类的硬化和凝聚作用,便成了稳定的防渗层。卵石衬砌的施工应按先渠底、后渠坡的顺序铺砌卵石。这种防渗措施在新疆、甘肃、四川、青海等地广为使用,积累了丰富的经验。

(三)砖砌防渗

砖砌护面也是一种因地制宜、就地取材的防渗衬砌措施,其优点是造价低廉、取材方便、施工技术简单、防渗效果好。衬砌层的厚度可采用一砖平砌或一砖立砌。

(四)混凝土衬砌防渗

混凝土衬砌防渗是最为常用的形式,有现浇和预制两种。现浇衬砌适用于挖方渠道,衬砌厚度为 6～15 cm,渠道流量大、地下水位高、可能产生冻胀破坏时均宜取大值。有冻胀破坏的地区,衬砌下需要铺设水垫层,垫层厚应尽量使渠身黏性土饱和土层在当地冻土深度以下,以防冻融破坏。为防止温度变化、冻胀、基础不均匀沉陷等引起衬砌开裂,衬砌需设置纵、横向分缝,缝距 2.5～5.0 m,衬砌厚度小时宜取较小值;纵缝一般设于渠坡与渠底交界处,当渠底宽度大于 6～8 m 时可在渠底中部设置纵缝;渠坡上一般只设横缝,不设纵缝;缝宽 1～4 cm,内设沥青填料。混凝土预制板衬砌适用于填方渠道,厚度一般为 5～10 cm,板块尺寸为 50 cm×50 cm～100 cm×100 cm。

(五)沥青材料防渗

沥青材料护面具有防渗、耐久、抗碱、造价低、施工简便等优点,常用的沥青材料护面有沥青混凝土、沥青薄膜等。

　　沥青混凝土是把沥青、碎石、砂经加热、拌和、压实而成的防渗材料,具有较好的稳定性、耐久性和良好的防渗效果。对中小型渠道,护面厚度一般为 4～6 cm,大型渠道可以加厚到 10～15 cm,下设反滤层,在反滤层上面涂一层沥青玛瑞脂或沥青乳胶剂,使护面与垫层得以良好的结合。地下水位较高时,应在渠底护面以下设纵向排水设施。由于沥青混凝土塑性较好,不必设伸缩缝。为了减少护面的吸热量,可以在护面上加设护土层。沥青薄膜是在平铺压实后的渠床表面上,用机械喷洒 200 ℃的热沥青薄膜,厚 4～5 cm,其上铺厚 10～30 cm(小型渠道)或 30～50 cm(大型渠道)的保护土层。这种形式具有良好的柔性和防渗效果,且施工也较方便。

(六)塑料薄膜防渗

　　塑料薄膜防渗是近年来应用较多的一种形式,它是将一层或数层塑料薄膜铺设于渠床,表面回填 20～30 cm 厚的压实土料作为防冲护面形成的防渗层。寒冷冻胀地区,护层厚度常取当地冻土深度的 1/3～1/2。塑料薄膜防渗造价低,耐腐蚀,施工方便,且防渗效果好,但防冲能力差,易老化。

第五节　渠道工程施工

　　渠道工程施工包括渠道开挖、填筑和衬护,其特点是工程量大,施工线路长,场地分散;但工种单纯,技术要求较低,工作面宽,可以同时组织较多的劳力施工。

一、渠道开挖

　　渠道开挖的方法有人工开挖、机械开挖和爆破开挖等。开挖方法的选择取决于现有施工现场条件、土壤特性、渠道横断面尺寸、地下水位等因素。

(一)人工开挖

1.施工排水

　　渠道开挖首先要解决地表水或地下水对施工的干扰问题,方法是在渠道中设置排水沟。排水沟的布置既要方便施工,又要保证排水的通畅。

2.开挖方法

　　人工开挖应自渠道中心向外分层下挖,先深后宽。为方便施工,加快工程进度,边坡处可按设计坡比先挖成台阶状,待挖至设计深度时再进行削坡。开挖后的弃土,应先行规划,尽量做到挖填平衡。

　　1)一次到底法

　　一次到底法适用于土质较好、挖深 2～3 m 的渠道。开挖时先将排水沟挖到低于渠底设计高程 0.5 m 处,然后按阶梯状向下逐层开挖至渠底。

　　2)分层下挖法

　　这种方法适用于土质较软、含水量较高、渠道挖深较大的渠道。可将排水沟布置在渠道中部,逐层下挖排水沟,直至渠底。当渠道较宽时,可采用翻滚排水沟法施工,此法排水沟断面小,施工安全,施工布置灵活。

3)边坡开挖与削坡

开挖渠道如一次开挖成坡,将影响开挖进度。因此,一般先按设计坡度要求挖成台阶状,其高宽比按设计坡度要求开挖,然后进行削坡。这样施工,削坡方量小,但施工时必须严格掌握削坡质量,台阶平台应水平,高必须与平台垂直,否则会产生较大误差,增加削坡方量。

(二)机械开挖

1.推土机开挖

推土机开挖,渠道深度不宜超过 1.5~2 m,填筑渠堤高度不宜超过 2~3 m,其边坡不宜陡于1:2。推土机还可用于平整渠底、清除腐殖土层、压实渠堤等。

2.铲运机开挖

半挖半填渠道或全挖方渠道就近弃土时,采用铲运机开挖最为有利。需要在纵向调配土方的渠道,如运距不远,也可用铲运机开挖。铲运机开挖渠道的开行方式有环形开行和“8”字形开行。

1)环形开行

当渠道开挖宽度大于铲土长度,而填土或弃土宽度又大于卸土长度时,可采用横向环形开行;反之,则采用纵向环形开行。铲土和填土位置可逐渐错动,以完成所需要的断面。

2)“8”字形开行

当工作前线较长,填挖高差较大时,则应采用“8”字形开行。其进口坡道与挖方轴线间的夹角以 40°~60°为宜,过大则重车转弯不便,过小则加大运距。

采用铲运机工作时,应本着挖近填远、挖远填近的原则施工,即铲土时先从填土区最近的一端开始,先近后远;填土则从铲土区最远的一端开始,先远后近,依次进行,这样不仅创造了下坡铲土的有利条件,还可以在填土区内保持一定长度的自然地面,以便铲运机能高速行驶。

3)反铲开挖

当渠道开挖较深时,采用反铲开挖是较为理想的选择,该方法有方便、快捷、生产率高的特点,在生产实践中应用相当广泛,其布置方式有沟端开挖和沟侧开挖。

3.爆破开挖

对于岩基渠道和盘山渠道宜采用爆破法开挖。开挖程序是先挖平台再拉槽,开挖平台时一般采用抛掷爆破,尽量将待开挖土体抛向预定地方,形成理想的平台。拉槽爆破时,拟采用预裂爆破,或预留保护层,再采用浅孔小炮或人工清边、清底。

采用爆破法开挖渠道时,药包可根据开挖断面的大小沿渠线布置成一排或几排。当渠底宽度大于渠道深度的 2 倍时,应布置 2~3 排药包,爆破作用指数可取 1.75~2.0。单个药包装药量及间、排距应根据爆破试验确定。

(三)渠堤填筑

渠堤填筑以土块小的湿润散土为宜,如砂质壤土或砂质黏土。要求将透水性小的土料填筑在迎水面,透水性大的填筑在背水面。土料中不得掺有杂质,并应保持一定的含水量,以利压实。冻土、淤泥、净砂、砂姜土等严禁使用。

半挖半填渠道应尽量利用挖方筑堤,只有在土料不足或土质不能满足填筑要求时,才在取土坑取土。取土料的坑塘应距堤脚一定距离,表层 15～20 cm 浮土或种植土应清除。填方渠道的取土坑与堤脚保持一定距离,挖土深度不宜超过 2 m,不得使用地下水位以下的土料,且中间应留有土埂。取土宜先远后近,合理布置运输线路,并留有斜坡道以便运土,避免陡坡、急弯,上下坡线路应分开。

渠堤填筑前要进行清基,清除基础范围内的块石、树根、草皮、淤泥等杂质,并将基面略加平整,然后进行刨毛。如基础过于干燥,还应洒水湿润,然后再填筑。渠堤填筑应分层进行。每层铺土厚度一般为 20～30 cm,并应铺平、铺匀。每层铺土宽度应略大于设计宽度,以免削坡后断面不足。堤顶应做成坡度为 2%～5% 的坡面,以利排水。填筑高度应考虑沉陷,一般可预加 5% 的沉陷量。

对小型渠道土堤夯实宜采用人力夯和蛙式夯击机。对砂卵石填堤,在水源充沛时可用水力夯实,否则选用轮胎碾或振动碾。在四川某工程的砂卵石填筑中,利用轮胎式装载机碾压取得了较好的技术经济效果。

二、渠道防渗

(一)渠道防渗施工要点

1. 准备工作

渠道防渗工程施工前,应进行施工组织设计,并做好如下准备工作:

(1)应根据设计选好的防渗材料和施工方法做好堆料场、拌和场和预制场等施工场地的布置,以及风、水、电、道路和机具设备的准备工作。

(2)应对试验和施工设备进行检测与试运转。如不符合要求,应予更换或调整。

(3)应根据设计测量放线,进行渠道基槽的挖、填和修整,清除防渗工程范围内的树根、淤泥、腐殖土和污物;严格控制渠道基槽断面的高程、尺寸和平整度。

(4)应按设计配合比称料拌和,检验配合比是否合理、实用,同时进行铺筑试验,确定铺筑厚度和机具振压的有关参数。

2. 地基处理

渠道地基出现以下情况时,应按下列方法处理:

(1)弱湿陷性地基和新建过沟填方渠道,可采用浸水预沉法处理。沉陷稳定的标准为连续 5 d 的日平均下沉量小于 1.0～2.0 mm。

(2)强湿陷性地基,可采用深翻回填渠基、设置灰土夯实层、打孔浸水重锤夯压或强力夯实等方法处理。

(3)傍山、黄土塬边渠道,可采用灌浆法填堵裂缝、孔隙和小洞穴。灌浆材料可选用黏土浆或水泥黏土浆,灌浆的各项技术参数宜经过试验确定。对浅层窑洞、墓穴和大孔洞,可采用开挖回填法处理。

(4)对软弱土、膨胀土和冻胀量大的地基,可采用换填法处理。换填砂砾石时,压实系数不应小于 0.93;换填土料时,大、中型渠道压实系数不应小于 0.95,小型渠道不应小于 0.93。

(5)膜料、沥青混凝土防渗渠道地基在必要时,应在渠基土中加入灭草剂进行灭草处理,并回填、夯实、修整成型后,方可铺砌。

（6）改建防渗渠道的地基,应特别注意渠坡新、老土的结合。填筑时,应将老渠坡挖成台阶状,再在上面夯填新土,整修成设计要求的渠道断面。

3. 养护

对灰土、三合土、水泥土、浆砌石、砂浆、混凝土等材料防渗工程,应分别采用洒水、盖湿草帘或喷涂塑料养护剂等方法进行养护。养护期以 14 ~ 28 d 为宜。

4. 冬季施工

渠道防渗工程宜在温暖季节施工。寒冷地区日平均气温稳定在 5 ℃以下或最低气温稳定在 -3 ℃以下;温和地区日平均气温低于 -3 ℃时,混凝土施工应按《水工混凝土施工规范》(SL 677—2014)低温季节施工的要求进行。日平均气温低于 -5 ℃时,应停止施工。

5. 竣工验收

渠道防渗工程竣工后,应按有关工程验收的规范和规程进行竣工验收。施工质量应满足设计要求,渠道平整度和尺寸的允许偏差值和防渗效果应满足施工质量验收要求。

(二)土料防渗施工

1. 土料选择

土料的原材料应进行粉碎加工,加工后的粒径,素土不大于 2.0 cm,石灰不应大于 0.5 cm。

2. 土料质量控制

施工中应严格控制配合比,同时测定土料含水率与填筑干容重,其称量允许偏差值应符合要求;拌和后,含水率与最佳含水率的偏差值不应超过 ±1%;夯实后,干容重不应小于设计干容重,其离差系数应小于 0.15。

混合土料的拌和宜按以下要求进行:

(1)黏砂混合土宜将砂石洒水润湿后,再与粉碎过筛的土一起加水拌和均匀。

(2)灰土应先将石灰消解过筛,加水稀释成石灰浆,洒在粉碎过筛的土上,拌和至色泽均匀,并闷料 1 ~ 3 d。如其中有见水崩解的土料,可先将土在水中崩解,然后加入消解的石灰拌和均匀。

(3)三合土、四合土宜先拌和石灰土,然后加入砂石干拌,最后洒水拌和均匀,并闷料 1 ~ 3 d。

(4)贝灰混合土宜干拌后过孔径为 10 ~ 12 mm 的筛,然后洒水拌和均匀,闷料 24 h。

3. 土料防渗层铺筑

(1)灰土、三合土、四合土宜按先渠坡后渠底的顺序施工;素土、黏砂混合土宜按先渠底后渠坡的顺序施工。各种土料防渗层都应从上游向下游铺筑。

(2)防渗层厚度大于 15 cm 时,应分层铺筑。压实时,虚铺每层辅料的厚度,人工夯压,不宜大于 20 cm;机械夯压,不宜大于 30 cm。层面间应刨毛、洒水。

(3)土料防渗层夯实后,厚度应略大于设计厚度,以便修整成设计的过水渠道断面。

(4)应边铺料边夯压,直至达到设计干容重,不得漏夯。

4. 土料防渗层表面处理

为增强防渗层的表面强度,可进行下列处理:

（1）根据渠道流量大小，分别采用1:4~1:5的水泥砂浆、1:3:8的水泥石灰砂浆或1:1的贝灰砂浆抹面。抹面厚度为0.5~1.0 cm。

（2）在灰土、三合土和四合土表面，涂刷一层1:10~1:15的硫酸亚铁溶液。

（三）水泥土防渗施工

1.施工准备工作

（1）就近选定符合设计要求的取土场。

（2）根据施工进度要求，选定土料的风干、粉碎、筛分、储料等场地。

（3）将施工材料分批运至现场，水泥应采取防潮、防雨措施。

（4）根据施工方式，准备好运输、粉碎、筛分、供水、称量、搅拌、夯实、排水、铺筑、养护等设备和模具。

（5）土料应风干、粉碎，并过孔径5 mm的筛。

2.防渗层现场铺筑

（1）按设计配合比配料，其称量允许偏差值应符合要求。水泥土拌料与铺筑，或装模成型的时间不得大于60 min。

（2）拌和水泥土时，宜先干拌，再湿拌均匀。

（3）铺筑塑性水泥土前，应先洒水润湿渠基，安设伸缩缝模板，然后按先渠坡后渠底的顺序铺筑。水泥土料应摊铺均匀，浇捣拍实。初步抹平后，宜在表面撒一层厚度为1~2 mm的水泥，随即揉压抹光。应连续铺筑，每次拌和料从加水至铺筑宜在1.5 h内完成。

（4）铺筑干硬性水泥土，应先立模，后分层铺料夯实。每层铺料厚度宜为10~15 cm，层面间应刨毛、洒水。

（5）铺设保护层的塑性水泥土，其保护层应在塑性水泥土初凝前铺设完毕。

3.水泥土预制板的生产和铺砌

（1）拌制水泥土。

（2）将水泥土料装入模具中，压实成型后拆模，放在阴凉处静置24 h后，洒水养护。

（3）将渠基修整后，按设计要求铺砌预制板。板间应用砂浆挤压、填平，并及时勾缝。

（四）砌石防渗施工

砌石防渗施工时，应先洒水润湿渠基，然后在渠基或垫层上铺筑一层厚度为2~5 cm的低标号混合砂浆，再铺砌石料。

1.浆砌石防渗层施工

1）砌筑顺序

（1）梯形明渠，宜先砌渠底后砌渠坡。砌渠坡时，应从坡脚开始，由下而上分层砌筑；U形和弧形明渠、拱形暗渠，应从渠底中线开始，向两边对称砌筑。

（2）矩形明渠，可先砌两边侧墙，后砌渠底；拱形和箱形暗渠，可先砌侧墙和渠底，后砌顶拱或加盖板。

（3）各种明渠，渠底和渠坡砌完后，应及时砌好封顶石。

2）石料安放要求

（1）浆砌块石应花砌、大面朝外、错缝交接，并选择较大、较规整的块石砌在渠底和渠坡下部。

（2）浆砌料石和石板，在渠坡应纵砌（料石或石板长边平行水流方向）；在渠底应横砌（料石或石板长边垂直水流方向），必须错缝砌筑，料石错缝距离宜为料石长的1/2。

（3）浆砌卵石，相邻两排应错开茬口，并选择较大的卵石砌于渠底和渠道坡脚，大头朝下、挤紧靠实。

（4）浆砌块石挡土墙式防渗层，应先砌面石，后砌腹石，面石与腹石应交错连接；浆砌料石挡土墙式防渗层，应有足量的丁扣石。

3）石料砌筑要求

（1）砌筑前宜洒水润湿，石料应冲洗干净。

（2）浆砌料石和块石，应干摆试放，分层砌筑、坐浆饱满。每层铺砂浆的厚度，料石宜为2～3 cm，块石宜为3～5 cm。块石缝宽超过5 cm时，应填塞小片石。

（3）卵石可采用挤浆砌筑，也可干砌后用砂浆或细砾混凝土灌缝。

（4）浆砌石板应保持砌缝密实平整，石板接缝间的不平整度不得超过1.0 cm。

4）勾缝要求

浆砌料石、块石、卵石和石板，宜在砌筑砂浆初凝前勾缝。勾缝应自上而下用砂浆充填、压实和抹光。浆砌料石、块石和石板宜勾平缝；浆砌卵石宜勾凹缝，缝面宜低于砌石面1～3 cm。

2. 干砌卵石挂淤防渗层施工

1）砌筑顺序

（1）可按先渠底后渠坡的顺序砌筑。

（2）砌渠底时，如为平渠底，宜从渠坡脚的一边砌向另一边；若为弧形渠底，应从渠底纵向轴线开始向两边砌筑。

（3）渠坡应从下而上逐排砌筑。

（4）如设膜料垫层，应将过渡层土料铺在膜料上，边铺膜、边压土、边砌石。

2）砌筑要求

（1）卵石长边应垂直于渠底或渠坡立砌，不得前俯后仰、左右倾斜。卵石的较宽侧面应垂直于水流方向。

（2）每排卵石应厚薄相近、大头朝下、错开茬口、挤紧砌好。

（3）渠底两边和渠坡脚的第一排卵石，应比其他卵石大10～15 cm。

（4）卵石砌筑后，应先用小石填缝至缝深的一半，再用片状石块卡缝。

（5）用较大的卵石水平砌筑封顶石。

（五）膜料防渗施工

1. 膜料铺贴

（1）根据渠道大小将膜料加工成大幅备用，也可在现场边铺边连接。

（2）在验收合格的铺膜基槽上，自渠道下游向上游，由渠道一岸向另一岸铺设膜层。塑膜应留有小折皱，并平贴渠基。

（3）埋好膜层顶端，并处理好大、小膜幅间的连接缝。

（4）检查并粘补已铺膜层的破孔。粘补膜应超出破孔每边10～20 cm。

（5）填筑过渡层和保护层的施工速度，应与铺膜速度配合，避免膜层裸露时间过长。

2. 保护层施工

(1)填筑保护层的土料,应不含石块、树根、草根等杂物。

(2)采用压实法填筑土保护层时,禁止使用羊角碾。

(3)中、小型渠道采用浸水泡实法填筑砂壤土、轻壤土和中壤土保护层时,填筑断面尺寸宜留 10%~15% 的沉陷量。待反复浸水沉陷稳定后,缓慢泄水,填筑裂缝,并拍实、整修成设计断面。

(4)砂砾料保护层的施工,应先铺膜面过渡层,再铺符合级配要求的砂砾料保护层,并逐层振压密实。压实度不应小于 0.93。

(5)膜料铺设及过渡层、保护层施工人员应穿胶底鞋或软底鞋,谨慎施工。

(六)混凝土防渗施工

1. 现浇混凝土防渗施工

现场浇筑混凝土,宜采用分块跳仓法施工。同一浇筑块应连续浇筑。用衬砌机浇筑时,可连续施工。浇筑混凝土前,土渠基应先洒水浸润;在岩石渠基上浇筑混凝土,或需要与早期混凝土结合时,应将基岩或早期混凝土刷洗干净,铺一层厚度为 1~2 cm 的砂浆。砂浆的水灰比,应较混凝土小 0.03~0.05。

混凝土宜采用机械振捣,并应符合下列要求:

(1)使用表面式振动器时,振板行距宜重叠 5~10 cm。振捣边坡时,应上行振动,下行不振动。

(2)使用小型插入式振捣器,或人工捣固边坡混凝土时,入仓厚度每层不应大于 25 cm,并插入下层混凝土 5 cm 左右。

(3)使用振捣器捣固时,边角部位及钢筋预埋件周围应辅以人工捣固。

(4)机械和人工捣固的时间,应以混凝土开始泛浆时为准。

(5)衬砌机的振动时间和行进速度,宜经过试验确定。振动时间一般是混凝土工作速度的 1.2~1.5 倍,并不小于 30 s。

2. 预制装配式混凝土防渗施工

装配式混凝土衬护,是在预制厂制作混凝土衬护板,运至现场后进行安装,然后灌注填缝材料。混凝土预制板的尺寸应与起吊、运输设备的能力相适应,人工安装时,单块预制板的面积一般为 0.4~1.0 m²。铺砌时应将预制板四周刷净,并铺于已夯实的垫层上。砌筑时,横缝可以砌成通缝,但纵缝必须错开。装配式混凝土预制板衬护,施工受气候条件影响小,施工质量易于保证,但接缝较多,防渗、抗冻性能较差,适用于中、小型渠道工程。

3. 喷混凝土防渗施工

采用喷射法施工时,应按下列要求和步骤进行:

(1)先送风、水,后送干料。掺有速凝剂的干拌和料的存放时间,不得超过 20 min。

(2)喷头处的压力应控制在 0.1 MPa 左右,水压不应小于 0.2 MPa。

(3)一次喷射的厚度,掺有速凝剂时,宜为 7~10 cm;不掺速凝剂时,宜为 5~7 cm。

(4)分层喷射时,表面一层的水灰比宜稍大。

(5)喷射每层混凝土的间隔时间,掺有速凝剂时,一般为 15~20 min;不掺速凝剂时,应根据混凝土的初凝时间确定。

（6）喷射作业完毕，应先将喷射机和管道中的干料清除干净，再停水、风。因故不能继续作业时，必须及时将喷射机和管道中的积料清除干净。

（7）混凝土伸缩缝应按设计规定施工。采用衬砌机浇筑混凝土时，可用切缝机或人工切制半缝形的伸缩缝，缝深和缝宽应符合设计要求。

（七）沥青混凝土防渗施工

1. 现浇沥青混凝土防渗层施工

现场铺筑法施工，应按下列步骤进行：

（1）有整平胶结层的防渗体，可先铺筑整平胶结层，再铺筑防渗层。

（2）铺筑防渗层，宜按选定的摊铺厚度均匀摊铺。压实系数可通过试验确定，一般采用1.2～1.5。

（3）宜采用振动碾压实沥青混合料。可先静压1～2遍，再振动压实。在压实渠道边坡时，上行振动，下行不振动。小型渠道可采用静碾或平面振动器压实。在压实过程中，应严格控制压实温度和遍数，防止漏压。

（4）防渗层与建筑物连接处和机械难以压实的部位，应辅以人工压实。

（5）沥青混凝土防渗层应连续铺筑，尽量减少冷接缝。

（6）采用双层铺筑时，结合面应干燥、洁净，并均匀涂刷一薄层热沥青或稀释沥青，其涂刷量不超过$1.0 \ kg/m^2$。上下层冷接缝的位置应错开。

（7）施工过程中，应采取适当措施，避免混合料离析与降温过大。

2. 预制沥青混凝土防渗层施工

铺砌预制沥青混凝土防渗层，应按下列步骤和要求进行：

（1）沥青混凝土预制板宜采用钢模板预制。预制板应振压密实、尺寸准确、六面平整光滑、无缺角、无石子外露等缺陷。

（2）预制板振实后，即可拆模。降温后方可搬动、平放码垛。垛高不得高于0.5 m，严禁立放码垛。高温季节，码垛工作宜在早晚进行。

（3）预制板应按照规定砌筑，做到平整、稳固。

3. 封闭层涂刷

在洁净、干燥的防渗层面上涂刷沥青玛琋脂。涂层应薄厚均匀，涂刷量一般为2～3 kg/m^2。涂刷时，沥青玛琋脂的温度不应低于160 ℃。涂刷后禁止人、畜、机械通行。

（八）伸缩缝填充

伸缩缝填充前，应将缝内杂物、粉尘清除干净，并保持缝壁干燥。伸缩缝宜用弹塑性止水材料，如焦油塑料胶泥填筑，或缝下部填焦油塑料胶泥，上部用沥青砂浆填筑。有特殊要求的伸缩缝，宜用高分子止水管（带）等材料。伸缩缝填充施工中，应做到缝形整齐、尺寸合格、填充紧密、表面平整。

第五章　渠系工程的地基处理

　　渠系工程由于战线长,一般要跨越河沟及山丘,地形、地貌复杂,其地质地层变化很大,工程类别又多,故其修建工程的技术要求很高而且全面。尤其对渠系地基的处理甚为重要。当天然地基不能满足渠系工程对地基稳定的要求及变形和渗透方面的要求时需要对天然地基进行处理,以满足建(构)筑物及渠系地基的要求,地基处理的方法可以根据地质地层的资料,采取符合实情的方法,根据各项所需地基的设计要求和地基处理的原理、目的、性质和时效等进行分类和处理。

　　随着工程建设的飞速发展,地基处理的手段也日趋多样化,部分土体被增强或置换形成增强体。由增强体和周围地基共同承担荷载的地基称为复合地基,复合地基初是指采用碎石桩加固后形成的人工地基。随着深层搅拌桩加固技术在工程中的应用,发展了水泥土搅拌桩复合地基的概念。碎石桩是散体材料桩,水泥搅拌桩是黏结材料桩,在荷载作用下,由碎石桩和水泥土搅拌桩形成的两类人工地基的性状有较大的区别。水泥土搅拌桩复合地基的应用促进了复合地基理论的发展,由散体材料桩复合地基扩展到柔性桩复合地基,随着低强度桩复合地基和长短桩复合地基等新技术的应用,复合地基概念得到了进一步的发展,形成刚性桩复合地基概念。如果将由碎石桩等散体材料桩形成的人工地基称为狭义地基,则可将包括散体材料桩各种刚度的黏结材料桩形成的人工地基及各种形式的长短桩复合地基称为广义复合地基。复合地基由于其充分利用桩间土和桩共同作用的特有优势及相对低廉的工程造价,得到了越来越多的广泛应用。

　　查阅现行有关设计规范中关于地基处理的方法有换土垫层法、桩基法、砂井法、振冲砂(碎石)桩法和强夯法等有限的几种方法。

第一节　地基处理方法分类

　　渠系工程地基的处理方法可根据地基处理的原理分类、根据坚向增强体的桩体材料分类及根据人工地基的广义分类和其他分类等。

一、根据地基处理的原理分类

(一)置换

　　置换是用物理力学性质较好的岩土材料置换天然地基中部分或全部软弱土及不良土,形成双层地基或复合地基,以达到提高地基承载力、减少沉降的目的。它主要包括换土垫层法、褥垫法、振冲置换法、碎石桩法、强夯置换法、砂桩置换法、石灰桩法以及 EPS 超轻质料填土法等。

（二）排水固结

排水固结的原理是软土地基在荷载作用下，土中孔隙水慢慢排出、孔隙比减小、地基发生固结变形，同时随着超静水压力逐渐消散，土的有效应力增大，地基土的强度逐步增长，以达到提高地基承载力、减少工后沉降的目的。它主要包括加载预压法、超载预压法、砂井法（包括普通砂井、袋装砂井）和塑料排水带法、真空预压与堆置预压联合法等。

（三）振密挤密

振密挤密是采用振动的方法或挤密的方法使未饱和土密实，使地基土体孔隙比减小、强度提高，达到提高地基承载力和减少沉降的目的。它主要包括表层原位压实法、强夯法、振冲密实法、挤密砂桩法、爆破挤密法、土挤密桩法和灰土挤密桩法。

（四）冷热处理法

冷热处理法是通过人工冷却，使地基温度降低到孔隙水的冰点以下，使之冻结，从而具有理想的截水性能和较高的承载力或焙烧、加热地基主体，改变土体物理力学性质，以达到地基处理的目的。它主要包括冻结法和烧结法两种。

（五）灌入固化物

灌入固化物是向土体中灌入或拌入水泥、石灰等其他化学浆材，在地基中形成增强体，以达到地基处理的目的。它主要包括深层搅拌法、高压喷射注浆法、渗入性灌浆法、劈裂灌浆法、挤密灌浆法和电动化学灌浆法等。

（六）托换

托换是指对原有建筑物地基和基础进行处理、加固或改造，在原有建筑基础下需要修建地下工程及在邻近建筑新工程而影响到原有建筑物的安全等问题的技术总称。它主要包括地基加宽法、墩式托换法、地基加固法及综合加固法等。

（七）加筋法

加筋法是在地基中设置强度高的土工聚合物、拉筋、受力杆件等模量大的筋材，以达到提高地基的承载力、减少沉降的目的。强度高、模量大的筋材可以是钢筋混凝土，也可以是土工格栅、土工织物等。它主要包括加筋法、土钉墙法、锚固法、树根桩法、低强度混凝土桩复合地基法和钢筋混凝土复合地基法等。

二、根据竖向增强体的桩体材料分类

（一）散体材料桩复合地基

散体是由散体材料组成的，其主要形式有碎石桩、砂桩等。复合地基的承载力主要取决于散体材料的内摩擦角和周围地基土体能够提供的桩侧摩阻力。

（二）刚性桩复合地基

桩体通常以水泥为主要胶结材料，桩身强度较高，为保证桩土共同作用，通常在桩顶设置一定厚度的褥垫层，刚性桩复合地基较散体材料桩复合地基和柔性桩复合地基具有更高的承载力与压缩模量，而且复合地基承载力具有较大的调整幅度，水泥粉煤灰碎石桩（CFG 桩）是刚性复合桩地基的主要形式之一。

（三）柔性桩复合地基

桩体由具有一定黏结强度的材料组成，主要形式有石灰桩、土桩灰土桩、水泥土桩等。

复合地基的承载力由桩体和桩间土共同提供,一般情况下桩体的置换作用是主要组成部分。

三、根据人工地基的广义分类

地基的处理是利用物理、化学的方法,有时还采用生物的方法,对地基中的软弱土或不良土进行置换改良(或部分改良),加筋形成人工地基。广义上讲,桩基础也可以说是一类经过地基处理形成的人工地基,通过地基处理形成的人工地基可分为桩基础、均质地基和复合地基三类。各种天然地基和人工地基均可归属于复合地基、桩基础和均质地基。

(一)桩基础

通过在地基中设置桩,荷载由桩体承担,特别是端承桩,通过桩将荷载直接传递到地基中承载力大、模量高的土层。

(二)均质地基

通过土质改良或置换,全面改善地基土的物理力学性质,提高地基土的抗剪强度,增大土体压缩模量或减小土的渗透性。该类人工地基属于均质地基或多层地基。

(三)复合地基

通过在地基中设置增强体,增强体与原地基土体形成复合地基,以提高地基承载力,减少地基沉降。

四、其他的分类

根据地基处理加固区的部分分为浅层地基处理方法、深层地基处理方法及斜坡面土层处理方法。

根据地基处理用途分为临时性地基处理方法和永久性地基处理方法。

地基处理方法的严格分类是困难的,不少地基处理方法具有几种不同的作用,例如振冲法既有换置作用又有挤密作用,又如土桩既有挤密作用又有置换作用。另外,一些地基处理方法的加固机制及计算方法目前不是十分明确,尚需进行探讨。地基处理方法的确定应根据结构类型、荷载大小及使用要求,结合地形地貌、地层结构、土质条件、地下水特征、环境情况和对邻近建筑物的影响等因素进行综合分析,初步选出几种地基处理方法。然后分别从加固原理、适用范围、预期处理效果、耗用材料、施工机械、工期要求和对环境的影响等方面进行技术经济分析和对比,选择最佳的地基处理方法。

第二节　置换法

置换法又称换填垫层法,当建筑物的基础下的持力层比较软弱,不能满足上部结构荷载对地基的要求时,常采用换填土垫层来处理软弱地基,即将基础下一定范围内的土层挖去,然后回填以强度较大的砂、砂石或灰土,并分层夯实到设计要求的密实程度,作为地基的持力层。换填垫层法适用于浅层地基处理,处理深度可达 $2 \sim 3$ m,在饱和软土上换填砂垫层时,砂垫层具有提高地基承载力、减小沉降量、防止冻胀和加速软土排水团结的作用。

工程实践表明,在合适的条件下,采用换填垫层法能有效地解决各类工程的地基处理问题。其优点是可就地取材,施工方便,不需要特殊的机械设备,既能缩短工期又能降低造价和成本。因此,得到较为普遍的应用。

一、置换地基的作用机制

置换地基的作用有以下 7 方面:

(1)置换作用。将基层以下的软弱土全部或部分挖出,换填为较密度的材料,可提高地基的承载力,增强地基的稳定性。

(2)应力扩散作用。基础底下一定厚度的垫层的应力扩散作用,可减小垫层下天然土层所承受的压力和附加压力,从而减小基础的沉降量,并使下层满足承载力的要求。

(3)加速固结作用。用透水性的材料做垫层,软土中的水分可部分通过它排除,在建筑物施工过程中,可加速软土的固结和提高软土的抗剪强度。

(4)均匀地基反力。对于石芽出露的山区地基,将石芽间软弱土层挖出,换填压缩性的土料,并在石芽以上设置垫层,对于建筑物范围内局部存在的松填土、暗沟、暗墙、古井、古墓或拆除旧基础后的坑穴,可进行局部换填保证基础底面范围内土层的压缩性和反力趋于均匀。

(5)防止冻胀。由于垫层材料是不冻胀的材料,采用换土垫层对基础底面以下的冻胀土层全部或部分置换后,可防止土的冻胀。

(6)减少基础的沉降量。地基持力层的压缩量所占的比例较大,由于垫层材料的压缩性较低,因此换填垫层后的总沉降量会大大减小。此外,由于垫层的应力扩散作用,传递到垫层下方下卧层上的压力减小,也会使下卧层的压缩量减小。因此,换填的目的就是提高承载力,增加地基强度、减少基础沉降,垫层采用透水材料可加速地基的排水固结。

(7)提高地基持力层的承载力。用于置换软弱土层的材料,其抗剪强度指标常常较高,因此垫层(持力层)的承载力要求比置换前软弱土层的承载力高许多。

二、置换地基的适用范围

换填垫层法适用于淤泥、淤泥土、湿陷性土、素填土、杂填土的地基及暗沟、暗墙等的浅层软弱地基及不均匀地基的处理。

换填垫层法适用于处理各类浅层软弱地基,若在建筑物范围内软弱土层较薄,则可采用全部置换处理;对于较深的软弱土层,当仅用垫层局部置换上层软土时,下层软弱土层在荷载下的长期变形可能依然很大。例如对较深厚的淤泥或淤泥质土类软弱地基,采用垫层仅置换上层软土后,通常可提高持力层的承载力,但不能解决由于深层土质较弱而造成地基变形量大,对上部建筑物产生有害影响。对于体型复杂、整体刚度差或对差异变形敏感的建筑物,也均不应采用浅层局部置换的处理方法。

对于建筑物范围内不存在松填土、暗沟、暗墙、古井、古墓或拆除旧基础后的坑穴,均可采用换填垫层法进行地基处理,在这种局部的换填处理中,保持建筑地基整体变形均匀是换填应遵循的最基本原则。

开挖基坑后,利用分层回填夯压,也可以处理较深的软土层。若换填基坑开挖过深,常因地下水位高,需要采取降水措施;坑壁放坡占地面积大或边坡需要支护,则易引起邻近地面、管网、道路与建筑的沉降、变形破坏;再则施工土方量大、弃土多等,常使处理工程费用增高、工期拖长、对环境的影响增大等,因此换填垫层法的处理深度,通常控制在 3 m 以内较为经济合理。

大面积填土产生的大范围地面负荷影响深度较深、地基压缩变形量大、变形的延续时间长,与换填垫层法浅层地基处理的特点不同,因此大面积填土地基的设计施工应符合国家标准《建筑地基基础设计规范》(GB 50007—2011)的有关规定。

在消除黄土湿陷性时,尚应符合国家现行标准《湿陷性黄土地区建筑规范》(GB 50025—2004)中的有关规定。

换填时应根据建筑物体型与结构的特点、荷载性质和地质条件,并结合施工机械设备与当地材料来源等综合分析,进行换填垫层的设计,选择换填材料和夯压的施工方法。

采用换填垫层法全部置换厚度不大的软弱土层,可取得良好的效果。对于轻型建筑物、地坪、机场、道路采用换填垫层法处理上层部分软弱土时,由于传递到下卧层顶面的附加应力很小,也可以取得较好的效果。但对于结构刚度差、体型复杂、荷重较大的建筑,由于附加荷载对下卧层的影响较大,若仅换填软弱土层的上部,地基仍会产生较大的变形及不均匀变形,可能对建筑物造成破坏。在我国东南沿海软土地区,许多工程实例的经验或教训表明,采用换填垫层法时,必须考虑建筑物体型、荷载分布、结构刚度等因素对建筑物的影响。对于深层软弱土层,不应采用局部换填垫层法处理地基。对于不同特点的工程,还应考虑换填材料的强度、稳定性、压力扩散的能力、密度、渗透性和耐久性、对环境的影响、价格来源与消耗等。当换填量大时,尤其应首先考虑当地材料的性能及使用条件,此外还应考虑所能获得的施工机械设备类型、实用条件等综合因素,从而合理地进行换填垫层设计及选择施工方法。例如,对于承受振动荷载的地基不应选择砂垫层进行换填垫层处理。

三、换填垫层的设计

换填垫层的设计主要从以下几方面考虑,即垫层厚度、垫层的宽度、垫层的承载力、垫层地基的变形、垫层的材料、垫层的压实标准等。垫层的设计应满足建筑物地基的承载力和变形要求。首先,垫层能换除基础下直接承受建筑物荷载的软弱土层,代之以能满足承载力要求的垫层;其次,荷载通过垫层的压力扩散作用,使下卧层顶面受到压力满足小于或等于下卧层承载能力的条件;最后,基础持力层被低压缩性的垫层代换,能大大减小基础的沉降量。因此,合理确定垫层厚度是垫层设计的主要内容。通常根据土层的情况确定需要换填的深度,对于浅层软土厚度不大的工程,应置换掉全部的软土。对需换填的软弱土层,首先应根据垫层的承载力确定基础的宽度和基底压力,再根据垫层下卧层的承载力设计垫层的厚度,垫层的设计内容应包括选择垫层的厚度、宽度及垫层的密实度。

（一）垫层的厚度计算

在工程实践中，一般取垫层厚度 $z = 1 \sim 2$ m（为基础厚度的 50%～100%）。若厚度太小，垫层的作用不大；若厚度太大（如在 3 m 以上），则施工不便（特别在地下水位较高时），故垫层厚度不宜大于 3 m。

垫层的厚度应根据需换软弱土的深度或下卧土层的承载力确定，并符合式（5-1）的要求：

$$P_2 + P_{cz} \leq f_{az} \tag{5-1}$$

式中　P_2——相应于荷载效应标准组合时，垫层底面处的附加压力值，kPa；

　　　P_{cz}——垫层底面处土的自重压力值，kPa；

　　　f_{az}——垫层底面处经深度修正后的地基承载力特征值，kPa。

下卧层顶面的附加压力值，可根据双层地基理论进行计算，但这种方法仅限于条形基础均布荷载的计算条件；也可以将双层地基视作均质地基，按均质连续、各向同性半无限直线变形体的弱性理论计算。第一种方法计算比较复杂，第二种方法的假定又与实际双层地基的状态有一定误差。最常用的是扩散角法，计算的垫层厚度虽比按弹性理论计算的结果略偏于安全，但由于计算方法比较简便，易于理解又便于接受，故在工程设计中得到了广泛的认可和使用。

（二）垫层的宽度计算

垫层宽度的确定应从两方面来考虑，一是要满足应力扩散角的要求，二是要有足够的宽度，防止砂垫层向两侧挤出，如果垫层两侧的土质较好，具有抵抗水平向附加应力的能力，侧向变形小，则垫层宽度的确定主要应考虑压力扩散角。

确定垫层宽度时，除应满足应力扩散的要求外，还应考虑垫层应有足够的宽度及侧面土的强度条件，防止填层材料向侧边挤出而增大垫层的竖向变形量。最常用的方法依然是按扩散角法计算垫层宽度或根据当地经验取值。按扩散角确定垫层的底宽较宽，而垫层底面应力计算值分布的应力等值线在垫层底面处的实际分布较窄。当两者差别较大，可根据应力等值线的形状，将垫层剖面做成倒梯形，以节省换填的工程量。当基础荷载较大时，或对沉降要求较高或垫层侧面土的承载力较差时，垫层的宽度可适当增大。在筏板基础、箱型基础或宽大独立基础下换填垫层时，对于垫层厚度小于 0.25 倍基础宽度的条件，计算垫层的宽度仍应考虑压力扩散角的要求。

（三）垫层的承载力的要求

经换填处理后的地基，由于理论计算的方法尚不够完善，或由于较难选取有代表性的计算参数等而难以通过计算准确确定地基承载力，所以换填垫层处理的地基承载力宜通过试验，尤其是通过现场原位试验确定。对于按现行国家标准《建筑地基基础设计规范》（GB 50007—2011）划分安全等级为三级的建筑物及一般不太重要的小型、轻型或对沉降要求不高的工程，当无试验资料或无经验时在施工达到要求的压实标准后，可以参照表 5-1 的承载力特征值取用。

表 5-1　垫层的承载力

换填材料	承载力特征值 f_{ak}(kPa)
碎石、卵石	200 ~ 300
砂类石(其中碎石、卵石占总质量的 30% ~ 50%)	200 ~ 250
土夹石(其中碎石、卵石占总质量的 30% ~ 50%)	150 ~ 200
中砂、粗砂、砾砂、圆砾、角砾	150 ~ 200
粉质黏土	130 ~ 180
石屑	120 ~ 150
灰土	200 ~ 250
粉煤灰	120 ~ 150
矿渣	200 ~ 300

注:压实系数小的垫层承载力特征值取高值,原状矿渣垫层取低值,分级矿渣或混合矿渣垫层取高值。

(四)换填垫层地基的变形

我国软黏土分布地区的大量建筑物沉降观测及工程经验表明,采用换填垫层进行局部处理后,往往由于软弱下卧层的变形,建筑物的地基仍将产生过大的沉降量及差异沉降量。因此,应按现行国家标准《建筑地基基础设计规范》(GB 50007—2011)中的变形计算方法进行建筑物的沉降计算,以保证地基处理效果及建筑物的安全使用。

粗粒换填材料的垫层在施工期间垫层自身的压缩变形已经基本完成,且量值很小。因而对于碎石、卵石、砂类石、砂和矿渣垫层,在地基变形计算中,可以忽略垫层自身部分的变形值。但对于细粒材料尤其是厚度较大的换填垫层,则应计入垫层变形。有关垫层的模量应根据试验或当地经验确定。当无试验资料时,可参照表 5-2 取值。

表 5-2　垫层模量　　　　　　　　　　　　　　(单位:MPa)

垫层材料	压缩模量 E_s	变形模量 E_0
粉煤灰	8 ~ 20	
砂	20 ~ 30	
碎石、卵石	30 ~ 50	
矿渣		35 ~ 70

注:压实矿渣的 E_0/E_s 值可按 1.5 ~ 3 取用。

下卧层顶面承受换填材料本身的压力超过原天然土层压力较多的工程,地基下卧层将产生较大的变形。如工程条件许可,宜尽早换填,以使由此引起的大部分地基变形在上部结构施工前完成。

(五)垫层材料的要求

垫层材料一般有砂石、粉质黏土、灰土、粉煤灰、矿渣、其他工业废渣、土工合成材料等,其各种类型的技术要求分述如下:

(1)砂石。砂石宜选用碎石、卵石、角砾、圆砾、砂砾、粗砂、中砂或石屑(粒径小于2 mm 的部分,不应超过总质量的 45%),应级配良好,不含植物残体、垃圾等杂物。

当使用粉细砂或石粉(粒径小于 0.075 mm 的部分不应超过总质量的 9%)时应掺入不少于总质量 30% 的碎石或卵石,使其颗粒不均匀系数不小于 5,拌和均匀后方可用于铺填垫层,砂石的最大粒径不宜大于 50 mm。

石屑是采石场筛选碎石后的细粒废弃物,其性质接近于砂,在各地使用作为换填材料,均取得了很好的成效。但应控制好含泥量及含粉量,才能保证垫层的质量。

对于湿陷性黄土地基不得选用砂石等渗水材料。

(2)粉质黏土。粉质黏土土料中有机质含量不超过 5%,亦不得含有冻土或膨胀土。当含有碎石时其粒径不宜大于 50 mm。用于湿陷性黄土地基或膨胀土地基的粉质黏土垫层,土料中不得含有砖渣和砖块、瓦和石块。

黏土及粉土均难以夯压密实,故在换填时,均应避免作为换填材料,在不得不选用上述土料回填时,也应掺入不少于 30% 的砂石并拌和均匀后使用。当采用粉质黏土大面积换填并使用大型机械夯压时,土料中的碎石粒径可稍大于 50 mm,但不宜大于 100 mm,否则将影响垫层的夯压效果。

(3)灰土。灰土的体积配合比宜为 2:8 或 3:7。土料宜采用粉质黏土。不得使用块状黏土和砂质粉土,不得含有松软杂质,并应过筛,其颗粒粒径不得大于 15 mm,石灰宜用新鲜的消石灰,其颗粒粒径不大于 5 mm。

灰土强度随土料中黏粒含量的增加而加大,塑性指数小于 4 的粉土中黏粒含量太少,不能达到提高灰土强度的目的,因而不能用于拌和灰土。灰土所用的消石灰应符合Ⅲ级以上标准,储存期不超过 3 个月,所含活性 CaO 和 MgO 越高则胶结力越强。通常灰土的最佳含灰率为 CaO 和 MgO 约达总量的 8%。石灰应消解 3~4 d 并筛除生石灰块后使用。

(4)粉煤灰。粉煤灰可用于道路、堆场和小型建筑物及构筑物的换填垫层。粉煤灰垫层上宜覆土 0.3~0.5 m。粉煤灰垫层中采用掺加剂时,应通过试验确定其性能及适用条件。作为建筑物垫层的粉煤灰应符合有关放射性安全标准的要求。粉煤灰垫层中的金属构件、管网宜采取适当的防腐措施。大量填筑粉煤灰时,应考虑对地下水和土壤的环境影响。

粉煤灰可分为湿排灰和调湿灰。按其燃烧后形成玻璃体的粒径分析,粉煤灰应属粉土的范畴。由于含有 CaO、SO_3 等成分,具有一定的活性,当与水作用时,因具有胶凝作用的水与灰反应,使粉煤灰垫层逐渐获得一定的强度与刚度,有效地改善了垫层地基的承载能力及减小变形的能力。不同于抗地震液化能力较低的粉土或粉砂,由于粉煤灰具有一定的胶凝作用,在压实系数大于 0.9 时,即可以抵抗 7 度地震液化。用于发电的燃煤常伴生有微量放射性。作为建筑物垫层的粉煤灰,应以国家标准《掺工业废渣建筑材料产品放射物质控制标准》(GB 9196—88)及《放射卫生防护基本标准》(GBZ/T 154—2002)的有关规定作为安全使用的标准。粉煤灰含碱性物质,回填后碱性成分在地下水中溶出,使地下水具弱碱性,因此应考虑其对地下水的影响,并对粉煤灰垫层中的金属构件、管网采取一定的防护措施。粉煤灰垫层上宜覆盖 0.3 ~ 0.5 m 厚的黏性土,以防干灰飞扬,同时减少碱性对植物生长的不利影响,有利于环境绿化。

(5)矿渣。垫层使用的矿渣是指高炉重矿渣,可分为分级矿渣、混合矿渣及原状矿渣。矿渣垫层主要用于堆场、道路和地坪,也可用于小型建筑物、构筑物的地基。选用矿渣的松散重度不小于 11 kN/m³,有机质及含泥量不超过 5%。设计施工前必须对所选用的矿渣进行试验,在确认其性能稳定并符合安全规定后方可使用。作为建筑物垫层的矿渣应符合对放射性安全标准的要求。易受酸、碱影响的基础或地下管网不得采用矿渣垫层,大量填筑矿渣时,应考虑对地下水和土壤的环境影响。

矿渣的稳定性是其是否适用于作换填垫层材料的最主要性能指标。冶金部试验结果证明,当矿渣中 CaO 的含量小于 45% 及 FeS 与 MnS 的含量约为 1% 时,矿渣不会产生硅酸盐分解和铁锰分解;排渣时不浇石灰水,矿渣也就不会产生生石灰分解,则该类矿渣性能稳定,可用于换填。对于中、小型垫层可选用 8 ~ 40 mm 与 40 ~ 60 mm 的分级矿渣或 0 ~ 60 mm 的混合矿渣;较大面积换填时,矿渣最大粒径不宜大于 2 ~ 3 mm 或大于分层铺填厚度的 2/3。与粉煤灰相同,对用于换填垫层的矿渣,同样要考虑放射性对地下水环境的影响及对金属管网、构件的影响。

(6)其他工业废渣,在有可靠试验结果或成功工程经验时,对质地坚硬、性能稳定、无腐蚀性和常发生危害的工业废渣等均可用作换填垫层,被选用工业废渣的粒径、级配和施工工艺等应通过试验确定。

(7)土工合成材料。由分层敷设的土工合成材料与地基土构成加筋垫层。所用的土工合成材料的品种与性能及填料的土类,应根据工程特性和地基土条件,按照现行国家标准《土工合成材料应用技术规范》(GB 50290—2014)的要求,通过设计并进行现场试验后确定。

土工合成材料是近年来随着化学合成工业的发展而迅速发展起来的一种新型土工材料,主要将涤纶、尼龙、腈纶、丙纶等高分子化合物,根据工程需要加工成有弹性柔性、高抗拉强度、低伸长率、适水、隔水、反滤性、抗腐蚀性、抗老化性和耐久性的各种类型的产品。如各种土工格栅、土工格室、土工垫、土工网垫、土工膜、土工织物、塑料排水以及其他土工复合材料等。这些材料由于其优异性能及广泛的实用性受到工程界的重视,被迅速推广应用于河岸与海岸护坡、堤坝、公路、铁路、港口、堆场、建筑、矿山、电力等领域的岩土工程中,取得了良好的工程效果和经济效益。

换填垫层的土工合成材料,在垫层中主要起加筋作用,以提高地基土的抗拉强度和抗剪强度,防止垫层被拉断裂和遭到剪切破坏,保持垫层的完整性,提高垫层的抗弯刚度。因此,利用土工合成材料加筋的垫层有效地改变了天然地基的性状,增大了压力扩散角,降低了下卧天然地基表面的压力,约束了地基侧向变形,调整了地基不均匀变形,增大了地基的稳定性,并提高了地基的承载力。由于土工合成材料的上述特点,将它用于软弱黏性土、泥炭、沼泽地区修建道路及堆场等取得了较好的成效,同时在部分建筑物、构筑物的加筋垫层中应用,也得到了肯定的效果。

理论分析、室内试验及工程实测的结果证明,采用土工合成材料加筋垫层的作用机制为：

①扩散应力。加筋垫层刚度大，增大了压力扩散角，有利于上部荷载扩散、降低垫层底面压力。

②调整不均匀沉降。加筋垫层的作用，加大了压缩层范围内地基的整体刚度均化传递到下卧层上的压力，有利于调整基础的不均匀沉降。

③增大地基的稳定性。加筋垫层的约束，整体上限制了地基土的剪切、侧向挤出及隆起。

采用土工合成材料加筋垫层时，应根据工程荷载的特点、对变形稳定性的要求、地基工程土的性质、地下水的性质及土工合成材料的工作环境等选择土工合成材料的类型及填料的品种，主要包括以下几个方面。

①确定所需土工合成材料的类型、物理性质和主要力学性质，如允许抗拉强度及相应的伸长率、耐久性及抗腐蚀性等。

②确定土工合成材料在垫层中的布置形式、间距及端部的固定方式。

③选择适用的填料与施工方法。

此外要通过验证，保证土工合成材料在垫层中不被拉断和拨出失效，同时要检验垫层地基的强度和变形，以确保满足设计要求，最后通过荷载试验确定垫层地基的承载能力。

土工合成材料的耐久性与老化问题，在工程界备受关注。由于土工合成材料引入我国为时尚短，仅在江苏使用了十几年，未见其在工程中老化而影响耐久性。英国已有近100年的使用历史，效果很好。导致土工合成材料老化有三个主要因素：紫外线照射，$60 \sim 80°$的高温与氧化。在岩土工程中，由于土工合成材料埋在地下的土层中，上述三个影响因素皆极微弱，故土工合成材料均能满足常规建筑工程中的耐久性需要。

作为加筋的土工合成材料，应采用抗拉强度较高、受力时伸长率不大于 $4\% \sim 5\%$、耐久性好、抗腐蚀性的土工格栅、土工格室、土工垫或土工织物等。土工合成材料垫层填料宜用碎石、角砾、砾砂、粗砂、中砂或粉质黏土等材料，当工程要求垫层具有排水功能时，垫层材料应具有良好的透水性。

在加筋土垫层中，主要由土工合成材料承受的拉应力大，所以要求选用高强度、低徐变性的材料，在承受工作应力时的伸长率不宜大于 $4\% \sim 5\%$，以保证垫层及下卧层土体的稳定性。在软土层中的应力一旦超过土工合成材料极限强度而产生破坏，荷载随之转移，由软弱土层承受全部外荷载，势将大大超过软弱土的极限强度，从而导致地基的整体破坏。结果是地基可能不稳，引起上部建筑物迅速产生大量的沉降，使建筑结构受到严重的破坏。因此，用于加筋垫层中的土工合成材料必须留有足够的安全系数，而绝不能使其受力后的强度等参数处于临界状态，以导致严重的后果。同时，应充分考虑因垫层结构的破坏对建筑物安全的影响。

在软土地基上使用加筋垫层时，应保证建筑物稳定并满足允许变形的要求。

（六）垫层的压实标准

各种垫层的压实标准可按表 5-3 选用。

表 5-3 各种垫层的压实标准

施工方法	换填材料类别	压实系数
碾压振密或夯实	碎石、卵石	0.94 ~ 0.97
	砂夹石(其中碎石、卵石占总质量的 30% ~ 50%)	
	土夹石(其中碎石、卵石占总质量的 30% ~ 50%)	
	中砂、粗砂、角砾、圆砾、石屑	
	粉质黏土	
	灰土	0.95
	粉煤灰	0.90 ~ 0.95

注:1. 压实系数为土的控制干密度 p_d 与最大干密度 p_{max} 的比值,土的最大干密度值宜采用击实试验确定,碎石或卵石的最大干密度可取 2.0 ~ 2.2 t/m³。

2. 当采用轻型击实试验时,压实系数宜取高值,当采用重型击实试验时,压实系数宜取低值。

3. 矿渣垫层的压实指标为最后两遍压实值的压陷差小于 2 mm。

对于工程量较大的换填垫层应按所选用的施工机械、换填材料及场地的土质条件进行现场试验,以确定压实效果。

四、置换施工的技术要求

换填垫层法适用于淤泥、淤质泥土、湿陷性黄土、素填土、杂填土地基及暗沟、暗墙等浅层处理。施工时将基底下一定深度的软土层挖除,分层回填砂碎石、灰土等强度较大的材料,并加以夯实振密。回填材料有多种,但其作用和计算原理相同。换填垫层是一种较为简单的浅层地基处理方法,并已得到广泛的应用,在处理地基时,宜优选考虑。

换填可用于简单的基坑、基槽,也可用于满堂式置换。砂和砂石垫层作用明确、设计方便,但其承载力在相当程度上取决于施工质量,因此必须精心施工。故施工时必须注意以下事项和要求。

(一)施工方法的技术要求

垫层的施工方法应根据不同的换填材料选择施工机械,以利加快施工速度,如粉质黏土、灰土宜采用平碾、振动碾或羊角碾,中小型工程也可采用蛙式夯、柴油夯,砂石等宜采用振动碾,粉煤灰宜采用平碾、振动碾、平板式振动器、蛙式夯,矿渣宜采用平板式振动器或平碾,也可采用振动碾。垫层应分层铺填,分层压实,每层压实遍数等宜通过试验确定。除接触下卧软土层的垫层底部应根据施工机械设备及下卧屋土质条件确定厚度外,一般情况下,垫层的分层铺填厚度可取 200 ~ 300 mm。为保证分层压实质量,应控制机械的碾压速度和遍数。

换填垫层的施工参数应根据垫层的材料、施工机械设备及设计要求等通过现场碾压试验确定,以获得最佳碾压效果。在不具备试验条件的场合下,也可参照建设工程的经验数值,按表 5-4 选用。对于存在软弱下卧层的垫层应针对不同施工机械设备的重量、碾压强度、振动力等因素,确定垫层底层的铺填厚度,使其既能满足该层的压实条件,又能防止破坏及扰动下卧软弱土的结构。

表 5-4　垫层的每层铺填厚度及压实遍数

施工设备	垫层的每层铺填厚度（m）	每层压实遍数
平碾(8 ~ 12 t)	0.2 ~ 0.3	6 ~ 8(矿渣 10 ~ 12)
羊足碾(5 ~ 16 t)	0.2 ~ 0.35	8 ~ 10
蛙式夯(200 kg)	0.2 ~ 0.25	3 ~ 4
振动碾(8 ~ 15 t)	0.6 ~ 1.3	6 ~ 8
插入式振动器	0.2 ~ 0.5	
平板式振动器	0.15 ~ 0.25	

（二）基坑开挖及排水的要求

基坑开挖时应避免坑底土层受扰动,可保留约 200 mm 厚的土层暂不挖去。严禁扰动垫层下的软弱土层,防止它被践踏、受冻或受水浸泡。在碎石或卵石垫层底部宜设置150 ~ 300 mm 厚的砂垫层或铺一层土工织物,以防止软弱土层表面局部破坏,同时必须防止基坑边坡坍落土混入垫层。

垫层下卧层为软弱土层时,因其具有一定的结构强度,一旦被扰动则强度大大降低,变形大量增加,将影响到垫层及建筑物的安全使用。通常的做法是,开挖基坑时,应预留厚约 200 mm 的保护层,待做好铺填垫层的准备工作后,保护层挖一段随即用换填材料铺填一段,直到完全全部垫层,以保护下卧土层的结构不被破坏。浙江、江苏、天津等地的习惯做法是,在软弱下卧层顶面设置厚 150 ~ 300 mm 的砂垫层,防止粗粒换填材料挤入下卧层,破坏其结构。

换填垫层施工应注意基坑排水,除采用水撼法施工砂垫层外不得在浸水条件下施工,必要时应采取降低地下水位的措施。

（三）垫层挖填施工的质量控制

1. 最优含水量的控制

粉质黏土和灰土垫层土料的施工含水量宜控制在最优含水量 w_{op} ±2% 的范围内,粉煤灰垫层的施工含水量宜控制在 w_{op} ±4% 的范围内。最优含水量可通过击实实验确定,也可按当地经验取用。

为获得最佳夯(碾)压的效果,宜采用垫层材料的最优含水量。对于粉质黏土和灰土,现场可控制在最优含水量 w_{op} ±2% 的范围内,当使用振动碾碾压时,可适当放宽下限范围值,即控制在最优含水量(w_{op} − 2%) ~ (w_{op} + 2%)范围内。最优含水量可按现行国家标准《土工试验方法标准》(GB/T 50123—1990) 中轻型击实试验的要求求得。在缺乏试验资料时,也可近似取液限值的60%或照经验采用塑限 w_{op} ±2% 范围内的值作为施工含水量的控制值。粉煤灰垫层不应采用浸水饱和施工法,其施工含水量应控制在最优含水量 w_{op} ±4% 的范围内。岩土料湿度过大或过小,应分别予以晾晒、翻松或掺加吸水材料、洒水湿润,以调整土料的含水量。对于砂石料,则可根据施工方法不同按经验控制适宜的施工含水量,即当用平板式振动器时可取 15% ~ 20%,当用平碾或蛙式夯时可取 3% ~ 12%,当用插入式振动器时宜为饱和含水量,如对碎石及砌石,应充分浇水湿透后夯压。

2. 不均匀沉降的处理要求

当垫层底部在古井、古墓、洞穴、旧基础、暗墙等软硬不均的部位时,应根据建筑物对不均匀沉降的要求予以处理,并经验收合格后方可铺填垫层。

对垫层底部下卧层中存在的软硬不均点要根据其对垫层的稳定及建筑物安全的影响确定处理方法。对不均匀沉降要求不高的一般性建筑物,当下卧层中不均匀点范围小,埋藏很深,处于地基压缩层范围以外,且四周土层稳定时,对该不均匀点可不做处理。否则应予挖除,并根据与周围土质及密实度均匀一致的原则,分层回填,分层密实,以防止下卧层的不均匀变形对垫层上部建筑物产生危害。

3. 垫层的搭接要求

垫层底部面宜设在同一标高上,如深度不同,基坑底面应挖成阶梯或斜坡搭接,并按先深后浅的顺序进行垫层施工,搭接处应夯压密实。

粉质黏土及灰土垫层分开施工时,不得在桩基、墙角及承重墙下接缝,上下两层的缝距不得小于 500 mm,接缝处应碾压密实。灰土应拌和均匀,并应当日铺填碾实。灰土碾压密实后 3 d 内不得受水浸泡。粉煤灰垫层铺填后宜当天压实,每层验收后应及时铺填上层或封层,防止干燥后压层松散造成起尘飞扬污染。同时应禁止车辆碾压和通行。

为保证灰土施工控制的含水量不致变化,拌和均匀后的灰土应在当日使用。土碾压密实后,在短时内水稳定性及硬化均较差,易受水浸而膨胀松疏,从而会影响灰土的压实质量。粉煤灰分层碾压验收后,应及时铺填土层或封层,防止干燥或扰动使碾压层松胀、密实度下降及造成粉尘污染。

在同一建筑物下,应尽量保持垫层的厚度相同。对于施工不同的垫层,应防止垫层厚度突变。在垫层较深处施工时,注意控制该部位的压实系数,以防止或减少由于地基处理厚度不同所引起的差异变形。

4. 土工合成材料的敷设要求

敷设土工合成材料时,下铺地基土层顶面要平整,防止土工合成材料被刺穿顶破。敷设时应把土工合成材料张拉平直、绷紧,严禁有褶皱,端头应固定或回折锚固,切忌暴雨或裸露,连接宜用搭接法、缝接法和胶结法,并均应保证主要受力方向的连接强度不低于所用材料的抗拉强度。

敷设土工合成材料应注意均匀平整,且保持一定的松紧度,以使其在工作状态下受力均匀,并避免石块、树根等刺穿或顶破,引起局部的应力集中。用于加筋垫层中的土工合成材料,因工作时要受到很大的拉应力,故其端头一定要埋设固定好,通常是在端部位置挖沟,将合成材料的端头埋入沟内,其上覆盖土压住固定,以防止端头受力后被拔出。敷设土工合成材料时,应避免长时间的暴晒或暴露,一般施工宜连续进行,暴露时间不宜超过 48 h,并注意掩盖,以免材料老化,而降低强度及耐久性。

第三节　振冲法

振冲法又称振动水冲法,是用起重机吊起振动器,启动潜水电动机、偏心块,使振动器产生高频率振动,同时启动水泵,通过喷射高压水流,在边振边冲的情况下共同作用,将振动器沉到土中的预定深度,经清孔后,从地面向孔内逐段填入碎石,使其在振动作用下被挤密实,达到要求的密度后即可提升振动器,如此反复直至地面,在地基中形成一个大直径的密实桩体,与原地基构成复合地基,提高了地基的承载力,减少了沉降,是一种快速、经济有效的加固方法。

通过振冲器产生水平方向振动力,振挤填料及周围土体,达到提高地基承载力、减小沉降量、增加地基稳定性、提高抗地震液化能力的目的。

如德国曾在20世纪30年代首先用此法振密砂土地基,近年来,振冲法已用于黏性土中。

一、振冲法的适用范围

振冲法大致分为振冲挤密碎石桩和振冲置换碎石桩两类。

(1)振冲挤密碎石桩,适用于处理砂类土,从粉细砂至含砾粗砂,粒径小于0.005 mm间的黏粒不超过10%可以得到显著的挤密效果。

(2)振冲置换碎石桩,适用于处理不排水的抗剪强度不小于20 kPa的黏性土、黏土、饱黄土和人工填土等地基。

二、振冲法的使用方法和原理

振冲法对不同性质的土层分别具有置换、挤密和振动密实的作用。对黏性土主要起置换的作用,对中细砂和粉土除置换作用外,还有振实挤密的作用。在以上各种土中施工都要在振冲时加填碎石(或卵石等)回填料,制成密实的振冲桩,而桩间土则受到不同程度的挤密和振实。机和桩间土构成复合地基,使地基承载力提高,变形减小,并可消除土层的液化。

在中、粗砂层中振冲,由于周围砂能自行增入孔内,也可以采用不加填料进行原地振冲加密的方法,这种方法适用于较纯净的中、粗砂层,施工简化、加密效果好。

三、振冲法的设计和布桩形式及加固范围

振冲法的设计目前还处在半理论半经验的时期,这是因为一些计算方法都还不够成熟,某些设计参数也只能凭工程经验选定,因此对大型的、重要的或场地地层复杂的工程,在正式施工前应通过现场试验确定其适用性。

振冲法加固范围:散体材料复合桩的复合地基应在轮廓线以外设置保护桩。碎石桩复合地基的桩体布置范围应根据建筑物的重要性和场地条件、布桩基础的形式而定,筏板基柱、交叉条基、条性基柱应在轮廓线内满堂布置,或在轮廓线外设2~3排保护桩,其他基础应在轮廓线外设1~2排保护桩。

布桩形式:对大面积满堂布置,宜采用等边三角形梅花布置;对独立柱基、条形基础等,宜采用正方形、矩形布置。

四、桩长、柱径和桩距的要求

(一)桩长的要求

桩长应按照以下的原则来确定:

(1)当相对硬层埋深不大时,应按相对硬层埋深来确定。

(2)当相对硬层埋深较大时,按建筑物地基变形的允许值来确定。

(3)在可液化的地基中,应按要求的抗震处理深度来确定。

(4)桩基与桩体破坏特性有关,不宜小于 4 m,防止刺入破坏。

(二)桩径、桩距的要求

桩径与振冲器功率、碎(卵)石粒径、土的抗剪强度和施工质量有关,振冲桩直径通常为 0.8 ~ 1.2 m;可按每根桩所用填料量计算。

桩距与土的抗剪强度指标及上部结构荷载有关,并结合所采用的振冲器功率大小综合考虑。30 kW 振冲器布桩间距可采用 1.3 ~ 2.0 m,55 kW 振冲器布桩间距可采用 1.4 ~ 2.5 m,75 kW 振冲器布桩间距可采用 1.5 ~ 3.0 m。荷载小或砂土地基宜采用较大的间距。

不加填料振冲加密孔间距视砂土的颗粒组成、密实要求、振冲器功率等因素而定,砂的粒径越细,密实要求越高,则间距越小,30 kW 振冲器间距一般为 1.8 ~ 2.5 m,75 kW 的振冲器间距可加大到 2.5 ~ 3.5 m。振冲加密孔布孔宜用等边三角形或正方形进行大面积挤密处理,用前者可得到比后者更好的的挤密效果。

(三)桩体材料和碎石垫层的要求

桩体材料可用含泥量不大于 5% 的碎石、卵石、矿渣或其他性能稳定的硬质材料,不宜使用风化的碎石料,常用的填料粒径为:30 kW 振冲器 20 ~ 80 mm,55 kW 振冲器 30 ~ 100 mm,75 kW 振冲器 40 ~ 150 mm。填料的作用,一方面是填实振冲器上拔后在土中留下的孔洞,另一方面是利用其作为介质在振冲器的水平振动下通过连续加填料将桩间土进一步振挤加密。

在桩顶和基础之间宜敷设一层 300 ~ 500 mm 厚的碎石垫层,起到水平排水的作用,加快施工后土层固结。在碎石桩顶部采用碎石垫层更大的作用是可以起到明显的应力扩散作用,降低碎石桩和桩周围土的附加应力,减少碎石桩的侧向变形,从而提高复合地基承载力,减少地基变形量。在大面积振冲处理的地基中,如局部基础下有较薄的软土,应考虑加大垫层厚度。

(四)复合地基承载力的特征值

(1)重大工程和有条件的中小型工程,复合地基承载力的特征值原则上由现场复合地基载荷试验确定;初步设计时也可用单桩和处理后桩间土的承载力特征值按式(5-2)估算:

$$f_{spk} = mf_{pk} + (1 - m)f_{sk} \tag{5-2}$$

$$m = d^2/d_e^2 \tag{5-3}$$

式中　f_{spk}——振冲桩复合地基承载力特征值,kPa;

　　　f_{pk}——桩体承载力标准值,kPa,宜通过单桩载荷试验确定;

　　　f_{sk}——处理后桩间土承载力标准值,kPa,宜按当地经验取值,当无经验时,可取天

　　然地基承载力特征值;

d——桩身平均直径,m;

m——桩土面积置换率;

d_e——1 根桩分担的处理地基面积的等效圆直径,等边三角形布桩 $d_e = 1.05$,正方形布桩 $d_e = 1.13$,矩形布桩 $d_e = 1.13\sqrt{s_1 s_2}$,其中 s_1、s_2 分别为桩间纵间距、横间距。

　　(2)小型工程的黏性土地基,若无现场载荷试验资料,初步设计时复合地基承载力的特征值,也可按式(5-4)估算:

$$f_{spk} = [1 + m(n - 1)]f_{sk} \tag{5-4}$$

式中　n——桩土应力比,在实测资料时可取 2~4,原土强度低取大值,原土强度高取小值,实测的桩土应力比参见表 5-5,由该表可见,n 值多数为 2~5,建议桩土应力比可取 2~4。

表 5-5　实测桩土应力比

序号	工程名称	主要土层	n	
			范围	均值
1	江苏连云港临洪东排涝站	淤泥		2.5
2	塘沽长芦盐场第二化工厂	黏土、淤泥质黏土	1.6~3.8	2.8
3	浙江台州电厂	淤泥质粉质黏土	3.0~3.5	
4	山西太原环保研究所	粉质黏土、黏质粉土		2.0
5	江苏南通天生港电厂	粉砂夹薄层粉质黏土		2.4
6	上海江桥车站附近路堤	粉质黏土、淤泥质粉质黏土	1.4~2.4	
7	宁夏大武口电厂	粉质黏土夹中粗砂	2.5~3.1	
8	美国 Hanpton(164)路堤	极软粉土、含砂黏土	2.6~3.0	
9	美国 New Qrieang 试验堤	有机软黏土夹粉砂	4.0~5.0	
10	美国 New Qrieang 码头石方	有机软黏土夹粉砂	5.0~6.0	
11	法国 He lacroik 路堤	软黏土	2.0~4.0	2.8
12	美国乔治工学院模型试验	软黏土	1.5~5.0	

(五)地基变形计算

　　振冲处理地基的变形计算,应符合现行国家标准《建筑地基基础设计规范》(GB 50007—2011)的有关规定。

(六)不加填料的振冲要求

　　(1)不加填料振冲要求宜在初步设计阶段进行现场工艺试验,确定不加填料振冲的可能性孔距、振密电流值、振冲水压力、振后砂层的物理力学指标等。

　　(2)30 kW 振冲器振密深度不宜超过 7 m,75 kW 振冲器振密深度不宜超过 15 m,不加填料振冲加密孔距可为 2~3 m,宜用等边三角形布孔。

（3）不加填料振冲加密地基承载力特征值应通过现场载荷试验确定,初步设计时也可根据加密后原位测试指标按现行国家标准《建筑地基基础设计规范》(GB 50007—2011)的有关规定确定。

（4）不加填料振冲加密地基变形计算应符合现行国家标准《建筑地基基础设计规范》(GB 50007—2011)的有关规定,加密深度内土层的压缩模量应通过原位测试确定。

五、振冲法施工的技术要求

振冲法施工的技术要求,主要包括施工设备、施工步骤、质量控制及施工时的注意事项等。

（一）所用的施工设备

振冲法施工可根据设计荷载的大小、原土强度的高低、设计桩长等条件选用不同功率的振冲器。施工前应在现场进行试验,以确定水压、振密电流和留振时间等各种施工参数。振冲器的上部为潜水电动机,下部为振动体,电动机转动时通过弹性联轴节带动振动体的中空轴旋转,轴上装入偏心块,以产生水平向振动力,在中空轴内装有射水管,水管的水压可达 0.4~0.6 MPa。依靠振动和管底射水将振冲器沉到所需的深度,然后边提振冲器,边填砾砂边振动,直到挤密填料及周围土体。振冲法施工时除振冲器外,尚需行走式起吊装置、泵送输水系统、控制操纵台等设备。

振冲法施工所选用的振冲器要考虑到设计荷载的大小、工期、工地电源的功率及地基天然强度的高低等因素。30 kW 振冲器每台机组需电源功率 75 kW,其制成的碎石桩径约 0.8 m,桩长不宜超过 8 m,因其振动力小,桩长超过 8 m 加密效果明显降低;75 kW 振冲器每台机组需电源功率 100 kW,桩径可达 0.9~1.5 m,振冲深度可达 20 m。

在邻近既有建筑物场地施工时,为降低振动对建筑物的影响宜用功率较小的振冲器。为保证施工,升降振冲器的机械可用起重机、自行井架式施工平车或其他合适的设备。施工设备应配有电流、电压和留振时间自动信号仪表。升降振冲器的机具常用 8~25 t 汽车吊装,可振冲 5~20 m 长的桩。

（二）施工步骤

（1）清理和平整施工场地、布置桩位。

（2）施工机具就位,使振冲器对准桩位。

（3）启动供水泵和振冲器,水压可用 200~400 kPa,水量可用 200~400 L/min,将振冲器徐徐沉入土中,造孔速度宜为 0.5~2.0 m/min,直至达到设计深度,记录振冲器适合深度的水压、电流和留振时间。

（4）造孔后,提升振冲器冲水,直至孔口,再放至孔底,重复两三次扩大孔径并使孔内泥浆变稀,开始填料制桩。

（5）大功率振冲器投料可不提出孔口,小功率振冲器下料困难时,可将振冲器提出孔口填料,每次填料厚度不宜大于 50 cm。将振冲器沉入填料中进行振密制桩,在电流达到规定的密实电流值和规定的留振时间后将振冲器提升 30~50 cm。

（6）重复以上步骤,自上而下逐段制作桩体直至孔口,记录各段深度的填料量、最终电流值和留振的时间,并均应符合设计规定。

(7)关闭振冲器和水泵。

(三)振冲法施工的质量控制

要保证振冲桩的质量,密实电流、填料量和留振时间必须符合规定。

(1)为保证施工质量,电压、加密电流、留振时间要符合要求。如电源电压低于 350 V,则应停止施工。使用 30 kW 振冲器,密实电流一般为 45~55 A;55 kW 振冲器密实电流一般为 75~85 A,75 kW 振冲器密实电流为 80~95 A。

(2)控制加料振密过程中的密实电流,在成桩时,注意不能把振冲器刚接触填料的一瞬间的电流值作为密实电流。瞬时电流值有时可高达 100 A 以上,但只要使振冲器停住不降,电流值立即变小。可见瞬时电流值并不能真正反映填料的密实程度。使振冲器在固定深度上振动一定时间(即留振时间),其电流稳定在某一数值,这一稳定电流才能代表填料的密实程度。要求稳定电流值超过规定的密实电流值,该段桩体才算制作完毕。

(3)填料量的控制。施工中加填料不宜过猛,原则上要勤加料,但每批不宜加得太多,值得注意的是,在制作最深处桩体时,为达到规定的密实电流,所需的填料远比制作其他部分桩体多。有时这段桩体的填料量可占整根桩总填料量的 1/4~1/3。其原因一是开始阶段加料有相当一部分在孔口向孔底下落的过程中被粘留在某些深度的孔壁上,只有少量能落到孔底;二是如果控制不当,压力水有可能超深,从而使孔底填料量剧增;三是孔底遇到了事先不知的局部软弱土层,这也能使填料数量超过正常用量。

(四)施工时的注意事项

(1)施工现场应事先开设泥水排放系统或组织好运浆车辆将泥浆运到预先安排好的存放地点,应尽可能设置沉淀池重复使用上部清水。

振冲施工有泥水从孔内返出。砂石类土返泥水量较少、黏性土返泥水量大,这些泥水不能漫流在基坑内,也不能直接排入地下排污管和河道中,以免引起对环境的有害影响,为此在场地上必须先开设排泥水沟系和做好沉淀池,施工时泥浆泵将返出的泥水集中抽入池内。在城市中施工,当泥水量不大时可用水车运走。

(2)在桩体施工完毕后,应将顶部预留的松散桩体挖除,如无预留应将松散桩头压实,随后敷设并压实垫层。

为了保证桩顶部的密实,振冲前开挖基坑时,应在桩顶高程以上预留一定厚度的土层,一般 30 kW 振冲器应留土层 0.7~1.0 m,75 kW 振冲器应留土层 1.0~1.5 m。当基槽不深时,可振冲后开挖。

(3)如不加填料振冲加密,宜采用大功率振冲器,为了避免造孔时塌砂将振冲器包住,下沉速度宜快,造孔速度宜为 8~10 m/min,到达深度后将射水量减至最小,留振至密实电流达到规定时,上堤 0.5 m 逐段振密至孔口,一般每米振密时间约 1 min。

在有些砂层中施工,常常连续快速施工,连续提升振冲器,电流始终保持为加密电流值。如陈新砂港水中吹填的中砂,振前标贯击数 $N=3~7$ 击,设计要求振冲后 $N \geqslant 15$ 击,采用正三角形布孔,桩距 2.54 m,加密电流 100 A,经振冲后达到 $N>20$ 击,14 m 厚的砂层完成一孔约需 20 min。

(4)振密孔的施工顺序宜沿直线逐步进行。施工顺序为"由里向外打""由近到远打""由轻到重打""间隔跳打"。

六、振冲法施工的质量检验

（1）检查振冲法施工各项施工记录，如有遗漏或不符合规定要求的桩或振冲点，应补做或采取有效的补救措施。

（2）振冲施工结束后，除砂土地基外，应间隔一定时间后进行质量检验，对粉质黏土地基，间隔时间可取 21 ~ 28 d，对粉土地基可取 14 ~ 21 d。

（3）振冲桩的施工质量检验可采用单桩载荷试验，检验数量为桩数的 0.5%，且不得少于 3 根。对碎石桩体检验，可用重型动力触探进行随机检验。这种方法设备简单、操作方便，可以连续检测桩体密实情况，但目前尚未建立贯入击数与碎石桩力学性能指标之间的对应关系，有待在工程中广泛应用，积累实测资料，使其日趋完善。对桩间土的检验可在处理深度内用标准贯入、静力触探等方法。

（4）振冲处理后的地基竣工验收时，承载力检验应采用复合地基载荷试验。复合地基载荷试验检测数量不应少于总桩数的 0.5%，且每个单体工程不应少于 3 个检查点。

（5）对不加填料振冲加密桩处理的砂土地基，竣工验收承载力检验，应采用标准贯入动力触探、载荷试验或其他合适的试验方法，检验点应选择在有代表性或地基地质较差的地段，并位于振冲点围成的单元形心处及振冲点中心处。检测数量可为振冲点数量的 1%，且总数不应少于 5 个。

第四节　砂石桩法

砂石桩法是指采用振动、冲击或水冲等方式在软弱地基中成孔后，将砂或碎石挤压进已完成的孔中，形成大直径的砂石所构成的密实桩体称为砂石桩。砂石桩与土共同组成基础下的复合土层作为持力层，从而提高地基承载力和减小变形。

一、砂石桩法的作用机制和适用范围

（一）砂石桩法的作用机制

砂石桩法的作用机制是加固地基，其主要作用如下：

（1）挤密振密作用，砂石桩法主要靠桩的挤密和施工中的振动作用，使周围土的密度增大，从而使地基间承载能力提高，压缩性降低，当被加固土为液化地基时，由于土的空隙比减小，密度易被提高，可有效消除土的液化。

（2）置换作用，当砂石桩法用于处理软土地基时，由于软黏土含水量高、透水性差，砂石桩很难发挥挤密作用，其主要作用是部分置换并与软黏土构成复合地基，增大地基抗剪强度，提高软土地基的承载力和地基桩抗滑动破坏能力。

（3）加速团结作用，砂石桩可加速软土的排水固结，从而增大地基的强度，提高软土地基的承载力。

（二）砂石桩法的适用范围

砂石桩法适用于松散的砂土、粉土、黏性土、素填土及杂填土的地基，主要是依靠桩的挤密和施工中的振动作用,使桩周围土的密度增大。从而使地基的承载力提高,压缩性降低。国内外的实际工程经验证明,砂石桩法处理砂土及填土地基效果显著,并已得到广泛的应用。

砂石桩法用于处理软土地基,国内外也有较多的工程实例,但应注意,由于软黏土含水量高、透水性差,砂石桩很难发挥挤密效用。其主要作用是部分置换并与软黏土构成复合地基,同时加速软土的排水固结,从而增大地基土的强度,提高软土地基的承载力,在软黏土中应用砂石桩法有成功的经验,也有失败的教训,因而不少人对砂石桩法处理软黏土持有异议,认为黏土透水性差,特别是灵敏度高的土在成桩过程中,土中产生的孔隙水压力不能迅速消散,同时天然结构受到扰动,将导致其抗剪强度降低,如置换率不高很难获得可靠的处理效果。此外,砂石桩法处理饱和黏土地基,如不经过预压处理,地基仍将可能发生较大的沉降,对沉降要求严格的建筑物难以满足允许的沉降要求,因此对饱和软土变形控制要求不严的工程可采用砂石桩置换处理。

二、砂石桩法的设计

砂石桩法的设计主要内容有布桩形式、桩径、桩距、桩长和处理范围,以及材料、填料的用量,复合地基的承载力、稳定及变形验算等。对于砂土地基,砂土的最大最小孔隙比以及原地层的天然密度等是设计的基本依据。

采用砂石桩法处理地基应补充设计施工所需的有关技术资料。对于黏性土地基应有地基土的不排水抗剪强度指标,对于砂土和粉土地基应有地基土的天然孔隙比、相对密实度或标准贯入击数、砂石料特性、施工桩具等资料。

(一)布桩形式

砂石桩的孔位设计宜采用等边三角形或正方形的布置形式。对于砂土地基,因靠砂石桩的挤密来提高周围土的密度,所以采用等边三角形更有利,它使地基挤密较均匀。对于软黏土地基,主要靠换置作用,因而选用任何一种形式均可。

(二)桩径的设计要求

砂石桩的直径可采用300~800 mm,可根据地基土质的情况和成桩条件、设备等因素确定。对于饱和黏性土地基,宜选用较大的直径。

砂石桩直径的大小取决于施工设备桩宽的大小和地基土的条件。小直径桩管挤密质量较均匀,但施工效率低;大直径桩管需要较大的机械能力,工效高,但若采用过大的桩径,一根桩要承担的挤密面积大,通过一个孔要填入的砂料多,不易使桩周围的土挤密均匀。对于软黏土,宜选用大直径桩管,以减小对原地基土的扰动强度,同时置换率较大,可提高处理效果。沉管法施工时,设计成桩直径与套管直径比不宜大于1.5,主要考虑振动挤压时,如扩径较大,会对地基土产生较大扰动,不利于保证成桩的质量。另外成桩时间长,效率低也会给施工带来困难。

(三)桩距的设计要求

桩距的设计一般有两种形式。

(1)砂石桩桩距一般通过试验确定。对于粉土和砂土地基,不宜大于砂石桩直径的4.5倍;对于黏性土地基,不宜大于砂石桩直径的3倍。

砂石桩法处理松砂地基的效果受地层、土质、施工机械、施工方法、填砂石的性质和数量、砂石桩排列和间距等多种因素的综合影响,较为复杂。国内外虽已有不少实践,并曾进行了一些试验研究,积累了一些资料和经验,但是有关设计参数如桩距、灌砂量及施工质量的控制等须通过施工现场试验才能确定。

桩距不能过小,也不宜过大,根据经验,桩距一般可控制在 $3 \sim 4.5$ 倍桩直径,合理的桩径取决于具体的机械能力和地基地层土质条件。当合理的桩径和桩的排列布置确定后,根据所承担的处理范围即可确定桩距。土层密度的增加靠其孔隙的减小,把原土层的密度提高到要求的密度,孔隙要减小的数量可通过设计得出。这样可以设想只要灌入的砂石料能把需要减小的孔隙都充填起来,那么土层的密度也就能够达到预期的数值。据此,如果假定地基挤密是均匀的,同时挤密前后土的固体颗粒体积不变,则可推导出桩距计算公式。对于粉土和砂土地基公式推导是假设地面标高施工后和施工前没有变化。实际上很多工程都采用振动沉管法施工,施工时对地基有振密和挤密的双层作用,而且地基下沉,施工后地面平均下沉量可达 $100 \sim 300$ mm。因此,当采用振动沉管法施工砂石桩时,桩距可适当增大,修正系数建议选取 $1.1 \sim 1.2$。

地基挤密要求达到的密实度是根据满足建筑物的地基承载力、防止变形或液化的需要而定。原地基土的密度可以通过钻探取样试验,也可通过标准贯入、静力触探等原位测试结果,与有关指标的相关关系确定。各有关指标的相关关系可通过试验求得,也可参考当地或其他可靠的资料。

桩间距与要求的复合地基承载力及桩和原地基土的承载力有关。当按要求的承载力算出的置换率过高或桩距过小不易施工时,则应考虑增大桩径和桩距。在满足上述要求的条件下,一般桩距应适当大些,但过大会扰动原地基土,影响处理的效果。

(2)初步设计时,砂石桩的间距也可根据被埋土挤密后要求达到的孔隙比来确定。假设在松散砂土中砂石桩起到完全理想的效果,设处理前土的空隙比为 e_0,挤密后的孔隙比为 e_1,则单体体积被处理土的空隙变量为 $(e_0 - e_1)/(1 + e_0)$。

(四)桩长的要求

砂石桩的桩长可根据工程地质条件通过设计确定。砂石桩的长度通常应根据地基的稳定和变形验算确定,为保证稳定,桩长应达到滑动弧面之下,当软土层厚度不大时,桩长宜超过整个松软土层。标准贯入和静力触探沿深度的变化曲线也是确定桩长的重要资料。

(1)当松软土层厚度不大时,砂石桩桩长宜穿过松软土层。

(2)当松软土层厚度较大时,即土层较深,对稳定性控制的工程砂石桩桩长应不小于最危险滑动面以下 2 m 的深度,对按变形控制的工程砂石桩桩长应满足处理后地基变形量不超过建筑物的地基变形允许值,并满足软弱下卧层承载力的要求。

(3)对可液化的地基,砂石桩桩长应按国家标准《建筑抗震设计规范》(GB 50011—2010)的有关规定采用。对可液化的砂层,为保证处理效果,一般桩长应穿透液化层。

(4)砂石桩桩长不宜小于 4 m,因砂石桩单桩荷载试验表明,砂石桩桩体在受荷载的过程中,在桩顶 4 倍桩径范围内将产生侧向膨胀,因此设计深度应大于主要受荷深度,即不宜小于 4.0 m。

一般建筑物的沉降存在一个沉降差,若差异沉降过大,则会使建筑物受到损坏。为了减少其差异沉降,可分区采用不同桩长进行加固,用于调整差异沉降。

(五)地基变形的计算

砂石桩法处理地基的变形计算方法同上述振冲法,对于砂石桩法处理的砂土地基基础应按现行国家标准《建筑地基基础设计规范》(GB 50007—2011)的有关规定计算。当砂石桩法用于处理堆载地基时,应按现行国家标准《建筑地基基础设计规范》(GB 50007—2011)的有关规定进行抗灌稳定验算。

(六)砂石桩法的施工技术要求

砂石桩法的施工可采用振动沉管、锤击沉管或冲击成孔等成桩法。采用垂直上下振动的机械施工的方法称为振动沉管成桩法。采用锤击式机械施工成桩的方法称为锤击沉管成桩法,锤击沉管成桩法的处理深度可达 10 m。当用于消除粉细砂及粉土液化时,宜用振动沉管成桩法。

砂石桩的机械化施工技术包括桩架、桩管及桩尖、提升装置、挤密装置、上料设备及检测装置等部分。为了使砂石有效地排出或使桩管容易打入,高能量的振动砂石桩机械配有高压空气或水的喷射装置,同时配有自动记录桩管贯入深度、提升量、压入量、管内砂石的位置及变化,以及电机电流变化等的检测装置。

在施工中应选用能顺利出料和有效挤压孔内砂石料的桩尖结构。当采用活瓣桩靴时,对砂土和粉土地基宜选用尖锥形桩尖,对黏性土地基宜选用平底形桩尖,一次性桩尖可采用混凝土锥形桩尖。

砂石桩法的施工顺序,砂土地基宜从外围或两侧向中间进行,黏性土地基宜从中间向外围或隔排施工,在既有建筑物附近施工时,应背离建筑物方向进行。砂石桩在施工前应进行成桩工艺和成桩挤密试验。当成桩质量不能满足设计要求时,应在调整设计与施工有关的参数后,再重新进行试验或改变设计。

不同的施工机具及施工工艺用于处理不同的地基会有不同的处理效果,常遇到设计与实际情况不符或者处理质量不能达到设计要求的情况,因此施工前在现场进行的成桩试验具有重要的意义。

通过现场成桩试验来检验设计要求和确定施工工艺及施工质量控制要求,包括填砂石量、提升高度、挤压时间等。为了满足试验及检测要求,试验桩的数量不应少于 7~9 个。正三角形布置至少要 7 个(即中间 1 个,周围 6 个),正方形布置至少要 9 个(3 排 3 列,每排每列各 3 个)。

砂石桩法的施工步骤因其使用机具不同而有差异,所采用的方法有所不同。

1. 振动沉管成桩法施工步骤

振动沉管成桩法施工应根据沉管和挤密情况,控制填砂量、提升高度和速度、挤压次数和时间、电机的工作电流等。

振动沉管成桩法施工步骤如下:

(1)移动桩管及异向架,把桩管及桩尖对准桩位。

(2)启动振动锤,把桩管下到预定的深度。

(3)向桩管内投入规定数量的砂石料(根据施工经验),为了提高施工效率,装砂石也可在桩管下到便于装料的位置时进行。

(4)把桩管提升到一定的高度(下砂石顺利提升高度不超过 1~2 m),提升时桩尖自动打开,桩管内的砂石料流入孔内。

(5)降落桩管,利用振动及桩尖的挤压作用使砂石密实。

(6)重复(4)(5)两步骤,桩管上下运动,砂石料不断补充,砂石桩不断增高。

(7)桩管提至地面,砂石桩完成。

在整个施工过程中,电机工作电流的变化反映挤密程度及效率,电流达到一定不变值,继续挤压将不会产生挤密效能。施工中不可能及时进行效果检测,因此按成桩过程的各项参数来对施工进行控制是重要的工作环节,必须予以重视。

2.锤击沉管成桩法的施工步骤

锤击沉管成桩法施工可采用单管法或双管法,但单管法难以发挥挤密的作用,故一般采用双管法。锤击法挤密应根据锤击的能量、控制分段的填砂石量和成桩的长度施工。

双管法的施工应根据具体条件选定施工设备,也可临时组配。其施工成桩步骤如下:

(1)将内外管安放在预定的桩上,将用于桩塞的砂石投入外管底部。

(2)以内管作锤冲击砂石塞,靠摩擦力将外管打入预定深度。

(3)固定外管将砂石塞压入土中。

(4)提内管并向外管内投入石料。

(5)边堤外管边用内管将管内砂石挤压入土层。

(6)重复(4)、(5)两步骤。

(7)待外管拔出地面,砂石桩完成。

此法的优点是砂石的压入量可随意调节,施工灵活,特别适合小规模工程。

(七)砂石桩法的处理范围

砂石桩法的处理范围应大于基础底的范围,处理宽度宜在基础外缘扩大 1~3 排桩,对可液化的地基在基础外缘扩大宽度不应小于可液化土层厚度的 1/2,并不应小于 5 m。

砂石桩法处理地基要超出基础一定的宽度,这是基于基础的压力向基础外扩散考虑的。另外考虑到外围的 2~3 排挤密效果较差,提出加宽 1~3 排桩,原地基越松则应加宽越多。重要的建筑物及要求荷载较大的情况应加宽多些。

砂石桩法用于处理液化地基,原则上必须确保建筑物的安全使用。基础外应处理的宽度目前尚无统一的标准。美国的经验是应处理的宽度等于处理深度,但根据日本和我国的有关单位的模型试验得到的结果应为处理深度的 2/3。另外由于基础压力的影响,地基的有效压力增加,抗液化能力增大,故这一宽度可适当降低。同时,根据日本用挤密桩处理的地基经过地震考验的结果,也说明需处理的宽度比处理深度的 2/3 小。据此,定出放宽不宜小于处理深度的 1/2,同时不宜小于 5 m。

(八)施工时应注意的事项

(1)砂石桩施工完毕,当设计和施工提砂石量不足时,地面会沉降,当投料过多时,地面会隆起,同时表层 0.5~1.0 m 常呈松软状态。施工过程中如遇到地面隆起过高则说明填砂石量不适当。实际观测资料证明,砂石在达到密实状态后进一步承受挤压又会变松,从而降低处理效果,遇到这种情况应注意适当减少填砂石量。

(2)施工时桩位水平偏差不应大于套管外径的30%,套管垂直偏差不应大于1%。

(3)砂石桩施工后,应将基础标高下的松散层挖除或夯压密实,随后敷设并压实砂石垫层。

砂石桩顶部施工时,由于上覆压力较小,因而对桩体的约束力较小,桩顶形成一个松散层,加载前应加以处理才能减少沉降量,有效地发挥复合地基的作用。

(九)施工时的质量控制与质量检验

1. 质量控制

砂石桩在施工时主要控制填料量、桩体材料、垫层及复合地基的承载力特征值四方面。

1)填料量

砂石桩桩孔内的填料量应通过现场试验确定。估算时可按设计桩孔体积乘以充盈系数 β 确定,β 值可取 1.2 ~ 1.4。如施工中地面有下沉或隆起现象,则填料数量应根据现场的具体情况予以增减。

考虑到挤密砂石桩沿深度不会完全均匀,同时实践证明砂石桩施工挤密程度较高时地面要隆起,施工中还会有所损失等,因而实际设计灌砂石量要比计算的砂石量增加一些。根据地层及施工条件的不同,增加量为计算量的 20% ~ 40%。

2)桩体材料的要求

桩体材料可用碎石、卵石、角砾、圆砾、砾砂、粗砂、中砂或石屑等硬质材料。含泥量不得大于5%,最大粒径不宜大于 50 mm。

关于砂石桩用料的要求,对于砂基,条件不严格,只要比原土层砂质好,同时易于施工即可,一般应就地取材,按照各有关资料的要求,最好用级配较好的中砂、粗砂,当然也可以用砾砂及碎石。对于饱和黏土,因为要构成复合地基,特别是当地基土较软弱、侧限不大时,为了有利于成桩宜选用级配好、强度高的砂砾混合料或碎石。填料中最大颗粒尺寸取决于桩管直径和桩尖的构造,以能顺利出料为宜。考虑到有利于排水,同时保证具有较高的强度,规定砂石桩用料中粒径小于 0.005 mm 的颗粒含量(即含泥量)不能超过5%。

3)垫层的要求

砂石桩顶部宜敷设一层厚度为 300 ~ 500 mm 的砂石垫层。

4)复合地基的承载力特征值

砂石桩复合地基的承载力特征值应通过现场复合地基载荷试验确定。

2. 质量检验

(1)应在施工期间及施工结束后,检查砂石桩的施工记录。对于沉管法,尚应检查套管往复挤压振动的次数与时间、套管升降幅度和速度、每次填砂石料量等项的施工记录。

砂石桩施工的沉管时间、各深度段的填砂石量、提升及挤压时间等是施工控制的重要措施,这些资料本身就可以作为评估施工质量的重要依据,再结合抽检便可以较好地做出质量评价。

(2)施工后间隔一定时间方可进行质量检验。对于饱和黏性土地基,应待孔隙水压力消散后进行,间隔时间不宜少于 28 d;对于黏土、砂土和杂填土地基,间隔时间不宜少于 7 d。

　　由于在制桩过程中原状土的结构受到不同程度的扰动,强度会有所降低。饱和土地基在桩周围一定范围内土的孔隙水压力上升,待间隔一段时间后,孔隙水压力会消散,强度会逐渐恢复,恢复期的长短根据土的性质而定。

　　(3)砂石桩的施工质量检验可采用单桩载荷试验检测,对桩体可采用动力触探试验检测,对桩间土可采用标准贯入静力触探、动力触探或其他原位测试等方法进行检测,桩间土质量的检测位置应在等边三角形或正方形的中心。检测数量不应少于桩孔总数的2%。

　　(4)砂石桩地基竣工验收时,承载力检验应采用复合地基的载荷试验。

　　(5)复合地基的载荷试验数量应不少于总桩数的5%,且每个单体建筑物不应少于3点。

第五节　高压喷射注浆法

　　高压喷射注浆法始创于日本,它是在化学注浆的基础上采用高压水流切割技术发展起来的,利用高压喷射浆液与土体混合固化处理地基的一种方法。高压喷射注浆是利用钻钻桩钻孔,把带有喷嘴的注浆管插至土层的预定位置后,以高压设备使浆液成为20 MPa以上的高压射流,从喷嘴中喷出来冲击破坏土体。部分细小的土料随着浆液浮出水面,其余土粒在喷射流的冲击力、离心力和重力等作用下,与浆液搅拌混合,并按一定的浆土比例有规律地重新排列。浆液凝固后,便在土中形成一个固结体与桩间土一起构成复合地基,从而提高地基的承载力,减少地基的变形,达到地基加固的目的。

　　高压喷射注浆法的优点:

　　(1)适用范围较广,高压喷射注浆法适用于处理淤泥、淤泥质土、流塑土、软塑土或可塑性黏性土、粉土、黄土、砂土、素填土和碎石土等地基。当土中含有较多的大粒径块石、大量植物根茎或有过多的有机质时,以及地下水流速过大和已涌水的工程,应根据现场试验结果,确定其适用程度。

　　实践表明,本法对淤泥、淤泥质土、流塑或软塑黏性土、粉土、砂土、黄土、素填土和碎石土等地基都有良好的处理效果。但对于硬黏性土、含有较多的块石或大量植物根茎的地基,因喷射流可能受到阻挡或削弱、冲击破碎力急剧下降,切削范围小,影响处理效果。而对于含有过多有机质的土层,则其处理效果取决于固结体的化学稳定性。鉴于上述几种土的组成复杂、差异悬殊、高压喷射泥浆处理的效果差别较大,不能一概而论,故应根据现场试验结果确定其适用程度。对于湿陷性黄土地基,因当前试验资料和施工实例较少,亦应预先进行现场试验。

　　(2)高压喷射注浆法有强化地基和防渗漏的作用,可卓有成效地用于既有建筑物和新建工程的地基处理、地下工程及堤坝的截水基坑封底被动区加固、基坑侧壁防止漏水或减小基坑位移等。此外,可采用定喷法形成壁状加固体,以改善边坡的稳定性。

　　(3)高压喷射注浆法处理深度较大,我国建筑地基高压喷射注浆法处理深度目前已达到30 m以上。

（4）高压喷射注浆法处理形成固结体的质量明显提高,它既可用于工程新建之前,又可用于竣工后的托换工程,可以不损坏建筑物的上部结构,而且能使已有建筑物在施工时使用功能正常。

一、高压喷射注浆法的特点和作用机制

高压喷射注浆法的特点主要有可控制固结体形状和可垂直、倾斜和水平喷射。

（1）可控制固结体形状,在施工中可调整旋喷的速度和提升速度,增减喷射嘴孔径改变流量,使固结体形成工程设计所需要的形状。

（2）可垂直、倾斜和水平喷射,通常是在地面上进行垂直喷射注浆,但在隧道、矿山、井巷工程、地下铁路等的建设中,亦可采用倾斜和水平喷射注浆。

高压喷射注浆法作用机制包括对天然地基土的加固硬化和形成复合地基以加固地基土、提高地基土的强度、减少沉降量。

由于高压喷射注浆法使用大压力,因而喷射的能量大、速度快。当它连续、集中地作用在土体上时,压实力和冲蚀等多种因素便在很小的区域内产生效应,对从粒径很小的细粒土到含有颗粒直径较大的卵石土,均有巨大的冲击和搅动作用,使汪入的浆渣和土样凝固为新的固结体。

通过专用的施工机械在土体中形成一定强度的桩体,与桩间土形成复合地基承担基础传来的荷载,可提高地基承载力和改善地基变形特性。该法形成的桩体的强度一般高于水泥土搅拌桩,但仍属于低黏结强度的半刚性桩。

二、高压喷射注浆法的分类

高压喷射注浆法的分类与在地基中形成的加固体形状与喷射移动的方式有关。如图5-1所示,喷嘴以一定转速旋转、提升,则形成圆柱状的桩体,此方式称为旋喷;如喷嘴只提升不转,则形成壁式加固体,此方式称为定喷;如喷嘴以一定角度往复旋转喷射,则形成扇形加固体,此方式称为摆喷。

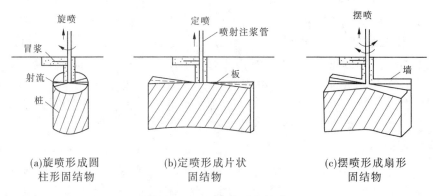

(a)旋喷形成圆　　　　(b)定喷形成片状　　　　(c)摆喷形成扇形
柱形固结物　　　　　　　固结物　　　　　　　　固结物

图5-1　旋喷、定喷与摆喷

根据工程需要和机具条件,高压喷射注浆法可划分为以下四种:

（1）单管法。单管法是利用钻机将安装在注浆管（单管）底部侧面的特殊喷嘴置入土

层预定深度后,用高压泥浆泵等装置以 20 MPa 左右的压力,把浆液从喷嘴射击出,冲击破坏土体,浆液与从土体上崩落下来的土搅拌混合,经过一定时间凝固,便在土中形成一定形状的固结体。

(2)双重管法。双重管法是使用双通道的二重注浆管,当二重注浆管钻进土层的预定深度后,通过在管底部侧面的一个同轴双重喷嘴,同时喷出高压浆液和空气两种介质的喷射流冲击破坏土体。即以高压泥浆泵等高压发生装置喷射出 20 MPa 左右的压力浆液从内喷嘴以中高速喷出,并用 0.7 MPa 左右的压力把压缩空气从外喷嘴中喷出。在高压浆液和它外圈环绕气流的共同作用下,破坏土体的能量显著增大,最后在土中形成较大的固结体。

(3)三重管法。三重管法是使用分别输送水、气、浆三种介质的三重流浆管在以高压泵等高压发生装置产生 20 ~ 30 MPa 的高压水喷射流的周围,环绕一圈 0.5 ~ 0.7 MPa 的圆筒状气流,进行高压水喷射流和气流同轴喷射冲切土体,形成较大的空隙,再另由泥浆泵进入压力为 0.5 ~ 3 MPa 的浆液填充,喷嘴作旋转和提升运动,最后便在土中凝固为较大的固结体。

高压喷射注浆法加固体的直径大小与土的类别、密度及喷射的方法有关,当采用旋转喷形成圆柱状的桩体时,单管法形成桩体的直径一般为 0.3 ~ 0.8 m,三重管法形成桩体的直径一般为 1.0 ~ 2.0 m,双重管法形成桩体的直径介于两者之间。

(4)多重管法。这种方法首先需要在地面钻一个导孔,然后置入多重管,用逐渐向下运动的超高压(约 40 MPa)水喷流,切削破坏四周的土体,经高压水冲击下来的土和石成为泥浆后,立即用真空泵从多重管中抽出。如此反复地冲和抽,在地层中形成一个较大的空间,用装在喷嘴附近的超声波传感器及时测出空间的直径和形状,最后根据工程要求选用浆液、砂浆、砾石等材料进行填充。于是在地层中形成一个大直径的桩柱状的固结体,在砂性土中最大直径可达 4 m。

三、高压喷射注浆法的设计

在制订高压喷射注浆法的方案时,应掌握现场的工程地质、水文地质和建筑结构设计资料等,对既有建筑尚应收集竣工和现状的观测资料及邻近建筑和地下埋设物资料等。承载力的计算和构造要求如下。

(一)承载力计算

高压旋喷桩复合地基的承载力标准值应通过现场复合地基载荷试验确定,也可进行估算或结合当地情况及与土质相似工程的经验确定。旋喷桩复合地基的承载力通过现场载荷试验方法确定误差较小。由于通过公式计算在确定折减系数 β 和单桩承载力方面均可能有较大的变化幅度,因此只能用作估算。对于承载力较低时 β 取低值,是出于减小变形的考虑。

竖向承载的旋喷桩复合地基承载力特征值应通过现场单桩或多桩复合地基载荷试验确定,初步设计时也可按下列公式估算。

(1)复合地基承载力特征值计算:

$$f_{spk} = mR_a/A_p + \beta(1 - m)f_{sk}$$ (5-5)

式中　R_a——桩竖向承载力特征值，kN；

　　　　β——桩间土承载力折减系数，可根据试验或类似土质条件工程经验确定，当无试验资料或经验时，可取 0 ~ 0.5，承载力较低时取低值；

　　　　其他符号意义同前。

　　（2）单桩竖向承载力特征值的计算：

$$R_a = u_p \sum_{i=1}^{n} q_{si}L_i + q_pA_p \tag{5-6}$$

式中　u_p——桩的周长，m；

　　　　n——桩长范围内所划分的土层数；

　　　　q_{si}——桩周第 i 层土桩的侧阻力特征值，kPa；

　　　　L_i——桩周第 i 层土的厚度，m；

　　　　q_p——桩端地基土未经修正的承载力特征值，kPa；

　　　　其他符号意义同前。

　　为使由桩身材料强度确定的单桩承载力大于或等丁由桩周土和桩端土的抗力所提供的单桩承载力，应同时满足下列要求：

$$R_a = nf_{cu}A_p \tag{5-7}$$

式中　f_{cu}——与旋喷桩桩身水泥土配比相同的室内加固土试块（边长为 20.7 mm 的立方体），在标准养护条件下 28 d 龄期的立方体抗压强度的平均值，kPa；

　　　　n——桩身强度折减系数，可取 0.33。

　　在设计时，可根据需要达到的承载力求得面积置换率 m。当旋喷桩处理范围以下存在软弱下卧层时，应按现行国家标准《建筑地基基础设计规范》（GB 50007—2011）的有关规定进行下卧层承载力验算。

（二）构造要求

　　（1）竖向承载时独立基础下的旋喷桩数不应少于 4 根。

　　（2）竖向承载旋喷桩复合地基宜在基础与桩顶之间设置垫层。褥垫层厚度可取 200 ~ 300 mm，其材料可选用中砂、粗砂级配砂石等，最大粒径不宜超过 30 mm。

　　（3）高压旋喷注浆法用于深基坑等工程形成连续体时，相邻桩搭接不宜小于 300 mm，并应符合设计要求。当旋喷桩需要相邻桩相互搭接形成整体时，应考虑到施工中垂直度误差等。尤其是在截水工程中尚需要采取可靠的方案或措施保证相邻桩的搭接，防止截水失败。

　　（4）桩径与沉降的要求。

　　①桩径：旋喷桩的直径应通过现场试验确定。当无现场试验资料时，亦可参照相似土质条件的工程经验。

　　旋喷桩直径的确定是一个复杂的问题，尤其是深部的直径，无法用准确的方法确定。因此，除少数可以用开挖的方法确定外，其余只能用半经验的方法加以判断确定。根据国内外的施工经验，其设计直径可参考表 5-6 选用。定喷及摆喷的有效长度为旋喷桩直径的 1.0 ~ 1.5 倍。

表5-6 旋喷桩的设计直径参考

土质	标准贯入击数	单管法	双重管法	三重管法	备注
黏性土	0 < N < 5	0.5 ~ 0.8	0.8 ~ 1.2	1.2 ~ 1.8	
	6 < N < 10	0.4 ~ 0.7	0.7 ~ 1.1	1.0 ~ 1.6	N 为标准贯入击数
砂土	0 < N < 10	0.6 ~ 1.0	1.0 ~ 1.4	1.5 ~ 2.0	
	11 < N < 20	0.5 ~ 0.9	0.9 ~ 1.3	1.2 ~ 1.8	
	21 < N < 30	0.4 ~ 0.8	0.8 ~ 1.2	0.9 ~ 1.5	

②沉降:竖向承载旋喷桩复合地基的变形包括桩长范围内复合土层的平均压缩变形和桩端以下未处理土层的压缩变形,其中复合土层的压缩模量可根据地区经验确定,桩端以下未处理土层的压缩变形值可按现行国家标准《建筑地基基础设计规范》(GB 50007—2011)的有关规定确定。

四、高压旋喷注浆法的施工技术要求

高压旋喷泥浆法方案确定后,应进行现场试验、试验性施工或根据工程经验确定施工参数及工艺。施工前,应对照设计图纸核实设计孔位处有无妨碍施工和影响安全的障碍物。如遇有水管、电缆线、煤气管、人防工程、旧建筑物基柱和其他地下埋设物等障阻物影响施工,则应与有关单位协商清除,搬移障碍物或更改设计孔位。以旋喷桩为例,高压注浆法的施工工序如下:

(1)钻桩就位与钻孔,钻桩与高压注浆泵的距离不宜过远,钻孔的位置与设计位置的偏差不得大于50 mm。实际孔位、孔深和每个钻孔内的地下障碍物、洞穴、涌水、漏水及工程地质报告不相符等情况均应详细记录。钻孔的目的是将注浆管置入预定的深度。如能用振动或直接把注浆管置入土层预定的深度,则钻桩就位和置入注浆管的两道工序合并为一道工序。

(2)置入注浆管,开始横向喷射,当喷射注浆管贯入土中,喷嘴达到设计标高时,即可喷射注浆。高压喷射注浆单管法及双重管法的高压水泥浆液流和三重管法高压水流射流的压力宜大于20 MPa,三重管法使用的低压水泥浆液流压力宜大于1 MPa,气压力宜取0.7 MPa,低压水泥浆的灌注压力可取为1.0 ~ 2.0 MPa,提升速度可取0.05 ~ 0.25 m/min,旋转速度可取10 ~ 20 r/min。

(3)旋转提升,在喷射注浆参数达到预定值后,随即分别按旋转喷射(定喷或摆喷)的工艺要求提升注浆管,由下而上喷射注浆。注浆管分段提升的搭接长度不得小于100 mm。

(4)拔管及冲洗,在完成一根旋喷桩施工后,应迅速拔出喷射注浆管进行冲洗,为防止浆液凝固收缩影响桩顶高程,必要时可在原孔位采取注浆回灌或第二次注浆等措施。

五、施工时的注意事项

(1)高压泵通过高压橡胶软管输送高压浆液至钻桩上的注浆管,进行喷射注浆。若

钻机和高压水泵的距离过远,势必增加高压橡胶软管的长度,使高压喷射流的沿程损失增大,造成实际喷射压力降低的后果。因此,钻机与高压水泵的距离不宜大于50 m。在大面积的场地施工时,为了减少沿程损失,应控制高压泵与钻机的距离。

(2)实际施工孔位与设计孔位的偏差过大会影响加固效果,故规定孔位偏差值应小于50 mm,并且必须保持钻孔的垂直度。土层的结构和土质种类对加固质量关系更为密切,只有通过钻孔过程详细记录地质情况,并了解地下情况,施工时才能因地制宜地及时调整施工工艺和变更喷射的参数,达到处理效果良好的目的。

(3)各种形式的高压喷射注浆,均自下而上地进行,当注浆管不能一次提升完成而需分数次卸管时,卸管后喷射的搭接长度不得小于100 mm,以保证固结体的整体性。

(4)在不改变喷射参数的条件下,对同一标高的土层进行重复喷灌,能加大有效加固长度和提高固结体的强度,这是一种局部获得较大旋转直径或定喷、摆喷范围的简易有效方法。复喷的方法根据工程要求确定。在实际工作中,旋喷桩通常在底部和顶部进行复喷,以增大承载力和确保处理质量。对需要扩大加固范围或提高强度的工程,可采取复喷措施,即先喷一遍清水再喷一遍或两遍水泥浆。

(5)在高压旋喷注浆过程中出现压力骤然下降、上升或大量冒浆等异常情况时,应查明产生的原因并及时采取措施。流量不变而压力突然下降时,应检查各部位的泄漏情况,必要时拔出注浆管,检查密封性。出现不冒浆或断续冒浆时,若系土质松软,则视为正常现象,可适当进行复喷,若系附近有孔洞通道,则应不提升注浆管继续注浆,直到冒浆或拔出注浆管,待浆液凝固后重新注浆。压力稍有下降时,可能是注浆管被击穿或有孔洞,使喷射能力降低,此时应拔出注浆管进行检查。当压力陡增超过最高限值,流量为零,停机后压力仍不变动时,则可能是喷嘴堵塞,此时应拔管疏通喷嘴。

(6)当高压喷射注浆完毕或在高压喷射注浆过程中因故中断,短时间(小于或等于浆液初凝时间)内不能继续喷射浆液时,均应立即拔出注浆管清理备用,以防浆液凝固后拔不出管。

(7)为防止因浆液凝固收缩,产生加固地基与建筑基础不密贴或脱空现象,可采取超高喷射(旋喷处理地基的顶面超过建筑基础底面,其超过量大于收缩量的高度)回灌冒浆或第二次注浆等措施。

(8)当处理既有建筑地基时,应采取速凝浆或大间隔孔旋喷和骨浆回灌等措施,以防旋喷过程中地基产生附加变形和地基间出现脱空现象,影响被加固建筑及邻近建筑物。

(9)在城市施工中,泥浆的管理直接影响文明施工,必须在开工前做好规定,做到有计划地堆放或及时将废浆排出现场,保持现场文明。高压旋喷法施工现场应保持清洁。

(10)应对建筑物保持沉降观测。在专门的记录表格中,做好自检,如实记录施工的各种参数和详细描述喷射注浆的各种现象,以便判断加固效果,并为质量检验提供资料。

六、施工质量的控制和检测

(一)质量控制

高压旋喷注浆法的施工质量控制对材料的要求:主要材料为水泥,对于无特殊要求的工程宜采用32.5级以上的普通硅酸盐水泥。根据需要可加入适量的早强、速凝、悬浮或防冻等外加剂及掺合料,所用的外加剂和掺合料的数量应由试验确定。

水泥浆液的水灰比应按工程要求确定,水泥浆液的水灰比越小,高压喷射注浆处理地基的强度较高,但在生产中因注浆设备的原因水灰比太小时,喷射有困难,故通常取0.8~1.5,生产实践中常用1.6。

由于生产、运输和保存等因素,有些水泥厂的水泥成分不够稳定,质量波动较大,导致高压喷射水泥浆液的凝固时间过长,固结强度较低,因此事先应对各批水泥进行检验,鉴定合格后才能使用。对拌制水泥所用的水,必须符合混凝土拌和标准才可使用。水泥在使用前需做质量鉴定。搅拌水泥浆所用的水应符合《混凝土用水标准》(JGJ 63—2006)中的规定。

(二)质量检测

高压喷射注浆法施工质量的检测,可根据工程设计的要求和当地的经验,采用开挖检查、钻孔取芯、标准贯入、静力触探、载荷试验或围井注水试验等方法进行,并结合工程测试、观测资料及实际效果综合评价加固效果。

应在严格控制施工参数的基础上,根据具体情况选定质量检测的方法。开挖检查法虽简单易行,但难以对整个固结体的质量做全面检查,通常在浅层进行。钻孔取芯法是检查单孔固结体质量常用的方法,选用时需以不破坏固结体和有代表性为前提,可以在28 d后取芯或在未凝以前软取芯(软弱黏性土地基)。标准贯入法和静力触探法在有经验的情况下也可应用。荷载试验是建筑物地基处理后检验地基承载力的良好方法。围井注水试验通常在工程有防渗要求时采用。建筑物的沉降观测及基坑开挖过程测试和观察是全面检查建筑地基处理质量的不可缺少的重要方法。

检验点应布置在下列部位:有代表性的桩位,施工中出现异常情况的部位,地基情况复杂、可能对高压喷射注浆质量产生影响的部位。

检验点的数量为施工注浆孔数的1%,并不应少于3个检验点。不合格者应进行补喷,质量检验应在高压喷射注浆结束28 d后进行。

竖向承载的旋喷桩复合地基竣工验收时,承载力检验应采用复合地基荷载试验和单桩荷载试验。荷载试验必须在桩身强度满足试验条件,并宜在成桩28 d后进行,检验数量为施工桩总数的0.5%~1%,且每项单体工程不得少于3个检验点。

高压喷射注浆处理地基的强度离散性大,在软弱黏土中强度增长速度较慢。检验时间应在喷射注浆后28 d,以防治固结体强度不高时因检验而受到破坏,影响检验的可靠性。

第六节　袖阀管灌浆法

袖阀管灌浆法是处理建筑物地基的一种施工方法,其施工工艺流程:钻孔—清孔—下填料—下花管—起套管(封填套壳料)—待凝—(分段)开环—(分段)灌浆—检测。

一、袖阀管灌浆法施工步骤和技术要求

(一)钻孔

采用回转式地质钻机成孔,采用针状合金贴头钻进,泥浆作为冲洗液,开孔孔径为

130 mm,采用一次成孔法,钻至设计高程后停止钻进。

排间钻孔分二序施工,排距和间距均为 2.5 m,先钻一序孔后钻二序孔。

钻孔过程中,开始前应调整好钻机的垂直度,确保钻孔的垂直度偏差小于 1%。为防止孔斜,钻机安装应平正稳固,钻机立轴和孔口管的方向应与设计孔向一致。钻进时应适当地控制钻进压力,遇地层变化等异常情况应进行详细的地质记录。

(二)清孔

当钻孔结束后,应马上对钻孔进行清孔,即用稀泥浆置换孔内的稠泥浆,待回浆比重小于 1.1 时,清孔即可结束。清孔后立即向孔内注入填料,下设花管,否则以后应当重新清孔。

(三)下填料

填料是由水泥和黏土按一定的比例制成的浆液将导管下至孔底 10 cm 处,用灌浆泵通过导管将填料送到孔底,使填料自下而上全部置换孔内泥浆,填料从孔口溢出至孔口返出的填料与注入的填料密度之差不大于 0.02 g/cm³ 为止。浇注套壳料必须连续进行,不得中间停顿。灌注套壳料的时间力求最短,最长不宜超过 20 min。

(四)下花管

填料注入完毕后立即下入袖阀管,袖阀管位置应居中并固定,管底高程应满足设计的要求,管口出地面 10~20 cm,管口加以保护。

当钻孔较深,向钻孔内下管时,由于填料对花管浮力很大,采取边下管边往花管内注入粉细砂增重,使其平衡自由下降,不得强力下压或扭转,损坏花管。花管下设时间不宜太长,应控制在 6~8 h。

(五)起套管、待凝、开环

当采用套管扩壁钻孔时起出套管。袖阀管为专用管材,外径 48 mm,内径 42 mm,底端封闭,每环钻孔 6 个,环距为 33 cm,可组合任意长度。花管下设完毕后,须待凝 3~5 d 方能灌浆。待凝结束后,通过向花管内注入压力水,压开花管橡胶皮箍,压裂填料形成通道,为浆液注入砂砾石层创造条件,在压水过程中压力突降表示已经开环。开环后应持续灌注 5~10 min。

(六)灌浆

1. 灌浆材料

水泥采用 42.5 级普通硅酸盐水泥加入粉煤灰掺合料,水泥与粉煤灰之比为 1:2,干料与水之比为 1:2,灌浆用水采用洁净地下水,应符合饮用水标准。

制浆材料的称量误差应小于 5%,每部灌浆机制配一部专用的灰浆拌和机。水泥浆搅拌时间不小于 3 min,浆液使用前必须过筛,浆液制备至用完时间不宜大于 4 h,超过 4 h 的余浆应作为废浆处理。

2. 灌浆的方式

(1)灌浆的工序:套壳料待凝到规定强度后,即准备灌浆工作,首先用清水将袖阀管冲洗干净,然后向袖阀管内下入双塞式灌浆塞,灌浆塞出浆口与袖阀管环孔位相一致。用灌浆泵对袖阀管内灌浆段逐渐加压,直到清水通过花管的孔眼将套壳料压开,使套壳料产生裂缝,即开环。开环后即向砂、卵石层中灌注规定配合比的水泥浆。

（2）灌浆的次序：先灌边排孔，后灌中间孔。每排孔采用逐渐加密方式灌注。灌浆遵循"少灌多复，重复灌浆"的原则，采取分段式由下到上进行注浆，每段注浆长度称为注浆步距，花管长度为注浆步距长度。注浆步距一般选取 0.6~1 m，这样可以有效地减少地层不均一性对注浆效果的影响。对于砂层，注浆步距宜选用低值；对于砂、卵石或破碎石岩层，注浆步距宜选用高值。注浆过程中，每段注浆完成后待凝 12 h，向上移动一个步距的心管长度。宜采用提升设备移动，或人工采用 2 个管钳对称夹具心管，两侧同时均匀用力，将心管移动好。每完成 3~4 m 注浆长度，要拆掉一节注浆心管。注浆结束后在注浆管上盖上闷盖，以便于复注施工。

若灌浆中断超过 30 min，应立即设法冲洗，如冲洗无效，则应在重新灌浆前进行扫孔。灌浆过程中要密切观察混凝土盖的变化，注意灌浆压力对混凝土盖有没有影响，若发现混凝土盖开裂、上浮和从混凝土盖外冒浆的情况，应及时采取有效措施（如适当减小灌浆压力）进行处理，并做好详细记录。

开环率要求大于 95%，中排孔不得有连续不开环的孔段，边排孔不得有连续 3 个不开环的孔段。

3. 灌浆压力和布孔间距

灌浆容许压力为 0.3 MPa。孔距应根据设计图纸要求布置，灌浆孔呈梅花形，孔距和排距按 2.5 m×2.5 m 施工。

4. 灌浆结束的标准和封孔

边排孔灌浆：灌浆段在规定的最大压力下注入率不大于 2 L/min 后，继续灌注 30 min，或每段（约 0.33 m 长）灌入干灰 1 t，即可结束灌浆。

中排孔灌浆，在规定压力下，注入率不大于 1 L/min 后再延续 10 min 结束。

二、袖阀管灌浆法的质量控制措施

（1）严格按国家和水利部颁发的技术规程和标准施工。

（2）施工前对所有的仪表进行校验，对灌浆机械进行报验。

（3）严格按照施工方案组织施工，并对主要的分项工程编制出具体的施工作业计划，指导施工人员操作，落实分阶段各级技术交底制度，对工期、工程量、劳动力组合、操作方法、质量标准、关键要害部位的质量保证措施、安全事故及措施进行详细的咨询，措施落实到人。

（4）切实做好工程施工前的准备工作，施工员、技术员、技术骨干必须熟悉图纸、施工规范、规程的技术标准，领会设计意图，确保施工质量。

（5）加强施工中的质量控制和检查工作，配合测量员搞好测量定位、放线，确保轴线、几何尺寸、形状、位置的准确。

（6）认真做好各工种与工序、工序与工序之间的自检、互检、交检工作，并做好记录，实行工序交接传递制度，达不到合格标准的工序不得进入下道工序。

（7）严格控制进场材料并抽样试验。

【例 5-1】　南水北调中线一期工程总干渠×××标段袖阀管灌浆试验方案。

一、设计参数及设计标准

根据本标段招标文件中的技术条款和设计施工图纸要求,袖阀管灌浆容许压力初定为 0.3 MPa;灌浆材料采用粉煤灰、水泥,水泥为强度等级不低于 42.5 级的普通硅酸盐水泥,水泥与粉煤灰之比为 1∶2,干料与水之比为 1∶2,可根据需要加入速凝剂。灌浆孔布置呈梅花形,孔距和排距除特别标明外暂按 2.5 m 计,边缘处孔位可以适当调整。依据设计通知编号——新 S - 2010 - 98 的要求,灌浆后基础的渗透系数不大于 3×10^{-5} cm/s。

二、袖阀管灌浆试验方案一

灌浆试验方案一主要依据设计图纸及说明要求,初定灌浆材料为粉煤灰、水泥浆,水泥与粉煤灰之比初定为 1∶2,干料与水之比初定为 1∶2,孔距和排距各为 2.5 m,梅花形布置,孔口中心距基础边缘距离不小于 50 cm,灌浆容许压力初定为 0.3 MPa。

(一)施工机械布置

将钻机布置在灌浆施工场地内,其他施工机械布置在灌浆施工场地以外不影响钻机移位的地方。

(二)工艺流程

灌浆施工流程:钻孔→清孔→下填料→下花管→起套管(封填套壳料)→待凝→(分段)开环→(分段)灌浆→质量检测。

1. 钻孔

采用回转式地质钻机成孔。采用针状合金钻头钻进,泥浆作为冲洗液,开孔孔径 130 mm。采用一次成孔法,钻至设计高程后停止钻进。

排间钻孔分为二序施工,排距和间距均为 2.5 m,先钻一序孔后钻二序孔。

钻孔过程中开钻前应调整好钻机的垂直度,确保钻孔的垂直度偏差小于 1%。为防止孔斜,钻机安装应平正稳固,钻机立轴和孔口管的方向应与设计孔方向一致。钻进时应适当地控制钻进压力,遇地层变化等异常情况,应进行详细记录。

2. 清孔、下填料、下花管、起套管、待凝、开环

(1)清孔:钻孔结束后,对钻孔进行清孔,即用稀泥浆置换孔内的稠泥浆,待回浆比重小于 1.1 时,清孔即可结束。清孔后立即向孔内注入填料,下设花管,否则以后应当重新清孔。

(2)下填料:填料由水泥、黏土浆按配比混合制成(水泥∶黏土∶水 = 1∶(1.5 ~ 1.53)∶1.9)。将导管下至孔底 10 cm 处,用灌浆泵通过导管将填料送到孔底,使填料自下而上全部置换孔内泥浆,填料从孔口溢出至孔口返出的填料与注入的填实密度之差不大于 0.02 g/cm³ 为止。浇注套壳料必须连续进行,不得中间停顿。灌注套壳料的时间力求最短,最长不宜超过 20 min。

(3)下花管:填料注入完毕后立即下入袖阀管,袖阀管位置应居中并固定,管底高程应满足设计要求,管口出地面 10 ~ 20 cm,管口加以保护。

当钻孔较深,向钻孔内下管时,由于填料对花管浮力很大,采取边下管边往花管内注入粉细砂增重,使其平衡自由下降,不得强力下压或扭转,损坏花管。花管下设时间不宜太长,应控制在 6 ~ 8 h。

(4)起套管:当采用套管扩壁钻孔时起出套管。袖阀管为专用管,外径 48 mm,内径 42 mm,底端封闭,每环钻孔 6 个,环距 33 cm,环孔用橡皮箍箍住,袖阀管单长 33 cm,可组

合成任意长度。

（5）待凝：花管下设完毕后，待凝 3~5 d 才能灌浆。

（6）开环：待凝结束后，通过向花管内注入压力水，压开花管橡胶皮箍，压裂填料形成通路，为浆液注入砂砾石层创造条件，压水过程中压力突降表示已经开环。开环后应持续灌注 5~10 min。

3. 灌浆

1）灌浆材料

水泥采用 42.5 级普通硅酸盐水泥，加入粉煤灰掺合料，水泥与粉煤灰之比为 1:2，干料与水之比为 1:2，灌浆用水采用洁净地下水。制浆材料的称量误差应小于 5%，每部灌浆机均配备一部灰浆搅拌机。水泥浆搅拌时间不小于 3 min。浆液使用前必须过筛，浆液制备至用完时间不宜大于 4 h，超过 4 h 的余浆应作为废浆处理。

寒冷季节施工应做好机械和灌浆管路的防寒保暖工作，控制浆液温度在 5~40 ℃。

2）灌浆方式

灌浆工序：套壳料待凝到规定强度后，即准备灌浆工作。首先用清水将袖阀管冲洗干净，然后向袖阀管内下入双塞式灌浆塞，灌浆塞出浆口与袖阀管环孔位置应一致。用灌浆泵对袖阀管内灌浆段逐渐加压，直到清水通过花管的孔眼将套壳料压开，使套壳料产生裂缝，即开环。开环后，即向砂卵石层中灌注规定配合比的水泥浆。

灌浆次序：先灌一序孔，后灌二序孔。每排孔采用逐渐加密方式灌注。

注浆遵循"少灌多复、重复灌浆"原则，采取分段式由下到上进行注浆，每段注浆长度称为注浆步距。花管长度为注浆步距长度。注浆步距一般选取 0.6~1 m，这样可以有效地减少地层不均一性对注浆效果的影响。对于砂层，注浆步距宜选用低值；对于砂卵石或破碎岩层，注浆步距宜选用高值。注浆过程中，每段注浆完成后待凝 12 h，向上移动一个步距的心管长度。宜采用提升设备移动，或人工采用 2 个管钳对称夹住心管，两侧同时均匀用力，将心管移动。每完成 3~4 m 注浆长度，要拆掉一节注浆心管。注浆结束后，在注浆管上盖上闷盖，以便于复注施工。

若灌浆中断超过 30 min，应立即设法冲洗，如冲洗无效，则应在重新灌浆前进行扫孔。

灌浆过程中要密切观察混凝土盖的变化，注意灌浆压力对混凝土盖有没有影响，若发现混凝土盖开裂、上浮和从混凝土盖外冒浆的情况，应及时采取有效措施（如适当减小灌浆压力）进行处理，并做好详细记录。

开环率要求大于 95%，中排孔不得有连续不开环的孔段，边排孔不得有连续 3 个不开环的孔段。

3）灌浆压力

灌浆容许压力初定为 0.3 MPa。

4）灌浆结束标准和封孔

边排孔灌浆：灌浆段在规定的最大压力下注入率不大于 2 L/min 后，继续灌注 30 min，或每段（约 0.33 m 长）灌入干灰 1 t，即可结束灌浆。

中排孔灌浆：在规定压力下，注入率不大于 1 L/min 后，再延续 10 min 结束。

4. 质量检测

　　灌浆结束 7 d 后对灌浆质量进行检查,检查的方法是采用钻孔注水法。灌浆后在灌浆体薄弱部位钻检查孔,检测渗透系数,抽检孔数不少于总孔数的 5%,基础渗透系数不大于 3×10^{-5} cm/s。

　　检查孔应当使用清水循环钻进,压水压力为灌浆压力的 80%,采用静水头注水法确定基础渗透系数。

　　三、袖阀管灌浆试验方案二

　　袖阀管灌浆试验方案二是在方案一灌浆液压力不变的情况下,拟减小灌浆孔间排距进行灌浆。

　　(1)灌浆孔的调整:灌浆孔排间钻孔分为二序施工,间距、排距均为 2~3 m。

　　(2)灌浆材料:采用 42.5 级普通硅酸盐水泥,加入粉煤灰掺合料,水泥与粉煤灰之比为 1:2,干料与水之比为 1:2。

　　(3)灌浆压力:灌浆的容许压力初定为 0.3 MPa。

　　(4)灌浆结束标准:边排孔灌浆段在规定最大压力下,注入率不大于 2 L/min 后,继续灌注 30 min 或每段(约 0.33 m 长)灌入干灰 1 t,即可结束灌浆。中排孔灌浆在规定压力下,注入率不大于 1 L/min 后,再延续 10 min 结束。

　　四、袖阀管灌浆试验方案三

　　袖阀管灌浆试验方案三是在方案一灌浆浆液压力不变的情况下,拟增大灌浆孔间排距进行灌浆。

　　(1)灌浆孔调整:灌浆孔排间钻孔分为二序施工,间距、排距均为 2.7 m。

　　(2)灌浆材料:本灌浆工程采用 42.5 级普通硅酸盐水泥,加入粉煤灰掺合料,水泥与粉煤灰之比为 1:2,干料与水之比为 1:2。

　　(3)灌浆压力:灌浆容许压力初定为 0.3 MPa。

　　(4)灌浆结束标准:边排孔灌浆段在规定最大压力下,注入率不大于 2 L/min 后,继续灌注 30 min 或每段(约 0.33 m 长)灌入干灰 1 t,即可结束灌浆。中排孔灌浆在规定压力下,注入率不大于 1 L/min 后,再延续 10 min 结束。

　　五、灌浆质量控制措施

　　(1)严格按国家和水利部颁发的技术规程和标准施工。

　　(2)试验前,组织有关人员认真熟悉施工图纸,首先在内部进行图纸会审,记录整理成文,并编制分部工程作业指导书以指导施工。

　　(3)试验前,对所有的仪表、记录文件名进行校验,对灌浆机械进行报验。

　　(4)建立健全质量岗位责任制,实施"谁管理、谁负责",层层落实到基层。

　　(5)严格按照施工程序组织施工,并对主要的分项工程编制出具体的施工作业计划,以指导施工人员操作,落实分阶段各级技术交底制度,对工期、工程量、劳动力组合、操作方法、质量标准、关键要害部位的质量保证措施、安全事项及措施进行详细的咨询,措施落实到人。

　　(6)切实做好工程施工前的准备工作,施工员、技术员、技术骨干必须熟悉图纸、施工规范、规程的技术标准,领会设计意图,确保施工质量优良。

　　(7)加强施工中的质量控制和检查工作,测量员搞好测量定位、放线,确保轴线、几何尺寸、形状、位置准确。

(8)认真做好各工种与工序、工序与工序之间的自检、互检、交检工作,并做好记录,实行工序交接传递制度,对达不到合格标准的工序,不得进入下道工序。

(9)严格控制进场材料并抽样试验。

(10)保证技术资料的同步性,各工种管理人员对各工种施工资料进行管理和收集,确保工程资料的完整和准确。

(11)施工过程中实行严格的监督管理制度,发现有违反技术规范、规程和质量问题时,立即制止、纠正。

(12)认真贯彻落实监理工程师的监督、验收工作,各工序间均由监理工程师验收、认可。

第七节　水泥土搅拌法

水泥土搅拌法是利用水泥等材料作为固化剂,通过特制的搅拌机械就地将软土和固化剂浆液或粉沫强制搅拌。首先发生水泥分解:水化反应形成水化物,然后水化物胶体与颗粒发生粒子交换,通过粒化作用和硬凝反应,使软土硬结成具有整体性、水稳性和一定强度的水泥加固土,从而提高地基土强度和增大变形模量,达到加固软土地基的效果。

水泥土搅拌法处理软弱黏性土地基是一种行之有效的办法,可最大限度地利用地基的原状土,处理后的复合地基承载力明显提高,适应性强,与类似地基处理方法相比可节约投资。

一、水泥土搅拌法的适用范围

水泥土搅拌法分为水泥浆搅拌法(简称湿法)和粉体喷搅法(简称干法),适用于处理正常固结的淤泥与淤泥质土、粉土、饱和黄土、素填土、黏性土以及无流动地下水的饱和松散的砂土等地基。水泥浆搅拌法(湿法)最早在美国研制成功,称为 Mixed-in-PlacePile 法(简称 MIP 法)。国内于 1977 年由冶金部建筑研究总院和交通部水运规划设计院进行了室内试验和机械研制工作,于 1978 年底制造出国内第一台 STB-1 型双搅拌轴中心管输浆的搅拌机械,并由江阴市江阴振冲器厂成批生产(目前 STB-2 型的加固深度可达 18 m)。1980 年初,在上海宝钢三座卷管设备基础的软土地基加固工程中首次获得成功。1980 年初,天津市机械施工公司与交通部一航局科研所利用日本进口螺旋钻孔机械进行改装,制成单搅拌轴和叶片输浆型搅拌机。1981 年,在天津造纸厂蒸煮锅改造扩建工程中获得成功。

粉体喷搅法(干法)(Dry Jet Method),简称 DJM 法,最早由瑞典人 Kjeld Paus 于 1967 年提出了使用石灰搅拌加固 15 m 深度范围内软土地基的设想,并于 1971 年由瑞典 Ljnden-Alimat 公司,在现场制成第一根用石灰粉和软土搅拌成的桩。1974 年获得粉体喷搅技术专利,生产出的专用机械的桩径为 500 mm,加固深度为 15 m。我国由铁道部第四勘测设计院于 1983 年用 DPP100 型汽车钻改装成国内第一台粉体喷射搅拌机,并使用石灰作为固化剂应用于铁路涵洞加固。1986 年开始使用水泥作为固化剂,应用于房屋建筑的软土地基加固。1987 年,铁道部第四勘测设计院和上海探矿机械厂制成 GPP – 5 型步履式粉喷机,其成桩直径为 500 mm,加固深度为 12.5 m,当前国内喷粉机的成桩直径一般在 500 ~ 700 mm,深度一般可达 15 m。

当地基土的天然含水率小于 30%、大于 70% 或地下水的 pH 小于 4 时,不宜采用粉体喷搅法。

水泥土搅拌法适用于处理泥炭土、有机土、塑性指数 L_p 大于 25 的黏土、地下水具有腐蚀性时及无工程经验的地区,应用前必须通过现场试验确定其适用性。

二、水泥土搅拌法的优越性及其作用机制

水泥土搅拌法加固软土地基技术具有独特的优点:

(1)最大限度地利用了原土,做到就地取材,故具有经济性。

(2)搅拌时无振动、无噪声和无污染,可在密集的建筑物群中进行施工,对周围原有建筑物及地下沟管影响很小。

(3)根据上部结构的需要,可灵活地采用柱状、壁状、格栅状和块状等加固形式。

(4)与钢筋混凝土桩基相比,可节约钢材并降低造价。

水泥土搅拌法以其独特的优越性,目前已在工业与民用建筑领域中被广泛地运用。其作用机制是基于水泥加固的物理化学反应过程。在水泥加固土中,由于水泥的掺量很小,仅占被加固土重的 5% ~ 20%,水泥的水解和水化反应完全是在具有一定活性的介质——土的围绕下进行的,硬凝速慢且作用复杂。它与混凝土的硬化机制不同,混凝土的硬化机制主要是水泥在粗填充料(即比表面积不大、活性很弱的介质)中进行水解和水化作用,所以凝固速度快;而在水泥加固土中,由于水泥的掺量很小,土质条件对于加固土质量的影响主要有两个方面:一是土体的物理力学性质对水泥土搅拌均匀性的影响,二是土体的物理化学性质对水泥土强度增加的影响。

目前初步认为水泥加固软土主要产生下列反应:

(1)水泥的水解和水化反应。

水泥遇水后颗粒表面的矿物很快与水发生水解和水化反应,生成氢氧化钙、含水硅酸钙、含水铝酸钙与含水铁酸钙等化合物。其中前两种化合物迅速溶于水中,使水泥颗粒新表面重新暴露出来,再与水作用,这样周围水溶液就逐渐达到饱和。当溶液达到饱和后,水分子虽继续深入颗粒内部,但新生成物已不能再溶解,只能以细分散状态的胶体析出,悬浮于溶液,形成凝胶体。

(2)离子交换和团粒化作用。

土体中含量最多的是二氧化硅,遇水后形成硅酸胶体微粒,其表面带有 Na^+ 和 K^+,它们能和水泥水化生成的氢氧化钙中的 Ca^{2+} 进行当量离子交换,这种离子交换的结果使大量的土颗粒形成较大的土团粒。

水泥水化后生成的凝胶粒子的比表面积是原水泥比表面积的约 1 000 倍,因而产生很大的表面能,具有强烈的吸附活性,能使较大的土团粒进一步结合起来,形成水泥蜂窝结构,并封闭各土团之间的空间,形成坚硬的联体。

(3)硬凝反应。

随着水泥水化反应的深入,溶液中析出大量的 Ca^{2+} 的数量超过上述离子交换的需要量后,则在碱性的环境中使组成土矿物的二氧化硅及三氧化铝的一部分或大部分与 Ca^{2+} 进行化学反应,随着反应的深入,生成不溶于水的稳定结晶物矿,这种重新结合的化合物在水中和空气中逐渐硬化,增大了土的强度,且由于水分子不易侵入,因而具有足够的稳定性。

三、水泥土搅拌法的设计

地基处理的设计和施工均应贯彻执行国家技术经济政策,坚持安全适用、技术先进、经济合理,确保工程质量和保护环境等原则。水泥土搅拌法的设计思路和设计步骤如下。

(一)设计思路

对于一般建筑物,都是在满足强度要求的条件下以沉降进行控制,应采用以下沉降控制思路。

(1)根据地基结构进行地基变形计算,由建筑物对变形的要求确定加固深度,即选择设计桩的长度。

(2)根据土质条件、固化剂掺量、室内配比试验资料和现场工程经验,选择桩身强度和水泥掺入量及有关施工参数。

(3)根据桩身强度的大小及桩的断面尺寸,由地基处理规定中的估算公式计算单桩的承载力。

(4)根据单桩的承载力和上部结构的要求达到复合地基承载力,由地基处理规范中的公式计算桩土面积置换率。

(5)根据桩土面积置换率和基础形式进行布桩,可只在基础平面范围内布桩。

(二)设计步骤

水泥土搅拌法所形成的水泥桩(水泥土搅拌桩)的强度和刚度是介于柔性桩(砂桩、碎石桩等)和刚性桩(钢管桩、混凝土桩)之间的一种半刚性桩,桩体在无侧限的情况下可保持直立,在轴间力作用下又有一定的压缩性,但其承载性能又与刚性桩相似,因此在设计时可仅在上部结构基础的范围内布桩,不必像柔性桩一样需在基础外设置护桩。

在明确了水泥土搅拌法的设计思路后,其相应的设计实验简述如下。

1. 收集资料

在确定地基处理方案之前,应收集处理区域内详尽的岩石工程的地质资料,尤其是填土层厚度和组成软土层的分布范围、分层情况、水文地质情况、地下水位及 pH、土的含水量及塑性指数和有机质含量等。

对拟采用水泥土搅拌法的工程,除常规的工程地质勘察要求外,应注意查明以下情况:

(1)填土层的组成,特别是大块物质(石块和树根等)的尺寸和含量。含大块石的填土层对水泥土搅拌法施工速度有很大的影响,所以必须清除大块石等再予施工。

(2)土的含水量:当水泥土配比相同,而强度随土样天然含水量的降低而增大。试验表明,当土的含水量在 50% ~85% 内变化时,含水量每降低 10% ,水泥土强度可提高30% 。

（3）有机质含量：有机质含量较高会阻碍水泥水化反应，影响水泥土强度的增长，故对有机质含量较高的明、暗渠填土及吹填土等予以慎重考虑。许多设计单位往往采用在渠域内加大桩长的设计方案，但效果不很理想，应从提高置换率和增加水泥掺入量的角度，来保证渠域内的水泥土达到一定的桩身强度。工程实践证明，采用在渠域内提高置换率（长短桩相结合），往往能得到理想的加固效果。对生活垃圾的填土不宜采用水泥土搅拌法加固。

采用干法加固砂土进行颗粒级配分析时，应特别注意土的黏粒含量及对加固料有害的土中离子种类及数量，如 SO_4^{2-}、Cl^-。

2. 室内配比试验

设计前应进行拟处理土的室内配比试验，针对现场拟处理的最弱层软土的性质，选择合理的固化剂、外掺剂及其掺量，为设计提供各种龄期、各种强度的参数。

1）水泥土龄期与强度

对于竖向承载的水泥土，强度宜取 90 d 龄期试块的立方体抗压强度的平均值；对于承受水平荷载的水泥土，强度宜取 28 d 龄期试块的立方体抗压强度的平均值。

水泥土的强度随龄期的增长而增大，在龄期超过 28 d 后，其强度仍有明显增长。为了降低造价，对承重的搅拌桩试块，国内外都取 90 d 的龄期为标准龄期；对起支撑作用承受水平作用荷载的搅拌桩，为了缩短养护期，水泥土搅拌桩的水泥强度取 28 d 龄期为标准龄期。从抗压强度试验得知，在其他条件相同时，不同龄期的混凝土抗压强度间的关系大致呈线性关系。在龄期超过 3 个月后，水泥土强度增长缓慢。180 d 的水泥土强度为 90 d 的 1.25 倍，而 180 d 后水泥土的强度增长仍未终止。当拟加固的软弱地基为成层土时，应选择最弱的一层土进行室内配比试验。

2）固化剂

根据室内试验，一般认为用水泥作加固料，对含有高龄石、多水高龄石、蒙脱石等黏土矿物的软土加固效果较好；而对含有伊利石、氯化物和水铝石英等矿物的黏性土及有机质含量高、pH 较低的黏性土加固效果较差。

在黏土含量不足的情况下，可以添加粉煤灰。而当黏土的塑性指数 I_p 大于 25 时，容易在搅拌头叶片上形成泥团，无法完成水泥土的拌和。当地基土的天然含水量小于 30% 时，由于不能保证水泥充分水化，故不宜采用干法。

采用水泥作为固化剂材料，在其他条件相同，而同一土层中水泥掺入比不同时，水泥土强度将不同。对于块状加固的大体积处理，对水泥土的强度要求不高，因此为了节约水泥、降低成本，可选用 7% ~12% 的水泥掺量。水泥掺入比大于 10% 时，水泥土强度可达 0.3 ~2 MPa。水泥土的抗压强度随其相应的水泥掺入比的增加而增大，但因场地土质与施工条件的差异，掺入比的提高与水泥土强度增加的百分比是不完全一致的。

根据室内模型试验和水泥土桩的加固机制分析，其桩身轴向应力自上而下逐渐减小，其最大轴力位于桩顶 3 倍桩径范围内。因此，在水泥土单桩设计时，为节省固化剂材料和提高施工效率，设计时可采用改变掺量的施工工艺，以获得良好的技术经济效果。

水泥强度等级直接影响水泥土的强度，水泥强度等级提高 10 级，水泥土强度 f_{cu} 增大 20% ~30%。如要求达到相同的强度，水泥强度等级提高 10 级可降低水泥掺入比 2% ~3%。

固化剂宜选用强度等级为 32.5 级及以上的普通硅酸盐水泥,水泥掺量为被加固湿土质量的 12% ~20%,施工前应进行拟处理土的室内配比试验。

固化剂与土的搅拌均匀程度对加固体的程度有较大的影响,实践证明采用复搅工艺对提高桩体强度有较好的效果。

3)外掺剂

不同外掺剂对水泥土强度有着不同的影响。木质素磺酸钙对水泥土强度的增长影响不大,主要起减小的作用,三乙醇胺、氯化钙、碳酸钙、水玻璃和石膏等材料对水泥土强度有增强作用。其效果对不同土质和不同水泥掺入比又有所不同,当掺入与水泥等量的粉煤灰后,水泥土强度可提高 10% 左右。因此,在加固软土时掺入粉煤灰不仅可消耗工业废料,符合环境保护要求,还可使水泥土强度有所提高。

3. 水泥土搅拌桩的布置形式

水泥土搅拌桩的布置形式对加固效果影响很大,一般根据工程地质的特点和上部结构,要求采用柱状、壁状、格栅状、长短桩相结合及块状等不同的加固形式。

(1)柱状:柱状布置是每隔一定的距离,打设一根水泥桩,形成柱状加固形式,它可以充分发挥桩身强度与桩周侧阻力。

(2)壁状:壁状布置是将相邻桩体的部分重叠搭接成为壁状加固形式,适用于深基坑开挖时的边坡加固及建筑物长高比大、刚度小、对不均匀沉降比较敏感的多层房屋条形基础下的地基加固。

(3)格栅状:格栅状布置是纵横两个方向的相邻桩体搭接而形成的加固形式,适用于对上部结构单位面积荷载大和对不均匀沉降要求控制严格的建(构)筑物的地基加固。

(4)长短桩相结合:当地质条件复杂,同一建筑物坐落在两类不同性质的地基土上时,可用 3 m 左右的短桩将相邻长桩连成壁状或格栅状,借以调整和减小不均匀沉降量。

水泥土搅拌桩加固设计中往往以群桩形式出现,群桩中各桩与单桩的工作状态迥然不同。试验结果表明,双桩承载力小于两根单桩承载力之和;双桩沉降量大于单桩沉降量。可见,当桩距较小时,由于应力重叠产生群桩效应,因此当水泥土桩的置换率较大(>20%),且非单行排列,而桩端下又存在较软弱的土层时,尚应将桩与桩间土视为一个假想的实体基础,用以验算软弱下卧层的地基承载力。

4. 水泥土搅拌桩的置换率和长度

水泥土搅拌桩的设计,主要是确定搅拌桩的置换率和长度。竖向承载搅拌桩的长度应根据上部结构对承载力和变形的要求确定,并穿透软弱土层到达承载力相对较高的土层。为提高抗滑稳定性而设置的搅拌桩,其桩长应超过滑弧以下 2 m。

湿法的加固深度不宜大于 20 m,干法不宜大于 15 m,水泥搅拌桩的桩径不应小于 500 mm。

对于软土地区地基处理的任务,主要是解决地基的变形问题,即地基是在满足强度的基础上对变形进行控制的,因此,水泥土搅拌桩的桩长应通过变形计算来确定。对于变形来说,增加桩长对减小沉降是有利的。实践证明,若水泥土搅拌桩能穿透软弱土层到达强度相对较高的持力层,则沉降量是很小的。

对于水泥土搅拌桩,其桩身强度是有一定限制的,也就是说,水泥土搅拌桩从承载力角度,存在一个有效的桩长,单桩的承载力在一定的程度上并不随桩长的增加而增大。但当软弱土层较厚时,从减少地基的变形量方面考虑,桩在设计较长原则上,应穿越软弱土层到达下卧强度较高的土层,尽量在深厚软土层中避免采用"悬浮"桩型。

从承载力角度来讲,提高置换率比增加桩长的效果好。水泥土搅拌桩是介于刚性桩与柔性桩间的具有一定压缩性的半刚性桩,桩身强度越高,其特性越接近刚性桩,反之则越接近柔性桩。桩越长,则对桩身强度要求越高,但过高的桩身强度对复合地基的承载力的提高及桩间土承载力的发挥是不利的。为了充分发挥桩间土的承载力和复合地基的潜力,应使土对桩的支承力与桩身强度所确定的单桩承载力接近,通常使后者略大于前者较为安全和经济。

初步设计时,根据复合地基承载力特征值和单桩竖向承载力特征值的估算公式可初步确定桩径、桩距和桩长。

(1)复合地基承载力的特征值计算参照式(5-5)。

当桩端土未经修正的承载力特征值大于桩周围土的承载力特征值的平均值时,折减系数 β 可取 $0.1 \sim 0.4$,差值大时取低值;当桩端土未经修正的承载力特征值小于或等于桩周围土的承载力特征值的平均值时,折减系数 β 可取 $0.5 \sim 0.9$,差值大或设置褥垫层时取高值。

桩间土承载力折减系数 β 是反映桩土共同作用的一个参数,如 $\beta = 1$,则表示桩与土共同承受荷载,由此得出与柔性桩复合地基相同的计算公式;如 $\beta = 0$,则表示桩间土不承受荷载,由此得出与一般刚性桩复合地基相似的计算公式。

对比水泥土和天然土的应力—应变关系曲线及复合地基和天然地基的 $P—S$ 曲线可见,在发生与水泥土极限应力值相对应的应变值时,或在发生与复合地基承载力设计值相对应的沉降值时,天然地基所提供的应力或承载力小于其极限应力或承载力值。考虑水泥土桩复合地基的变形协调,引入折减系数 β,它的取值与桩间土和桩端土的性质、搅拌桩的桩身强度和承载力养护龄期等因素有关,桩间土较好、桩端土较弱、桩身强度较低、养护龄期较短,则 β 取高值,反之,则 β 取低值。

确定 β 值还应根据建筑物对沉降的要求,当建筑物对沉降要求控制较高时,即使桩端土是软土,β 值也应取小值,这样较为安全;当建筑物对沉降要求控制较低时,即使桩端土为硬土,β 值也可取大值,这样较为经济。

(2)单桩竖向承载力特征值:

$$R_a = u_p \sum_{i=1}^{n} q_{si} + a q_p A_p \tag{5-8}$$

式中　a——桩端天然地基的承载力折减系数,取 $0.4 \sim 0.6$,承载力高时取低值;

　　　　其他符号意义同前。

为使由桩身材料强度确定的单桩承载力大于或等于由桩周围土和桩端土的抗力所提供的单桩承载力,应同时满足式(5-7)的要求。

其中,f_{cu} 为与搅拌桩桩身水泥土配比相同的室内加固土试块(边长为 70.7 m 的立方体,也可采用边长为 50 mm 的立方体)在标准养护条件下 90 d 龄期的立方体抗压强度平均值,kPa;n 为桩身强度折减系数,干法可取 0. 20 ~ 0. 30,湿法可取 0. 25 ~ 0. 33。

当搅拌桩处理范围以下存在软弱下卧层时,可按现行国家标准《建筑地基基础设计规范》(GB 50007—2011)的有关规定进行下卧层强度验算。

5. 褥垫层的设置要求

在复合地基的设计中,基础与桩和桩间土之间设置一定厚度散体粒状材料组成的褥垫层,是复合地基的一个核心技术。基础下是否设置褥垫层,对复合地基受力影响很大。若不设褥垫层,复合地基承载特性与桩基础相似,桩间土承载力难以发挥,不能成为复合地基。基础下设置褥垫层,桩间土承载力的发挥就不单纯依赖于桩的沉降,即使桩端落在坚硬的土层上,也能保证荷载通过褥垫层作用到桩间土上,使桩与土共同承担荷载。

水泥土搅拌复合地基应在基础和桩之间设置褥垫层,可以保证基础始终通过褥垫层把一部分荷载传到桩间土上,调整桩和土荷载的分担作用,特别是当桩身强度较大时,在基础下设置褥垫层可以减小桩土应力比,充分发挥桩间土的作用,减少基础底面的应力集中。

褥垫层的厚度取 200 ~ 300 mm,其材料可选用中砂、粗砂及级配砂石等,最大粒径不宜大于 20 mm。

6. 地基的变形验算

水泥搅拌桩复合地基的变形,包括复合地基土层的压缩变形和桩端以下未处理土层的压缩变形。

竖向承载搅拌桩复合土层的压缩变形可按式(5-9)、式(5-10)计算:

$$S_1 = \frac{(p_z + p_{zl})L}{2E_{sp}} \tag{5-9}$$

$$E_{sp} = mE_p = (1 - m)E_s \tag{5-10}$$

式中　S_1——复合土层的压缩变形量,mm;

p_z——搅拌桩复合土层顶面的附加压力值,kPa;

p_{zl}——搅拌桩复合土层底面的附加压力值,kPa;

E_p——搅拌机的压缩模量,kPa,可取(100 ~ 120)kPa,对桩段短或桩身强度较低者可取低值,反之可取高值;

E_{sp}——搅拌桩复合土层的压缩模量,kPa;

E_s——桩间的压缩模量,kPa;

其他符号意义同前。

式(5-9)、式(5-10)是半理论半经验的搅拌水泥桩土体的压缩量计算公式。根据大量水泥土单桩复合地基载荷试验资料,得到在工作荷载下水泥土桩复合地基的复合模量一般为 15 ~ 25 MPa,其大小变形受面积置换率、桩间土质和桩身质量因素的影响。根据理论分析和实测结果,复合地基的复合模量总是大于由桩的模量与桩间土的模量的面积加权之和。大量的水泥土桩设计计算及实测结果表明,群桩体的压缩变形量仅为 10 ~ 50 mm。

桩端以下未处理土层的压缩变形值可按现行国家标准《建筑地基基础设计规范》(GB 50007—2011)的有关规定进行计算。

7. 水泥土常用参数的经验值

对有关水泥土室内试验所获得的众多物理力学指标进行分析,可见水泥土的物理力学性质与固化剂的品种、强度、性状,水泥土的养护龄期,外掺剂的品种、掺量均有关。因此,为了判断某种土类用水泥加固的效果,必须首先进行室内试验,在先期的阶段或者在地基处理方案比较阶段,以下经验数据可供参考。

(1)任何土类均可采用水泥作为固化剂(主剂)进行加固,只是加固的效果不同。砂性土的加固效果要好于黏性土,而含有砂粒的粉土固化后其强度又大于粉质黏土和淤泥质粉质黏土,并且随着水泥掺量的增加、养护龄期的增长,水泥土的强度也会提高。

(2)与天然土相比,在常用水泥掺量的范围内,水泥土的重度增加不大,含水量降低不多,但抗渗性能大大改善。

(3)对于天然软土,当掺入普通硅酸盐水泥的强度为 32.5 级,掺量为 10% ~15% ,90 d 标准龄期水泥土无侧限抗压强度可达到 0.80 ~2.0 MPa,更长龄期强度试验表明,水泥土的强度还有一定的增长。尚未发现强度降低的现象。

(4)用少数短龄期(超过 15 d)的水泥土强度推求标准龄期(90 d)时的水泥土无侧限抗压强度。

(5)水泥土的抗拉强度为抗压强度的 1/15 ~1/10。水泥土的变形模量数值为抗压强度的 120 ~150 倍,压缩变形模量在 60 ~100 MPa 变化,水泥土破坏时的轴向应变很小,一般为 0.8% ~1.5% ,且呈脆性破坏。

(6)从现场实体水泥土桩身取样的试块强度为室内水泥土试块强度的 1/5 ~1/3。

四、水泥土搅拌法的施工技术要求

水泥土搅拌法的施工根据所采用的方法不同而略有差异,通常包括施工准备、施工步骤(分干、湿法)、(干、湿法)施工要求及施工时的注意事项、主要的安全技术措施、质量检验等。

(一)施工准备

施工准备分以下三个方面:

(1)水泥土搅拌法施工现场先应予以平整,必须清除地面上和地下的障碍物,国产水泥土搅拌桩的搅拌头大都采用双层(或多层)十字杆形或叶片螺旋形。这类搅拌头切削和搅拌加固软土十分合适。但对块径大于 100 mm 的石块、树根和生活垃圾等大块物的切割力较差。即使将搅拌头做了加强处理后,能穿过块石层,但施工效率较低,机械磨损严重。因此,施工时应以挖除障碍物后再填素土为宜,增加的工程量不大,但施工效率却可大大提高。

(2)施工前应根据设计进行工艺性试验桩,数量不得少于 2 根,以提供满足设计固化剂掺量的各种操作参数,验证搅拌均匀程度及成桩直径,了解下钻及提升的阻力情况,并采取相应的措施。

(3)施工机械的选用。目前,国内使用的深层搅拌桩机械较多,样式大同小异,用于湿法的喷浆施工机械分别有单轴(SJB - 3)、双轴(SBJ - 1)和三轴(SJB - 4)的深层搅拌桩机,加固深度可达 20 m,单轴的深层搅拌桩机单桩截面面积为 0.22 m²,双轴的深层搅拌桩机单桩截面面积为 0.71 m²，三轴的深层搅拌桩机单桩的截面面积为 1.20 m²（可用于设计中间插筋的重力式挡土墙施工），SJB 系列的设备常用钻头设计，是多片桨叶搅拌形式，深层搅拌桩施工时除使用深层搅拌桩机外，还需要配置灰浆拌制机、集料机、灰浆泵等配套设备。

用干法施工的机械分别有 CPP-5、CPP-7、EP-15、FP-15、FP-25 等机型。加固极限深度是 18 m，单桩截面面积为 0.22 m²，喷灰钻头呈螺旋形状，送灰器容量为 1.2 t，配置 1.6 m³/s 空压机，最远送灰距离为 50 m。干法施工的机械也可用于湿法施工，施工时撤除干法施工的配套设备，钻头须改成双十字叶片式钻头，另配置灰浆拌制桩、灰浆泵等配套设备。

搅拌头翼片的枚数、宽度与搅拌轴的垂直夹角、搅拌头的回转数、提升速度应相互匹配，以确保加固深度范围内土体的任何一点均能经过 20 次以上的搅拌。深层搅拌机施工时，搅拌次数越多，则拌和越均匀，水泥土强度也越高，但施工效率则降低。试验证明，加固范围内土体任何一点的水泥土每遍经过 20 次的拌和其强度即可达到较高值。

（二）水泥土搅拌法的施工步骤

水泥土搅拌法的施工步骤由于湿法和干法的施工设备不同而略有差异，其主要步骤如下：

（1）搅拌机械就位、调干。

（2）预搅下沉至设计加固深度。

（3）边喷浆（粉）边搅拌提升，直到预定的停浆（灰）面。

（4）重复搅拌下沉至加固深度。

（5）根据设计要求喷浆（粉）或仅搅拌提升至预定停浆（灰）面。

（6）关闭搅拌机械。

（三）湿法的施工要求

（1）施工前确定灰浆泵的输浆量、灰浆经输浆管到达搅拌机喷浆口时间和距离及起吊设备提升速度等参数，并根据设计要求通过工艺性成桩试验确定施工工艺。

每一个水泥土搅拌桩法的施工现场由于土质有差异，水泥的品种和强度等级不同，搅拌加固质量有较大的差别，所以在正式施工前，均应按施工组织设计确定的搅拌施工工艺制作数据试桩，最后确定水泥浆的水灰比、泵送时间、搅拌机提升速度和复搅深度等参数。

（2）所使用的水泥都应过筛机，制备好的浆液不得离析，泵送必须连续，拌制水泥浆液的罐数、水泥和外掺剂用量及泵送浆液的时间等应有专人记录，喷浆量及搅拌深度必须采用由国家计量部门认证的监测仪器进行自动记录。

由于搅拌机械通常采用定量泵输送水泥浆，其转速大多是恒定的，因此灌入地基中的水泥量完全取决于搅拌机的提升速度和复搅次数，施工过程中不能随便变更，并应保证水泥浆能定量不间断供应。采用自动记录是为了最大程度地避免人为干扰施工质量，目前市售的记录仪必须有国家计量部门的认证。严禁采用由施工单位自制的记录仪。

由于固化剂从灰浆泵到达搅拌机械的出浆口需通过较长的输浆管，必须考虑水泥浆到达桩端的泵送时间，一般可通过试打桩确定其输送时间。

（3）搅拌机喷浆提升的速度和次数必须符合施工工艺的要求，并应有专人记录。

搅拌机施工检查是检查搅拌机施工质量和判断事故原因的基本依据,因此对每一延米的施工情况均应如实及时记录,不得事后回忆补记。

施工中要随时检查自动计量装置的制桩记录,对每根桩的水泥用量、成桩过程(下沉喷浆提升和复搅等时间)进行详细检查,质检员应根据制桩记录,对照标准施工工艺,对每根桩进行质量评定。

(4)当水泥浆液到达出浆口后,为了确保搅拌桩底与土体充分搅拌均匀,达到较高的强度,应喷浆搅拌 30 s。在水泥浆与桩端土充分搅拌后,再开始提升搅拌头。

(5)搅拌机预搅下沉时不宜冲水,当遇到硬土层下沉太慢时,方可适量冲水,但应考虑冲水时对桩身强度的影响。

深层搅拌机预搅下沉时,当遇到坚硬的表土层而使下沉速度过慢时,可适当加水下沉。试验表明,当土层的含水量增加时,水泥土的强度会降低,但考虑到搅拌设计一般是按下部最软的土层来确定水泥掺量的,因此只要表层的硬土加水搅拌后的强度不低于下部软土加固后的强度,也是能满足设计要求的。

(6)施工时如因故停浆应将搅拌头下沉到停浆点以下 0.5 m 处,待恢复供浆时再喷浆。搅拌提升中途停止输浆 3 h 以上时将使水泥浆在整个输浆管路中凝固,因此必须排清全部水泥浆,清洗管路。

(7)壁装加固时,相邻桩的施工时间间隔不宜超过 24 h,当间隔时间太长,与相邻桩无法搭接时应采取局部补桩或注浆等补救措施。

(四)干法的施工要求

(1)喷粉施工前应仔细检查搅拌机械、供粉泵、送气(粉)管路、接头和阀门的密封性、可靠性。送气(粉)管路的长度不宜大于 60 m。

每个场地开工前的成桩工艺试验必不可少,由于制桩喷灰量与土性、孔深、气流量等多种因素有关,故应根据设计要求逐步调整,以确定施工有关参数(如土层的可钻性、提升速度、叶轮泵转速等),以便正式施工时能顺利进行。施工经验表明,送气(粉)管路长度超过 60 m 后,送粉阻力明显增大,送粉量也不宜恒定。

(2)喷粉施工机械必须配置经国家计量部门认证的具有能随时检测并记录出粉量的粉体自动计量装置及搅拌深度自动记录仪。由于干法喷粉搅拌是用任意压缩的空气输送水泥粉体的,因此送粉量不易严格控制,所以要认真操作粉体自动计量装置,严格控制固化剂的喷入量,使其满足设计要求。

(3)搅拌头每旋转一周,其提升高度不得超过 16 m。合格的粉喷桩机一般已考虑提升速度与搅拌头转速的匹配,钻头每搅拌一圈均约提升 15 mm,从而保证成桩搅拌的均匀性。但每次搅拌时,桩体将出现极薄软弱结构面,这对承受水平剪力是不利的。一般可通过复搅的方法来提高桩体的均匀性,消除软弱结构面,提高桩体抗剪强度。

(4)搅拌头的直径应定期复核检查,其磨耗量不得大于 10 mm,定时检查成桩直径及搅拌的均匀程度。当粉喷桩桩长大于 10 m 时,其底部喷粉阻力较大,应适当减慢钻机提升速度,以确保固化剂的设计喷入量。

(5)当搅拌头到达设计桩底以上 1.5 m 时,应立即开启喷粉机提前进行喷粉作业。当搅拌头提升至地下 500 mm 时,喷粉桩应停止喷粉。固化剂从料罐到喷灰口有一定的时间延迟,严禁在没有喷粉的情况下进行钻机提升作业。

(6)在成桩的过程中,因故停止喷粉应将搅拌头下沉到停灰面以下1 m处,待恢复喷粉时,再喷粉搅拌提升。

(7)需在地基上天然含水量小于30%土层中喷粉成桩时,应采用地面注水搅拌工艺,如不及时在地面浇水,将使地下水位以上区段的水泥土水化不完全,造成桩身强度降低。

(五)施工时的注意事项

(1)施工时应保持搅拌桩底盘的水平和导向架的竖直,搅拌桩的垂直偏差不得超过1%,桩位的偏差不得大于50 mm,成桩直径和桩长不得小于设计值。

(2)要根据加固强度和均匀性预搅,软土应完全预搅切碎,以利于水泥浆均匀搅拌,并做到:①压浆阶段不允许发生断浆现象,输浆管不能堵塞。②严格按设计确定的数据,控制喷浆、搅拌和提升。③控制重复搅拌时的下沉速度和提升速度,以保证加固范围每一深度内得到充分搅拌。④竖向承载搅拌桩施工时停浆(灰)面应高于桩顶设计标高300～500 mm。

根据实际施工经验,水泥土搅拌法在施工到顶部0.3～0.5 m范围时,因上覆土压力较小,搅拌质量较差,因此基场地平整标高应比设计确定的标高再高出0.3～0.5 m,桩制作时仍施工到地面。待开挖基坑时,再将上部0.3～0.5 m的桩身质量较差的桩段挖掉,现场实践表明,当搅拌桩作为承重桩进行基坑开挖时,桩身水泥土已有一定的强度,若用机械开挖基坑往往容易碰撞损坏桩面,因此基底标高以上0.3 m宜采用人工开挖,以保护桩头质量。

(六)主要的安全技术措施

(1)深层搅拌机冷却循环水在整个施工过程中,应经常检查进水温度和回水温度,回水温度不应过高。

(2)深层搅拌机的入土切割和提升搅拌,当负载太大及电机工作电流超过额定值时应减慢提升速度或补偿清水,一旦发生卡钻或停钻现象应立即切断电源,将搅拌机强制提起之后,才能重新开启电动机。

(3)深层搅拌机电网电源电压低于380 kV时,应暂时停止施工,以保护电机。

(4)灰浆泵及输浆管的注意事项:

①泵送水泥浆前,管路应保持清洁和湿润,以利于输浆。

②水泥浆内不得有硬结块,以免吸入泵内损坏缸体,每日完工后需彻底清洗一次,喷浆搅拌施工过程中,如果发生故障停机超过半小时,宜拆管路排除灰浆并清洗。

③灰浆泵应定期清洗,定期拆开清扫,注意保持齿轮减速器内润滑油的清洁。

④深层搅拌机械及起重机设备在地面土质松散(软)环境下施工时,场地要铺填石块、碎石,并平整压实,根据土层情况铺垫枕木钢板或特制路轨钢等。

(七)质量检验

制桩质量直接关系到地基处理的效果,其最关键是控制灌浆量、水泥浆与软土搅拌的均匀程度,并检验以下项目:

(1)水泥土搅拌法的质量控制应贯穿施工的全过程,并应坚持全程的施工监控,检查的重点是水泥的用量、桩长、搅拌头的转度和提升速度、复摆次数和复核深度、停浆处理方法等。

（2）水泥土搅拌桩的质量检测要求。

水泥土搅拌桩成桩后 7 d，采用浅部开挖桩头（深度宜超过停浆（灰）面下 0.5 m），目测检查搅拌的均匀性，量测成桩直径。检查数量为桩总数的 5%。各施工机组应对成桩质量随时检查，及时发现问题并处理。开挖检查仅仅是对于浅部桩头部位，目测其成桩大致情况，例如成桩直径、搅拌均匀程度等。

成桩后 3 d 内，可用轻型动力触探（M_N）检查每米桩身的均匀性。检验数量为施工总桩数的 1% 且不少于 3 根。由于每次落锤能量较小，连续触探一般不大于 4 m，但是如果采用从桩顶开始至桩底每米桩身先钻孔 700 mm，然后触探 300 mm 并记录锤击数的操作方法，触探深度可加大。触探杆宜用铝合金制造，可不考虑杆长的修正。

（3）复合地基竣工验收时，承载力的检测应采取复合地基载荷试验和单桩载荷试验。载荷试验必须在桩身强度满足试验荷载条件时，并宜在成桩 28 d 后进行。检验数量为桩总数的 0.5%～1%，且每项单体工程不应少于 3 个检验点。

经触探和载荷试验检验后，对桩身质量有怀疑时，应在成桩 28 d 后，用双管单动取样器钻取芯样做抗压强度检验，检验数量为施工桩数的 0.5% 且不少于 3 根。

（4）对相邻桩搭接要求严格的工程，应在成桩 15 d 后选取数根桩进行开挖，检查搭接情况。

用作进水的壁状水泥桩在必要时开挖桩顶 3～4 m 深度，检查其外观搭接状态，另外也可沿壁状加固体轴线斜向钻孔，使钻杆通过 2～4 根桩身即可检查深部相邻桩的搭接状态。

（5）基槽开挖后应检验桩位、桩数与桩顶的质量，如不符合设计要求，应采取有效的补救措施。

水泥土搅拌桩施工时，由于各种因素的影响有可能不符合设计要求。只有基槽开挖后测放了建筑物轴线或基柱轮廓线后，才能对偏位桩的数量、部位和程度进行分析及确定补救措施，因此水泥土搅拌法的施工检验验收工作宜在开挖基槽后进行。

对于水泥土搅拌桩的检测，目前应该在使用自动计量装置进行施工全过程监控的前提下，采用单桩载荷试验和复合地基载荷试验进行检验。

第八节　CFG 桩法

水泥粉煤灰碎石桩，简称 CFG 桩，其骨干材料为碎石、粗骨料、石屑等中等粒径的骨料，粉煤灰是细骨料，具有低强度等级的水泥作用，掺入粉煤灰可使桩体后期强度明显增加，这种地基的处理方法称为 CFG 法，它吸取了振冲碎石桩和水泥土搅拌桩的优点，具有以下特点：其一是施工工艺简单，与振冲碎石桩相比，无场地污染，振动影响也小；其二是所用材料仅需少量水泥，便于就地取材，节约材料；其三是可充分利用工业废料，利于环保；其四是施工可不受地下水位的影响。

CFG 桩掺入料粉煤灰是燃烧发电厂排出的一种工业废料，它是磨至一定细度的粉煤灰在煤粉炉中燃烧（1 100～1 500 ℃）后，由收尘器收集的细灰，简称干灰，用湿法排灰所得的粉煤灰称为湿灰,由于其部分活性进行水化,所以其活性较干灰低。粉煤灰的活性是影响混合料强度的主要指标:活性越高,混合料需水量越少,强度较高;活性越低,混合料需水量越多,强度越低。不同的发电厂收集的粉煤灰,由于原煤的种类、燃烧条件、煤粉细度、收灰方式的不同,其活性有很大的差异,所以对混合料的强度有很大的影响。粉煤灰的粒度组成是影响粉煤灰质量的主要指标,一般粉煤灰越细,球形颗粒越多,水化接触界面增加,容易发挥粉煤灰的活性。

CFG 桩的骨料为碎石,掺入石屑以填充碎石的空隙,使级配良好,接触表面积增大,而提高桩体的抗剪强度。

一、CFG 桩法的作用机制与适用范围

(一)作用机制

CFG 桩法作用机制主要有四个方面:

(1)桩体的作用,由于桩体的材料高于软土地层,在荷载作用下,CFG 桩的压缩性明显比桩间土小,因此基础体施加给复合地基的附加应力随着地层变形逐渐集中到桩体上,出现应力集中现象。大部分荷载由桩体承受,桩间土应力明显减小,复合地基承载力较天然地基有所提高,随着桩体刚度增加,桩体作用发挥更加明显。

(2)垫层的作用:CFG 桩复合地基的褥垫层是由厚度一般为 100~300 mm 的粒状材料组成的散体垫层,CFG 桩和桩间土一起通过褥垫层形成 CFG 桩复合地基。褥垫层为桩向上刺入提供了条件,并通过垫层材料的流动补给,使桩间土与基柱始终保持接触,在柱土共同作用下,地基土的强度得到一定的发挥,相应地减少了对桩的承载力要求。

(3)加速排水固结:CFG 桩在饱和粉土和砂土中施工时由于成桩和振动作用,会使土体产生超孔隙水压力,刚施工完的 CFG 桩作为一个良好的排水通道,孔隙水沿桩体向上排出直到 CFG 桩体硬结,有资料表明这一系列排水作用对减少孔压引起地面隆起(黏性土层)和沉陷(砂性土层)、增加桩间土的密实度和提高复合地基承载力极为有利。

(4)振动挤密:CFG 桩采用振动沉管法施工时;振动和挤密作用使桩间土得到挤密,特别是砂土层这一作用更加明显。砂土在高频振动下产生液化并重新排列致密,而且桩体粗骨料(碎石)填入后挤入土中,使砂土的相对密度增加,孔隙率降低,干密度和内摩擦角增大,改善了土的物理力学性能,抗液化能力也有所提高。

CFG 桩复合地基既可用于挤密效果好的土质,又可用于挤密效果差的土质,当 CFG 桩用于挤密效果好的土体时,承载力的提高既有挤密作用又有置换作用,当 CFG 桩用于挤密效果差的土体时,承载力的提高只与置换作用有关。与其他复合地基的桩型相比,CFG 桩材料较轻,置换作用特别明显,就基础形成而言,CFG 桩复合地基既适用于条形基础、独立基础,又适用于筏板基础、箱形基础。

(二)适用范围

CFG 桩复合地基处理技术适用于处理黏性土、粉土和已自重固结的素填土等地基,它是由水泥、粉煤灰、碎石、石屑或砂加水拌和形成的高黏结的强度桩、桩间土和褥垫层一起构成的复合地基。

CFG 桩复合地基具有承载力提高幅度大、地基变形小的特点,并具有较大的适用范

围。就基础的形式而言,既适用于条形基础、独立基础,也适用于箱形基础、筏板基础;就建筑物性质而言,既适用于工业厂房,也适用于民用建筑;就土性而言,适用于处理黏性土、粉土、砂土和已完成自重固结的素填土等地基,对于淤泥土质应通过现场试验确定其适用性。

CFG 桩法不仅适用于承载力较低的土,对承载力较高(如承载力 $f_{ak} = 200$ kPa),但变形不能满足要求的地基,也可采用此法以减小地基变形。

目前,根据已积累的工程实例,用 CFG 桩法处理承载力较低的地基多用于多层住宅和工业厂房。如南京浦镇车辆厂厂南生活区 24 幢 6 层住宅楼,原地基土承载力特征值达 240 kPa,基础形式为条形基础,采用 CFG 桩法处理后建筑物最终沉陷在 4 cm 左右。

对于一般的黏性土、粉土或砂土,桩端持有好的持力层,经 CFG 桩法处理后可作为高层或超高层的建筑地基。如北京的华亭嘉园 35 层住宅楼,天然地基承载力特征值 $f_{ak} = 200$ kPa,采用 CFG 桩法处理后建筑物沉陷 3 ~ 4 cm。对于可液化的地基,也可采用 CFG 桩法;对于多桩复合型地基,一般先施 CFG 桩,然后在 CFG 桩中间打沉管水泥粉煤灰碎石桩,既可消除地基液化,又可获取很高的复合地基的承载力。

二、工程的应用现状

CFG 桩复合地基是我国建设部"七五"科研计划于 1988 年立项进行试验研究,并应用于工程实践,1992 年通过建设部组织的专家鉴定,一致认为该成果具有国际领先水平。同时为了进一步推广这项新技术,国家投资对施工设备和施工工艺进行了专门研究,并列入"九五"国家重点攻关项目,于 1999 年通过了国家验收。1997 年被列为国家级工法,并制定了中国建筑科学研究院企业标准,现已列入国家行业标准《建筑地基处理技术规范》(JGJ 79—2012)。CFG 桩复合地基处理技术在国际上具有领先水平,推行意义很大。

目前该技术正在全国 23 个省(市)广泛推广,根据不完全统计,已在 2 000 多项工程中应用。与桩基相比,由于 CFG 桩体材料可以充分利用工业废料粉煤灰、不配筋及充分发挥桩间的承载力,工程造价一般为桩基的 1/3 ~ 1/2,效益非常显著。

2005 年 6 月,石立辉将 CFG 桩复合地基应用于西南水闸重建工程,现场原位试验证明 CFG 桩复合地基的承载力得到了大幅度的提高,地基变形得以有效降低和控制,而且稳定快,施工简单易行,工程质量易保证,工程造价约为一般桩基的 1/2,经济效益和社会效益非常显著。

2005 年,廖文彬探讨了 CFG 复合桩地基在严重液化地基处理中的应用,认为在液化土层下存在良好持力层的地基,对液化层采用 CFG 桩复合地基处理既可以消除液化又能有效提高地基承载力,满足高层建筑地基承载力的设计要求,与传统的桩基础相比,施工速度快,经济性好,可以节省工程投资至少一半以上。

2006 年 5 月,王大明等将 CFG 桩复合地基应用于高速公路桥头深层软基的处理,介绍了 CFG 桩法的施工方案,分析了 CFG 桩法的成桩质量,同时进行了 CFG 桩复合地基承载力试验,结果表明 CFG 桩桩身连续强度高,复合地基承载力满足设计要求,施工质量良好,保证了 CFG 桩复合地基的加固效果。

2006 年 6 月,刘鹏通过 CFG 桩(长桩加实水泥土短桩的多桩)复合地基在湿陷性黄土地区的应用性实例,介绍了 CFG 桩复合地基应用于湿陷性黄土地基的设计方法和施工工艺等。工程采用 CFG 桩加夯实水泥土桩的多桩型复合地基处理方案,夯实水泥土短桩与 CFG 长桩间隔布置,达到既消除上部土层湿陷性,又提高地基承载力的目的。

2006 年 8 月,徐毅等结合 CFG 桩复合地基加固高速公路软基工程,进行了现场应用的试验研究,结果表明,CFG 桩复合地基处理高速公路软基的设计参数是否合理,应视其实际发挥的承载能力及承载时变形的性状而定。通过对 CFG 桩复合地基土应力和表面沉降的现场观测,研究了路堤荷载下 CFG 桩复合地基桩顶、桩间土的应力和沉降变化规律,根据实测数据分析了褥垫层厚度、桩间距及桩体强度等设计参数的合理性。结果表明,路堤荷载下,CFG 桩土最终可达到变形协调,桩土应力比与桩土沉降差有着密切的关系,疏桩形式时桩间土承担着大部分荷载。

CFG 桩复合地基在多层、高层建筑,高速公路高填方地基处理工程中均得到了成功的应用。经过 CFG 桩的竖向加固,不仅提高了地基承载力,而且有效提高了地基压缩模量。在复杂工程地质条件下,CFG 桩不仅可处理黄土的湿陷性,而且解决了饱和砂性土的液化问题,但其在水利工程中的应用实例相对较少。

由于 CFG 桩复合地基处理技术具有施工速度快、工期短、质量容易控制、工程造价经济的特点,目前已经成为华北地区建筑、公路等行业普遍应用的地基处理技术之一,但在水利工程中应用尚属少见。

三、设计

进行 CFG 桩复合地基设计前,首先要取得施工场区岩土工程勘察报告和建筑结构设计资料,明确建(构)筑物对地基的要求以及场地的工程地质条件、水文地质条件、环境条件等。在此基础上,可按相关设计流程进行设计,主要内容有布置形式、褥垫层的设置、基本设计参数的确定、复合地基承载力的要求及地基的变形验算等。

(一)布置形式

CFG 桩可只在基础的范围内布置,桩径宜取 350 ~ 600 mm,桩距应根据设计要求的复合地基承载力、土性、施工工艺等确定,宜取 3 ~ 5 倍桩径。CFG 桩应选择承载力相对较高的土层作为桩端持力层,其具有较强的置换作用。其他条件相同,桩越长,桩的荷载分担比(桩承担的荷载占总荷载的百分比)越高。设计时须将桩端落在相对好的土层上,这样可以很好地发挥桩的端阻力,也可避免场地岩性变化大可能造成建筑物沉降的不均匀性。

布桩需要考虑的因素很多,一般可按等间距布桩。对于墙下的条形基础,在轴心荷载的作用下,可采用单排、双排或多排布桩,且桩位应沿轴线对称;在偏心荷载的作用下,可采用沿轴线非对称布桩。对于独立基础、箱形基础、筏板基础,基础边缘到桩的中心距一般为一个桩径,或基础边缘到桩边缘的最小距离不宜小于 150 mm;对于条形基础,基础边缘到桩边缘的最小距离不宜小于 75 mm。对于柱(墙)下筏板基础,布桩时除考虑整体荷载传到基底的压应力不大于复合地基的承载力外,还必须考虑每根柱(每道墙)传到基础的荷载扩散到基底的范围,在扩散范围内的压应力也必须等于或小于复合地基的承载力。扩散范围取决于底板厚度,在扩散范围内底板必须满足抗冲切要求。对于可液化地基或有必要时,可在基础外某一范围内设置护桩。布桩时要考虑桩受力的合理性,尽量利用桩间土应力产生的附加应力对桩侧阻力的增大作用。

设计的桩距首先要满足承载力和变形量的要求。从施工角度考虑,尽量选用较大的桩距,以防止新打桩对已打桩的不良影响。就土的挤密性而言,可将土划分为以下几种类型:

(1)挤密效果好的土,如松散粉细砂、粉土、人工填土等。

(2)可挤密土,如不太密实的粉质黏土。

(3)不可挤密土,如饱和软黏土或密实度很高的黏性土、砂土等。

(二)褥垫层的设置

桩顶和基础之间应设置褥垫层,褥垫层厚度宜取 150～300 mm,材料宜用中砂、粗砂、级配砂石或碎石等,最大粒径不宜大于 30 mm。由于卵石咬合力差,施工时扰动大,褥垫层厚度不容易保证均匀,故不宜采用卵石。

褥垫层在复合地基中具有以下作用:

(1)保证桩、土共同承担荷载,它是 CFG 桩形成复合地基的重要条件。

(2)通过改变褥垫层厚度,调整桩垂直荷载的分担。通常褥垫层越薄,桩承担的荷载占总荷载的百分比越高,反之越低。

(3)减少基础底面的应力集中。

(4)调整桩、土水平荷载的分担,褥垫层越厚,土分担的水平荷载占总荷载的百分比越大,桩分担的水平荷载占总荷载的百分比越小。

(三)基本设计参数的确定

基本设计参数主要有桩长、桩径、桩间距和桩体强度。

(1)桩长:CFG 桩复合地基要求桩端的持力层应选择工程特征值好和工程性质较好的土层,桩长取决于建筑物对地基承载力和变形的要求、土质条件和设备能力等因素。

(2)桩径:CFG 桩径的确定一般根据当地常用的施工设备来选取,一般设计桩径为 350～600 mm。

(3)桩间距:桩间距的大小取决于设计要求的地基承载力和变形、土质条件及施工设备等因素,一般设计要求的地基承载力较大时,桩间距取小值,但必须考虑施工时相邻桩之间的影响,CFG 桩原则上只布置在基础范围以内,在已知天然地基承载力特征值、单桩竖向承载力特征值和复合地基承载力特征值的条件下,可按式(5-11)求得置换率 m。

$$m = \frac{f_{\text{spk}} - \beta f_{\text{k}}}{\dfrac{R_{\text{a}}}{A_{\text{p}}} - \beta f_{\text{k}}} \tag{5-11}$$

当采用正方形布桩时,桩间距 S 为

$$S = \sqrt{\frac{A_{\text{p}}}{m}} \tag{5-12}$$

在桩长、桩径和桩间距初步确定后,也就是在满足了复合地基承载力要求后,需验算这三个参数是否能满足复合地基变形的要求,如果估算的沉降值不能满足要求变形的需求,则需再次调整桩长或桩间距,直到满足变形要求。

(4)桩体强度:桩体强度应根据桩体试块的设计要求确定,桩体试块的抗压强度应满足式(5-13)的要求：

$$f_{cu} \geq 3R_a / A_p \tag{5-13}$$

式中　f_{cu}——桩体混合料试块(边长为 150 mm 立方体)标准养护 28 d 的抗压强度的平均值，kPa；

　　　其他符号意义同前。

(四)复合地基的承载力的要求

复合地基的承载力不是天然地基的承载力和单桩竖向承载力的简单叠加，需要对以下一些因素给予考虑：

(1)施工时对桩间土是否产生扰动和挤密，桩间土承载力有无降低或提高。

(2)桩对桩间土有约束作用，使土的变形减小。

(3)复合地基中桩的 P—S 曲线呈加工硬化型，比自由单桩的承载力要高。

(4)桩和桩间土承载力的发挥都与变形有关，变形小时桩和桩间土承载力的发挥都不充分。

(5)复合地基桩间土的发挥与褥垫层的厚度有关。

CFG 桩复合地基承载力特征值应通过现场复合地基载荷试验确定。

(五)地基的变形验算

1. 计算方法

在《水闸设计规范》(SL 265—2001)中关于土质地基沉降变形计算，给出的是采用 e—p 压缩曲线的计算方法：

$$S_{\infty} = m \sum_{i=1}^{n} \frac{e_{1i} - e_{zi}}{1 + e_{1i}} h_i \tag{5-14}$$

式中　S_{∞}——土质地基最终沉降量，mm；

　　　m——地基沉降量修正值系数；

　　　n——土质地基压缩层计算深度范围内的土层数；

　　　e_{zi}——基础底面以下第 i 层土在平均自重应力和平均附加应力作用下，由压缩曲线查得的相应孔隙比；

　　　e_{1i}——基础底面以下 l 层土在平均自重应力和平均附加应力作用下，由压缩变形曲线查得的相应孔隙比；

　　　h_i——基础底面以下第 i 层土的厚度，m。

具体计算时，须查由土工试验提供的压缩曲线，严格来说，上述计算方法只有在地基土层无侧向膨胀的条件下才是合理的，而这只在承受无限连续均布荷载作用下才有可能。实际上地基土层受到某种分布形式的荷载作用后，总是要产生或多或少的侧向变形，因此采用这种方法计算的地基土层的最终沉降量一般小于实际的沉降量，需考虑修正系数。对于复合地基的变形计算，《水闸设计规范》(SL 265—2001)中也没有明确规定。

分析复合地基变形，可分为三个部分，加固区的变形量 S_1、下卧层的变形量 S_2 和褥垫层的压缩变形量。

在工程中，应用较多且计算结果与实际符合较好的变形计算方法是复合模量法。计算时复合土层分层与天然地基相同，复合土层模量等于该天然地基模量的 ζ 倍，加固区下卧层土体内的应力分布采用各向同性均质的直线变形体理论。

复合地基最终变形量可按式(5-15)计算：

$$S_c = \psi \left[\sum_{i=1}^{n_1} \frac{P_0}{\zeta E_{si}} (z_i \bar{a}_i - z_{i-1} \bar{a}_{i-1}) + \sum_{i=n_1+1}^{n_2} \frac{P_0}{E_{si}} (z_i \bar{a}_i - z_{i-1} \bar{a}_{i-1}) \right] \tag{5-15}$$

式中　n_1——加固区范围内土层分层数；

　　　n_2——沉降计算深度范围内土层总的分层数；

　　　P_0——对应于荷载效应准永久组合时，基础底面处的附加应力，kPa；

　　　E_{si}——基础底面下第 i 层土的压缩模量，MPa；

　　　z_i、z_{i-1}——基础底面至第 i 层、第 $i-1$ 层土底面的距离，m；

　　　$\bar{a}_i$、$\bar{a}_{i-1}$——基础底面计算点至第 i 层、第 $i-1$ 层土底面范围内平均附加应力系数；

　　　ζ——加固区土的模量提高系数，$\zeta = \dfrac{f_{sp}}{f_k}$；

　　　ψ——沉降计算修正系数，根据地区沉降观测资料及经验确定，也可采用表5-7的数值。

表5-7　沉降计算修正系数 ψ

$\bar{E}_s$ (MPa)	2.5	4.0	7.0	15.0	20.0
ψ	1.1	1.0	0.7	0.4	0.2

表5-7中 $\bar{E}_s$ 为变形计算深度范围内压缩模量的当量值，应按式(5-16)计算：

$$E_s = \frac{\sum A_i}{\sum \dfrac{A}{E_{si}}} \tag{5-16}$$

式中　A_i——第 i 层土附加应力沿土层厚度积分值；

　　　E_{si}——基础底面下第 i 层土的压缩模量，MPa，桩长范围内的复合土层按复合土层的压缩模量取值。

复合地基变形计算深度必须大于复合土层的厚度，并应符合式(5-17)的要求：

$$\Delta S_i \leqslant 0.025 \sum_{i=1}^{n_2} \Delta S_i' \tag{5-17}$$

式中　ΔS_i——计算深度范围内，第 i 层土的计算变形值；

　　　$\Delta S_i'$——计算深度向上取厚度为 Δz 的土层计算变形值，Δz 按表5-8确定，当确定的计算深度下部仍有较软弱土层时，应继续计算。

表5-8　Δz 值

b(m)	$b \leqslant 2$	$2 < b \leqslant 4$	$4 < b \leqslant 8$	$8 < b$
Δz(m)	0.3	0.6	0.8	1.0

虽然在复合地基最终变形量公式中，复合土层模量等于该天然地基模量的 ζ 倍，许多土的压缩模量之比并不与承载力特征值之比相对应，尽管公式中采用了沉降计算的修正

系数 ψ，但并不能完全反映以上因素。再者，采用复合地基最终变形量公式并未考虑桩端土的强度，也未考虑软土在加固区的上部或下部所导致的不同结果。考虑到土性的差别以及软土在加固区的位置不同，对式(5-15)做如下修正：

$$S_c = \psi\left[\sum_{i=1}^{n_1}\frac{P_0}{K_i\zeta E_{si}}(z_i\bar{a}_i - z_{i-1}\bar{a}_{i-1}) + \sum_{i=n_1+1}^{n_2}\frac{P_0}{E_{si}}(z_i\bar{a}_i - z_{i-1}\bar{a}_{i-1})\right] \tag{5-18}$$

式中　K_i——第 i 层土复合模量修正系数，$K_i = 0.8 \sim 1.2$，与第 i 层土土性及第 i 层软土在加固区沿深度方向所处的位置有关，当第 i 层土为软土、桩端土，强度不太高，且第 i 层软土处于加固区上部时，取低值，反之取高值。

2. 计算深度

土质地基压缩层计算深度可按计算层面处土的附加应力与自重应力的比值(0.10 ~ 0.20，软土地基取小值，坚实地基取大值)的条件确定，这是根据多年来水闸工程的实践提出来的。对于软土地基，考虑到地基土的压缩沉降量大，地基压缩层计算深度若按计算层面处土的附加应力与自重应力的比值为 0.20 的条件确定是不够的，因为其下土层仍然可能有较大的压缩沉降量，往往是不可忽略的。

按照现行国家标准《建筑地基基础设施规范》(GB 50007—2011)的规定，地基压缩层计算深度是以计算深度范围内各土层计算沉降值的大小为控制标准的，即规定地基压缩层计算深度应符合在计算深度的范围内第 i 层的计算沉降量值不大于该计算深度范围内的各土层累计计算沉降值的 2.5% 的要求。考虑到各种建筑物有所不同，其基础(底板)多为筏板式，面积较人，附加应力传递较深广，对于地基压缩层计算深度的确定，应以控制地基应力分布比例较为适宜。因为有些水工建筑的地基多数为多层和非均质的土质地基，特别是对于软土层与相对硬土层相间分布的地基，按计算沉降值的大小来控制是不易掌握的。同时在计算中也不如按地基应力的分布比例控制简便。而且后者已经过多年来的实际应用认为是能够满足工程要求的。因此，对于地基压缩量层的计算深度的确定，可按照《水闸设计规范》(SL 265—2001)中采用以地基应力的分布比例作为基础的控制标准。

3. 最大沉降量与沉降差的计算要求

大量实测资料说明，在不危及水工建筑结构安全和影响正常使用的条件下，一般认为最大沉降量达 10 ~ 15 cm 是允许的，但沉降量过大，往往会引起较大的沉降差，对水工结构安全和正常使用总是不利的。因此，必须做好变形缝(包括沉降缝和伸缩缝)的止水设施。至于允许最大沉降差的数值，与各种水工结构的形式、施工条件等有很大的关系。一般认为最大沉降差为 3 ~ 5 cm 是允许的。按照《水闸设计规范》(SL 265—2001)中的规定，天然土质地基上的水工结构地基最大沉降量不宜超过 15 cm，最大沉降差不宜超过 5 cm。

对于软土地基上的水工建筑物，当计算地基最大沉降量或相邻部位的最大沉降差超规范规定的允许值，不能满足设计要求时，可采取减小地基最大沉降量或相邻部位最大沉降差的工程措施，包括对上部结构、基础、地基及工程施工方面所采取的措施。

由于上部结构、基础与地基三者是相互联系，共同作用的，为了更有效地减小水工结构物的最大沉降量和沉降差，设计时应将上部结构、基础与地基三者作为整体考虑，采取综合性措施,同时对工程施工也应提出要求。

4.地基土的回弹变形值的计算

由于引水建筑物工程建设一般要进行深基坑开挖和降水,所以在地基变形计算时还需要考虑地基土的回弹变形量和水位变化的因素。地基土的回弹变形量可参照国家标准《建筑地基基础设计规范》(GB 50007—2011)中的公式计算。

$$S_c = \psi_c \left[\sum_{i=1}^{n_1} \frac{P_c}{E_{ci}} (z_i \overline{a}_i - z_{i-1} \overline{a}_{i-1}) \right] \tag{5-19}$$

式中 S_c——地基的回弹变形量,mm;

P_c——基础底面以上土的自重压力,kPa,地下水位以下扣除浮力;

E_{ci}——基础底面第 i 层土的回弹模量,MPa;

ψ_c——沉降计算经验系数,取 1.0;

其他符号意义同前。

四、施工时的技术要求

CFG 桩法的施工应根据设计要求和现场地基土的性质、地下水的埋深、场地周边环境等多种因素选择施工工艺。

目前有三种常用的施工工艺,即长螺旋钻孔灌注成桩,长螺旋钻孔、管内泵压混合料成桩,振动沉管灌注成桩。

长螺旋钻孔灌柱成桩适用于地下水位以上的黏性土、粉土、素填土、中等密实以上的砂土,属于非挤土成桩工艺,该工艺具有穿透能力强、无振动、低噪声、无泥浆污染等特点,但要求桩长范围内无地下水,以保证成孔时不塌孔。

长螺旋钻孔、管内泵压混合料成桩工艺,是国内近几年来使用比较广泛的一种新工艺,属于非挤土成桩工艺,具有穿透能力强、低噪声、无振动、无泥浆污染、施工效率高及质量容易控制等特点。

若地基土是松散的饱和粉细砂、粉土,以消除液化和提高地基承载力为目的,此时应选择振动沉管灌注成桩工艺。该工艺属挤土成桩工艺,对桩间土具有挤密效应,但难以穿透厚的硬土层、砂层和卵石层等。在饱和黏性土中成桩,会造成地表隆起,挤断已打桩,且振动和噪声污染严重。

这里主要说明长螺旋钻孔、管内泵压混合料成桩工艺。

(一)施工准备

1. 主要设备机具

长螺旋钻孔、管内泵压混合料成桩工艺主要设备机具有长螺旋钻机、混凝土输送泵、搅拌机、坍落度测筒、试块模具等。

2. 原材料

(1)水泥:采用 32.5 级普通硅酸盐水泥,并有出厂合格证及试验报告。

(2)砂:采用中砂,含泥量不大于 3%。

(3)碎石:粒径 5~20 mm,含泥量不大于 2%。

(4)粉煤灰。

进场材料应按照规定位置堆放,并做好防护措施,防止受冻、受潮。

3. 试验配合比

CFG 桩法施工前应按设计要求,先由实验室出具混合料配合比,施工时严格按照配合比进行。

4. 试验桩

为确定 CFG 桩法施工工艺、检验机械性能及质量,在施工前应先做不少于 2 根试验桩,并沿竖向钻取芯样,检查桩身混凝土密实度、强度和桩身垂直度。

(二)工艺流程

CFG 桩法的施工可按照以下流程操作:

钻机就位→成孔→钻杆内灌注混合料→提升钻杆→灌注孔底混合料→边泵送混合料边提升钻杆→成桩→钻机移位。部分工序的具体要求如下:

(1)钻机就位:钻机就位后,应使钻杆垂直对准桩位中心,确保 CFG 桩垂直度容许偏差不大于 1%,现场控制采用钻架上挂垂球的方法测量该孔的垂直度,也可采用钻机自带垂直度调整器控制钻杆垂直度,每根桩施工前,现场施工的技术人员应进行桩位对中及垂直度的检查。满足要求后方可开钻。

(2)成孔:钻机开始时,关闭钻头阀门,向下移动钻杆至钻头触地时,启动马达钻进,先慢后快,同时检查钻孔的偏差,并及时纠正。在成孔的过程中发现钻杆摇晃或难钻时应放慢进尺,防止桩孔偏斜、位移和钻具损坏。根据钻机塔身上的进尺标注,成孔到达设计标高时,停止钻进。

(3)混合料搅拌:混合料搅拌必须进行集中拌和,按照配合比进行配料,每盘料搅拌时间按照普通混凝土的搅拌时间进行控制。一般控制在 90～120 s,具体搅拌时间根据试验确定,由电脑控制和记录。

(4)灌注及拔管:钻孔到设计标高后,停止钻进,提拔钻杆 20～30 cm 后开始泵送混合料灌注。每根桩的投料量应不小于设计的灌注量,钻杆芯管充满混合料后,开始拔管,并保证连续拔管。施工桩顶高程宜高出设计高程 30～50 cm,灌注完成后,桩顶盖土封顶进行养护。

成桩施工应准确掌握提拔钻杆的时间,钻孔进入土层预定标高后,开始泵送混合料,管内空气从排气阀排出,待钻杆内管及输送软硬管内混合料连续时提钻,若提钻时间较晚,在泵送压力下钻头处的水泥浆液被挤出,容易造成管路堵塞。应杜绝在泵送混合料前提拔钻杆,以免造成桩处存在虚土或桩端混合料离析,端阻力减小。提拔钻杆时应连续泵料,特别是在饱和砂土、饱和粉土层中不得停泵待料,避免造成混合料离析、桩身缩颈和断桩。目前施工多采用 2 台 0.3 m³ 的强制式搅拌机,可满足施工要求。

在灌注混合料时,对混合料的灌入量控制采用记录泵压次数的办法,对于同一种型号的输送泵每次输送量基本上是一个固定值,根据泵压次数来计算混合料的灌入量。

(5)注意事项:灌注时采用静止提拔钻杆(不能边行走边提拔钻杆),拔管速度控制在 2～3 m/min,灌注达到控制标高后进行下一根桩的施工。

满堂布桩时,不宜从四周转向内推进施工,宜从中心向外推进施工,或从一边向另一边推进施工。注意打桩顺序,尽量避免新打桩的振动,对已结硬的桩体产生影响。

　　施工中,成孔、搅拌、压灌、提钻各道工序应密切配合,提钻速度与混合料泵送量相匹配,严格掌握混合料的输入量,应大于提钻产生的空孔体积,使混合料面经常保持在钻头以上,以免在桩体中形成孔洞。

　　为达到水下成桩要求,钻杆钻到设计标高后不提钻,先向空心钻杆内灌注混合料,自提钻进行钻底混合料的灌注。然后边灌注边提钻,保持连续灌注,均匀提升,严禁先提钻后灌注混凝土,产生往水中灌注混凝土现象。

　　(三)CFG 桩法的施工质量要求

　　CFG 桩法的施工质量要求必须要做到以下几个方面。

　　(1)根据桩位平面布置图及控制点和轴线施放桩位,实施放线的桩位,经监理验收确定后方可施工。

　　(2)钻机就位应准确,钻机桩架及钻杆应与地面保持垂直,垂直度误差≤1%。

　　(3)混合料灌注过程中应保持混合料面始终高于钻头,钻头低于混合料面 15～25 cm。

　　(4)误差控制,桩位误差不应大于 0.4 倍桩径,桩径偏差 ±20 mm,桩长偏差 ±0.1 m。

　　(5)混合料搅拌要均匀,搅拌时间不得少于 2 min。

　　桩体配比中采用的粉煤灰可选用电厂收集的粗灰,当采用长螺旋钻孔、管内泵压混合料灌注成桩时,为增加混合料的和易性和可泵性,宜选用细度不大于 45%(0.045 mm)方孔筛筛余Ⅲ级及以上等级的粉煤灰。

　　长螺旋钻孔、管内泵压混合料成桩施工时,每立方米混合料粉煤灰掺量宜为 70～90 kg,坍落度应控制在 160～200 mm,这主要是考虑保证施工中混合料的顺利输送。坍落度太大,易产生泌水离析,泵压作用下骨料与砂浆分离,导致堵管;坍落度太小,混合料流动性差,也容易造成堵管。振动沉管灌注成桩若混合料坍落度过大,桩顶浮浆过多,桩体强度会降低。

　　(6)成桩的过程中每台机械一天应做一组(3 块)混凝土试块,标准养护,测定其立方体的抗压强度。

　　(7)桩头处理,CFG 桩法施工桩顶高程的标高宜高出设计桩顶标高不少于 0.5 m,留作保护桩长,保护桩长的设置是基于以下几个因素:①成桩时桩顶不可能正好与设计标高完全一致,一般要高出桩顶设计标高一段长度。②桩顶一般受混合料自重压力较小或浮浆的影响,靠近桩顶一段桩体强度较差。③已打桩尚未结硬时,施打新桩可能导致已打桩受振动挤压,混合料上涌使桩径缩小。增大混合料表面的高度即增加了自重压力,可提高抵抗周围土积压的能力。

　　施工完毕 3 d 可清除余土,运到现场指定堆放区,并凿除桩头,首先用水准仪将设计桩头标高定位在桩身上,然后由工人用两根钢钎在截断位置从相对方向同时剔凿,将多余的桩头截掉。清土和截桩时不得造成桩顶标高以下桩身断裂和扰动桩间土。

　　在冬季施工时,混合料入孔温度不得低于 5 ℃,对桩头和桩间土应采取保温措施。根据材料加热难易程度,一般优先加热拌和水,其次是砂和石。混合料温度不宜过高,以免造成混合料假凝无法正常泵送施工。泵头管线也应采取保温措施。施工完清除保护土层和桩头后,应立即对桩间土和桩头,采用草帘等保温材料进行覆盖,防止桩间土冻胀而造成桩体拉断。

（四）CFG 桩法的施工质量保证措施

施工质量保证措施主要包括以下几个方面：

（1）严把材料进场关，保证使用符合规范要求的水泥、砂、石、外加剂等材料，做好材料的各项试验和现场养护。

（2）桩体的强度必须符合设计要求，现场施工时每工作日制作一组试块，并做好试块制作记录和现场记录。

（3）现场堆放的材料必须有专人保管，并有一定的保护措施，防止受冻受潮影响桩体质量。

（4）成桩浇筑过程中要确保桩体混凝土的密实性和桩截面尺寸，钻头提升应保持匀速，提升速度不得大于浇筑速度，防止发生缩颈断桩。

（5）在浇筑过程中随时监控混合料的质量，保证其和易性及坍落度。

（6）收集整理各种施工原始记录、质量检查记录、现场签证记录等资料，并做好施工日志。

（7）预防断桩：①混合料坍落度应严格按规范要求控制。②灌注混合料前应检查搅拌机，保证搅拌时能正常运转。

五、质量检验项目和方法

检验项目主要包括施工记录、混合料的坍落度、桩数、桩位偏差、褥垫层厚度、夯填度和桩体试块的抗压强度等。

检测的方法：复合地基载荷试验。

复合地基的载荷试验是确定复合地基承载力、评定加固效果的重要依据，进行复合地基载荷试验时，必须保证桩体强度满足试验要求。进行单桩载荷试验时为防止试验中桩头被压碎，宜对桩头进行加固。在确定试验日期时，还应考虑施工过程中对桩间土的扰动，桩间土承载力和桩的侧阻端阻的恢复都需要一定时间，一般在冬季检测时桩和桩间土强度增长较慢。

CFG 桩强度满足试验荷载条件时，可由专业检测单位进行复合地基荷载试验，试验合格后方可进行褥垫层的敷设。

CFG 桩地基检验应在桩身强度满足试验荷载条件时，并宜在施工结束 28 d 后进行。试验数量宜为总桩数的 0.5% ~1% ，且每个单体工程的试验数量不应少于 3 个检验点，并应抽取不少于总桩数 10% 的桩进行低应变动力试验，检验桩身的完整性。

第九节　灌注桩法

灌注桩起源于 100 多年前，因为工业的发展以及人口的增长，高层建筑不断增加，但是因为许多城市的地基条件比较差，不能直接承受由高层建筑物传来的压力，地表以下存在着厚度很大的软土或中等强度的黏土层，建造高层建筑如仍沿用当时通用的摩擦桩，必会产生很大的沉降。于是工程师们借鉴掘井的技术，发明了在人工挖孔中浇筑钢筋混凝土而成的桩。在随后的 50 年,于 20 世纪 40 年代初,大孔率的钻孔桩首先在美国研制成功。时至今日,随着科学技术的发展和日新月异,钻孔灌注桩在高层、超高层的建筑物和重型构筑物中被广泛应用。当然在我国钻孔灌注桩设计及施工水平也得到了长足的发展。

一、灌注桩的分类

灌注桩是指在工程现场通过机械钻孔、钢管挤土或人力挖掘等手段,在地基土中形成桩孔,并在其内放置钢筋笼,灌注混凝土而成的桩。依照成孔的方法不同,灌注桩又可分为沉管灌注桩、钻孔灌注桩和挖孔灌注桩等几类。

钻孔灌注桩通常为一种非挤土桩,也有部分为挤土桩,并又可进一步细分。

(1)按桩径划分:①小桩:小桩由于桩径小,施工机械、施工场地、施工方法均较为简单,多用于基础加固和复合地基基础中。②中桩:中桩的成桩方法和施工工艺繁多,在工业与民用建筑物中被大量使用,是目前使用最多的一类桩。③大桩:大桩桩径大,单桩的承载力高。近 20 年来发展较快,多用于重型建筑物、构筑物、港口码头、公路桥涵等工程。

(2)按成桩工艺划分:灌注桩分为干作业法钻孔灌注桩、灌浆护壁法钻孔灌注桩、套管护壁法钻孔灌注桩。

二、钻孔灌注桩的特点

钻孔灌注桩有以下的特点:

(1)施工时基本无噪声、无振动、无地面隆起或无侧移,因此对环境和周边建筑物危害小。

(2)扩底钻孔灌注桩能更好地发挥桩端的承载力。

(3)无须桩顶承台,简化了基础结构形式。

(4)钻孔灌注桩通常布桩间距大,群桩效应小。

(5)可以穿越各种土层,更可以嵌入基岩,这是其他桩型很难做到的。

(6)施工设备简单轻便,能在较低的净空条件下设桩。

(7)钻孔灌注桩在施工中影响成桩质量的因素较多,桩侧阻力和桩端阻力的发挥会随着工艺面变化,同时又在较大程度上受施工操作的影响。

三、灌注桩的设计

(一)一般规定

(1)桩基础应按下列两类极限状态设计,即承载能力极限状态,桩基达到最大承载力,整体失稳或发生不宜于继续承载的变形;正常使用极限状态,桩基达到建筑物正常使用所规定的变形限值或达到耐久性要求的某项限值。

(2)根据建筑物的规模功能特征、对差异变形的适应性、场地地基和建筑物体型的复杂性以及由于桩基问题可能造成建筑破坏或影响正常使用的程度,应将桩基设计分为甲级、乙级、丙级三个设计等级。

(3)桩基设计时,所采用的作用效应组合与相应的抗力应符合下列规定:

①确定桩数和布桩时,应采用传至承台底面的荷载效应标准组合;确定相应的抗力时,应采用基桩或复合基桩承载力的特征值。

②计算荷载作用下的桩基沉降和水平位移时,应采用荷载效应标准永久组合;计算水平地震作用、风载作用下的桩基水平位移时,应采用水平地震作用、风载效应标准组合。

③验算坡地、岸边建筑桩基的整体稳定性时,应采用荷载效应标准组合;抗震设计区,应采用地震作用效应和荷载效应的标准组合。

④在计算基桩结构承载力、确定尺寸和配筋时,应采用传至承台顶面的荷载效应基本组合;当进行承台和桩身裂缝控制验算时,应分别采用荷载效应标准组合和荷载效应准永久组合。

⑤桩基结构设计安全等级、结构设计使用年限和结构重要性系数 r_o,应按现行有关建筑结构规范的规定采用。除临时性建筑外,重要性系数 r_o 不应小于1.0。

(二)桩的布置

桩的布置一般对称于桩基中心线,呈行列式或梅花式,排列基桩时,宜使桩群承载力合力点与长期荷载重心重合,并使各桩受力均匀,且考虑打桩顺序。

桩的最小中心距离按照《建筑桩基技术规范》(JGJ 94—2008)中的规定,非挤土灌注桩不小于 $3.0d$(d 为桩的截面长或直径),桩端持力层一般应选择较硬土层,桩端断面进入持力层的深度,对于黏性土、粉土不宜小于 $2d$,对于砂土不宜小于 $1.5d$,对于碎石类土不宜小于 $1d$。

(三)桩基的计算

1. 桩顶作用效应计算

单向偏心竖向力作用下的计算公式为:

$$N_{ik} = \frac{F_k + G_k}{n} \pm \frac{M_{xk}y_i}{\sum y_j^2} \tag{5-20}$$

式中　F_k——荷载效应标准组合下,作用于承台顶面的竖向力;

$\quad\quad$ G_k——桩基承台和承台上土自重标准值;

$\quad\quad$ N_{ik}——荷载效应标准组合偏心竖向力作用下第 i 基桩的竖向力;

$\quad\quad$ M_{xk}——荷载效应标准组合下,作用于承台底面,绕通过桩群形心的 x 主轴的力矩;

$\quad\quad$ y_i、y_j——第 i、j 基桩至 x 轴的距离;

$\quad\quad$ n——桩基中的桩数。

2. 单桩竖向承载力特征值计算

参照《建筑桩基技术规范》(JGJ 94—2008),根据土的物理指标与承载力参数之间的经验关系确定单桩竖向承载力标准值,见式(5-21):

$$Q_{uk} = u\sum_{i=1}^{n} q_{sik}l_i + q_{pk}A_p \tag{5-21}$$

式中　Q_{uk}——单桩竖向承载力标准值,kPa;

$\quad\quad$ u——桩身周长,m;

$\quad\quad$ q_{sik}——桩周第 i 层土桩的侧阻力标准值,kPa;

$\quad\quad$ l_i——桩穿越第 i 层土的厚度,m;

q_{pk}——极限端阻力标准值，kPa；

A_p——桩端面积，m²。

则单桩竖向承载力特征值为：

$$R_a = \frac{1}{K}Q_{uk}$$ (5-22)

式中 R_a——单桩竖向承载力特征值，kPa；

K——安全系数，取 $K=2$。

3. 桩基竖向承载力验算

荷载效应标准组合下，桩基竖向承载力计算应符合下列要求。

（1）轴心竖向力作用下的计算公式为：

$$N_k \leqslant R$$ (5-23)

（2）偏心竖向力作用下，除满足式（5-22）外，尚应满足式（5-24）的要求：

$$N_{kmax} \leqslant 1.2R$$ (5-24)

式中 N_k——荷载效应标准组合轴心竖向力作用下，基桩平均竖向力，kPa；

N_{kmax}——荷载效应标准组合偏心竖向力作用下，桩顶最大竖向力，kPa；

R——基桩竖向承载力特征值，kPa。

（四）配筋计算

钢筋混凝土桩截面尺寸应根据受力要求按强度和抗裂计算结果确定，并满足打桩设备的能力。

混凝土强度等级不宜小于 C25，预应力桩不宜小于 C40。

目前，《混凝土结构设计规范》（GB 50010—2010）中是采用以概率论为基础的极限状态设计法，以可靠指标度量结构构件的可靠度，采用分项系数的设计表达式进行设计。

整个结构或结构的一部分超过某一特定状态就不能满足设计规定的某一功能要求，此特定状态称为该功能的极限状态。极限状态分为两类。

1. 承载能力极限状态

承载能力极限状态即结构或结构构件达到最大承载力，出现疲劳破坏，或不宜于继续承载变形的状态。

根据建筑结构破坏后果的严重程度，划分为三个安全等级，见表5-9，设计时应根据具体情况选用相应的安全等级。

表 5-9　建筑物结构安全等级

安全等级	破坏后果	建筑物类型
一级	很严重	重要的建筑物
二级	严重	一般的建筑物
三级	不严重	次要的建筑物

2. 正常使用极限状态

正常使用极限状态即结构或结构构件达到正常使用或耐久性能的某项规定限值时的

状态。

对于正常使用极限状态,结构构件应分别按荷载效应的标准组合、准永久组合或考虑长期作用的影响,采用下列极限状态的设计表达式:

$$s \leqslant c \tag{5-25}$$

式中 s——正常使用极限状态的荷载效应组合值;

c——结构构件达到正常使用要求所规定的变形、裂缝宽度和应力等的限值。

结构构件正截面的裂缝控制等级分为三级,裂缝控制等级的划分应符合下列规定:

一级——严格要求不出现裂缝的构件,按荷载效应标准组合计算时,构件受拉边缘混凝土不应产生拉应力。

二级——一般要求不出现裂缝的构件,按荷载效应标准组合计算时,构件受拉边缘混凝土拉应力不应大于混凝土轴心抗拉强度;标准值一定,按荷载效应准永久组合计算时,构件受拉边缘混凝土不宜产生拉应力。

三级——允许出现裂缝的构件,按荷载标准组合并考虑长期作用影响计算时,构件的最大裂缝宽度不应超过规定的限值。

(五)灌注桩构造

1. 配筋率

当桩身直径为 300 ~ 2 000 mm 时,正截面配筋率可取 0.65% ~ 0.2%(小直径桩取高值);对于受荷载特别大的桩、抗拔桩和嵌岩端承桩,应根据计算确定配筋率,并不应小于上述规定值。

2. 配筋长度

(1)端承型桩和位于坡地岸边的基桩应沿桩身等截面或变截面通长配筋。

(2)桩径大于 600 mm 的摩擦型桩,配筋长度不应小于 2/3 桩长;当受水平荷载时,配筋长度尚不宜小于 $4.0/\alpha$(α 为桩的水平变形系数)。

(3)对于受水平荷载的桩,主筋不应少于 $8 \phi 12$;对于抗压桩和抗拔桩,主筋不应少于 $6 \phi 10$;纵向主筋应沿桩身周边均匀布置,其净距不应小于 60 mm。

(4)箍筋应采用螺旋式,直径不应小于 6 mm,间距宜为 200 ~ 300 mm;受水平荷载较大桩基、承受水平地震作用的桩基及考虑主筋作用计算桩身受压承载力时,桩顶以下 $5d$ 范围内的箍筋应加密,间距不应大于 100 mm;当桩身位于液化土层范围内时,箍筋应加密;当考虑箍筋受力作用时,箍筋配置应符合现行国家标准《混凝土结构设计规范》(GB 50010—2010)的有关规定,当钢筋笼长度超过 4 m 时,应每隔 2 m 设一道直径不小于 12 mm 的焊接加劲箍筋。

3. 保护层厚度

桩身混凝土及混凝土保护层厚度应符合下列要求:

(1)桩身混凝土强度等级不得小于 C25。

(2)灌注桩主筋的混凝土保护层厚度不应小于 35 mm,水下灌注桩的主筋混凝土保护层厚度不得小于 50 mm。

四、施工

(一) 施工方法

钻孔灌注桩的施工,因其所选护壁形成的不同,通常有泥浆护壁施工法和全套管施工法。

1. 泥浆护壁施工法

冲击钻孔、冲抓钻孔和回转钻削成孔等均可采用泥浆护壁施工法。该施工法的程序为:平整场地→泥浆制备→埋设护筒→敷设工作平台→安装钻机并定位→钻进成孔→清孔并检查成孔质量→下放钢筋笼→灌注水下混凝土→拔出护筒→检查质量。

1) 施工准备

施工准备包括选择钻机、钻具,场地布置等。

钻机是钻孔灌注桩施工的主要设备,可根据地质情况和各种钻机的应用条件来选择。

2) 钻机的安装与定位

安装钻机的基础如果不稳定,施工中易产生钻机倾斜、桩倾斜和桩偏心等不良现象,因此要求安装地基稳固。对地层较软和有坡度的地基,可用推土机推平,再垫上钢板或枕木加固。

为防止桩位不准,施工中最关键的是定好中心位置和正确地安装钻机。对有钻塔的钻机,先利用钻机的动力与附近的地笼配合,将钻杆移动大致定位,再用千斤顶将机架顶起,准确定位,使起重滑轮、钻头或固定钻杆的卡孔与护筒中心在一垂线上,以保证钻机的垂直度。钻机位置的偏差不应大于 2 cm。对准桩位后,用枕木垫平钻机横梁,并在塔顶对称于钻机轴线上拉上缆风绳。

3) 埋设护筒

钻孔成功的关键是防止孔壁坍塌。当钻孔较深时,地下水位以下的孔壁土在静水压力下会向孔内坍塌,甚至发生流砂现象。护筒除起到防止坍孔作用外,同时有隔离地表水、保护孔口地面、固定桩孔位置和钻头导向的作用等。

制作护筒的材料有木、钢、钢筋混凝土三种。护筒要求坚固耐用,不漏水,其内径应比钻孔直径大(旋转钻约大 20 cm,潜水钻、冲击钻或冲抓钻约大 40 cm),每节长度为 2~3 m,一般用钢护筒。

4) 泥浆制备

钻孔的泥浆由水、黏土(膨胀土)和添加剂组成,具有浮悬钻渣、冷却钻头、润滑钻具、增大静水压力,并在孔壁形成泥皮、隔段孔内外渗流、防止坍孔的作用。调剂的钻孔泥浆及经过循环净化的泥浆,应根据钻孔的方法和地层情况来确定泥浆的稠度。泥浆稠度应视地层的变化或操作要求机动掌握,泥浆太稀,排渣能力小,护壁效果差;泥浆太稠,会削弱钻头冲击功能,降低钻进速度。

5) 钻孔

钻孔是一道关键工序,在施工中必须严格按照操作要求进行才能保证成孔的质量。首先要注意开工的质量,为此必须对好中线及确保垂直度,并压好护筒。在施工中要注意不断添加泥浆和抽浆渣(冲击式用),还要随时检查成孔是否有偏斜现象。采用冲击式或冲抓式钻机施工时,附近土层因受到震动而影响邻孔的稳固,所以钻好的孔应及时清孔下放钢筋笼和灌注水下混凝土,钻孔的顺序也应事先规划好,既要保证下一个钻孔的施工不影响上一个桩孔,又要使钻机的移动距离不要过远和相互干扰。

6)清孔

钻孔的深度、直径、位置和孔形直接关系到成桩质量和桩身曲直。为此除在钻孔过程中密切观测监督外,在钻孔达到设计要求的深度后,应对孔深、孔位、孔形、孔径等进行检查。当终孔检查完全符合设计要求时,应立即进行孔底清理,避免隔时过长以致泥浆沉淀,引起钻孔坍孔。对于摩擦桩,当孔壁容易坍塌时,要求在灌注水下混凝土前沉渣厚度不大于 30 mm;当孔壁不易坍塌时,不大于 20 mm。对于柱桩,要求在喷水或射风前,沉渣厚度不大于 5 cm。清孔的方法视使用钻机不同而灵活应用。通常可采用正循环旋转钻机、反循环旋转钻机、真实吸泥机及抽渣筒等清孔。其中用吸泥机清孔,所需的设备不多,操作方便,清孔也较彻底,但在不稳定土层中应慎重使用。其原理是用压缩桩产生的高压空气吹入吸泥机管道内将泥渣吹出。

7)灌注水下混凝土

在清孔完成之后,就可将预制的钢筋笼垂直吊放到孔内,定位后加以固定,然后用导管灌注混凝土。灌注混凝土时不要中断,否则容易出现断桩现象。

2. 全套管施工法

全套管施工法的施工顺序一般为:平整场地→敷设工作平台→安装钻机→压套管→钻进成孔→安放钢筋笼→放导管→浇筑混凝土→拉拔套管→检查成桩质量。

全套管施工法的主要施工步骤除不需泥浆及清孔外,其他的与泥浆护壁施工法类似。

其入套管的垂直度取决于挖掘开始阶段 5 ~ 6 m 深时的垂直度,因此应使用水准仪及钻锤校核其垂直度。

(二)灌注桩的施工质量控制

1. 成孔质量控制

成孔是混凝土灌注桩施工中的一个重要部分,其质量控制得不好,即可能会塌孔、缩颈、桩孔偏斜及桩端达不到设计持力层要求等,还将直接影响桩身的质量和造成桩承载力下降。因此,在成孔的施工技术和施工质量制度方面应着重做好以下几项工作。

(1)采取隔孔施工程序。钻孔混凝土灌注桩和打入桩不同,打入桩是将周围土体挤开,桩身具有很高的强度,土体对桩产生被动土压力。钻孔混凝土灌注桩则是先成孔,然后在孔内成桩,周围土移向桩身,土体对桩产生主动压力。尤其是成桩的初始,桩身混凝土的强度很低,且混凝土灌注桩的成孔是依靠泥浆来平衡的,故采取较适宜的桩距对防止塌孔和缩颈是一项稳妥的技术措施。

(2)确保桩身成孔的垂直精度。确保桩身成孔的垂直精度是灌注桩顺利施工的一个重要条件,否则钢筋笼和导管将无法沉放。为了保证成孔垂直精度满足设计要求,应采取扩大桩机支承面积使桩机稳固、经常校核钻架及钻杆的垂直度等措施,并于成孔后下放钢筋笼前做井径、井斜超声波测试。

(3)确保桩位、桩顶标高和成孔深度。在护筒定位后及时复核护筒的位置,严格控制护筒中心与桩位中心线的偏差不大于 50 mm,并认真检查回填土是否密实,以防钻孔过程中发生漏浆。在施工过程中自然地坪的标高会发生一些变化,为准确地控制钻孔深度,在桩架就位后及时核底梁的水平度和桩具的总长度并做好记录,以使在成孔后根据钻杆在钻机上留出的长度来控制成孔达到的深度。

为有效地防止塌孔、缩颈及桩孔偏斜等现象,除在复核钻具长度时注意检查钻杆是否弯曲外,还应根据不同土层情况对比地质资料,随时调整钻进速度,并描绘出钻进成孔时间曲线。当钻进粉砂层时,进尺速度明显下降,在软黏土中钻进为 0.2 m/min 左右,在细粉砂层中钻进为 0.015 m/min 左右,两者进尺速度相差很大。钻头直径的大小将直接影响孔径的大小,在施工过程中要经常复核钻头直径,如发现其磨损超过 10 mm 就要及时调换钻头。

(4)钢筋笼的制作质量和吊放。钢筋笼的制作首先要检查钢材的质保资料,检查合格后再按设计和施工规范的要求验收钢筋的直径、长度、规格、数量和制作质量。在验收中还要特别注意钢筋笼吊环长度能否使钢筋准确地吊放在设计标高上,这是由于钢筋笼吊放后是暂时固定在钻架底梁上的,因此吊环长度是根据底梁标高的变化而改变的,所以应根据底梁标高逐根复核吊环长度以确保钢筋的埋入标高满足设计要求。在钢筋笼吊放过程中,应逐节验收钢筋笼的连接焊缝质量,对质量不符合规范要求的焊缝、焊口要进行补焊。

(5)灌注水下混凝土前的泥浆制备和第二次清孔。清孔的主要目的是清除孔底沉渣,孔底沉渣是影响灌注桩承载能力的主要因素之一,清孔则是利用泥浆在流动时所具有的动能冲击桩孔底部的沉渣,使沉渣中的岩粒、砂粒等处于悬浮状态,再利用泥浆胶体的黏结力使悬浮着的泥渣随着泥浆的循环流动被带出桩孔,最终将桩孔内的沉渣清洗干净。这就是泥浆的排渣和清孔作用。从泥浆在混凝土钻孔桩施工中的护壁和清孔作用可以看出,泥浆的制备和清孔是确保钻孔桩工程质量的关键环节。因此,对于施工规范中泥浆的控制指标,如含砂率不大于 6%,胶体率不小于 90% 等,在钻孔灌注桩施工过程中必须严格控制,不能就地取材而需要专门采取泥浆制备,选用高塑性黏土或膨润土,拌制泥浆必须根据施工机械、工艺及穿越土层进行配合比设计。

灌注桩成孔至设计标高,应充分利用钻杆在原位进行第一次清孔直到孔口通浆比重持续小于 1.10~1.20,测得孔底沉渣厚度小于 50 mm,即抓紧吊放钢筋笼和沉放混凝土导管。沉放导管时检查导管的连接是否牢固和密实,以防止漏气漏浆而影响灌注。由于孔内原土泥浆在吊放钢筋笼和沉放导管这段时间内使处于悬浮状态的沉渣再次沉到桩孔底部,最终不能被混凝土冲击反起而成为永久性沉渣,从而影响桩基工程的质量。因此,必须在混凝土灌注前利用导管进行第二次清孔,当孔口返浆比重及沉渣厚度均符合规范要求时,应立即进行水下混凝土的灌注工作。

2. 成桩的质量控制

成桩的质量控制应注意以下几点。

(1)为确保成桩质量,要严格检查验收进场原材料的品质、水泥检验出厂合格证与化验报告、砂石化验报告,如发现实样与质保书不符,应立即取样进行复检,不合格的材料(如水泥、砂石、水)严禁用于混凝土灌注桩。

(2)钻孔灌注水下混凝土的施工主要是采用导管灌注,混凝土的离析现象还会存在,但良好的配合比可减轻离析的程度,因此现场的配合比要随水泥品种、砂石料规格及含水量的变化进行调整。为使每根桩的配合比都能正确无误,在混凝土搅拌前都要复核配合比,并校验计量的准确性,严格计量和测试管理,并及时填入原始记录和搅拌制作试样。

(3)为了防止断桩、夹泥、堵管等现象,在混凝土灌注时应加强对混凝土搅拌时间和混凝土坍落度的控制,因为混凝土搅拌时间不足会直接影响混凝土的强度,混凝土坍落度采用 18 ~ 20 cm,并随时了解混凝土面的标高和导管埋入深度,导管在混凝土面的埋入深度一般宜保持在 2 ~ 4 m,不宜大于 5 m 和小于 1 m,严禁把导管底端提出混凝土面。当灌注至距桩顶标高 8 ~ 10 m 时,应及时将坍落度调小至 12 ~ 16 cm,以提高桩身上部混凝土的抗压强度。在施工中,要控制好灌注工艺和操作,抽动导管使混凝土面上升的力度要适中,保证有程序地拔管和连续灌注。升降的幅度不能过大,如大幅度抽拔导管则容易造成混凝土体冲刷孔壁,导致孔壁下坠或坍落。桩身夹混这种现象尤其在砂层厚的地方比较容易发生。

(4)钻孔灌注桩的整个施工过程属隐蔽工程项目,质量检查比较困难,如桩的各种动测方法基本上都是在一定的假设计算模型的基础上进行参数测定和检验的,并要依靠专业人员的经验来分析和判读实测结果。同一个桩基工程,各检测单位用同一种方法进行检测,由于技术人员实践经验的差异,其结论偏差很大的情况也时有发生。

五、质量检验的要求

质量检验包括一般规定、施工前检验、施工中检验及施工后检验几部分。

(一)一般规定

(1)桩基工程应进行桩位、桩长、桩径、桩身等质量和单桩承载力的检验。

(2)桩基工程的检验按时间顺序可分为三个阶段,即施工前检验、施工中检验和施工后检验。

(3)对砂、石、水泥、钢材等桩体原材料质量的检验项目和方法应符合国家的行业标准的规定。

(二)施工前检验

(1)施工前应严格对桩位进行检验。

(2)灌注桩施工前应进行下列检验。

①混凝土搅制应对原材料的质量与计量、混凝土的配合比、强度等级进行检查。

②钢筋笼制作应对钢筋规格、焊条规格和品种、焊口规格、焊缝长度、焊缝外观和质量、主筋和箍筋的制作偏差等进行检查,钢筋笼制作允许偏差应符合规范要求。

(三)施工中检验

(1)灌注桩施工中应进行下列检验:

①灌柱混凝土前应按照有关施工质量要求,对已成孔的中心位置、孔深、孔径、垂直度、孔底沉渣厚度进行检验。

②应对钢筋笼安放的实际位置等进行检查,并填写相应的质量检测、检查记录。

③干作业条件下成孔后应对大直径桩、桩端持力层进行检验。

(2)对于挤土灌注桩施工过程均应对桩顶和地面土体的竖向与水平位移进行系统监测,若发现异常,应采取复打、复压、引孔、设置排水设施及调整沉桩速率等措施。

(四)施工后检验

(1)根据不同桩型应按规定检查成桩桩位偏差。

(2)工程桩应进行承载力和桩身质量检验。

(3)有下列情况之一的桩基工程,应采用静载荷试验对工程桩单桩竖向承载力进行检测,检测数量应根据桩基设计等级、本工程施工前取得试验数据的可靠性等因素,按现行行业标准《建筑基桩检测技术规范》(JGJ 106—2003)确定。

①工程施工前已进行单桩静载荷试验,但施工过程变更了工艺参数或施工质量出现异常时。

②施工前工程未按《建筑基桩检测技术规范》(JGJ 106—2003)规定进行单桩静载荷试验的工程。

③地质条件复杂,桩的施工质量可靠性低。

④采用新桩型或新工艺

(4)设计等级为甲、乙级的建筑桩基静荷试验检测的辅助检测,叮采用高应变动测法对工程桩单桩竖向承载力进行检测。

(5)桩身质量除对预留混凝土试桩外,还可采用钻芯法、声波透射法,检测数量可根据现行行业标准《建筑基桩检测技术规范》(JGJ 106—2003)确定。

(6)对专用桩拔桩和水平承载力有特殊要求的桩基工程,应进行单桩抗拔载荷试验和水平静载荷试验检测。

(五)桩基及承台工程验收资料

(1)当桩顶设计标高与施工场地标高相近时,基桩的验收应待基桩施工完毕后进行;当桩顶设计标高低于施工现场标高时,应待开挖到设计标高后进行验收。

(2)基础桩验收应包括下列资料。

①岩土工程勘察报告、桩基施工图、图纸会审纪要、设计变更及材料代用通知单等。

②经审定的施工组织计划设计、施工方案及执行中的变更单。

③桩位测量放线图,包括工程桩位线复核签证单。

④原材料的质量合格和质量鉴定书。

⑤半成品,如预制桩、钢桩等产品的合格证。

⑥施工记录及隐蔽工程验收文件。

⑦成桩质量检测报告。

⑧单桩承载力检测报告。

⑨基坑挖至设计标高的桩基竣工平面图及桩顶标高图。

⑩其他必须提供的文件和记录等资料。

(3)承台工程验收时应包括下列资料:

①承台钢筋、混凝土的施工与检查记录。

②桩头与承台的钢筋边桩离承台边缘的距离,承台钢筋保护层记录。

③桩头与承台防水构造及施工质量。

④承台厚度、长度和宽度的量测记录及外观情况描述等。

第十节　预应力混凝土管桩法

　　预制混凝土管桩包括预应力混凝土管桩(代号 PC 管桩)、预应力高强混凝土管桩(代号 PHC 管桩)及先张法薄壁预应力混凝土管桩(代号 PTC 管桩)。1984 年广东省构件公司、广东省基础公司和广东省建筑科学研究所合作,成功研制了新型桩形式的 PC 管桩,将异径法兰接口桩接头连接改为焊接连接。1987 年交通部第三航务工程局从日本全套引进预应力高强混凝土管桩生产线,主要规格为 $D = 600 \sim 1\,000$ mm(D 为外径)。1987 ~ 1994 年,国家建材局苏州混凝土水泥制品研究院和广东番禺市桥丰水泥制品有限公司在有关科研院所的合作下,通过对引进管桩生产线的消化吸收,自主开发了国产化的 PHC 管桩生产线。20 世纪 80 年代后期,宁波浙东水泥制品有限公司与有关研究院(所)合作,针对我国沿海地区淤泥软土层较多的特点,通过对 PC 管桩的改造开发了 PTC 管桩,主要规格为 $D = 300 \sim 600$ mm。经过 20 多年来的快速发展,据不完全统计,目前国内共有管桩生产企业 300 家,管桩的规格 $D = 300 \sim 1\,200$ mm。

　　预应力混凝土管桩已被广泛地应用到高层建筑、民用住宅、公用工程、大跨度桥梁、高速公路、港口码头等工程中。管桩的制作质量要求参照已有国家标准《先张法预应力混凝土管桩》(GB 13476—2009)。管桩按混凝土强度等级分为预应力混凝土管桩和预应力高强混凝土管桩,前者的混凝土强度等级一般为 C60 或 C70,后者的混凝土强度等级为 C80,一般要经过高压蒸养才能生产出来,从成型到使用的最短时间需三四天。管桩按抗裂变矩和极限变矩的大小又可分为 A 型、AB 型、B 型,有效预压应力值为 3.5 ~ 6.0 MPa,打桩时桩身混凝土就可能不会出现横向裂缝,所以,对于一般的建筑工程,采用 A 型或 AB 型桩。目前,常用的管桩规格如表 5-10 所示。

表 5-10　常用的管桩规格

外径(mm)	壁厚(mm)	混凝土强度等级	节长(m)	承载力标准值(kN)
300	70	C60 ~ C80	5 ~ 11	600 ~ 900
400	90	C60 ~ C80	5 ~ 12	900 ~ 1 700
500	100	C60 ~ C80	5 ~ 12	1 800 ~ 2 350
550	100	C60 ~ C80	5 ~ 12	1800 ~ 2800
600	105	C80	6 ~ 13	2 500 ~ 3 200

　　管桩的桩尖形式主要有三种:十字型、圆锥型和开口型,前两种属于封口型。穿越砂层时,开口型和圆锥型比十字型好。开口型桩尖一般用在入土深度为 40 m 以上且桩径大于等于 550 mm 的管桩工程中,成桩后桩身下部有 1/3 ~ 1/2 桩长的内腔被土体塞住,从土体间塞效果来看,单桩的承载力不会降低,但挤土作用可以减小。封口型桩尖成桩后内腔可一目了然,对桩身质量及长度可用目测法检查,这是其他桩型所不能比的。十字型桩尖加工容易,造价低,破岩能力强。桩尖规格不符合设计要求,也会造成工程质量事故。

　　管桩桩端持力层可选择强风化岩层、坚硬的黏土层或密实的砂层,某些地区基岩埋藏较深,管桩桩尖一般坐落在中密至密实的砂层,土桩长为 30 ~ 40 m,这是以桩侧摩阻力为主的端承摩擦桩。如果基岩埋藏较浅,为 10 ~ 30 m,且基岩风化严重,强风化岩层厚达几米、十几米,这样的工程地质条件最适合预应力混凝土管桩的应用。预应力混凝土管桩一般可以打入强风化岩层 1 ~ 3 m,即可打入标准贯入击数 N = 56 ~ 60 的地层,管桩不可能打入中风化岩层和微风化岩层。

预应力混凝土管桩的应用,同其他任何桩型一样都有局限性。有些工程地质条件就不宜用预应力混凝土管桩,主要有下列四种:弧石和障碍物多的地层不宜应用,有坚硬夹层时不宜应用或慎用,石灰岩地区不宜应用,从松软突变到特别坚硬的地层不宜应用。其中弧石和障碍物多的地层,有坚硬夹层且又不能作持力层的地区不宜应用管桩,道理显而易见,此处不再重述,下面重点探讨其他两类不宜应用预应力混凝土管桩的工程地质条件。

一、预应力混凝土管桩的适用条件

(一)石灰岩(岩溶)地区

石灰岩不能作管桩的持力层,除非石灰岩上面存在可作管桩持力层的其他岩土层。大多数情况下石灰岩上面的覆盖土层属于软土层,而石灰岩是水溶性岩石(包括其他溶岩),几乎没有强风化岩层,基岩表面就是新鲜岩石。在石灰岩地区,溶洞、溶沟、溶槽、石笋、漏斗等喀斯特现象相当普遍,在这种地质条件下应用管桩,常常会发生下列工程质量事故。

(1)管桩一旦穿过覆盖层就立即接触到岩面,如果桩尖不发生滑移,那么贯入度就立即变得很小,桩身反弹特别厉害,管桩很快出现破坏现象或桩尖变形、桩头打碎、桩身断裂,破损率往往高达 30% ~ 50%。

(2)桩尖接触岩面后,很容易沿倾斜的岩面滑移。有时桩身突然倾斜,断桩后可很快被发现,有时却慢慢地倾斜到一定的程度使桩身被折断,但不易发现。如果覆盖层浅而软,桩身跑位相当明显,即使桩身不折断,成桩的倾斜率也大大超过规范要求。

(3)施工时桩长很难掌握,配桩相当困难,桩长参差不齐,相差悬殊是石灰岩地区的普遍现象。

(4)桩尖落在基岩石上,周围土体嵌固力很小,桩身稳定性差,有些桩的桩尖只有一部分在岩面上面而另一部分却悬空着,桩的承载力难以得到保证。

在岩溶地区打桩,时常可见到一种打桩的假象,在一根桩桩尖附近的桩身混凝土被打碎后,破碎处以上的桩身混凝土随着上部锤击打桩而连续不断的被破坏,从表面上看锤击一下,桩向下贯入一点,实质上这些锤击能量都用于破坏底部桩身混凝土并将其碎块挤压到四周的土层中,打桩入土深度仅仅是个假象而已。1994 年广州市西郊某工程设计采用 ϕ400 mm 管桩,用 D50 柴油锤施工打,取 R_a = 1 200 kN,其中有一根桩足足打入 73 m,打桩时每锤击一次,管桩向下贯入一点,未发现异常,但此地钻孔资料表明 0 ~ 19 m 为软土,19.9 m 以下为微风化白云质灰岩,管桩不可能打入微风化岩。为了分析原因,设计者组织钻探队在离桩边约 40 cm 处进行补钻,发现当钻到地面以下 11 ~ 12 m 处混凝土已破碎,在这个工地上类似这样的"超长桩"占整桩数的 15% 以上,给基础工程质量的检测补救工作带来许多困难与麻烦。

（二）从松软突变到特别坚硬的地层

大多数石灰岩地层也属于这种"上软下硬、软硬突变"的地层，但这里指的不是石灰岩，而是其他岩石，如花岗岩、砂岩、泥岩等。一般来说，这些岩石有强、中、微风化岩层之分，管桩以这些基岩的强风化层作桩端持力层是相当理想的，不过有些地区基岩中缺少强风化岩层，且基岩上面的覆土层比较松软，在这样的地质条件下打管桩，有点类似于石灰岩地区桩尖一接触硬岩层，贯入度就立即变小甚至为零。石灰岩地层溶洞、溶沟多，岩面起伏不平，而这类非溶岩面一般比较平坦，成桩的倾斜率没有石灰岩地区那么大，但打桩的破损率并不低。在这样的工程地质条件下打管桩，不管管桩质量多好，施工技术多高，桩的破损率仍然会很高，这是因为中间缺少一层"缓冲层"。这样的工程地质条件在广州、深圳等地都遇到过，打管桩的破损率高达10%～20%，因此有些工程半途改桩型，有些采取补强措施。实际上，基岩上部完全无强风化岩的情况比较少见，但有些强风化岩很薄，只有几十厘米，这样的地质条件应用管桩也是弊多利少。有些工程整个场区的强风化岩层较厚，只有少数承台下强风化的岩层很薄，这些少数承台中的桩，收锤贯入度放宽，单桩承载力设计值降低，适当增加一些桩也是可以解决问题的。

以上探讨的是打入式管桩不宜使用的工程地质条件，如果是采用静压方法情况就不同了，有些不宜应用管桩的工程地质条件也可以应用，所以大吨位静力压桩法是大有发展前景的。

二、预应力混凝土管桩的优缺点

（一）优点

（1）单桩承载力高。预应力混凝土管桩桩身混凝土强度高，可打入密实的砂层和强风化岩层。由于挤压作用，桩端承载力可比原状土质提高70%～80%，桩侧摩阻力提高20%～40%。因此，预应力混凝土管桩承载力设计值要比同样直径的灌注桩和人工挖孔桩高。

（2）应用范围广。预应力混凝土管桩是由侧阻力、端阻力共同承受上部压力，可选择强风化岩层、全风化岩层、坚硬的黏土层或密实的砂层（或卵石层）等多种土质作为持力层，且对持力层起伏变化大的地质条件适应性强。因此，适应地域广，适用建筑类型多。

管桩规格多，一般的厂家可生产 $\phi300～600$ mm 的管桩，个别厂家可生产 $\phi800$ mm 及 $\phi1\,000$ mm 的管桩，单桩承载力达到 600～4 500 kN。在同一建筑物基础中，可根据桩荷载的大小采用不同直径的管桩，充分发挥每根桩的承载能力，使桩长趋于一致，保持桩基沉降均匀。

因管桩桩节长短不一，通常设 4～16 m 一节，搭配灵活，接长方便，在施工现场可随时根据地质条件的变化调整接桩长度，节省用桩量。

目前，预应力混凝土管桩已被广泛应用到高层建筑、大跨度桥梁、高速公路、港口、码头等工程中。

（3）沉桩质量可靠。预应力混凝土管桩是工厂化、专业化、标准化生产，桩身质量可靠；运输吊装方便，接桩快捷；机械化施工程度高，操作简单，易控制；在承载力、抗弯性能、抗拔性能上均能得到保证。

管桩节长一般在 13 m 以内,桩身具有预压应力,起吊时用特制的吊钩勾住管桩的两端就可方便地吊起来。接桩采用电焊法,两个电焊工一起工作,ϕ500 mm 的管桩一个接头仅需约 20 min 即可完成。

(4)成桩长度不受施工机械的限制。管桩成桩搭配灵活,成桩长度可长可短,不像沉管灌注桩受施工机械的限制,也不像人工挖孔桩成桩长度受地质条件的限制。

(5)施工速度快,工效高,工期短。管桩施工速度快,一台打桩机每台班至少可打 7 ~ 8 根桩,可完成 20 000 kN 以上承载力的桩基工程。管桩工期短,主要表现在以下 3 个方面:

①施工前的准备时间短,尤其是 PHC 桩,从生产到使用的最短时间只需三四天。

②施工速度快,对于一座 2 万 ~ 3 万 m² 建筑面积的高层建筑,1 个月左右便可完成管桩施工。

③检测时间短,2 ~ 3 圈便可测试检查完毕。

(6)桩身穿透力强。因为管桩桩身强度高,加上有一定的预应力,桩身可承受重型柴油锤成百上千次的锤击而不破裂,而且可穿透 5 ~ 6 m 的密集砂隔层。从目前的应用情况看,如果设计合理,施工收锤标准定得恰当,施打管桩的破损率一般不会超过 1%。

(7)造价低。从材料的用量上比较,预应力混凝土管桩与钢筋混凝土预制方桩相当,比灌注桩经济高效。

(8)施工文明,现场整洁。预应力混凝土管桩的机械化施工程度高,现场整治施工,环境好,不会发生钻孔灌注桩工地泥浆满地流的脏污情况,容易做到文明施工,安全生产,减少安全事故,也是提高间接经济效益的有效措施。

(二)缺点

(1)用柴油机锤施打管桩时,振动剧烈,噪声大,挤土量大,会造成一定的环境污染和影响。采用静压法施工可解决振动剧烈和噪声大的问题,但挤土作用仍然存在。

(2)打桩时送桩深度受到限制,在深基坑开挖后截去余桩较多。但用静压法施工送桩深度可加大,余桩较少。

(3)在石灰岩作持力层、上软下硬或软硬突变等地质条件下,不宜采用锤击法施工。

三、预应力混凝土管桩的作用机制

静压法具有无噪声、无振动、无冲击力等优点,同时挤压桩型一般选用预应力混凝土管桩,该桩作基础具有工艺简明、质量可靠、造价低、检测方便的特性,两者的结合大大推动了静压管桩的应用。

沉桩施工时,桩尖"刺入"土体中,原状土的初应力状态受到破坏,造成桩尖下土体的压缩变形,土体对桩尖产生相应阻力,随着桩贯入压力的增大,当桩尖土体所受应力超过其抗剪强度时,土体发生急剧变形而达到极限破坏。土体产生塑性流动(黏性土)或挤密侧移和下拖(砂土),在地表处,黏性土体会向上隆起,砂性土则会被带下沉。在地面深处由于上覆土层的压力,土体主要向桩周水平方向挤开,使贴近桩周处土体结构完全被破坏。较大的辐射向压力的作用也使邻近桩周处土体受到较大扰动影响,此时桩身必然会受到土体的强大法向抗力所引起的桩周摩阻力和抗尖阻力的抵抗,当桩顶的静压力大于沉桩时的这些抵抗阻力时,桩将继续"刺入"下沉,反之则停止下沉。

压桩时,地基土体受到强烈扰动,桩周土体的实际抗剪强度与地基土体的静态抗剪强度有很大的差异。当桩周土体较硬时,剪切面发生在桩与土的接触面上;当桩周土体较软时,剪切面一般发生在邻近于桩表面处的土体内。黏性土中随着桩的沉入,桩周土体的抗剪强度逐渐下降,直至降低到重塑强度。砂性土中除松砂外,抗剪强度变化不大,各土层作用于桩上的桩侧摩阻力不是一个常数值,而是一个随着桩的继续下沉而显著减小的变值。桩下部摩阻力对沉桩阻力起显著作用,其值可占沉桩阻力的 50% ~80% ,它与桩周处土体强度成正比,与桩的入土深度成反比。

一般将桩摩阻力从上到下分成三个区:上部柱穴区,中部滑移区,下部挤压区。施工中因接桩或其他因素影响而暂时停压桩,间歇时间的长短虽对继续下沉的桩尖阻力无明显影响,但对桩侧摩阻力的增加影响较大,桩侧摩阻力的增大值与间歇时间长短成正比,并与地基土层特性有关,因此在静压法沉桩中,应合理设计接桩的结构和位置,避免将桩尖停留在硬土层中进行接桩施工。

在黏性土中,桩尖处土体在超静孔降水压力的作用下,土体的抗压强度明显下降。砂性土中,密砂受松弛效应影响,使土体抗压强度降低。在成桩成层土地基中,硬土中桩端阻力还将受到分界处黏土层的影响,覆盖软土时,在临界深度以内桩端阻力将随压入硬土内深度的增加而增大;下卧层为软土时,在临界深度以内桩端阻力将随压入硬土内深度的增加而减小。

四、预应力混凝土管桩的设计

(一)单桩竖向承载力的特征值计算

(1)参照《建筑桩基技术规范》(JGJ 94—2008),根据土的物理指标与承载力参数之间的经验关系确定单桩竖向承载力标准值。

(2)参照广东省《预应力管桩基础技术规范》,单桩竖向承载力计算公式如下:

$$R_a = r_s u_s \sum_{i=1}^{n} q_{si} L_i + r_p q_p A_p \tag{5-26}$$

式中　R_a——单桩竖向承载力标准值,kN;

　　　r_s——桩周土摩擦力调整参数;

　　　u_s——桩身周长,m;

　　　q_{si}——桩周土摩擦力标准值,kPa;

　　　L_i——各土层划分的各段桩长,m;

　　　r_p——桩端土承载力调整系数;

　　　q_p——桩端土承载力标准值,kPa;

　　　A_p——桩身横截面面积,m²。

(3)桩尖进入强风化岩层的管桩单桩竖向承载力标准值的经验公式如下:

$$R_a = 100 N A_p + u_p \sum_{i=1}^{n} q_{si} L_i \tag{5-27}$$

式中　R_a——单桩竖向承载力的标准值,kN;

　　　N——桩端处强风化岩的标准贯入值;

　　　A_p——桩尖(封口)投影面积,m^2;

　　　q_{si}——桩周土的摩擦力标准值,kPa,强风化岩的 q_{si} 值取 150 kPa;

　　　u_p——管桩桩身外周长,m;

　　　L_i——各土层划分的各段桩长,m。

公式适用范围:管桩的桩尖必须进入 $N \geqslant 50$ 的强风化岩层,当 $N > 60$ 时取 $N = 60$。

当计算出来的 R_a 大于桩身额定承载力 R_b 时,取 R_a 为额定承载力 R_b。

对于入土深度 40 m 以上的超长管桩,采用现行规范提供的设计参数是可以求得较高的承载力的,但对于一些 10 ~ 20 m 的中短桩,尤其是地质条件为强风化岩层,顶面埋深约 20 m,地面以下 16 ~ 17 m 都是淤泥软土,只有下部 2 ~ 3 m 才是硬塑土层,桩尖进入强风化岩层 1 ~ 3 m 的管桩,按现行规范提供的设计参数计算,承载力远远偏小,有时计算值要比实际应用值小一半左右。单桩承载力设计值定得很低,会造成很大的浪费。事实上,管桩有其独特之处,管桩穿越土层的能力比预制方桩强得多,管桩桩尖进入风化岩层后经过剧烈的挤压,桩尖附近的强风化岩层已不是原来的状态,土体承载力几乎达到中风化岩体的原状水平。据对多根试压桩试验结果进行反算以及管桩应力实测数据表明,管桩桩尖进入强风化岩层后 $q_p = 5\,000 ~ 6\,000$ kPa,$q_s = 130 ~ 180$ kPa。而现行规范没有列出强风化岩体的设计参数,一般参照坚硬的土层,取 $q_p = 2\,500 ~ 3\,000$ kPa,$q_s = 40 ~ 50$ kPa,这样的设计结果偏小。

(4)管桩桩身额定的承载力就是桩身最大允许轴向承压力,目前我国管桩生产厂家多数套用日本和英国采用的公式,即

$$R_b = 1/4(f_{ce} - \sigma_{pc})A \tag{5-28}$$

式中　R_b——管桩桩身额定承载力,kN;

　　　f_{ce}——管桩桩身混凝土设计强度,kPa,如 C80 取 $f_{ce} = 80$ kPa;

　　　σ_{pc}——桩身有效预应力,kPa;

　　　A——桩身有效横截面面积,m^2。

还有采用美国 UBC 和 ACI 的计算公式,桩身结构强度按下式验算:

$$\sigma \leqslant (0.20 - 0.25)R - 0.27\sigma_{pc} \tag{5-29}$$

式中　σ——桩身垂直压应力,kPa;

　　　R——边长为 20 cm 的混凝土立方体试块的极限抗压强度,kPa;

　　　σ_{pc}——桩身截面上混凝土的有效预加应力,kPa。

(5)桩间距对管桩承载力的影响。规定桩的最小中心距是为了减少桩周应力重叠,也是为了减小打桩对邻桩的影响。规范规定挤土预桩排数超过三排(含三排)且桩数超过 9 根(含 9 根)的摩擦型桩基,桩的最小中心距为 $3.0d$(d 为桩径)。目前,大面积的管桩群在高层建筑的塔楼基础中被广泛应用,有些一个大承台含有管桩 200 余根。如果此时桩最小间距仍为 $3.0d$,打桩引起的土体上涌现象很明显,有时甚至可以将施工场地地面抬高 1 m 左右,这样不仅影响桩的承载力,还会将薄弱的管桩接头拉脱。因此,大面积的管桩基础,最小桩间距宜为 $4.0d$,有条件时采用 $4.5d$,这样挤土影响可大大减小,对保

证管桩的设计承载力很有益处。当然,过大的桩间距又会增加桩承台的造价。

(6)对静载荷桩荷载最大值的理解。现行基础规范采用 R_a 和 R 两种不同承载力表达方式,R_a 是单桩竖向承载力标准值,R 是单桩竖向承载力设计值,对桩数为 3 根或 3 根以下的桩承台,取 $R = 1.1R_a$,4 根或 4 根以上的桩承台取 $R = 1.2R_a$。

检验单桩竖向承载力时是用 $2R_a$ 还是用 $2R$ 来进行静载荷试验,不少设计人员往往要求将 2 倍的单桩承载力设计值作为静载荷试验荷载值来评价桩的质量,这是一种误解。按规范要求,应以 $2R_a$ 作为最大荷载值来检验桩的承载力,因为 $2R_a$ 等于单桩竖向极限承载力。如果用 2 倍单桩承载力设计值,也即用 $2.4R_a$ 或 $2.2R_a$(大于极限承载力)为最大荷载来试压,对一些承载力富余量较多的管桩,是可以过关的;但对一些承载力没什么富余量的管桩,按 $2R_a$ 来试压,是可以合格的,而按 $2.4R_a$ 来试压是不合格的,结论完全不一样。

(二)配筋计算

管桩截面为圆环形,见图 5-2。

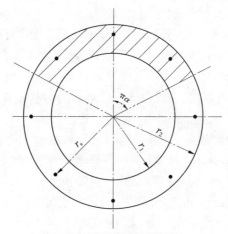

图 5-2 圆环截面计算简图

管桩截面配筋计算采用式(5-29):

$$0 \leqslant \alpha\alpha_1 f_c A + (\alpha - \alpha_1)f_y A_s \tag{5-30}$$

$$M \leqslant \frac{2}{3}\alpha_1 f_c A(r_1 + r_2)\frac{\sin\pi\alpha}{\pi} + f_y A_s r_s \frac{\sin\pi\alpha + \sin\pi\alpha_1}{\pi} \tag{5-31}$$

$$\alpha_1 = 1 - 1.5\alpha \tag{5-32}$$

式中　A——环形截面面积;

　　　A_s——全部纵向普通钢筋的截面面积;

　　　r_1、r_2——环形截面的内、外半径;

　　　r_s——纵向普通钢筋重心所在圆周的半径;

　　　α——受压区混凝土截面面积与全截面面积的比值;

　　　α_1——纵向受拉钢筋截面面积与全部纵向钢筋截面面积的比值,当 $\alpha > 2/3$ 时,取
　　　　$\alpha_1 = 0$;

　　　其他符号意义同前。

五、施工

管桩的施工方法(即沉桩方式)有多种。前些年主要采用打入法,过去采用过自由锤,目前多采用柴油锤,柴油锤的极限贯入度一般为 20 mm/10 击,过小的贯入度作业会损坏柴油锤,减少其使用寿命。而且管桩采用柴油锤施打,振动大、噪声大。近年来,人们开发了一种静压沉桩工艺,即采用液压式静力压桩机将管桩压到设计的持力层。目前静力压桩机的最大压桩力增大到 500 kN,可以将 φ500 mm 和 φ550 mm 的预应力管桩压下去,单桩承载力可达 2 000 ~ 2 500 kN。

(一)对原材料的要求

原材料主要有水泥、细骨料、粗骨料、水、外加剂、掺合料、钢材等。

(1)水泥:采用强度等级不低于 42.5 级的硅酸盐水泥、普通硅酸盐水泥、矿渣硅酸盐水泥、粉煤灰硅酸盐水泥、管桩水泥,其各种水泥质量应符合现行国家标准《通用硅酸盐水泥》(GB 175—2007)的规定。

水泥进场时应有质量保证书或产品合格证。

水泥存放应按厂家、品种、强度等级、批号分别贮存并加以标明,水泥贮存期不得超过 3 个月,过期或对质量有怀疑时应进行水泥质量检验,不合格的产品不得使用。

(2)细骨料:宜采用天然硬质中砂,细度模数宜为 2.5 ~ 3.2,其质量应符合《建筑用砂》(GB/T 14684—2011)的规定,当混凝土强度等级为 C80 时含泥量应小于 1%,当混凝土强度等级为 C60 时含泥量应小于 2%。

不得使用未经淡化的海砂。若使用淡化的海砂,混凝土中的氯离子含量不得超过 0.006%。

(3)粗骨料:应采用碎石,其最大粒径不大于 25 mm,且不超过钢筋净距的 3/4,其质量应符合《建筑用卵石碎石》(GB/T 14685—2011)的规定。

碎石必须经过筛洗后才能使用,当混凝土强度等级为 C80 时含泥量应小于 0.5%,当混凝土强度等级为 C60 时含泥量应小于 1%。

碎石的岩体抗压强度宜大于所配混凝土强度的 1.5 倍。

(4)水:混凝土拌和用水不得含有影响水泥正常凝结和硬化的有害杂质及油质,其质量应符合《混凝土用水标准》(JGJ 63—2006)的规定,不得使用海水。

(5)外加剂:其质量应符合《混凝土外加剂》(GB 8076—2008)的规定,不得采用含有氯盐或有害物的外加剂,选用外加剂应经过试验验证后确定。

(6)掺合料:掺合料不得对管桩产生有害影响,使用前必须对其有关性能和质量进行试验验证。

(7)钢材:预应力钢筋采用预应力混凝土用钢棒,其质量应符合《预应力混凝土用钢棒》(GB/T 5223.3—2005)的规定。

螺旋筋采用冷拔低碳钢丝、低碳钢热轧圆盘条,其质量应分别符合《冷拔低碳钢丝应用技术规程》(JGJ 19—2010)、《低碳钢热轧圆盘条》(GB/T 701—2008)的规定。

端部锚固钢筋宜采用低碳钢热轧圆盘条或钢筋混凝土用热轧带钢筋,其质量应分别符合《低碳钢热轧圆盘条》(GB/T 701—2008)《钢筋混凝土用钢第二部分:热轧带肋钢筋》（GB 1499.2—2007）的规定,管桩端部锚固钢筋设置应按照结构设计来确定。

端夹板、钢管箍的材质性能应符合《碳素结构钢》（GB/T 700—2006）中 Q235 的规定。制作管桩用的钢模板应有足够的刚度,模板的接缝不应漏浆,模板与混凝土接触面应平整光滑。

钢材进场必须提供钢材质保书,进场后必须按规定进行抽检,严禁使用未经检验或检验不合格的钢材,钢材必须按品种、型号规格、产地分别堆放,并有明显的标注。

（8）焊接材料:手工焊接的焊条应符合现行国家标准《碳钢焊条》（GB/T 5117—1995）的规定,焊条型号应与主体构件的金属强度相适应。

焊缝的质量应符合现行国家标准《钢结构设计规范》（GB 50017—2003）和《钢结构工程施工质量验收规范》（GB 50205—2001）的规定。

（二）管桩的制作要求

1. 混凝土的制备

预应力混凝土管桩用混凝土强度等级不得低于 C60,预应力高强度管桩用混凝土强度等级不得低于 C80。

离心混凝土配合比的设计参见《普通混凝土配合比设计规程》（JGJ 55—2011）,经试配确定,混凝土坍落度一般控制在 3 ~ 7 cm。

混凝土搅拌必须采用强制式搅拌机,混凝土搅拌最短时间应符合《混凝土结构工程施工质量验收规范》（GB 50204—2015）的规定,混合料的搅拌应充分均匀,掺加掺合料时搅拌时间应适当延长,混凝土搅拌制度应经试验确定。

严格按照配料单及测定的砂石含水量调配料。混凝土搅拌完毕,因设备原因或停电不能出料,若时间超过 30 min,则该盘混凝土不得使用。

搅拌机的出料容量必须与管桩最大规格相匹配,每根管桩用混凝土的搅拌次数不宜超过 2 次。

混凝土的质量控制应符合《混凝土质量控制标准》（GB 50164—2011）的规定。

2. 钢筋骨架的制作

（1）预应力主筋的加工要求:主筋应清除污油,不应有局部的弯曲,端面应平整,不得有飞边,不同厂家、不同型号规格的钢筋不得混合使用。同根管桩中钢筋下料长度的相对差值不得大于 $L/5\ 000$（L 为桩长,以 mm 计）。主筋镦头宜采用熟镦工艺,钢筋镦头强度不得低于该材料标准强度的 90%。预应力主筋沿管桩断面圆周分布均匀配置,最小配筋率不低于 0.4%,并不得少于 6 根主筋,净距不应小于 30 mm。

（2）骨架的制作:螺旋筋的直径应根据管桩规定确定,外径 450 mm 及以下螺旋筋的直径不应小于 4 mm,外径 500 ~ 600 mm 螺旋筋的直径不应小于 6 mm。钢筋骨架螺旋距最大不超过 110 mm,距桩两端 1 000 ~ 1 500 mm,螺旋距为 40 ~ 60 mm。

钢筋骨架采用流焊机成型,预应力主筋和螺旋筋焊接点的强度损失不得大于该材料标准强度的 5%。

钢筋骨架成型后,各部分尺寸应符合如下要求,预应力主筋间距偏差不得超过 ±5 mm;螺旋筋的螺距偏差,两端处不得超过 ±5 mm,中间部分不得超过 10 mm;主筋中心半径与设计标准偏差不得超过 ±2 mm。

钢筋骨架堆放时,严禁从高处抛下,并不得将骨架在地面上拖拉,以免骨架变形或损坏。同时应按不同规格分别整齐堆放。

钢筋骨架成型后,应按照现行国家标准《先张法预应力混凝土管桩》(GB 13476—2009)的规定进行外观质量检查。

3. 桩接头制作要求

桩接头应严格按照设计图制作钢套箍与端头板,焊接的焊缝在内侧,所有焊缝应牢固饱满,不得带有夹渣等焊接缺陷。

若需设置锚固筋则锚固筋应按设计图纸要求选用,并均匀垂直分布,端头焊缝周边饱满牢固。

端头板的宽度不得小于管桩规定的壁厚。端头板制作要符合以下规定:主筋孔和螺纹孔的相对位置必须要准确,钢板厚度、材质与坡口必须符合设计要求。

4. 成型工艺的要求

(1)装、合模:装模前上下半模须清理干净,脱模剂应涂刷均匀,张拉板、锚固板应逐个清理干净,并在接触部位涂上机油。张拉螺栓长度应与张拉板、锚固板的厚度相匹配,防止螺栓过长或过短,禁止使用螺纹损坏的螺栓。张拉螺栓应对称均匀上紧,防止桩端倾斜,保证安全。

钢筋骨架入模须找正钢套,入模时,两端应放置平顺不得发生凹陷或翘起现象,做到钢套箍与钢模紧贴,以防漏浆。合模时应保证上、下钢模合缝口干净无杂物,并采取必要的防止漏浆的措施,土模要对准轻放,不要碰撞钢套箍。

(2)布料:布料时,桩模温度不宜超过45 ℃。布料要求均匀,宜先铺两端部位后铺中间部位,保证两端有足够的混凝土,布料宜采用布料机。

(3)张拉预应力钢筋的要求。

管桩的张拉预应力应在计算后确定,并确保预应力的控制。预应力钢筋的张拉采用先张拉模外预应力工艺,总张拉力应符合设计规定,在应力控制的同时检测预应力钢筋的伸长值,当发现两者数值有异常时,应检查分析原因,及时处理。

张拉的机具设备及仪表应由专人妥善保管使用,并应定期维护和校验。当生产过程中发生下列情况之一时,应重新检验张拉设备:张拉时预应力钢筋连续断裂等异常情况,千斤顶漏油,压力表指针不能退回零点。

(4)离心成型。

离心成型分为4个阶段:低速、低中速、中速、高速。低速为新拌混凝土混合料通过钢模的翻转阶段,使其恢复良好的流动性;低中速为布料阶段,使新拌混凝土料均匀分布于模壁;中速是过渡阶段,使之继续均匀布料及克服离心力突增,减少内外分层,提高管桩的密实性和抗渗性;高速为重要的密实阶段,具体的离心制度(转速与时间)应根据管桩的品种、规格等试验确定,以获得最佳的密实效果。

由混凝土搅拌开始至离心完毕应在50 min内完成。离心成型应确保钢模和离心桩平稳,正常运转不得有跳动、松动等异常现象,离心成型后,应将余浆倒尽。

(5)常压蒸汽养护要求。

经离心成型的管桩应采用常压蒸汽养护或高压蒸汽养护,蒸汽养护制度应根据所用的原材料及设备条件经过试验确定。

管桩蒸汽养护的介质应采用饱和水蒸气。蒸汽养护分为静停、升温、恒温、降温4个阶段。静停一般控制在1~2 h,升温速度一般控制在20~25 ℃/h,恒温温度一般控制在(70±5)℃,使混凝土达到规定的脱模强度,降温需缓慢进行。

蒸汽养护制度应根据管桩品种、规格、不同原料、不同季节等经过试验确定。池(坑)内上下温度要基本一致。养护坑较深时宜采用蒸汽定向循环养护工艺。

(6)放张脱模。

预应力钢筋放张顺序应对称,相互交错。放张预应力钢筋时,管桩混凝土的放张强度不得低于设计混凝土强度等级的70%。

预应力混凝土管桩脱模强度不得低于35 MPa,预应力高强混凝土管桩脱模强度不得低于40 MPa。脱模场地要求松软平整,保证脱模时桩不受损伤。

管桩脱模后应按产品标准规定在桩身外表标明永久标志和临时标志。

布料前和脱模后应及时清模并涂刷模板隔离剂。模板隔离剂应采用效果可靠、对钢筋污染小、易清洗的非油质类材料。涂抹模板隔离剂保证均匀一致,严防漏刷或雨淋。

(7)压蒸养护的要求。

压蒸养护的介质应采用饱和水蒸气。

预应力高强混凝土管桩经蒸汽养护脱模后即可进行压蒸养护。

压蒸养护制度根据管桩的规格、原材料、季节等经试验确定。当压蒸养护恒压时,蒸汽压力控制在0.9~1.0 MPa,相应温度在180 ℃左右。当釜内压力降至与釜外大气一致时,排除余气后才能打开釜门,当釜外温度较低或釜外风速较大时,禁止将桩立即运至釜外降温,以避免因温差过大、降温速度过快而引起温差裂缝。

(8)自然养护。

预应力混凝土管桩脱模后在成品堆放过程中需断续进行保温养护,以保证混凝土表面湿润,防止产生收缩裂缝,确保预应力混凝土管桩出厂时强度等级不低于C60。

(三)管桩的检验和验收

管桩的检验和验收应符合现行的国家标准《先张法预应力混凝土管桩》(GB 13476—2009)的规定,管桩验收时应提交产品合格证。预制桩制作允许偏差见表5-11。

表5-11　预制桩制作允许偏差

项次	项目	允许偏差(mm)
1	直径	±5
2	管壁厚度	−5
3	桩尖中心线	+10

预应力混凝土管桩外观质量要求如下:

(1)黏皮和麻面:局部黏皮和麻面累计面积不应大于桩身总表面积的0.5%,其深度不得大于 10 mm。

（2）桩身合缝漏浆：合缝漏浆深度应小于主筋保护层厚度，每处漏浆长度不大于 300 mm，累计长度不大于管桩长度的 10% 或对称漏浆的搭接长度不大于 100 mm。

（3）局部磕损：磕损深度不大于 10 mm，每处面积不大于 50 mm²，不允许内外表面露筋。

（4）表面裂缝：不允许出现环向或纵向裂缝，但龟裂水纹及浮浆层裂纹不在此限。

（5）端面平整度：管桩端面混凝土及主筋镦头不得高出端板平面，不允许断头、脱头，但当预应力主筋用钢丝且其断丝数量不大于钢丝总数的 3% 时，允许使用桩套箍。

（6）凹陷：凹陷深度不得大于 10 mm，每处面积不大于 25 cm²，不允许内表面混凝土坍落。

（7）桩接头及桩套箍（钢裙板）与混凝土结合处漏浆：漏浆深度小于主筋保护层厚度，漏浆长度不大于周长的 1/4。

（四）管桩的吊装、运输和堆放

管桩达到设计强度的 70% 方可起吊，达到 100% 才能运输。管桩起吊时应采取相应措施，保持平稳，保护桩身的质量，水平运输时应做到桩身平稳放置，无大的振动。

（1）根据施工桩长、运输条件和工程地质情况对桩进行分节设计，桩节长度一般为 10～12 m，其余桩节按施工桩长配桩。

（2）管桩在装车、卸车时，现场辅助吊机采用两点水平起吊，钢丝绳夹角必须大于 45°。

（3）管桩桩身混凝土达到放张强度脱模后即可水平吊运，满足龄期要求后才能沉桩。

（4）装卸时轻起轻放，严禁抛掷碰撞，滚落吊运过程保持平稳。

（5）运输过程中，支点必须位于满足两点法的位置（支点距离桩端 $0.207L$，L 为桩长）处，并垫以楔形木，防止滚动，保证层与层间垫木及桩端的距离相等。运输车辆底层设置垫枕，并保持同一平面。

（6）管桩在施工现场的堆放应按下列要求进行：

①管桩应按不同长度规格和施工流水作业顺序分别堆放，以利于施工作业。

②堆放场地应平整、坚实。

③若施工现场条件许可，宜在场面上堆放单层管桩，此时下面可不用垫木支承。

④管桩叠堆两层或两层以上（最高只能叠堆四层）时，底层必须设置垫木，垫木不得下陷入土，支承点应设在离桩端部 20% 的桩长处。垫木应选用耐压的长方木或枕木，不得使用有棱角的金属构件。

（7）打桩施工时，采用专门吊桩取桩，若立桩采用一点绑扎起吊，绑扎点距离桩端 $0.239L$（L 为桩长）。

（五）打桩施工准备工作

（1）认真处理高空、地上和地下障碍物。对现场周围（50 m 以内）的建筑物做全面检查。

（2）对建筑物基线以外 4～6 m 以内的整个区域及打桩机行驶路线范围内的场地进行平整、夯实，在桩架移动路线上，地面坡度不应大于 1%。

（3）修好运输道路，做到平坦坚实，打桩区域及道路近旁应排水畅通。

（4）施工场地达到"三通一平"，打桩范围内按设计敷设 0.6 ~ 1.0 m、原粒径不大于 30 mm 的碎石土工作垫层。

（5）在打桩现场或附近设置水准点，数量为 2 个，用以抄平场地和检查桩的入土深度。根据建筑物的轴线控制桩，定出桩基每个桩位，做出标志，并应在打桩前对桩的轴线和桩位进行复检。

（6）打桩机进场后，应按施工顺序敷设轨垫，安装桩机和设备，接通电源、水源并进行试桩，然后移机至起点桩就位，桩架应垂直平稳。

（7）通过试桩校验静压桩或打入桩设备的技术性能、工艺参数及其技术措施的适宜性，试验桩不少于 2 根。

（8）在桩身上面画出以米为单位的长度标记，用于静压或打入桩时观察桩的入土深度。

（六）定位放样

管桩基础施工轴线的定位点和水准基点应设置在不受施工影响的地方，一般要求是距离桩的边缘不少于 30 m。

（1）根据设计图纸编制桩位编号及测量定位图。

（2）沉桩前先放出定位轴线和控制点，在桩位中心处用钢筋头打入土中，然后以钢筋头为中心、桩身半径为半径，用白灰在地上画圆，使桩头能依据圆准确定位。

（3）桩机移位后应进行第二次核样，保证工程桩位的偏差值小于 10 mm。

（4）将管桩吊起送入桩机内，然后对准桩位，将桩插入土中 1.0 ~ 1.5 m，校正桩身，若垂直受压，开始沉桩。如果桩在刚入土过程中碰到地下障碍物，桩位偏差超出允许偏差范围时，必须及时将桩拔出重新进行插桩施工；如果桩入土较深时碰到地下障碍物，应及时通知有关单位协商处理，以便施工顺利进行。

（5）管桩的垂直度控制。管桩直立就位后，采用两台经纬仪在离桩架 15 m 以外正交方向进行观摩校正，也可在正交方向上设置两个垂直方向吊线锤进行校正。打入前垂直度控制在 0.3% 以内，成桩后垂直度控制在 0.5% 以内。每台打桩机配备一把长条水准尺，可随时量测桩体的垂直度和桩端面的水平度。

（七）沉桩的基本要求

沉桩时，用两台经纬仪交叉检查桩身的垂直度，待桩入土一定深度且桩身稳定后按正常沉桩速度进行。

1. 静压法

静压法沉桩是通过静力压桩机的压桩机构，以压桩机自重和机架上的配重提供的反力将桩压入土中的沉桩工艺。其施工工序如下：测量定位→桩尖就位→对中调直→压桩→再压桩→送桩（或截桩）。

压桩时通过夹持油缸将桩夹紧，然后使用压桩油缸将压力施加到桩上。压力由压力表反映，在压桩过程中要认真记录入土深度和压力表读数，以判断桩的质量和承载力。当压力表读数突然上升或下降时，要停机对照地质资料进行分析，看是否遇到障碍物或产生断桩的情况。

2. 锤击法

1）施工工序

锤击法沉桩的施工工序如下：测量放线定桩位→桩机就位→运桩至机前→安装桩尖→桩管起吊→对位并插桩→调整桩及桩架的垂直度→开锤施打→复核垂直度→继续施打→第二节桩起吊接桩→施打第二节桩，测量贯入度，直至达到设计要求的收锤标准时收锤—桩机移动。

管桩在打入前，在桩身上画出以米为单位的长度标记并按从下至上的顺序标明桩的长度，以便观察桩的入土深度及每米锤击数。

2）施工原则

施工时应按下列原则进行锤击沉桩。

（1）重锤低击原则。第一节桩初打时应用小落距施打，等桩尖入土后，桩的垂直度及平面位置都符合要求，地质情况也无异常后再用较大落距进行施工。

（2）桩的施打须一气呵成，连续进行，采取措施缩短焊接时间，原则上当日开打的桩必须当日打完。

（3）选择合适的桩帽、桩垫、锤垫，避免打坏桩头。

（4）施工时如遇贯入度剧变，桩身突然偏斜、跑位及与邻桩深度相差过大，地面明显隆起，邻桩位移过大等异常情况，应立即停止施工，及时会同有关部门研究处理后再复工。

3）收锤标准

根据设计要求，结合试桩报告、地质资料，当沉桩满足设计贯入度和桩入土深度到达要求时，即可收锤。

若沉桩贯入度和桩入土深度达不到设计要求，收锤标准宜采用双控，即当桩长小于设计要求而贯入度已经达到设计规定数值时，应连续锤击3阵，每阵贯入度均小于规定数值时，可以收锤。当沉桩深度超过设计要求时，也应打至贯入度等于或稍小于规定的值时收锤。

打桩的最后贯入度应在桩头完好无损、柴油锤跳动正常、锤击没有偏心、桩帽、衬垫和送桩器等正常条件下测量。

收锤标准与场地的工程地质条件，单桩承载力设计值，桩的种类、规格、长短、柴油锤的冲击能量等多种因素有关，收锤标准应包括最后贯入度、桩入土深度、总锤击数、每米锤击数及最后1m锤击数、桩端持力层及桩尖进入持力层深度等综合指标。

收锤的标准即停止施打的控制条件，与管桩的承载力之间的关系相当密切，尤其是最后的贯入度常作为收锤时的重要条件，但将最后贯入度作为收锤标准的唯一指标的观点值得商榷，因为贯入度本身就是一个变化的不确定的量。

（1）不同柴油锤贯入度不同：重锤与轻锤打同一根桩，贯入度要求不同。

（2）不同桩长贯入度要求不同：同一个锤打长桩和打短桩贯入度要求不同，根据动量原理，冲击能相同，质量大（长桩）的位移小，即贯入度小，反之贯入度大。所以，承载力相同的管桩，短桩的贯入度可能要大一些，长桩的贯入度应该小一些。

（3）收锤时间不同，贯入度不同：在黏土层中打管桩，刚打好就立即测贯入度，贯入度可能比较大；由于黏土的重塑固结作用，过几小时或几天后测试，贯入度就小得多。在一些风化残积土很厚的地区打桩,初时测出的贯入度比较大,只要停一两个小时再复打,贯入度锐减,有的甚至变为零。而在砂层中打桩,刚收锤时贯入度很小,由于粒径的松弛影响,过一段时间再复打,贯入度可能会变大。

(4)有无送桩器测出的贯入度不同:因为送桩器与桩头的连接不是刚性的,锤击能量在这里传递不顺畅,所以同一大小的冲击能力直接作用在桩尖上,测出的贯入度大一些,装上送桩器施打测出的贯入度小一些。为达到设计承载力,使用送桩器时的收锤贯入度应比不用送桩器的收锤贯入度要求严些。

(5)不同设计对承载力贯入度要求不同:一般来说,同一场区、同一规格承载力设计值较低的桩收锤贯入度要求大一些,反之贯入度可小一些。

对于管桩的桩尖坐落在强风化基岩的情况,一般来说桩尖进入 $N = 50 \sim 66$ 的强风化岩层中,单桩的承载力标准值可达到或接近管桩桩身的额定承载力,贯入度大多数为 $15 \sim 50 \text{ mm}/10$ 击,说明桩锤选小了,换大一级柴油锤即可解决问题。用重锤低击的施打方法,可使打桩的破损减少到最低程度,承载力也可达到设计要求。

(6)不同设计承载力,贯入度的"灵敏度"不同:以桩侧摩阻力为主的摩擦端承桩对贯入度的"灵敏度"较低,摩阻力占的比例越大,"灵敏度"越低,而以桩端阻力为主的摩擦端承桩,由于要有足够的端承力作保证,收锤时的贯入度要求比较严格,也可说这类桩对贯入度的"灵敏度"高。

(八)接桩的技术要求

(1)当管桩需要接长时,其入土部分桩段的桩头离地面 50 cm 左右可停锤开始接桩。

(2)下节桩的桩头处设导向箍以方便上节桩就位。接桩时上下节桩段应保持顺直,错位偏差不得大于 2 mm。

(3)上下节桩之间的空隙应用铁片全部填实,结合面的间隙不得大于 2 mm。

(4)焊接前,焊接坡口表面应用铁刷子清刷干净,露出金属光泽。

(5)焊接前先在坡口周围上对称焊 6 个点,待上下桩节固定后施焊,由两到三个焊工同时进行。

(6)每个接头焊缝不得少于 2 层,内层焊渣必须清理干净以后方能施焊外一层,每层焊缝接头应错开,焊缝应饱满连续,不出现夹渣或气孔等缺陷。

(7)施焊完毕后自然冷却 8 min 方可继续进行,严禁用水冷却或焊好即打。

(九)配桩与送桩时的注意事项

1. 配桩

在施工前,先详细研究地质资料,然后根据设计图纸和地质资料预估桩长(桩顶设计至桩端的距离),对每条桩进行配桩,同时在每个承台的桩,施工前对第一条桩适当地配长一些(一般多配 1.5 ~ 2.0 m),以便掌握该地区的地质情况,其他的桩可以根据该桩的入土深度相应加减,合理地使用材料,节约管桩。

2. 送桩

(1)由于送桩时桩帽与桩顶之间有一定的空隙,因此打桩时此部分不是一个很好的整体,往往使桩容易偏斜和损坏。另外打桩锤击力经送桩器后,能量有所消耗,影响对桩的打击能力,因此送桩不宜太深,且应控制在设计允许的范围内。

（2）送桩前应测出桩的垂直度,合格者方可送桩。

（3）送桩作业时,送桩器与管桩桩头之间应放置 1~2 层麻袋或硬纸板作衬垫。送桩器上下两端面应平整,且与送桩器中心轴线相垂直,送桩器下端面应开孔,使管桩内腔与外界连通。

（4）打桩至送桩的间隔时间不宜太长,应即打即送。

（十）打桩记录

整个打桩的过程中,要对每一节桩和每一根桩的施工情况做出如实的记录,对每节桩的编号、桩的偏差和打桩的锤数做好记录。要求记录每一根桩的各节桩编号和施打日期,对桩长和桩的贯入度记录清楚。在施工过程中应设专人负责记录。

打桩施工记录按规范要求做好钢筋混凝土预制桩施工记录表,每一焊接、桩长、贯入度记录均应请现场业主代表或监理代表签字认可。

六、质量检验

从施工前检验、施工过程中检验、施工后检验三方面着手。

（一）施工前检验

施工前应严格对桩位进行检验。混凝土预制桩施工前应进行下列检验:

（1）成品桩应按选定的标准图或设计图制作,现场应对其外观质量及桩身混凝土强度进行检验。

（2）应对接桩用焊条压桩,用压力表等设备进行检验。

（二）施工过程中检验

（1）混凝土预制桩施工过程中应进行下列项目的检验:

①打入（静压）深度、停锤标准、静压终止压力值及桩身（架）垂直度。

②接桩质量、接桩间歇时间及桩顶完整状况。

③每米进尺锤击数、最后 1.0 m 锤击数、总锤击数、最后 3 阵贯入度及桩尖标高等。

（2）对于挤土预制桩,施工过程中均应对桩顶和地面土体的竖向及水平位移进行系统监测,若发现异常应采取复打、复压、引孔、设置排水设施及调整沉桩速率等措施。

（三）施工后检验

工程桩应进行承载力和桩身质量的检验。

第十一节　石灰桩法

石灰桩是指采用机械或工人在地基中钻孔,然后灌入生石灰或按一定比例加入粉煤灰、矿渣、火山灰等掺合料及少量的外加剂进行振密或夯实而形成的密实桩体。为提高桩身强度还可掺加石膏、水泥等外加剂。石灰桩与经过挤密后的桩间土共同承担上部建筑物载荷,属复合地基中的低黏结强度的柔性桩。

我国研究和应用石灰桩可分为三个阶段。

第一阶段是 1953 年以前,它的施工方法是人工用短木桩在土里凿出孔洞,向土孔中投入生石灰块,稍加捣实就形成了石灰桩。

第二阶段是 1953～1961 年,当时以天津大学范思锟教授为首,组建了研究小组,并将石灰桩的研究正式列入国家基本建设委员会的研究计划。先后进行了室内外的载荷试验、石灰桩和土的物理力学试验,实测了生石灰的吸水量、水化热和胀发力等基本参数。这项工作历时 5 年,为 20 世纪 50 年代石灰桩的研究和应用以及后来的进一步研究和发展奠定了基础。

我国对石灰桩研究与应用的第三阶段始于 1975 年,是由北京铁路局勘测设计所等单位在天津塘沽对吹填软土路基进行石灰桩处理的试验研究。在 120 m×20 m 区段内采用了换填土、长砂井、砂垫层、石灰桩、短密砂井等六种方法进行了对比试验,结果表明了石灰桩的加固效果最佳。

此后,石灰桩的研究工作很快在全国各地展开。

当前石灰桩的研究工作还在进一步深入,研究的重点是各种施工工艺的完善和实测,总结设计所需要的各种计算参数,使设计施工更加科学化、规范化。

一、石灰桩法的作用机制与适用范围

(一)石灰桩法的作用机制

石灰桩法的主要作用机制是通过生石灰的吸收膨胀挤密桩周围土,继而经过离子交换和胶凝反应使桩间土的强度提高,同时,桩身生石灰与活性掺合料经过水化、胶凝反应,使桩身具有 0.3～1.0 MPa 的抗压强度。其主要作用有:

(1)挤密作用:石灰桩在施工时是由振动钢管下沉成孔,使桩间土产生挤压和排土作用,其挤密效果与土质上覆压力及地下水状况等密切关联。一般地基土的渗秀系数、渗透性越大,打桩挤密效果越好。

石灰桩在成孔后灌入生石灰便吸水膨胀,使桩间土受到强大的挤压力,这对地下水位以下软黏土的挤密起主导作用。测试结果表明,根据生石灰的质量高低,在自然状态下熟化后其体积可增加 1.5～3.5 倍,即体积的膨胀系数为 1.5～3.5。

(2)高温效应:生石灰水化放出大量的热量,桩内温度最高达 200～300 ℃,桩间土的温度最高可达 40～50 ℃。升温可以促进生石灰与粉煤灰等桩体掺合料的凝结反应。高温引起了土中水分的大量蒸发,对减少土的含水量、促进桩周土的脱水起有利作用。

(3)置换作用:石灰桩作为竖向增强体与天然地基土体形成复合地基,使得压缩模量大大提高,稳定安全系数也得到提高。

(4)排水固结作用:由于桩体采用了渗透性较好的掺合料,因此石灰桩桩体不同于深层水泥土搅拌桩桩体,石灰桩桩体的渗透系数为 6.13×10^{-5}～4.07×10^{-3} cm/s,相当于粉细砂桩体,排水作用良好,石灰桩的桩距比水泥土搅拌桩的桩距小,水平向的排水路径短,有利于桩间土的排水固结。

(5)加固层的减载作用:石灰桩的密度显著小于土的密度,即使桩体饱和后,某密度也小于土的天然密度。当采用排土成桩时,加固层的自重减小,作用在下卧层的自动应力显著减小,即减小了下卧层顶面的附加应力。当采用不排土成桩时,对于杂填土和砂类土等,由于成孔挤密了桩间土,加固层的重量变化不大;对于饱和黏性土,成孔时土体隆起或侧向挤出,加固层的减载作用仍可考虑。

（6）化学加固作用：①桩体材料的胶凝作用，生石灰与活性掺合料的反应很复杂，主要生成了强度很高的硅酸钙及铝酸钙等，它们不溶于水，在含水量很高的土中可以硬化。②石灰与桩间土的化学反应，包括离子作用（熟石灰的吸水作用）、离子交换（水胶联结作用）固结反应等。

（二）石灰桩法的适用范围

石灰桩法适用于处理饱和黏性土、淤泥、淤泥质土、素填土和杂填土等的地基，用于地基地下水位以上的土层时，宜增加掺合料的含水量并减少生石灰用量或采取土层浸水等措施。

石灰桩属于压缩的低黏结强度桩，能与桩间土共同作用形成复合地基。由于生石灰的吸水膨胀作用，它特别适用于新填土和淤泥的加固，生石灰吸水后还可使淤泥产生自重固结，达到一定强度后的密集的石灰桩与经加固的桩间土结合为一体，使桩间土固结状态消失。

石灰桩与灰土桩不同，可用于地下水位以下的土层，用于地下水位以上的土层时，若土中含水量过低，则生石灰水化反应不充分，桩身强度降低，甚至不能硬化，此时采用减少生石灰用量和增加掺合料含水量的办法，经实践证明是有效的。

石灰桩不适用于地下水位以下的砂类土。

二、石灰桩的设计

石灰桩的设计，应从以下七个方面来考虑，桩的布置、桩长、固化剂、垫层、封口、复合地基承载力特征值、地基变形等。

（一）桩的布置

石灰桩成孔直径应根据设计要求及所选用的成孔方法确定，常用 300～400 mm，可按等边三角形或矩形布桩，桩中心距可取 2～3 倍成孔直径。石灰桩可以布置在基础底面下，当基底土的承载力特征值小于 70 kPa 时，宜在基础以外布置 1～2 排围护桩。

试验表明，石灰桩宜采用细而密的布桩方式，这样可以充分发挥生石灰的膨胀挤密效应，但桩径过小会影响施工速度。目前人工成孔的桩直径以 300 mm 左右为宜，机械成孔直径以 350 mm 左右为宜。

以往是将基础以外也布置数排石灰桩，如此则造价剧增。试验表明，在一般的软土中围护桩对提高复合地基承载力的增益不大，在承载力很低的淤泥质土中，基础周围增加 1～2 排围护桩有利于对淤泥加固，可以提高地基的整体稳定性；同时围护桩可将土中大孔隙挤密，能起到止水的作用，可提高内排桩的施工质量。

（二）桩长的设计

洛阳铲成孔（人工成孔）桩的长度不宜超过 6 m，如果用机动洛阳铲可以适当加长。机械成孔管外投料时，如桩长过长，则不能保证成桩的直径，特别在易缩孔的软土中，桩长只能控制在 6 m 以内，不缩孔时桩长可控制在 8 m 以内。

石灰桩桩端宜选在承载力较高的土层中，在深厚的软弱的地基中，采用悬浮桩时，应减少上部结构重心与基础形心的偏心，必要时宜加强上部结构及基础的刚度。

由于石灰桩复合地基桩土变形协调，石灰桩身又为可压缩性的柔性桩，复合土层承载性能接受人工垫层。大量工程实践证明,复合土层沉降仅为桩长的 0.5% ~ 0.8%,沉降主要来自于桩底下卧层,因此宜将桩端置于承载力较高的土层中,石灰桩具有减载和预压作用,因此在深厚的土层软土中刚度较好的建筑物有可能使用悬浮桩。

地基处理的深度应根据岩土工程勘察资料及上部结构设计的要求确定,应按现行国家标准《建筑地基基础设计规范》(GB 50007—2011)验算下卧层承载力及地基的变形。

(三)固化剂的选用

石灰桩的主要固化剂为生石灰掺合料,宜选用粉煤灰、火山灰、炉渣等工业废料。生石灰与掺合料的配合比宜根据地质情况确定,生石灰与掺合料的体积比可选用 1∶1 或 1∶2,对于淤泥、淤泥质土等软土可适当增加生石灰的用量,桩顶附近生石灰用量不宜过大,当掺石膏和水泥时,掺加量为生石灰用量的 3% ~ 10%。

块状生石灰经测试,其孔隙率为 35% ~ 39%,掺合料的掺入数量理论上至少应能充满生石灰块的孔隙,以降低造价,减少生石灰膨胀作用的内耗。

生石灰与粉煤灰、炉渣、火山灰等活性材料可以发生水化反应,生成不溶于水的水化物,同时使用工业废料也符合国家环保的政策。

在淤泥中增加生石灰用量有利于淤泥的固结,桩顶附近减少生石灰用量可减少生石灰膨胀引起的地面隆起,同时桩体强度较高。

当生石灰用量超过总体积的 30% 时,桩身强度下降,但对软土的加固效果较好。经过工程实践及试验总结,生石灰与掺合料的体积比以 1∶1 或 1∶2 较合理,土质软弱时采用 1∶1,一般采用 1∶2。

桩身材料加入少量的石膏或水泥可以提高桩身的强度,在地下水渗透较严重的情况或为提高桩顶强度时可适量加入。

(四)垫层

石灰桩属于压缩性桩,一般情况下桩顶可不设垫层。石灰桩桩身根据不同的掺合料有不同的渗透系数,其值为 10^{-5} ~ 10^{-3} cm/s。垫层可作为竖向排水通道,当地基需要排水通道时,可在桩顶以上设 200 ~ 300 mm 厚的砂石垫层。

(五)封口

石灰桩宜留 500 mm 以上的孔口高度,并用含水量适当的黏性土封口,封口材料必须夯实,封口标高应略高于原地面,石灰桩桩顶施工标高高出设计桩顶标高 100 mm 以上。

由于石灰桩的膨胀作用,桩顶覆盖压力不够时,容易引起桩顶隆起,增加再沉降,因此其孔口高度不宜小于 500 mm,以保持一定的覆盖压力。其封口标高应略高于原地面,以防止地面水早期渗入桩顶,导致桩身强度降低。

(六)复合地基承载力特征值

石灰桩、复合地基的承载力特征值不宜超过 160 kPa,当土质较好并采取保证桩身强度的措施时经过试验后可以适当提高。

石灰桩桩身强度与土的强度有密切的关系。土强度高时,对桩的约束力大,生石灰膨胀时可增加桩身密度,提高桩身强度;反之,当土的强度较低时,桩身强度也相应降低。石灰桩在软土中的桩身强度多为 0.3 ~ 1.6 MPa,强度较低,其复合地基承载力不超过 160 kPa,多为 120 ~ 160 kPa。如土的强度较高,可减少生石灰用量,掺加石膏或水泥等外加剂以提高桩身强度,复合地基承载力可以提高。同时,应注意在强度高的土中,如生石灰用量过大,则会破坏土的结构,综合加固效果不好。

石灰桩复合地基承载力特征值应通过单桩或多桩复合地基载荷试验确定。初步设计时可按式(5-2)估算,式中 f_{pk} 为石灰桩桩身抗压强度比例界限值,由单桩竖向载荷试验测定,初步设计时可取 350～500 kPa,土质软弱时取低值;f_{sk} 为桩间土承载力的特征值,取天然地基承载力特征值的 1.05～1.20 倍,土质软弱或置换率大时取高值;m 为面积置换率,桩面积按 1.1～1.2 倍成孔直径计算,土质软弱时宜取高值。

试验研究证明当石灰桩复合地基荷载达到其承载力特征值时,具有以下特征:

(1)沿桩长范围内各点桩和土的相对位移很小(2 mm 以内),桩土变形协调。

(2)土的接触压力接近桩间土承载力特征值,即桩间土发挥度系数为 1。

(3)桩顶接触压力达到桩体比例极限,桩顶出现塑性变形。

(4)桩土应力比趋于稳定,其值为 2.5～5。

(5)桩土的接触压力可采用平均压力进行计算。

基于以上特征,按常规的面积比方法计算,复合地基承载力是适宜的。在置换率计算中,桩径除考虑膨胀作用外尚应考虑桩边 2 cm 左右厚的硬壳层,故计算桩径取成孔直径的 1.1～1.2 倍。

桩间土的承载力与置换率、生石灰掺量以及成孔方式等因素有关。试验表明,生石灰对桩周边厚 $0.3d(d$ 为桩径)左右的环状土体有明显的加固效果,强度提高系数达 1.4～1.6,环状以外的土体加固效果不明显。

(七)地基的变形

处理后的地基变形应按现行的国家标准《建筑地基基础设计规范》(GB 50007—2011)的有关规定进行计算。变形的经验系数 ψ_s 可按地区沉降观测资料及经验确定。

石灰桩的掺合料为轻质的粉煤灰或炉渣,生石灰块的重度约 10 kN/m³,石灰桩桩身饱和后重度为 13 kN/m³,以轻质的石灰桩置换后复合土层的自重减轻,石灰桩复合地基的置换率大,减载效应明显。复合土层自重减轻即减小了桩底下卧层软土的附加应力,以附加应力的减小值反推上部载荷减小的对应值,发现这是一个可观的数值。这种减数效应对减小软土变形增益很大。同时考虑石灰的膨胀对桩底土的预压作用,石灰桩底下卧层的变形较常规计算减小。经过湖北、广东地区 40 余个工程沉降实测结果的对比(人工洛阳铲成孔,桩长 6 m 以内,条形基础简化为筏板基础计算),变形较常规计算有明显减小。由于各地情况不同,统计数量有限,应以当地经验为主。

石灰桩桩身压缩模量可用环刀取样,做室内压缩试验求得。

三、石灰桩的施工技术

石灰桩在施工前应做好场地排水设施,防止场地积水,对重要工程或缺少经验的地基区域,施工前应进行桩身材料配合比、成桩工艺及复合地基承载力试验,桩身材料配合比试验应在现场地基中进行。石灰桩可就地取材,各地的生石灰掺合料及土质均有差异,在无经验的地区应进行材料配比试验。由于生石灰的膨胀作用,其强度与侧限有关,因此配比试验宜在现场地基中进行。

（一）石灰桩的施工方法

石灰桩的施工方法可采用洛阳铲或机械成孔。机械成孔分为沉管成孔和螺旋钻成孔。成桩时可采用人工夯实、机械夯实、沉管反插、螺旋反压等工艺。填料时必须分段压（夯）实，人工夯实时每段填料厚度不应大于 400 mm。管外投料或人工成孔填料时，应采取措施减小地下水渗入孔内的速度，成孔后填料前应排除孔底积水。

在向孔内投料的过程中，如孔内渗水严重，则影响夯实（压实）桩料的质量，此时应采取降水或增打围护桩隔水的措施。

（二）石灰桩所用材料的要求

进入场地的生石灰应有防水、防雨、防风、防火的措施，宜做到随用随取。石灰材料应选用新鲜生石灰块，有效氧化钙含量不宜低于 70%，粒径不宜大于 70 mm，含粉量（即消石灰）不宜超过 5%。不宜选用生石灰粉，因为生石灰块的膨胀率大于生石灰粉，同时生石灰粉易污染环境。为了使生石灰与掺合料反应充分，应将块状生石灰碾碎，其粒径以 30～40 mm 为佳，最大不宜超过 70 mm。

（三）掺合料含水量要求

掺合料应保持适当的含水量，使用粉煤灰或炉渣时含水量宜控制在 30% 左右，无经验时宜进行成桩工艺试验进行确定。掺合料含水量过小则不易夯实，过大则在地下水位以下易引起冲孔。

（四）石灰桩身密实度的控制

石灰桩身密实度是质量控制的重要指标，由于周围土的约束力不同，配比也不同，桩身密实度的定量控制指标难以确定。桩身密实度的控制宜根据施工工艺的不同，凭经验控制，无经验的地区应进行成桩工艺试验，成桩 7～10 d 后用轻便探触（M_{10}）进行对比检测，选择适合的密实度。

（五）石灰桩的施工质量控制

石灰桩的施工质量控制主要有以下 7 项：

（1）根据加固的设计要求、土质条件、现场条件和机具供应情况可选用振动成桩法（分管内填料成桩和管外填料成桩）、锤击成桩法、螺旋钻成桩法或洛阳铲成桩法等。

①振动成桩法和锤击成桩法：采用振动管内填料成桩法时，为防止生石灰膨胀堵住桩管，应加压缩空气装置及空中加料装置，采用管外填料成桩法时，应控制每次填料的数量及沉管的深度。

采用锤击成桩法时应根据锤击的能量控制分段的填料量或成桩的长度。

桩顶上部空孔部分，应用 3:7 灰土或素土填孔封顶。

②螺旋钻成桩法：螺旋钻正转时将部分土带出地面，部分土挤入桩孔壁而成孔。根据成孔时电流大小和土质情况，检验场地情况与原勘察报告和设计要求是否相符。

钻杆达到设计要求深度后，提钻检查成孔质量，清除钻杆上的泥土。把整根桩所需填料按比例分层堆在钻杆周围，再将钻杆沉入孔底。钻杆反转叶片将填料边搅拌边压入孔底，钻杆被压密的填料逐渐顶起，钻尖升至高出地面 1～1.5 m 或顶尖标高后停止填料，用 3:7 灰土或素土封顶。

③洛阳铲成桩法：洛阳铲成桩法适用于施工场地狭窄的地基加固工程。成桩直径可

为 200~300 mm,每层回填料的厚度不宜大于 300 mm,用杆状重锤分层夯实。

（2）在施工过程中,应有专人监测成孔及回填料的质量,并做好施工记录。如发现地基土质与勘察资料不符,应查明情况,在采取有效措施后方可继续施工。

（3）当地基土含水量很高时,桩宜由外向内或沿地下水流方向施打,并宜采用隔跳打施工。

（4）施工顺序宜由外围或两侧向中间进行,在软土中宜间隔成桩。

（5）桩位偏差不宜大于 $0.5d$（d 为桩径）。

（6）应建立完整的施工质量和施工安全管理制度,根据不同的施工工艺制订相应的技术保证措施,及时做好施工记录,监督成桩质量,进行施工阶段的质量检测等。

（7）石灰桩施工时应采取防止冲孔伤人的有效措施,确保施工人员的安全。石灰桩在施工中的冲孔现象应引起重视,其主要原因是孔内进水或存水使生石灰与水迅速反应,其温度高达 200~300 ℃,空气遇热膨胀,不易夯实,桩身孔隙大,孔隙内空气在高温下迅速膨胀,使上部夯实的桩料冲击孔口,应采取减少掺合料含水量、排干孔内积水或降水、加强夯实等措施,确保安全。

四、石灰桩的质量检测

（1）石灰桩的质量检测:宜在施工 7~10 d 后进行竣工验收,检测宜在施工 28 d 后进行。石灰桩加固软土的机制分为物理加固和化学加固两个作用,物理作用（吸水、膨胀）的完成时间较短,一般情况下 7 d 以内即可完成,桩身的直径和密度已定型,在夯实力和生石灰膨胀力作用下,7~10 d 桩身已具有一定的强度,而石灰桩的化学作用则速度缓慢,桩身强度的增长可延续 3 年甚至 5 年,考虑到施工的需要,目前将一个月龄期的强度视为桩身设计强度,7~10 d 龄期的强度约为设计强度的 60%。

龄期为 7~10 d 时,石灰桩身内部维持较高的温度（30~50℃）,采用静力触探检测时应考虑温度对探头精度的影响。

（2）施工检测可采用静力触探、动力触探或标准贯入试验,检测部位为桩中心及桩间土,每两点为一组,检测组数不少于总桩数的 1%。

（3）石灰桩地基竣工验收时,承载力检测应采用复合地基载荷试验。大量的检测结果证明石灰桩复合地基在整个的受力阶段,都是受变形控制的。其 $P—S$ 曲线呈缓变形。石灰桩复合地基在整个地基中的桩土具有良好的协同工作特征,土的变形控制着复合地基的变形,所以石灰桩复合地基的允许变形宜与天然地基的标准相近似。

在取得载荷试验与静力触探检测对比经验的条件下,也可采用静力触探估算复合地基的承载力。关于桩体强度的确定,可取 $0.1p_s$ 为桩体比例极限,这是经过桩体取样在试验桩上做抗压试验求得的比例极限与原位静力触探 p_s 值对比的结果,但仅适用于掺合料为粉煤灰、炉渣的情况。

地下水位以下的桩底存在动水压力,夯实也不如桩的中上部,因此其桩身强度较低。桩的顶部由于覆盖压力有限,桩体强度也有所降低。因此,石灰桩体强度沿桩长而变化,中部最高、顶部及底部较差。

试验表明,当底部桩身具有一定强度时,由于化学反应的结果,其后期强度可能提高,但提高有限。

(4)载荷试验数量宜为地基处理面积,每 200 m² 左右布置 1 个点,且第一单体工程不应少于 3 个点。

第十二节　灰土挤密桩法及土挤密桩法

灰土挤密桩法及土挤密桩法是利用沉管、冲击或爆位等方法在地基中挤土成孔,然后向孔内夯填灰土或素土成桩,成桩时通过成孔过程中的横向挤压作用,桩孔内的土被挤向周围,使桩间土得以挤密,然后将准备好的灰土或素土(黏性土)分层填入桩孔内,并分层捣实至设计标高。用素土分层夯实的桩体称为土挤密桩,用灰土分层夯实的桩体称为灰土挤密桩,二者分别与挤密的桩间土组成复合地基,共同承受基础的上部荷载。

一、灰土挤密桩法及土挤密桩法的作用机制与适用范围

(一)作用机制

灰土挤密桩法或土挤密桩法加固地基是一种人工复合地基,属于深层加密处理地基的一种方法,主要作用是提高地基承载力,降低地基的压缩性。对湿陷性黄土则有部分或全部消除湿陷性的作用。灰土挤密桩或土挤密桩在成孔时,桩孔部位的土被侧向挤出,从而使桩间土得以加密。

灰土挤密桩及土挤密桩是利用打桩机或振动器将钢套管打入地基土层并随之拔出,在土中形成桩孔,然后在桩孔中分层填入灰土或素土夯实而成的挤密桩。与夯实、碾压等竖向加密方法不同,灰土挤密桩是对土体进行横向加密,施工中当套管打入地层时,管周地基受到了水平方向上较大的挤压作用,使管周一定范围内土体的工程物理性质得到改善。成桩后石灰土与桩间土发生离子交换、凝硬反应等一系列物理化学反应,放出热量,体积膨胀,其密实度增加,压缩性降低,湿陷性全部或部分消除。

(二)适用范围

灰土挤密桩法及土挤密桩法适用于处理地下水位以上的湿陷性黄土、素填土和杂填土等地基,可处理地基的深度为 5 ~ 15 m。当以消除地基土的湿陷性为主要目的时,宜选用土挤密桩法;当以提高地基土的承载力或增强其水稳性为主要目的时,宜选用灰土挤密桩法。当地基土的含水量大于 24%、饱和度大于 65% 时,不宜选用灰土挤密桩法或土挤密桩法。

大量的试验研究资料和工程实践表明,灰土挤密桩法和土挤密桩法用于处理地下水位以上的湿陷性黄土、素填土、杂填土等地基,不论是消除土的湿陷性还是提高承载力都是有效的。但当土的含水量大于 24% 及其饱和度超过 65% 时,在成孔及拔管过程中,桩孔及其周围容易缩短和隆起,挤密效果差,故上述方法不适用处理地下水位以下及毛细管饱和带的土层。

基础底下 5 m 以内的湿陷性黄土、素填土、杂填土通常采用土(或灰土)垫层或强度夯实等方法处理,大于 15 m 的土层,由于成孔设备的限制,一般采用其他的处理方法。

饱和度小于 60% 的湿陷性黄土,其承载力较高,湿陷性较强,处理地基常以消除湿陷

性为主。而素填土、杂填土的湿陷性一般较小,但其压缩性高,承载力低,故处理地基常以降低压缩性、提高承载力为主。

灰土挤密桩法和土挤密桩法在清除土的湿陷性和减小渗透性方面其效果基本相同或差别不明显,但土挤密桩地基的承载力和水稳性不及灰土挤密桩。选用上述方法时,应根据工程的要求和处理地基的目的来确定。

二、灰土挤密桩法及土挤密桩法的设计

灰土挤密桩法及土挤密桩法的设计主要考虑处理地基面积、处理地基深度和桩径、桩孔的数量、桩孔的填料、垫层及复合地基承载力特征值、地基的变形等几方面。

(一)处理地基的面积

灰土挤密桩地基的效果与处理的宽度有关,当处理宽度不足时,基础可能产生明显下沉。灰土挤密桩和土挤密桩处理地基的面积应大于基础或建筑物底层平面的面积,并应符合下列规定。

(1)当采用局部处理时,处理宽度应超出基础地面的宽度,对非自重湿陷性黄土、素填土和杂填土等地基,每边不应小于基底宽度的25%,并不应小于0.50 m;对自重湿陷性黄土地基,每边不应小于基底宽度的75%,并不应小于1.0 m。

局部处理地基的宽度超出地基底面边缘一定范围,主要在于改善应力扩散,增强地基的稳定性,防止基底下被处理的土层在基础荷载作用下受水浸湿时产生侧向挤出,并使处理与未处理接触面的土体保持稳定。

局部处理超出基础边缘的范围较小,通常只考虑消除拟处理土层的湿陷性,而未考虑防渗隔水作用。但只要处理宽度不小于规定的范围,不论是非自重湿陷性黄土还是自重湿陷性黄土,采用灰土挤密桩或土挤密桩处理后,对防止侧向挤出、减小湿陷变形的效果都很明显。

(2)当采用整个处理时,处理宽度应超出建筑物外墙基础底面外缘的宽度,每边不宜小于处理土层厚度的1/2,并不应小于2 m。

整个处理的范围大,既可消除拟处理土层的湿陷性,又可以防止水从侧向渗入未处理的下部土层引起湿陷。故整个处理兼有防渗隔水作用。

(二)处理地基的深度

灰土挤密桩法和土挤密桩法处理地基的深度,应根据建筑物场地的土质情况、工作要求和成孔及夯实设备等综合因素确定。对湿陷性黄土地基应符合现行国家标准《湿陷性黄土地区建筑规范》(GB 50025—2004)的有关规定。

当以消除地基土的湿陷性为主要目的时,在非自重湿陷性黄土场地,宜将附加应力与土饱和自重应力之和大于湿陷起始压力的全部土层进行处理或处理至地基压缩层的下限;在自重湿陷性黄土场地,宜处理至非湿陷性黄土层顶面。

当以降低土的压缩性、提高地基承载力为主要目的时,宜对基底下压缩层范围内压缩系数 α_{1-2} 大于 0.40 或压缩模量不小于 6 MPa 的土层进行处理。

挤密桩深度主要取决于湿陷性黄土层的厚度、性质及成孔机械的性能,最小不得小于3 m,因为深度过小使用不经济。对于非自重湿陷性黄土地基,其处理厚度应为主要持力

层的厚度,即基础下土的湿陷起始压力小于附加压力和上覆土层的饱和自重压力之和的全部黄土层,或附加压力等于自重压力的 25% 的深度处。

(三)桩径的设计要求

桩孔布置的原则是尽量减少未得到挤密的土的面积,因此桩孔应尽量按等边三角形排列,这样可使桩间土得到均匀挤密,但有时为了适应基础几何形状的需要而减少桩数,也可是正方形。

桩孔的直径主要取决于施工机械的能力和地基土层原始的密实度,桩径过小桩数增加,增加了打桩和回填工作量,桩径过大桩间土挤密效果均匀性差,不能完全消除黄土地基的湿陷性,同时要求成孔机械的能量也太大,振动过程对周围建筑物的影响大。总之,选择桩径应对以上因素进行综合考虑。

根据我国黄土地区的现状成孔设备,沉管(锤击、振动)成桩的桩孔的孔径多为 $0.37 \sim 0.40\ \mathrm{m}$,布置桩孔应考虑消除桩间土的湿陷性,桩间土的挤密以平均挤密系数 $\bar{n}_\mathrm{c}$ 表示,其计算公式为:

$$\bar{n}_\mathrm{c} = \frac{\overline{P_{\mathrm{d}_1}}}{P_{\mathrm{d}_{\max}}} \tag{5-33}$$

式中　$\overline{P_{\mathrm{d}_1}}$——在成桩挤密深度内,桩间土的平均干密度,$\mathrm{t/m^3}$,平均试样数不应少于 6组;

$P_{\mathrm{d}_{\max}}$——在成桩挤密深度内,桩间土的最大干密度,$\mathrm{t/m^3}$。

湿陷性黄土为天然结构,处理湿陷性黄土与处理扰动土有所不同,故检验桩间土的质量用平均挤密系数 $\bar{n}_\mathrm{c}$ 控制而不是用压实系数控制。平均挤密系数是在桩孔挤密深度内通过取土样测定桩间土的平均干密度与其最大的干密度的比值而获得的,平均干密度的取样自桩顶向下 0.5 m 起,每 1 m 不应少于 2 点(1 组)。当桩长大于 6 m 时,全部深度内取样点不应少于 12 点(6 组),当桩长小于 6 m 时,全部深度内取样点不应少于 10 点(5组)。

灰土挤密桩地基的效果与桩距的大小关系密切,桩距大了桩间土的挤密效果不好,湿陷性消除不了,承载能力也提高不多;桩距太小,桩数增加,大多数显得不经济,同时成孔时地面隆起,桩管打不下去,给施工造成困难。因此,必须合理地选择桩距,选择桩距应以桩间挤密土能达到设计的密度为准。

(四)桩孔的数量

桩孔的数量可按式(5-34)、式(5-35)来估算:

$$n = \frac{A}{A_\mathrm{c}} \tag{5-34}$$

$$A_\mathrm{c} = \frac{nd_\mathrm{e}^2}{4} \tag{5-35}$$

式中　n——钻孔的数量;

A——拟处理地基的面积,$\mathrm{m^2}$;

A_c——一根土桩或灰土桩所承担的处理地基面积,$\mathrm{m^2}$;

d_e——一根桩分担的处理地基面积的等效圆直径,m,桩孔按等边三角形布置,$d_\mathrm{e} =$

1.05，桩孔按正方形布置，$d_e = 1.13$。

(五)桩孔的填料要求

桩孔内的填料应根据工程的要求或处理地基的目的确定，桩体的夯实质量宜用平均压实系数控制。

当桩孔内用灰土或素土分层回填、分层夯实时，桩体内的平均压实系数值均不应小于0.96，消石灰与土的体积配比宜为2:8或3:7。

当为消除黄土、素填土和杂填土的湿陷性而处理地基，桩孔内用素土(黏性土)、粉质黏土作填料时，可满足工程需求，当同时要求提高其承载力或水稳性时，桩孔内用灰土作填料较为合适。

为防止填入桩孔内的灰土吸水后产生膨胀，不得使用生石灰与土拌和，而应用消解后的石灰与黄土或其他黏性土拌和。石灰富含钙离子，与土混合后产生离子交换作用，在较短时间内便成为凝硬性材料，因此拌和后的灰土放置时间不可太长，并宜于当日使用完毕。

(六)垫层

桩顶标高以上应设置300~500 mm厚的2:8灰土垫层，其压实系数不应小于0.95。灰土挤密桩或土挤密桩回填夯实结束后，在桩顶标高以上设置300~500 mm厚的灰土垫层，一方面使桩顶和桩间土找平，另一方面有利于改善应力扩散调整桩土的应力比，并对减小桩身应力集中有很好的作用。

(七)复合地基承载力特征值

灰土挤密桩和土挤密桩的复合地基承载力特征值，应通过现场单桩或多桩复合地基载荷试验确定。对灰土挤密桩，复合地基的承载力特征值不宜大于处理前的2倍，并不宜大于250 kPa；对土挤密桩，复合地基的承载力特征值不宜大于处理前的1.4倍，并不宜大于180 kPa。

为确定灰土挤密桩和土挤密桩的桩数及其桩长(或处理深度)，设计时往往需要了解采用灰土挤密桩和土挤密桩处理地基的承载力，而原位测试(包括载荷试验、静力触探、动力触探)结果比较可靠，用载荷试验可测定单桩和桩间土的承载力，也可测定单桩复合地基或多桩复合地基的承载力。当不用载荷试验时，桩间土的承载力可采用静力触探测定。桩体特别是灰土填孔的桩体，采用静力触探测定其承载力不一定可行，但可采用动力触探测定。

(八)地基的变形

灰土挤密桩和土挤密桩复合地基的变形计算应符合现行的国家标准《建筑地基基础设计规范》(GB 50007—2011)的有关规定，其中复合土层的压缩模量可采用载荷试验的变形模量代替。

灰土挤密桩或土挤密桩复合地基的变形包括桩和桩间土及其下卧未处理土层的变形，桩和桩间土通过挤密后桩间土的物理力学性质明显改善，即土的干密度增长，压缩性降低，承载力提高，湿陷性消除，故桩和桩间土(复合土层)的变形可不计算，但应计算下卧未处理土层的变形。

三、灰土挤密桩法及土挤密桩法的施工技术要求

对重要工程或在缺乏经验的地区施工前应按设计要求,在现场进行试验,若土的性质基本相同,试验可在一处进行,若土质差别明显,应在不同地段分别进行试验。试验内容包括成孔、成孔内的夯实质量、桩间土的挤密情况、单桩和桩间土以及单桩或多桩、复合地基的承载力等。

灰土挤密桩法及土挤密桩法是一种比较成熟的地基处理方法,自 20 世纪 60 年代以来,在陕西、甘肃等湿陷性黄土地区的工业与民用建筑的地基中已被广泛地应用,积累了一定的经验。对一般工程,施工前在现场不进行成孔挤密等试验不致产生不良后果,并有利于加快地基处理的施工进度,但在缺乏建筑经验的地区和对不均匀沉降有严格限制的重要工程,施工前应按设计要求在现场进行试验,以检验地基处理方案和设计参数的合理性,对确保地基处理质量、查明其效果都很有必要。故在施工时要达到以下要求。

(一)施工准备

1. 对材料的要求

①土料可采用素黄土及塑性指数大于 4 的黏土,有机质含量小于 5% 不得使用种植土,土料应过筛,土块粒径不应大于 15 mm。

②石灰:选用新鲜的块灰,使用前 7 d 消解并过筛,不得夹有未熟化的生石灰块粒及其他杂质,其颗粒粒径不应大于 5 mm,石灰质量不应低于 Ⅲ 级标准,活性 Ca + MgO 的含量不少于 50% 。

③对选定的石灰和土进行原材料及土工试验,确定石灰土的最大干密度、最优含水量等技术参数,灰土桩的石灰剂量为 12% (质量比),配制时确保充分拌和及颜色均匀一致,灰土的夯实最佳含水量宜控制在 21% ～26% ,边拌和边加水,确保灰土的含水量为最优含水量。

2. 主要设备机具

(1)成孔设备:成孔设备有 0.6 t 或 1.2 t 柴油打桩机械或自制锤击式打桩机,亦可采用冲击钻或洛阳铲。

(2)夯实设备:夯实设备有卷扬机、提升式夯实机或偏心轮夹杆式夯实机及梨形锤。

(3)主要工具:有铁锹、量斗、水桶、胶管、喷壶、铁筛、手推胶轮车等。

3. 作业准备

(1)施工场地地面上所有障碍物和地下管线、电缆、旧基础等均全部拆除,场地表面平整,沉管振动对邻近结构物有影响时,需采取有效保护措施。

(2)对施工场地进行平整,对桩机运行的松软场地进行预压处理,使场地形成模坡,做好临时排水沟,保证排水畅通。

(3)轴线控制桩及水准点桩已经设置并编号,经复核桩孔位置已经放线并钉标桩定位或撒石灰。

(4)已进行成孔夯填工艺和挤密效果试验,确定有关施工工艺参数(分层填料厚度、夯击次数和夯实后的干密度、打桩次序),并对试桩进行了测试,承载力及挤密效果等符合设计要求。

4. 作业人员的条件

(1)主要作业人员有打桩工、焊工。

(2)施工机具应由专人负责使用和维护,大、中型机械及特殊机具需持证上岗,操作者经培训后方可操作,主要作业人员已经过安全培训,并接受了施工技术交底。

(二)施工工艺流程

灰土挤密桩法及土挤密桩法的工艺流程为:基坑开挖—桩成孔—清底孔—桩孔夯填—夯实。

1. 桩成孔

在成孔或拔桩过程中,对桩孔(或桩顶)上部土层有一定的松动作用,因此施工前应根据选用的成孔设备和施工方法在场上预留一定厚度的松动土层,待成孔和桩孔回填夯实结束,将其挖除或按设计规定进行处理。应预留松动土层的厚度,对沉管(锤击振动)成孔宜为 $0.5 \sim 0.7$ m,对冲击成孔宜为 $1.2 \sim 1.5$ m。

桩的成孔方法可根据现场机具条件选用沉管(振动锤击)法、爆扩法、冲击法等。

(1)沉管法是用振动或锤击沉桩机将与桩孔同直径的铜管打入土中,拔管成孔。桩管顶设桩帽,下端做成锥形约呈60°,桩尖可上下活动。本法简单易行,孔壁光滑平整,挤密效果好,但处理深度受桩架的限制,一般不超过 8 m。

沉管机就位后,使沉管尖对准桩位,调平扩桩机架,使桩管保持垂直,用线锤吊线检查桩管的垂直度。在成孔过程中,如土质较硬且均匀,可一次性成孔达到设计深度,如中间夹有软弱层,反复几次才能达到设计要求。

(2)爆扩法是用钢钎打入土中形成 $20 \sim 40$ mm 孔或用洛阳铲打成 $60 \sim 80$ mm 孔,然后在孔中装入条形药卷和 $2 \sim 3$ 个雷管爆扩成 $(15 \sim 18)d$ 的孔(d 为桩孔或药卷直径),本方法成孔简单,但孔径不易控制。

(3)冲击法是使用简易冲孔机将 $0.6 \sim 3.2$ t 重型锤头提升 $0.5 \sim 20$ m 后落下,反复冲击,成孔直径可达 $50 \sim 60$ cm,深度可达 15 m 以上,适用于处理湿陷性深度较大的土层。

对含水量较大的地基,桩管拔出后,会出现缩孔现象,造成桩孔深度或孔径不够。对深度不够的孔,可采用超深成孔的方法确保孔深;对孔径不够的孔,可采用洛阳铲扩孔,扩孔后及时夯填石灰土。

现在成孔的方法有沉管(锤击、振动)成孔或冲击成孔等方法,都有一定的局限性,在城乡建设和居民较集中的地区往往限制使用,如锤击沉管成孔,常允许在新建场地使用。故选用上述方法时,应综合考虑设计要求、成孔设计或成孔方法、现场土质和对周围环境的影响等因素,选用沉管(振动、锤击)、冲击或爆扩等方法成孔。

2. 桩孔夯填、夯实的要求

(1)夯填前测量成孔深度、孔径、垂直度是否符合要求并做好记录。

(2)先对孔底夯击 $3 \sim 4$ 锤,再按照填夯试验确定的工艺参数连续施工,分层夯实至设计标高。

(3)桩孔应分层回填夯实,每次回填厚度为 $250 \sim 400$ mm。当采用电动卷扬机、提升式夯实机夯实时,一般锤高度不小于 2 m,每层夯实不少于 10 锤,施打时,逐层以量斗向孔内下料,逐层夯实。当采用偏心轮杆式连续夯实机时,将灰土用铁锹随夯击不断下料,每下两锹夯两击,均匀地向桩孔下料,夯实。桩顶应高出设计标高不小于 0.5 m,挖土时将高出部分铲除。

(4)灰土挤密桩施工完成后,应挖除桩顶松动层,然后开始施工灰土垫层。

(5)成桩和孔内回填夯实的施工顺序,习惯做法是从外向里间隔 1~2 孔进行,但施工到中间部位桩孔往往打不下去或桩孔周围地面明显隆起,为此有的修改设计,增大桩孔之间的中心距离,这样很麻烦。对整片处理,宜从里(或中间)向外间隔 1~2 孔进行。对大型工程可采取分段施工,对局部处理宜从外向里间隔 1~2 孔进行,局部处理的范围小,且多为独立基础及条形基础,从外向里对桩间土的挤密有好处,也不致出现类似整片处理或桩孔打不下去的情况,成孔后应夯实孔底,次数不少于 8 击,并立即夯填灰土。

(6)成孔时,地基土宜接近最优(或塑限)含水量,当土的含水量低于 12% 时宜对拟处理范围内的土层进行增湿。应于地基处理前 4~6 d 将需增湿的水通过一定数量和一定深度的渗水孔均匀地浸入拟处理范围内的土层中。

拟处理的地基的含水量对成孔的施工与桩间的挤密至关重要。工程实践表明,当天然土的含水量小于 12% 时,土呈坚硬状态,成孔挤密困难且设备容易损坏;当天然土的含水量等于或大于 24%、饱和度大于 65% 时,桩孔可能缩颈,桩孔周围的土容易隆起,挤密效果差;当天然土的含水量接近最优(或塑性)含水量时,成孔速度快,桩间土的挤密效果好。因此在成孔过程中,应掌握好拟处理地基土的含水量,使其不要太大或太小。如只允许在最优含水量状态下进行施工,小于最优含水量的土便需要加水增湿,大于最优含水量的土则要采取晾干等措施,这样施工很麻烦,而且不易掌握准确和加水均匀。对含水量介于 12%~24% 的土,只要成孔施工顺利,桩孔不出现缩颈,桩间土的挤密效果符合设计要求,不一定要采取增湿或晾干的措施。

(7)当孔底出现饱和软土层时,可加大成孔的间距,以防由于振动而造成已打好的桩孔内挤塞,当孔底有地下水流入时,可采用井点降水后再回填料或向桩孔内填入一定数量的干砖渣和石灰,经夯实后再分层填入填料。

(三)试桩的要求

(1)要求灰土桩在大面积施工前要进行试桩施工,以确定施工的技术参数。施工过程中要求监理人员旁站,灰土拌和、成孔、孔间距及回填灰土都要严格按照要求进行施工。

(2)夯击设备及技术参数:偏心轮夹杆式夯实机,夯锤重 100~150 kg,落锤 0.6~1.0 m,夯击 40~50 次/min,同时严格控制填料速度,10~20 cm 为一层,夯实到发出清脆回声为止,进行下一层填料。

(四)施工时的注意事项

(1)沉管成孔应注意以下事项:

①钻机要求准确平稳,在施工过程中机架不应发生位移或倾斜。

②管桩上应设置醒目牢固的尺度标志,在沉管过程中,注意桩管的垂直度和贯入速度,发现反常现象及时分析原因并进行处理。

③桩管沉入设计深度后应及时拔出,不宜在土中搁置较长时间,以免摩阻力增大后拔管困难。

④拔管或成孔后,由专人检查桩孔的质量,检测孔径、深度等是否符合要求,如发现缩颈、回淤等情况,可用洛阳铲扩桩至设计值,当情况严重甚至无法成孔时,在局部地段可采用向桩管内灌入砂砾的方法成孔。

(2)夯击就位要保持稳定、沉管垂直、夯锤对准桩的中心,确保夯锤能自由落入孔底。

(3)防止出现桩缩颈或塌孔、挤密效果差等现象。

①地基土的含水量在达到或接近最优含水量时,挤密效果最好。当含水量过大时,必须采用套管沉桩成孔,成孔后如发现桩孔缩颈比较严重,可在孔内填入干散沙土、生石灰块或砖渣,稍停一段时间后将桩管深入土中,重新成孔。如含水量过小应预先浸湿加固范围的土层,使之达到或接近最优含水量。

②必须遵守成孔挤密的顺序,采用隔排跳打的方式成孔,应打一孔填一孔,为防止受水浸湿,必须当天回填夯实。为避免夯打造成缩颈堵塞,可隔几个桩位跳打夯实。

(4)防止桩身回填夯击不实、疏松、断裂,应做到:

①成孔深度应符合设计规定,桩孔填料前,应先夯击孔底3~4锤。根据试验测定密度要求,随填随夯,对持力层范围内15~16倍桩径深度范围的夯实质量应严格控制,若锤击数不够,可适当增加击数。

②每个桩孔回填用料应与计算用量基本相符合。

③夯锤度不宜小于100 kg,采用的锤型应有利于将边缘土夯实(如梨形锤和枣核形锤等),不宜采用平头夯锤。

(5)桩孔的直径与成孔设备或成孔的方法有关,成孔设备或成孔方法如已选定,桩孔直径基本上固定不变,桩孔深度按规定设计。为防止施工出现偏差或不按设计图施工,在施工过程中应加强监督,采取随机抽样的方法进行检查,但抽查数量不可太多,每台班检查1~2孔即可,以免影响施工进度。

(6)施工过程中,应有专人监理成孔及回填夯实的质量,并应做好施工记录,如发现地基土质与勘察资料不符,应立即停止施工,待查明情况或采取有效措施处理后,方可继续施工。施工记录是验收的原始依据,必须强调施工记录的真实性和准确性,且不能任意修改。为此,应选择有一定业务素质的相关人员担任施工记录工作,这样才能准确做好施工记录。

(7)雨季或冬季施工应采用防雨或防冻措施,防止灰土和土料受雨水淋湿或冻结。土料和灰土受雨水淋湿或冻结,容易出现"橡皮土",不易夯实。当雨季或冬季选择灰土挤密桩或土挤密桩处理地基时,成桩应采取防雨或防冻措施,保护灰土或土料不受雨淋湿或冻结,以确保施工质量。

四、质量的检验要求

成桩后,应及时抽检灰土挤密桩或土挤密桩处理地基的质量。对一般工程,应主要检查施工记录,检测全部处理深度内桩体和桩间土的干密度,并将其分别换算为平均压实系

数 λ_0 和平均挤密系数 $\overline{n}_c$。对重要工程除检测上述内容外,还应测定全部处理的深度内桩间土的压缩性和湿陷性。

为确保灰土挤密桩或土挤密桩处理地基的质量,在施工过程中应采取抽样检验,检验数据和结论应准确、真实,具有说服力,对检验结果应进行综合分析或综合评价。

抽样检验的数量:对一般工程不应少于桩总数的1%,对重要工程不应少于桩总数的1.5%。

由于挖探井取土样对桩体和桩间土均有一定程度的扰动及破坏,因此应选出具有代表性的桩,并保证检验数据的可靠性。取样结束后,其探井应分别分层回填夯实,压实系数不应小于0.93.

灰土挤密桩和土挤密桩地基竣工验收时,承载力检验应采用复合地基载荷试验。检验数量不应少于桩总数的0.5%,且每项单体工程不应少于3点。

检验项目有主控项目和一般项目两种。

(1)主控项目:灰土桩的桩数、排数、排列尺寸、孔径深度、填料质量及配合比,这些项目必须符合设计要求或施工规范的规定。

(2)一般项目:

①施工前对灰土及土的质量及桩孔放样位置等做检查。

②施工中应对桩孔直径、桩深、垂直度、夯击次数、填料的含水量等做检查。

③施工结束后,应检查成桩的质量及复合地基的承载力。

④灰土挤密桩施工质量检验标准及各项指标应符合表5-12的规定。

表5-12 灰土挤密桩施工质量检验标准

项目	序号	检查项目名称	允许偏差或允许值		检查方法
			单位	数值	
主控项目	1	桩长	mm	±50	测桩管长
	2	地基承载力	kPa	设计要求	按规范方法
	3	桩体及桩间土的干密度	t/m³	设计要求	现场取样
	4	桩径	mm	−20	钢尺量
一般项目	1	土料有机质含量	%	<5	实验室焙烧法
	2	石灰粒径	mm	<5	筛分法
	3	桩位偏差	≤0.4L	≤0.4L	钢尺量
	4	垂直度	%	<1.5	经纬仪测量
	5	桩径	mm	−20	钢尺量

注:桩径允许偏差是指个别断面。

特殊工艺关键控制措施应符合表5-13的规定。

表 5-13 特殊工艺关键控制措施

序号	关键控制点	控制措施
1	施工顺序	分段施工
2	灰土拌制	上料石灰过筛、计量、拌制均匀
3	桩孔夯填	石灰桩应打一孔填一孔,若土质较差,夯填速度较慢,宜采用间隔打桩法
4	管理	进行技术交底,钻孔防止漏钻漏填,灰土计量均匀,干湿适度,厚度和落锤高度适宜

第六章 渠系建筑物工程的施工

第一节 地基开挖及地基处理

建筑物工程的建筑地基一般分为岩石地基、土壤地基或砂砾石地基等,但由于受各地域和地形的影响及工程地质和水文地质作用的影响,天然地基往往存在一些不同程度、不同形式的缺陷,须经过人工处理,使地基具有足够的强度、整体性、抗渗性和耐久性,方能作为水文建筑物工程的基础。

由于各种工程地质与水文地质的不同,对各种类型的建筑物地基的处理要求也不同,因此对不同的地质条件,不同的建筑物形式,要求用不同的处理措施和方法。故从施工角度,对各类建筑物的地基开挖、岩石地基、土壤地基、砂砾石地基、特殊地基的处理等分别进行介绍。

一、各类建筑物地基开挖的一般规定和基本要求

天然地基的开挖最好安排在无水期或少雨的季节进行,开工前应做好计划和施工准备工作,开挖后应连续施工,基础的轴线、边线位置及基底标高均应符合设计要求,经精确测定,检查无误后方可施工。

(一)开挖前的准备工作

(1)熟悉基本资料,认真分析建筑物工程区域内的工程地质及水文地质资料,了解和掌握各种地质缺陷的分布及发展情况。

(2)明确设计意图及对各类建筑物基础的具体要求。

(3)熟知工程条件、施工技术水平及设备力量、人工配备、物料储备、交通运输、水文气候资料等。

(4)与业主、地质设计监理等单位共同研究确定适宜的地基开挖范围、深度和形态。

(二)各类地基开挖的原则和方法

1.岩基开挖

(1)做好基坑排水工作,在围堰闭合后,立即排除基坑范围内的渗水,布置好排水系统,配备足够的设备,边开挖井坑边降低和控制水位,确保开挖工作不受水的干扰,保证各建筑物工程干地施工。

(2)做好施工组织计划,合理安排开挖程序,由于地形、坡度和空间的限制,建筑物的基坑开挖一般比较集中,工种多,比较难,安全问题突出,因此,基坑开挖的程序应本着自上而下、先岸坡后地基的原则,分层开挖,逐步下降。

(3)正确选择开挖方法,保证开挖质量。岩基开挖的主要方法是钻孔爆破法,采用分层梯段松动爆破;边坡轮廓面开挖应采用预裂爆破法或光面爆破法。紧邻水平建基面应

采用预留保护层,并对保护层进行分层爆破。开挖偏差的要求:对节理裂隙不发育、较发育、发育和坚硬、中硬的岩体,水平建基面高程的开挖偏差要求不超过 ±20 cm;设计边坡的轮廓线开挖偏差,在一次钻进深度条件下开挖时,不应超过其开挖高度的 ±2%;在分台阶开挖时,最下部一个台阶坡脚位置的偏差、一级整体边坡的平均坡度均应符合设计标准。预留保护层的开挖是控制岩基质量的关键,其要点是分层开挖,控制一次起爆药量,控制爆破震动影响。边坡预裂爆破或光面爆破的效果应符合以下要求:开挖的轮廓、残留炮孔的痕迹应均匀分布;对于裂隙发育和较发育的岩体,炮眼痕迹保存率应达到80%以上;对于节理裂隙发育和较发育的岩体,应达到50% ~ 80%;对于节理裂隙极发育的岩体,应达到10% ~ 50%。相邻炮孔间岩石的不平整度不应大于 15 cm。

(4)选定合理的开挖范围和形态。基坑开挖范围主要取决于水工建筑物倒虹吸的平面轮廓,还要满足机械运行、道路布置、施工排水、立模与支撑的要求。放宽的范围一般从几米到十几米不等,由实际情况而定。开挖后的岩基面要求尽量平整,以利于倒虹吸底部的稳定。

2. 软基开挖

软基开挖的施工方法与一般土方开挖的方法相同。由于地基的施工条件比较特殊,常会遇到下述困难,为确保开挖工作顺利进行,必须注意以下原则。

1)淤泥

淤泥的特点是颗粒细、水分多、人无法立足,应视情况不同分别采取措施。

(1)烂淤泥:特点是淤泥层较厚、含水量较小、黏稠、锹插难拔、不易脱离。针对这种情况可在挖前先将铁锹蘸水,也可采用三股钗或五股钗。为解决立足问题,可采用一点突破法,即先从坑边沿起集中力量突破一点,一直挖到硬土,再向四周扩展,或者采用芦苇排铺路法,即将芦席扎成捆枕,每三枕用桩连成苇排,铺在烂泥上,人在排上挖运。

(2)稀淤泥:特点是含水量高、流动性大、装筐易漏,必须采用帆布做袋抬运。当稀泥较薄,面积较小时,可将干砂倒入进行堵淤,形成土埝,在土埝上进行挖运作业。如面积大,要同时填筑多条土埝分区支立,以防乱流。若淤泥深度大,面积广,可将稀泥分区围埝,分别排入附近挖好的深坑内。

(3)夹砂淤泥:特点是淤泥中有一层或几层夹砂层。如果淤泥厚度较大,可采用前面所述方法挖除;如果淤泥层很薄,先将砂石晾干,能站人时方可进行,开挖时连同下层淤泥一同挖除,露出新砂石,切勿将夹砂层挖混造成开挖困难。

2)流砂

流沙现象一般发生在非黏性土中,主要与砂土的含水量、孔隙率、黏粒含量和水压力的水力梯度有关。在细砂、中砂中常发生,也可能在粗砂中发生。流砂开挖的主要方法如下:

(1)主要解决好"排"与"封",即将开挖区泥砂层中的水及时排除,降低含水量和水力梯度,将开挖区的流砂封闭起来。如坑底积水,可在较低的位置挖沉砂坑,将竹筐或柳条筐沉入坑底,水进入筐内而砂被阻于其外,然后将筐内水排走。

(2)对于坡面的流砂,当土质允许、流砂层又较薄(一般在 4 ~ 5 m)时,可采用开挖方法,一般放坡为1:4 ~ 1:8,但这要扩大开挖面积,增加工程量。

（3）当挖深不大、面积较小时，可以采取扩面的措施，其具体做法如下：

①砂石护面：在坡面上先铺一层粗砂，再铺一层小石子，各层厚5~8 cm，形成反滤层，在坡脚挖排水沟，做同样的反滤层。这样既可防止渗水流出时挟泥沙，又防止坡面径流冲刷。

②柴枕护面：在坡上铺设爬坡式的柴捆（枕），坡脚设排水沟，沟底及两侧均铺柴枕，以起到滤水拦砂的作用。隔一定距离打桩加固，防止柴枕下塌移动。当基坑坡面较长、基坑挖深较大时，可采用柴枕拦砂法处理，其做法是在坡面渗水范围的下侧打入木桩，桩内叠铺柴枕。

二、建筑物工程基坑开挖的机械

土石方工程开挖的机械有挖掘机械和挖运组合机械两大类。挖掘机械主要用于土石方工程的开挖工作。挖掘机械按构造及工作特点又可分为循环作业的单斗式挖掘机和连续作业的多斗式挖掘机两大类。挖运组合机械是指能由一台机械同时完成开挖、运输、卸土、铺土任务的机械，常用的有推土机、装载机和铲运机等。

（一）挖掘机械

1. 单斗式挖掘机

单斗式挖掘机是水利水电工程施工中最常用的一种机械，可以用来开挖建筑物的基坑、渠道等，它主要由工作装置、行驶装置和动力装置三部分组成。单斗式挖掘机的工作装置有铲斗、支撑和操纵铲斗的各种部件，可分为正向铲挖掘机、反向铲挖掘机、索铲挖掘机、抓铲挖掘机四种。

1）正向铲挖掘机

钢丝绳操纵的正向铲挖掘机利用其支杆、斗柄、铲斗及操纵它的索具、连接部件等工作。支杆一端铰接于回转台上，另一端通过钢丝绳与绞车相连，可随回转台在平面上回转360°，但工作时其垂直角度保持不变。斗柄通过鞍式轴承与支杆相连，斗柄下则有齿杆，通过鼓轴上齿轮的从动，可做前后直线移动。斗柄前端装有铲斗，铲斗上装有斗齿和斗门。挖土时，栓销插入斗门扣中，斗门关闭，卸土时绞车通过钢丝绳将栓销拉出，斗门则自动下垂开放。正向铲挖掘机是一种循环式作业机械，每一工作循环包括挖掘、回转、卸料、返回四个过程。挖掘时先将铲斗放到工作面底部的位置，然后将铲斗自下而上提升，使斗柄向前推压，在工作面上挖出一条弧形挖掘面（Ⅱ、Ⅲ）。在铲斗装满土石后，再将铲后退离开工作面（Ⅳ），回转挖掘机上部机构至运土车辆处（Ⅴ），打开斗门将土石卸掉（Ⅵ），此后再转回挖掘机上部机构，同时放下铲斗，进行第二次循环，直到所在位置全部挖完后，再移动到另一停机位置继续挖掘工作。

正向铲挖掘机主要用于挖掘基面以上的Ⅰ~Ⅳ级土，也可以挖装松散石料。

2）索铲挖掘机

索铲挖掘机的工作装置主要由支杆、铲斗、升降索和牵引索组成。铲斗由升降索悬挂在支杆上，前端通过铁链与牵引索连接，挖土时先收紧牵引索，然后放松牵引索和升降索，铲斗借自重荡至最远位置并切入土中，然后，拉紧牵引索，使铲斗沿地面切土并装满铲斗，此时，收紧升降索及牵引索，将铲斗提起，回转机身至卸土处，放松牵引索，使铲斗倾翻卸土。

索铲挖掘机支杆较长,倾角一般为30°~45°,所以挖掘半径、卸载半径和卸载高度均较大。由于铲斗是借自重切入土中,因此适用于开挖建基面以下的较松软土壤,也可用于浅水中开挖砂砾料。索铲卸土最好直接卸于弃土堆中,必要时也可直接装车运走。

在施工中应尽可能提高单斗式挖掘机的使用生产率,其计算公式如下:

$$p = 60nqK_充 K_时 K_修 K_延 / K_松 \tag{6-1}$$

式中　n——设计每分钟循环次数,次/min;

　　　q——铲斗的容量,m^3;

　　　$K_充$——铲斗充盈系数;

　　　$K_时$——时间利用系数,取0.8~0.9;

　　　$K_修$——工作循环时间修正系数,$K_修 = 1/(0.4K_土) + 0.6B$,$K_土$为土壤级别修正系数,一般采用1.0~1.2,B为转角修正系数,卸料转角为90°时$B = 1.0$,卸料转角为100°~135°时$B = 1.08 ~ 1.37$;

　　　$K_延$——卸料延续系数,卸入弃土堆为1.0,卸入车厢为0.9;

　　　$K_松$——可松性系数。

提高挖掘机生产率的主要措施如下:

(1)加长中间斗齿长度,以减小铲土阻力,从而减少铲土时间。

(2)加强对机械工人的培训,操作时应尽可能合并回转、升起、降落等过程,以缩短循环时间。

(3)挖松土料时,可更换大容量的铲斗。

(4)合理布置工作面,使掌子面高度接近挖掘机的最佳工作高度,并使卸土时挖掘机转角最小。

(5)做好机械保养,保证机械正常运行并做好施工现场准备,组织好运输工具,尽量避免工作时间延误。

2. 多斗式挖掘机

多斗式挖掘机是一种连续作业式挖掘机械,按构造不同,可分为链斗式和斗轮式两类。

1)链斗式采砂船

链斗式采砂船是由传动机械带动固定传动链条上的土斗进行挖掘的,多用于挖掘河滩及水下砂砾料。水利水电工程中,常用的采砂船有120 m^3/h 和250 m^3/h 两种,采砂船是无自航能力的砂砾石采掘机械。当远距离移动时,须靠拖轮拖带;近距离移动时,可借助船上的绞车和钢丝绳移动。一般采用轮距为1.435 m 和0.762 m 的机车牵引矿车或砂驳船配合使用。

2)斗轮式挖掘机

斗轮式挖掘机的斗轮装在可仰俯的斗轮臂上,斗轮装有7~8个铲斗,当斗轮转动时,即可挖土;铲斗转到最高位置时,斗内土料借助自重卸到受料皮带上卸入运输工具上或直接卸到料堆上。斗轮式挖掘机的主要特点是斗轮转速快,连续作业生产率高,且斗轮臂倾角可以改变,可以回转360°,故开挖面较大,可适用于不同形状的工作面。

（二）挖掘组合机械

1. 推土机

推土机是一种能进行平面开采、平整场地，并可短距离运土、平土、散料等综合作业的土方机械。由于推土机构造简单、操作灵活、移动方便，故在水利水电工程中应用很广，常用来清理、覆盖、堆积土料，碾压、削坡、散料等坝面作业。

2. 装载机

装载机是一种工效高、用途广泛的工程机械，它不仅可以堆积松散料物，进行装、运、卸作业，还可以对硬土进行轻度的铲掘工作，并能用于清理、刮平场地及牵引作业，如更换工作装置还可以完成推土、挖土、松土、起重以及装载棒状物料等工作，因此被广泛应用。装载机按行走装置可分为轮胎式和履带式两种，按卸载方式可分为前卸式、侧卸式和回转式三种。

第二节　混凝土工程的施工

建筑物中的水工混凝土的施工技术要求，对提高水工混凝土施工质量、推动其技术的发展起到了很好的作用，随着科学技术的进步，施工装备水平的提高，对施工技术水平和质量控制的要求更高、更严格。

一、模板的施工技术要求

模板施工是水工混凝土工程施工中一项重要的分项工程，对工程的进度质量和经济效益均有重要的影响。目前随着社会科学技术的进步，模板施工的技术水平也有很大的提高，无论是在模板材料方面，还是在模板类型和施工工艺方面都有明显的进步。

（一）模板的制作总体要求

（1）保证混凝土结构和构件各部分设计的形状、尺寸和相互位置正确。

（2）具有足够的强度、刚度和稳定性，能可靠地承受设计和规范要求的各项施工荷载，并保证变形在允许的范围以内。

（3）应尽量做到标准化、系列化，装卸方便，周转次数高，有利于混凝土工程的机械化施工。

（4）模板的平面光洁，拼缝密合，不漏浆，以便保证混凝土的质量。

（5）模板的选用应与混凝土结构、构件特征、施工条件和浇筑方法相适应，土面积平面支模宜选用大模板，当浇筑层质量不超过 3 m 时宜选用悬臂式大模板。

（6）组合钢模板、大模板、滑动模板等模板的设计制作和施工应符合国家现行标准《组合钢模板技术规范》（GB/T 50214—2013）、《液压滑动模板施工技术规范》（GBJ 113）和《水工建筑物滑动模板施工技术规范》（DL/T 5400—2007）的规定。

（7）对模板采用的材料及制作安装等工序均应进行质量检测。

（二）模板的材料要求

（1）模板的材料宜选用钢材、胶合板、模板，支架的材料宜选用钢材等，尽量少用木材。

（2）钢模板的材质应符合现行的国家标准和行业标准的规定。

①当采用钢材时,宜采用 QZ35,其质量应符合相关规范的规定。

②当采用木材时,应符合《木结构设计规范》(GB 50005—2003)中的承重结构选材标准。

③当采用胶合板时,其质量应符合现有的有效标准的有关规定。

④当采用竹编胶合板时,其质量应符合《竹编胶合板》(GB/T 13123—2003)的有关规定。

(3)木材的种类可根据各地区实际情况选用,材质不宜低于三等材。腐朽易扭曲、有蛀孔等有缺陷的木材、脆性木材和容易变形的木材,均不得使用。木材应提前备料,干燥使用,含水量宜为18% ~23%。水下施工用的木材,含水量宜为23% ~45%。

(4)保温模板的保温材料应不影响混凝土外露表面的平整度。

(三)模板的设计要求

(1)模板的设计必须满足建筑物的体型、结构尺寸及混凝土浇筑分层分块的要求。

(2)模板的设计,应提出对材料制作安装、运输使用及拆除工艺的具体要求,设计图纸应标明设计荷载和变形控制要求,模板设计应满足混凝土施工措施中确定的控制条件。如混凝土的浇筑顺序、浇筑速度、浇筑方式、施工荷载等。

(3)钢模板的设计应符合《钢结构设计规范》(GB 50017—2003)的规定,其截面塑性发展系数取 1.0,其荷载的设计值可乘以系数 0.85 予以折减。采用冷弯薄壁型钢应符合《冷弯薄壁型钢结构技术规范》(GB 50018—2002)的规定,其荷载设计值不应折减。

木模板的设计应符合《木结构设计规范》(GB 50005—2003)的规定,当木材含水量小于 25% 时,其荷载设计值可乘以系数 0.90 予以折减。

其他材料的模板设计应符合相应的有关的专门规定。

(4)设计模板时,应考虑下列各项荷载:

①模板的自身重力;②新浇混凝土的重力;③钢筋和预埋件的重力;④施工人员和机具设备的重力;⑤振捣混凝土时产生的荷载;⑥新浇筑的混凝土的侧压力;⑦新浇筑混凝土的浮托力;⑧倾倒混凝土时所产生的荷载;⑨风荷载;⑩其他荷载。

(5)计算模板的强度和刚度时,根据模板种类及施工具体情况,一般按表6-1 的荷载组合进行计算。

表6-1　常用模板的荷载组合

模板类别	荷载组合	
	计算承载力	验算刚度
薄板和薄壳的底模板	①②③④	①②③④
厚板、梁和拱的底模板	①②③④⑤	①②③④⑤
梁拱柱(边长≤300 mm),墙(厚≤400 mm)的侧垂直模板	⑤⑥	⑥
大体积结构,厚板柱(边长 >300 mm),墙(厚 >400 mm)的侧垂直模板	⑥⑧	⑥⑧
悬臂模板	①②③④⑤⑧	①②③④⑤⑧
涵洞衬砌模板台车	①②③④⑤⑥⑦	①②③④⑤⑥⑦

注:①~⑧指上文(4)中①~⑧荷载,当底模板承受侧倾倒混凝土时的荷载对模板的承载能力和变形有较大影响时,应考虑荷载⑧。

（6）当计算模板刚度时,其最大变形值不得超过下列允许值:

①对结构表面外露的模板,为模板构件计算跨度的1/400;

②对结构表面隐蔽的模板,为模板构件计算跨度的1/250;

③支架的压缩变形值或弹性浇度,为相应的结构计算跨度的1/1 000。

（7）承重模板的抗倾覆稳定性应按下列要求核算:

①抗倾覆稳定系数应不小于1.4。

②应计算下列两项倾覆力矩并采用其中最大值,第一项为风荷载,按《建筑结构荷载规范》(GB 50009—2001)确定,第二项为作用于承重模板边缘150 kg/m的水平力。

③计算稳定力矩时,模板自重的折减系数为0.8,如同时安装钢筋,应包括钢筋的质量。经荷载按其对抗倾覆稳定最不利的分布计算。

（8）除悬臂模板外,竖向模板与内侧模板都必须设置内部撑杆或外部拉杆,以保证模板的稳定性。

（9）支架的立柱应在两径相垂直的方向加以固定。

（10）多层建筑物上层结构的模板支承在下层结构上时,必须验算下层结构的实际强度和承载能力。

（11）模板附件的最小安全系数见表6-2。

表6-2　模板附件的最小安全系数

附件名称	结构形式	安全系数
模板锚定件	仅支承模板质量和混凝土压力的模板, 支撑混凝土质量、施工荷载和冲击荷载的模板	2.0 3.0
模板拉杆及锚定件	所有使用模板	2.0
模板吊钩	所有使用模板	4.0

（四）模板的制作

模板的制作应满足以下要求:

（1）模板制作的允许偏差应符合模板设计的规定,并不得超过表6-3中的规定。

表6-3　模板制作的允许偏差　　　　　　　　　　（单位:mm）

模板类型	偏差项目	允许偏差
木模	小型模板:长和宽	±3
	大型模板(长宽大于3 m):长和宽	±3
	大型模板对角线	±3
	模板平面度	
	相邻两板面高度	0.5
	局部不平	3
	面板缝隙	1

续表 6-3

模板类型	偏差项目	允许偏差
钢模、复合模板及胶木(竹)模板	小型模板:长和宽	±2
	大型模板(长宽大于 2 m):长和宽	±3
	大型模板对角线	±3
	模板面部不平(用 3 m 直尺检查)	2
	连接配件的孔位置	±1

注:1.异型模板(尾水管、蜗壳等)、永久性模板、滑动模板、移置模板、装饰混凝土模板等特种模板,其制作的允许偏差应按有关规定和要求执行。

2.定型组合钢模的制作允许偏差应按有关规定执行。

3.表中木模是指在面板上敷盖隔层的木模板,用于混凝土非外露面的木模和被用来制作复合模板的木模,制作偏差可对表中的允许偏差适当放宽。

(2)复合模板表面及活动部分应涂防锈油脂,但不影响混凝土表面颜色,其他部分应涂防锈漆,木面板宜贴镀铁皮或其他隔层。

(3)当混凝土的外露表面采用木模时,宜做成复合模板。

(4)重要结构的模板、承重模板、移置式、滑动式、工具式及永久性的模板均须进行模板设计,并提出对材料制作安装、使用及拆除工艺的具体要求。设计图纸应标明设计荷载及控制条件,如混凝土的浇筑顺序、速度、施工荷载等。

(五)模板的安装技术要求与维护

(1)模板安装前,必须按设计图纸测量放样,重要结构应多设置控制点,以利检查校正。

(2)在模板的安装中,必须经常保持足够的临时固定设施,以防倾覆。

(3)模板的钢拉杆不应弯曲,伸出混凝土外的拉杆宜采用端部可拆卸的结构形式,挡杆与锚环的连接必须牢固,预埋在下层混凝土中的锚定件(螺栓、钢筋环等),在承受荷载时,必须有足够的锚固强度。

(4)模板的板面应涂脱模剂,应避免脱模时污染或侵蚀钢筋和混凝土。

(5)支架必须支承在坚实的基础或混凝土上,并应有足够的支承面积,斜撑应防止滑动。竖向模板和支架的支撑部分,当安装在基土上时,应加设垫层且基土上必须坚实并设有排水措施。

(6)模板与混凝土的接触面,以及各块模板之间的接缝处必须平整密合,以保证混凝土表面的平整度和混凝土的密实性。

(7)现浇钢筋混凝土梁板当跨度等于或大于 4 m 时,模板应起模,起拱的调节度一般宜为全跨长度的 1/1 000 ~ 3/1 000。

(8)建筑物分层施工时,应逐层校正下层模板的偏差,模板下端不应有错缝错台。

(9)模板安装除悬臂模板外,竖向模板与内侧模板都必须设置内部撑杆或外部拉杆,以确保模板的稳定性。

(10)模板安装的允许偏差应根据结构物的安全、运行条件、经济和美观等要求确定:

①大体积混凝土以外的一般现浇结构模板安装的允许偏差应符合表6-4的规定。

表6-4 一般现浇结构模板安装的允许偏差 （单位:mm）

偏差项目		允许偏差
轴线位置		5
底模上表面标高		±5
截面内部尺寸	基础	±10
	柱梁,墙	+4 , −5
层高垂直	层高≤5 m	6
	层高>5 m	8
相邻两面板高差		2
表面局部不平(用2 m 直尺检查)		5

②一般大体积混凝土模板安装的允许偏差应符合表6-5的规定。

表6-5 一般大体积混凝土模板安装的允许偏差 （单位:mm）

偏差项目		混凝土结构的部位	
		外露表面	隐蔽内面
模板平整度	相邻两面板高差	2	5
	局部不平(用2 m 直尺检查)	5	10
	板面缝隙	2	2
结构物边线与设计边线	外模板	0 −10	15
	内模板	−10 0	
结构物水平截面内部尺寸		±20	
承重模板标高		±5	
预留孔洞	中心线位置	5	
	截面内部尺寸	+10 0	

注:1.外露表面、隐蔽内面是指相应模板的混凝土结构表面最终所处的位置。

2.调整水流区、流态复杂部位、机电设备安装部位的模板,除参考本表要求外,还必须符合有关专项设计的要求。

③永久性模板、滑动模板、移置模板、装饰模板等特种模板,其模板安装的允许偏差按结构设计要求和模板设计执行。

④钢承重骨架的模板必须按设计位置可靠地固定在承重骨架上,以防止在运输及浇筑时错位,承重骨架安装前,宜先做试吊及承载试验。

⑤预制构件模板安装的允许偏差应符合表6-6的规定。

表 6-6　预制构件模板安装的允许偏差　　　　　　　（单位:mm）

偏差项目		允许偏差	
长度	板梁	±5	
	薄腹梁、桁架	±10	
	柱	0	−10
	墙板	0	−5
宽度	板、墙板	0	−5
	梁、薄腹梁、桁架、柱	+2	−5
高度	板	+2	−3
	墙板	0	5
	梁、薄腹梁、桁架、柱	−5	+2
板的对角线差		7	
相邻两板表面高低差		1	
板的表面平整度		3	
墙板的对角线差		5	
侧向弯曲	梁、柱、板	$L/1\,000$ 且 ≤15	
	墙板、薄腹梁、桁架	$L/1\,500$ 且 ≤15	

注:L 为构件长度。

（11）模板上严禁堆放超过设计荷载的材料及设备,混凝土浇筑时,必须按模板设计荷载控制浇筑速度及施工荷载,应及时清除模板上的杂物。

（12）在混凝土浇筑过程中必须安排专人负责经常检查,调整模板的变形及位置,使其与设计线偏差不超过模板安装的允许偏差绝对值的 1.5 倍,并每班做好记录。对承重模板,必须加强检查维护,对重要部位的承重模板,还必须由有经验的人员进行检测。模板如有变形、位移,应立即采取措施,必要时停止混凝土浇筑。

（13）混凝土浇筑过程中,必须应随时监视混凝土下料情况,不得过于靠近模板,下料时不能直接冲击模板、混凝土罐等桩具,不得撞击模板。

（14）对陡坡滑模施工安全提出的要求:陡坡上的滑模施工要求有保证安全的措施。牵引机具为卷扬机、钢丝绳等,地锚要安全可靠,牵引机具为液压千斤顶时,应对千斤顶的配套拉杆做整根试验检查,并应设保证安全的钢丝绳、卡钳、倒链等保险措施。

（六）对特种模板的要求

特种模板包括永久性模板、滑动模板、移置模板及装饰混凝土模板等。

（1）滑动模板在结构上应有足够的强度、刚度和稳定性,每段模板滑动方向的长度,必须与平均滑动速度和混凝土脱模时间相适应,一般为 1~1.5 m,滑模的支承构件及提升(拖动)设备应能保证模板结构均衡滑动,导向构件应能保证模板准确地按设计方向滑动,提升设备一般采用液压设备,以避免污染钢筋和混凝土。

（2）滑动模板施工时,其滑动速度必须与混凝土的早期强度、增长速度相适应。要求混凝土在脱模时不坍落、不拉裂。模板沿竖直方向滑升时,混凝土的脱模强度应控制在0.2~0.4 MPa,模板沿倾斜或水平方向滑动时,混凝土的脱模强度应经过计算和试验确定。混凝土的浇筑强度必须满足滑动速度的要求。

（七）模板的拆除要求

（1）现浇混凝土结构的模板拆除时间应在混凝土的强度符合设计要求后,当设计无要求时应符合下列要求:

①侧模:混凝土强度能保证其表面和棱角不因拆除模板而损坏。

②底模:混凝土强度应符合表6-7的规定。

表6-7　现浇混凝土结构拆模时所需的混凝土强度

结构类型	结构跨度(m)	按设计的混凝土强度标准值的百分率计(%)
板	≤2	50
	2~8(包含8)	75
	>8	100
梁拱壳	≤8	75
	>8	100
悬臂构件	≤2	75
	>2	100

注:设计的混凝土强度标准是指与设计强度等级相应的混凝土立方体抗压强度标准值。

③经计算及试验复核混凝土结构的实际强度已能承受自重及其他实际荷载时,可提前拆模。

（2）拆模应使用专门工具,根据锚固情况分批拆除锚固连接件,防止大片模板坠落,以减少混凝土及模板的损坏。

（3）底模,当构件跨度不大于4 m时,在混凝土强度符合设计的混凝土强度标准值的50%后方可拆除;当构件跨度大于4 m时,在混凝土强度符合设计的混凝土强度标准值的75%后方可拆除。

（4）拆下的模板支架及配件应及时清理维修,暂时不用的模板应分类堆存完善保管。钢模应做好防锈工作,并设仓库存放,大型模板堆放时,应垫平放稳,并适当加固,以免翘曲变形。

二、水工混凝土的施工技术要求

水工混凝土的施工技术要求主要是控制与检查、对材料的选用、混凝土配合比的选定、施工方法的选择、施工过程中的质量控制及养护等。

（一）对原材料的质量控制要求

1.对水泥的要求

（1）水泥的品质:选用的水泥必须符合现行国家标准的规定,并根据工程特殊的要求对水泥的化学成分、矿物组成和细度等提出专门要求。

（2）每个工程所用的水泥品种以 1 ~ 2 种为宜，并应固定供应厂家。

（3）选用的水泥强度等级应与混凝土设计强度等级相适应，水位变化区、溢流面及经常受水流冲刷的部位、抗冻要求较高的部位，宜使用较高强度等级水泥。

（4）运至工地的每一批水泥应有生产厂家的出厂合格证和品质试验报告，使用单位应进行抽检，每 200 ~ 400 t 同一厂家同品牌、同强度等级的水泥为一取样单位，如不足 200 t 也应作为一取样单位，必要时进行复检。

（5）水泥品质的检测，应按现行的国家标准进行。

（6）水泥的运输、保管及使用应遵守下规定：

①优先使用散装水泥。

②运到工地的水泥应按标明的品种、强度等级、生产厂家和出厂批号分别储存到有明显标志的储罐或仓库中，不得混装。

③水泥在运输和储存过程中应严防水防潮，已受潮结块的水泥应经处理并经验检合格后方可使用，储罐水泥宜一个月倒罐一次。

④水泥仓库应有排水、通风措施，保持干燥，堆放袋装水泥时设置防潮层并距地面离墙边至少 30 cm，堆放高度不超过 15 袋，并留出运输通道。

⑤散装水泥运到工地时的入罐温度不宜高于 65 ℃。

⑥先出先运到工地的水泥应先用，袋装水泥储存期不超过 3 个月，散装水泥储存期超出 6 个月，使用前应重新检测。

⑦应避免水泥的散失浪费，注意环境保护。

2. 对骨料的要求

（1）应根据优质、经济、就地取材的原则进行选择，可选择天然骨料或人工骨料或二者结合，选用人工骨料时，有条件的地方宜选用石灰岩质的料源。

（2）冲洗筛分骨料时，应控制好筛分进料量、冲水洗和用水量筛网的孔径与倾角等，以保证各级骨料的成品质量符合要求，尽量减少细砂流失。在人工砂的生产过程中，应保持进料粒径、进料量及料浆浓度的相对稳定性，以便控制人工砂的细度模数及石粉含量。

（3）成品骨料的堆存和运输应符合下列规定：

①堆存场地应有良好的设施，排水通畅、干燥等，必要时应设置防雨遮阳等设施。

②各级骨料仓之间应采取设置隔墙等有效措施，严禁混料，并避免泥土和其他杂物混入骨料中。

③应尽量减少转运次数，卸料时粒径大于 40 mm 的骨料自由落差大于 3 m 时，应设置缓解设施。

④储料仓除有足够的容积外，还应维持不小于 6 m 的堆料厚度，细骨料仓的数量和容积应满足细骨料脱水的要求。

⑤在细骨粒成品堆场取样时，同一级料堆不同部位用四分法取样。

（4）细骨料（人工砂、天然砂）的品质要求：

①细骨料应质地坚硬清洁，级配良好，人工砂的细度模量宜在 2.4 ~ 2.8 内，天然砂的细度模数宜在 2.2 ~ 3.0 内，使用山砂、粗砂、特细砂应经过试验论证。

②细骨料的含水量应保持稳定,人工砂的含水量不宜超过6%,必要时应采取加速脱水等措施。

③细骨料的品质要求见表6-8。

表6-8　细骨料的品质要求

项目		指标		说明
		天然砂	人工砂	
石粉含量(%)		—	6~18	
含泥量	≥C_{90}30 和有抗冻要求的	≤3		
	<C_{90}30	≤5	—	
泥块含量		不允许	不允许	
坚固性	有抗冻要求的混凝土	≤8	≤8	
	无抗冻要求的混凝土	≤10	≤10	
表观密度(kg/m³)		≥2 500	≥2 500	
硫化物及硫酸盐含量(%)		≤1	≤1	折算成SO_3 按质量计
有机质含量		浅于标准色	不允许	
云母含量(%)		≤2	≤2	
轻物质含量(%)		≤1	—	

(5)粗骨料(碎石、卵石)的品质要求:

①粗骨料的最大粒径不应超过钢筋净间距的2/3、构件最小边长的1/4、素混凝土板的1/2,对少筋或无筋混凝土结构应选用较大的粗骨料粒径。

②施工中宜将粗骨料按粒径分成下列几种组合:

a. 当最大粒径为40 mm时分成D20、D40 两级;

b. 当最大粒径为80 mm时分成D20、D40、D80 三级;

c. 当最大粒径为120 mm(150 mm)时,分成D20、D40、D80、D120(150)四级。

③应严格控制各级骨料的超、逊径含量,以原孔筛检测,其控制标准为超径小于10%;以超、逊径筛检测,其控制标准超径为0,逊径小于2%。

④采用连续级配或间断级配时应由试验确定。

⑤各级骨料应避免分离,D150、D80、D40 和 D20 分别用中径(115 mm、60 mm、30 mm和 10 mm)方孔筛检测的筛余量,应在40%~70%范围内。

⑥如果使用含有活性骨料、黄锈的钙质结合粗料等,必须进行试验论证。

⑦粗骨料表面清洁,如裹粉、裹泥或被污染等应清除。

⑧粗骨料的压碎指标如表6-9所规定。

表 6-9　粗骨料的压碎指标值

骨料类别		不同混凝土强度等级的压碎指标值(%)	
		$C_{90}45 \sim C_{90}55$	$\leq C_{90}35$
碎石	水成岩	≤14	≤16
	变质岩或深层的火成岩	≤13	≤20
	火成岩	≤13	≤30
卵石		≤12	≤16

3. 对掺合料的要求

水工混凝土中应掺入适量的掺合料,其品种有粉煤灰、凝灰岩粉、矿渣微粉、硅粉、粒化电炉磷渣、氧化镁等。掺用的品种和掺量应根据工程的技术要求、掺合料品质和资源条件通过试验论证确定。

(1)掺合料的品质应符合现行国家标准和有关行业标准。

(2)粉煤灰掺合料宜选Ⅰ级、Ⅱ级。

(3)掺合料每批产品出厂时应有出厂合格证,主要内容包括厂名、等级、出厂日期、批号、数量、品质检测结果说明等。

(4)使用单位对进场使用的掺合料应进行验收并随机取样抽检。粉煤灰等掺合料以连续供应 200 t 为一批次(不足 200 t 按一批次),硅粉以连续供应 20 t 为一批次(不足 20 t 应按一批次计),氧化镁以 60 t 为一批次(不足 60 t 仍按一批次计)。掺合料的品质检测按现行国家标准和有关行业标准进行。

(5)掺合料应储存在专用仓库或储罐内,在运输和储存过程中应注意防潮,不得掺入杂物,并应有防尘措施。

4. 对外加剂的要求

水工混凝土中必须掺加适量的外加剂,常用的外加剂有普通减水剂、高效减水剂、缓凝高效减水剂、缓凝减水剂、引气减水剂、缓凝剂、高温缓凝剂、引气剂、泵送剂等。根据特殊需要也可掺用其他性质的外加剂,外加剂的品质必须符合现行国家标准和有关行业标准。

(1)外加剂的选择应根据混凝土性能的要求、施工的需要,并结合工程选定的混凝土原材料进行适应性试验,经可靠性论证和技术经济比较后,选择合适的外加剂种类和掺量。一个工程掺用同种类外加剂的品种 1 ~ 2 种,并由专门生产厂家供应。

(2)有抗冻要求的混凝土应掺引气剂,混凝土的含气量应根据混凝土的抗冻等级和骨料最大粒径等,通过试验确定,并按表 6-10 中的规定参考使用。

表 6-10　掺引气剂型外加剂混凝土的含气量　　　　　　　　　(%)

骨料最大粒径(mm)	20	40	80	150(130)
≥1 200 混凝土	5.5	5.0	4.5	4.0
≤F150 混凝土	4.5	4.0	3.5	3.0

注:F150 混凝土掺用引气剂与否,根据试验确定。

(3)外加剂应配成水溶液,使用配制溶液时应称量准确,并搅拌均匀。

（4）外加剂每批产品，均应有出厂合格检测报告，使用单位应进行抽检复查。

（5）外加剂的分批次以掺量划分。掺量大于或等于1%的外加剂以100 t 为一批次，掺量小于1%的外加剂以50 t 为一批次，掺量小于0.01%的外加剂以1~2 t 为一批次，一批进场的外加剂不是一个批次数量的，应视为一批次进行检测，外加剂的检验按现行国家标准和行业标准执行。

（6）外加剂应存放在专用仓库或固定的场所妥善保管，不同品种外加剂应有标记，分别储存。粉状外加剂在运输和储存过程中应注意防水防潮，当外加剂储存时间过长，对其品质有怀疑时，必须进行试验确定。

5. 水的质量要求

（1）凡适用于饮用的水均可用于拌制和养护混凝土。

（2）天然矿化水如果化学成分符合表6-11的规定，可以用来拌制和养护混凝土。

表6-11　拌制和养护混凝土的天然矿化水的物质含量限值

项目	预应力混凝土	钢筋混凝土	素混凝土
pH	>4	>4	>4
不溶物（mg/L）	<2 000	<2 000	<5 000
可溶物（mg/L）	<2 000	<5 000	<10 000
氯化物（以 Cl^- 计）（mg/L）	<500	<1 200	<3 500
硫酸盐（以 SO_4^{2-} 计）（mg/L）	<600	<2 700	<2 700
硫化物（以 S^{2-} 计）（mg/L）	<100	—	

注:1. 本表实用于各种大坝水泥、硅酸盐水泥、普通硅酸盐水泥、矿渣硅酸盐水泥、火山灰质硅酸盐水泥和粉煤灰硅酸盐水泥拌制的混凝土。

2. 采用硫酸盐水泥时，水中 SO_4^{2-} 的含量允许加大到10 000 mg/L。

（3）对拌制和养护混凝土的水质有怀疑时，应进行砂浆强度试验。如果该水制成的砂浆的抗压强度低于饮用水制成的砂浆28 d 龄期强度的90%，则这种水不宜用。

6. 混凝土配合比的选定

为满足混凝土的设计强度、耐久性、抗渗性等要求及施工和易性的需要，应进行混凝土施工配合比优选试验，混凝土施工配合比的选择应经综合分析比较，合理地降低水泥用量，主体工程混凝土配合比应经审查选定。

（1）混凝土配置按式（6-2）计算：

$$f_{cvo} = f_{cok} + t\sigma \tag{6-2}$$

式中　f_{cvo}——混凝土的配制强度，MPa；

　　　f_{cok}——混凝土设计龄期的强度标准值，MPa；

　　　t——概率度系数，依据保证率 P 选定；

　　　σ——混凝土强度标准差，MPa。

当没有近期的同品种混凝土强度资料时，σ 可参照表6-12的数值选用。

表6-12　标准 σ 值

混凝土强度标准值	≤C_{90}15	C_{90}20~C_{90}25	C_{90}30~C_{90}35	C_{90}40~C_{90}45	≥C_{90}50
σ（90 d）（MPa）	3.5	4.0	4.5	5.0	5.5

（2）根据前 1 个月（或 3 个月）相同强度等级配合比的混凝土强度资料，混凝土强度标准差 σ 可按式（6-3）计算：

$$\sigma = \sqrt{\frac{\sum\limits_{i=1}^{n} f_{\text{cui}}^2 - n m_{f_{\text{cu}}}^2}{n-1}} \tag{6-3}$$

式中　f_{cui}——第 i 组试件的强度，MPa；

　　　$m_{f_{\text{cu}}}$——n 组试件的强度平均值，MPa；

　　　n——试件组数，n 值应大于 30。

σ 的下限取值，对小于和等于 $C_{90}25$ 级的混凝土计算得到的 σ 小于 2.5 MPa 时，σ 取 2.5 MPa；对大于和等于 $C_{90}30$ 级的混凝土计算得到的 σ 小于 3.0 MPa 时，σ 取 3.0 MPa。施工中，应根据施工的时段强度的统计结果，调整 σ 值，进行动态控制。

（3）混凝土的设计强度标准差，按设计龄期提出的混凝土强度标准，以按标准方法制作、养护的边长为 150 mm 立方体试件的抗压强度值确定，单位为 MPa。

（4）大体积内部混凝土的胶凝材料用量不低于 140 kg/m³，水泥熟料用量不宜低于 70 kg/m³。

（5）混凝土的水胶比（水灰比），应根据设计对混凝土性能的要求，通过试验确定，并不应超过表 6-13 的规定。

表 6-13　水胶比最大允许值

部位	严寒地区	寒冷地区	温和地区
上下游水位以上（坝体外部）	0.50	0.55	0.60
上下游水位变化区（坝体外部）	0.45	0.50	0.55
上下游最低水位以下（坝体外部）	0.50	0.55	0.60
基础	0.50	0.55	0.60
内部	0.60	0.65	0.65
受水流冲刷部位	0.45	0.50	0.50

注：在有环境水侵蚀情况下，水位变化区外部及水下混凝土最大允许水胶比（水灰比）应减小 0.05。

（6）粗骨料级配及砂率的选择应根据混凝土的性能要求、施工和易性及最小单位用水量并尽量充分利用所产生的骨料、减少弃料等原则，通过试验进行综合分析确定。

（7）混凝土坍落度应根据建筑物的结构断面、钢筋含量、运输距离、浇筑方法、运输方式、振捣能力和气候等条件决定，在选定配合比时应综合考虑，并宜采用较小的坍落度。混凝土在浇筑地点的坍落度可按表 6-14 选用。

表 6-14　混凝土在浇筑地点的坍落度

混凝土类别	坍落度（cm）
素混凝土或少筋混凝土	1~4
配筋率不超过 1% 的钢筋混凝土	3~6
配筋率超过 1% 的钢筋混凝土	5~9

注：有温度控制要求，高、低温季节浇筑混凝土时，其坍落度可根据实际情况酌情增减。

7.混凝土的施工技术要求

（1）拌制混凝土时,必须严格遵守实验室签发的混凝土配料单进行配料,严禁擅自更改。

（2）水泥、砂、石、掺合料均应以质量计,水及外加剂溶液可按质量折算成体积计,称量的偏差不应超过表6-15的规定。

表 6-15　混凝土材料称量的允许偏差

材料名称	称量的允许偏差（%）
水泥、掺合料、水、外加剂、冰	±1
骨料	±2

（3）施工前应结合工程的混凝土配合比情况,检验拌和设备的性能,当发现不相适应时,应适当调整混凝土的配合比,但要经过试验确定。

（4）在混凝土的拌和过程中,应根据气候条件定时测定砂石骨料的含水量,在降雨的情况下应相应地增加测定次数,以便随时调整混凝土的加水量。

（5）在混凝土的拌和过程中,应采取措施保持砂石料的含水量稳定,砂石料含水量控制在6%以内。

（6）掺有掺合料（如粉煤灰等）的混凝土进行拌和时,掺合料可以混掺,也可以干掺,但应保持掺合均匀。

（7）如果使用外加剂,应将外加剂溶液均匀配入拌和料与水共同掺入,外加剂中的水量应包含在拌和用水之内。

（8）必须将混凝土各组分拌和均匀,拌和程序与拌和时间应通过试验确定,表6-16中所列最少的拌和时间可参考使用。

表 6-16　混凝土最少拌和时间

拌和机进料容量 （m³）	最大骨料粒径 （mm）	坍落度（cm）		
		2～5	5～8	>8
1.0	80	—	2.5	2.0
1.6	150（120）	2.5	2.0	2.0
2.4	150	2.5	2.0	2.0
5.0	150	3.5	2.0	2.5

注:1. 入机拌和量不应超过拌和机容量的10%。

2. 拌和混合料、减水剂、加水剂、加量剂、冰时宜延长拌和时间,出机的拌和物中不应有冰块。

（9）拌和设备应经常进行下列项目的检查:

①拌和物的均匀性。

②各种条件下适宜的拌和试件。

③衡器的准确度。

④拌和机及叶片的磨损情况。

8. 运输的注意事项

（1）所选择的混凝土运输设备和运输能力均应与拌和浇筑能力及钢筋模板吊运的需要相适应，以保证混凝土的质量，充分发挥设备的效率。

（2）所用的运输设备，应使混凝土在运输过程中不致发生分离、漏浆、严重泌水及过多温度回升和坍落度降低等现象。

（3）同时运输两种以上强度等级、级配或其他特征不同的混凝土时，应在运输设备上设标志，以免混淆。

（4）混凝土在运输过程中，应尽量缩短运输时间及减少转运的次数。掺普通减水剂的混凝土运输时间不宜超过表 6-17 中规定的范围。因故停歇过久混凝土已初凝或已失去塑性时，应作废料处理，严禁在运输中和卸料时加水。

表 6-17　混凝土运输时间

运输时段的平均气温（℃）	混凝土运输时间（min）
20～30	45
10～20	60
5～10	90

（5）在高温或低温条件下混凝土的运输工具应设置遮盖或保温设施，以避免天气、气候的变化、气温等因素影响混凝土的质量。

（6）混凝土的自由下落高度不宜大于 15 m，超过时，应采取缓降或其他措施，以防止骨料的分离。

（7）用汽车、侧翻车、侧卸车、料罐车、搅拌车及其他专用车辆输送混凝土时，应遵守下列规定：

①运输混凝土的汽车应设专用运输道路，并保持平整。

②装载混凝土的厚度不应小于 40 cm，车箱应平滑密封、不漏浆，砂浆的损失应控制在 1% 以内，每次卸料应将所装的混凝土卸净，并应适时清洗干净，以免车箱被混凝土粘附。

③汽车运输混凝土直接入仓时，必须有确保混凝土质量的措施。

（8）用皮带输运机运输混凝土时，应遵守下列规定：

①混凝土的配合比应适当，增加砂率，骨料粒径不宜大于 80 mm。

②宜选用槽型皮带机，皮带接头直接胶结，并应严格控制安装质量，力求运行平稳。

③皮带机运行速度一般宜在 1.2 m/s 以内。皮带机的倾角应根据机型经试验确定。

④皮带机卸料处应设置挡板、卸料导管和刮板。

⑤皮带机布料均匀，堆料高度应小于 1 m。

⑥应有冲洗设备及时清洗皮带上粘附的水泥砂浆，并应防止冲洗水流入仓内。

⑦露天皮带机上宜搭设盖棚，以免混凝土受日照、风、雨等影响，低温季节施工应有适当的保温措施。

（9）用溜筒、溜管、溜槽、负压（真空）溜槽运输混凝土时，应遵守下列规定：

①溜筒（管槽）内臂应光滑，开始浇筑前应用砂浆润滑溜筒（管槽）内臂，当用水润滑时，应将水引至仓外，仓面必须有排水措施，浇筑结束后要及时将槽（筒）内混凝土残料清理干净。

②沿槽（管筒）内必须平直，每节之间应连接牢固，应有防脱落保护措施。

③溜筒运输混凝土适用于竖井（倒虹吸、洞身段），斜管段（倒虹吸进出口斜坡段）混凝土运输施工倾角宜为30°～90°，溜管落料口要有缓冲装置连接串筒下料至仓面，骨料粒径不应大于溜筒直径的1/3。

④溜筒垂直运输混凝土时，溜筒的高度宜在15 m以内，倾斜运输混凝土时，溜筒长度宜在2 500 m以内，混凝土的坍落度要根据试验确定，一般为8～12 cm，施工时要根据进入仓面的混凝土的和易性情况调整坍落度，必要时要2次搅拌后再浇筑。

⑤注意及时更换磨损严重的溜筒，要有专用卷扬机吊栏处理堵管，堵料不严重时宜敲击，严重时更换管。

⑥溜槽运输混凝土适用于倾角为30°～50°的施工范围，运输长度在100 m以内。

⑦溜槽上要设保护盖，防止骨料溅出伤人，槽内要设缓冲挡板控制混凝土的下槽速度。混凝土宜用二级配以下混凝土，需要三级配时，可经试验确定。要根据施工试验确定混凝土坍落度，并在施工中随时调整，一般坍落度宜在14～16 cm。

（10）泵送混凝土时，应遵守下列规定：

①混凝土应加外加剂，并符合泵送的要求，进泵的坍落度一般宜在8～18 cm。

②最大骨料的粒径应不大于导管直径的1/3，并不应有超大粒径骨料进入混凝土泵。

③安装导管前，应彻底清除管内污物及水泥砂浆，并用压水清净，安装后应注意检查，防止漏浆，在泵送混凝土之前应先在导管内通水泥砂浆。

④应保持泵送混凝土工作的连续性，如因故中断，则应经常使混凝土泵转动，以免导管堵塞。在正常温度下，如中断间隔时间过久（超过45 min）应将存留在导管内的混凝土排出，并加以清洗。

⑤泵送混凝土工作告一段落后，应及时用压力水将进料斗和导管冲洗干净。

9. 混凝土在浇筑过程中的施工技术要求

（1）建筑物地基必须经验收合格后，方可进行混凝土浇筑前的准备工作。

（2）混凝土浇筑前应详细检查有关准备工作、地基处理清基情况，检查模板钢筋预埋件及止水设施等是否符合设计要求，并做好记录。

（3）基岩面浇筑仓与老混凝土上的迎水面浇筑仓在浇筑第一层混凝土前，必须先铺一层2～3 cm的水泥砂浆，其他仓面若不铺水泥砂浆应有专门论证。

砂浆的水灰比较混凝土的水灰比降低0.03～0.05，一次铺设的砂浆面积应与混凝土浇筑强度相适应，铺设工艺应保证新混凝土与基岩或老混凝土结合良好。

（4）浇筑混凝土层的厚度应根据拌和能力、运输距离、浇筑速度、气温及振捣器的性能等因素确定，并分层进行，使混凝土均匀上升。

（5）流入仓内的混凝土应随浇随平仓，不得堆积于仓内。若有粗骨料堆叠，应均匀地分部于砂浆较多处，但不得用砂浆覆盖，以免造成内部蜂窝。在倾斜面上浇混凝土时，应从低处开始，浇筑面应保持水平。

（6）混凝土浇筑时应保持连续性,如发现混凝土和易性较差,必须采取加强振捣的措施,严禁在仓内加水,以保证混凝土的质量。浇筑混凝土的允许间歇时间可通过试验确定,或参照表6-18中的规定。

表6-18　浇筑混凝土的允许间歇时间

混凝土浇筑时的气温(℃)	允许间歇时间(min)	
	中热硅酸盐水泥、硅酸盐水泥 普通硅酸盐水泥	低热矿渣硅酸盐水泥、矿渣硅酸 盐水泥、火山灰质硅酸盐水泥
20～30	10	120
10～20	135	180
5～10	195	—

注:本表数值未考虑外加剂、混合材料及其他特殊施工措施的影响。

（7）混凝土工作缝的处理应按下列规定进行:

①已浇好的混凝土在强度尚未达到2.5 MPa前不得进行上一层混凝土的浇筑准备工作。

②混凝土表面应用压力水、风砂枪或刷毛机等加工成毛面并清洗干净,排除积水。

③混凝土浇筑时,如表面泌水较多,应及时研究减少泌水的措施,仓内的泌水必须及时排除,严禁在模板上开孔赶水,带走灰浆。

④混凝土应使用振捣器振捣,每一位置的振捣时间以混凝土不再显著下沉、不出现气泡并开始泛浆为准。

⑤振捣器前后两次插入混凝土中的间距应不超过振捣器有效半径的1.5倍。

⑥振捣器宜垂直插入混凝土中按顺序一次振捣,如略微倾斜,则倾斜方向应保持一致,以免漏振。

⑦振捣上层混凝土时,应将振捣器插入下层混凝土50 m左右,以加强上下层混凝土的结合。

⑧振捣器距离模板的垂直距离不应小于振捣器有效半径的1/2,并不得触动钢筋及预埋件。

⑨在浇筑仓内无法使用振捣器的部位,如止水片、止浆片等周围应辅以人工捣固,使其密实。

（8）结构物设计顶面的混凝土浇筑完毕后,应平整,其高程应符合设计要求。

10.养护时的注意事项

（1）浇筑完混凝土后,应及时洒水养护,保持混凝土表面湿润。

（2）混凝土表面的养护要求如下:

①养护前宜避免太阳光暴晒。

②塑性混凝土应在浇筑完毕后6～18 d内开始洒水养护,低塑性混凝土宜在浇筑完后立即喷雾养护,并及早开始洒水养护。

③混凝土养护时间不宜少于28 d,有特殊要求的部位宜适当延长养护时间。

④混凝土养护应有专人负责,并应做好养护记录。

11. 特殊气象条件下混凝土的施工技术要求

1) 低温季节混凝土施工的质量要求

(1) 低温季节(指日平均温度连续 5 d 低于 5 ℃或低温稳定在 −3 ℃以下的季节)混凝土施工时,应密切注意天气,防止混凝土遭受寒潮和霜冻的侵袭,加强新老混凝土防冻裂的保护措施。

(2) 低温季节施工时,必须有专门的施工组织设计和可靠的措施,以保证混凝土满足设计规定的抗压、抗冻、抗渗、抗裂等的各项措施。

(3) 混凝土允许受冻的临界强度应控制在以下范围:

① 大体积的混凝土($M < 5$)

$$M = \frac{A(结构全部表面积)}{V(结构面积)} \tag{6-4}$$

式中　M——大体积与非大体积混凝土的划分标准采用的表面系数。

② 非大体积混凝土($M \geq 5$)

a. 混凝土强度等级大于 C10 时,硅酸盐水泥或普通硅酸盐水泥配置的混凝土为设计强度等级的 30%,矿渣硅酸盐水泥配置的混凝土为设计强度的 40%。

b. 混凝土强度等级小于或等于 C10 时,素混凝土或钢筋混凝土强度均应不大于 5.0 MPa。

c. 施工期间采用的加热保温、防冻材料应事前准备好,并且应有防水措施。

d. 低温季节施工的混凝土外加剂(减水剂、引气剂、早强剂、抗冻剂等)的产品质量均应符合国家及行业标准,其掺量要通过混凝土试验确定,并不定期进行抽查。

e. 原材料的加热、输送、储存和混凝土的拌和、运输、浇筑设备,均应根据热工计算结合实际的气象资料采取适当的保温措施。

f. 在浇筑过程中,应注意控制并及时调节混凝土的温度,保持浇筑温度均一,控制方法以调节拌和水温为宜。

g. 混凝土在浇筑完后,外露表面应及时保温、防冻、防风干,保温层厚度是其他面积的 2 倍,搭接保温层应密实,其长度不应少于 50 cm。

h. 在低温季节施工时,模板一般在整个低温期间不宜拆除。

2) 高温季节混凝土的施工技术要求

(1) 应严格控制混凝土的温度,混凝土最高温度不得超过 28 ℃,并应符合设计规定。

(2) 混凝土的浇筑分程分缝分块、高度及浇筑的时间等均应符合设计规定,在施工过程中,各分块应均匀上升,相邻块的高差不得超过 10 ~ 20 cm。

(3) 为了防止裂缝,必须从结构设计、温度控制、原材料的选择、配合比的优化、施工安排、施工质量、混凝土的表面保护和养护等方面采取综合措施。

(4) 降低混凝土浇筑温度的主要措施。

① 为降低骨料温度,成品料场的骨料堆高不低于 8 m,并应有足够的储备。

② 搭盖凉棚、喷水雾降温。

③ 粗骨料遇冷可采用风冷法、浸水法、喷洒冷水法等措施,如用水冷法时,应有脱水措施,使骨料含水量保持稳定,在拌和机顶部料仓使用风冷法时,应采取有效措施防止骨料

冻仓。

④通过地垄取料。

⑤为防止温度回升,骨料从预冷仓到拌和机,应采取隔热降温措施。

⑥混凝土拌和时,可采用低温水加冰等措施,加冰时,可用冰片或冰屑,并适当延长拌和时间。

(5)高温季节施工时应根据具体情况采取下列措施,以减少混凝土温度的回升。

①缩短混凝土的运输时间,入仓后对混凝土及时进行平仓振捣,加快混凝土的入仓覆盖速度,缩短混凝土的暴晒时间。

②混凝土的运输工具应有隔热措施,如遮阳伞、布等。

③宜采用喷水雾等方法,以降低仓面周围的气温。

④混凝土浇筑时间应尽量安排在早晚、夜间及阴天进行。

⑤当天浇筑的尺寸较大时,可采用台阶式浇筑法,浇筑块的高度应小于1.5 m。

⑥入仓后的混凝土平仓振捣完全卜一层混凝土下料之间,宜采用隔热保温被将其顶面接头部覆盖。

(6)基础部分的混凝土宜利用有利条件(有利季节)进行浇筑,如须在高温季节浇筑,必须经过充分论证,并采取有效措施,经设计监理同意后方可进行浇筑。

(7)减少混凝土水化热温升的主要措施。

①在满足混凝土各项设计的指标前提下应采用加大骨料粒径,改善骨料级配,掺用掺合剂、外加剂和降低混凝土坍落度等综合措施,合理地减少单位水泥的用量,并尽量选用水化热低的水泥。

②为有利于混凝土浇筑块的散热,基础和老混凝土的约束部位浇筑块厚以1~2 m为宜,但可以采用浇筑层间埋设冷水管技术。浇筑块厚也可采用3 m以上,上下层浇筑间歇时间宜为8~10 d,在高温季节有条件时,还可采用表面水冷却的方法散热。

③采用冷却水管进行初期冷却时,通水时间由计算确定,一般为15~20 d,混凝土温度与水温之差以不超过25 ℃为宜,对于ϕ25 mm的金属水管,管中流速以0.6 m/s为宜,对于ϕ25 mm聚乙烯水管,管中流速以0.5~1.0 m/s为宜。水流方向应每天改变1~2次,使所浇建筑物冷却较均匀,每天降温不超过1 ℃。

3)表面保护和养护的施工技术

(1)气温骤降季节基础混凝土建筑物上游面顶面及其他重要部位应进行早期表面保护。

(2)高温季度应对收仓仓面及时进行流水养护,对Ⅰ级建筑物上下游面宜做到常年流水养护,养护时间不少于设计龄期,水层厚度应通过计算确定。

(3)在气温变幅较大的地区,长期暴露在基础混凝土及其他重要部位,必须妥善加以保护。寒冷地区的老混凝土在冬季停工前应尽量使各浇筑块齐平,其表面保护措施可根据各地具体情况拟订。

(4)模板拆除时间应根据混凝土已达到的强度及混凝土的外部温差而定,但应避免在夜间或气温骤降期拆模。在气温较低的季节,当预计拆模后混凝土表面温度降到超过6 ℃时,应推迟拆模时间,如必须拆模应立即采取保护措施。

（5）混凝土表面保护应结合模板的类型、材料等综合考虑,必要时采用模板内贴保温材料或混凝土预制模板。

（6）混凝土表面保温的保护层厚度应根据不同的部位结构、不同的保温材料和气候条件计算确定。

（7）在混凝土施工过程中,应每 1～3 h 测一次混凝土原材料的温度、机口混凝土温度,并由专人记录。

4）雨季混凝土施工的技术要求

（1）雨季的施工应做好下列工作:

①砂石料场的排水设施应畅通无阻。

②砂石料的运输工具应有防雨及防滑措施。

③浇筑仓面应有防雨措施,并备有不透水覆盖材料。

④增加对骨料含水量的测定次数。

（2）中雨、大雨、暴雨天气不得进行混凝土的施工,有抗冲耐磨和有抹面要求的混凝土不得在雨天施工。

（3）在小雨天进行施工时,应采取下列措施:

①适当减少混凝土拌和用水量。

②加强仓内排水和防止周围的水流入仓内。

③做好新浇混凝土面,尤其是接头部位的保护工作。

（4）在混凝土浇筑过程中,如遇中雨、暴雨、大雨,应将已入仓的混凝土振捣密实,立即停止浇筑,并随即遮盖混凝土表面。雨后必须先排除仓内积水,对受雨水冲刷的部位应立即处理。如停止浇筑混凝土尚未超过允许的间隔时间或还能重塑,应加铺至少与混凝土同强度等级砂浆后方可复仓浇筑,否则应停仓并按施工缝处理。

第三节　闸室工程

闸在水利水电工程中应用相当广泛,可用以完成灌溉、排涝、防洪、给水等多种闸,混凝土工程量大部分在闸室,本节主要讲述闸室部分施工。

一、闸室基础混凝土

闸室地基处理后,软基多先铺筑素混凝土垫层 8～10 cm,以保护地基,找平基面。浇筑前应进行扎筋、立模、搭设仓面脚手架和清仓工作。

浇筑底板时运送混凝土入仓的方法很多。可以用载重汽车装载立罐通过履带式起重机入仓,也可以用自卸汽车通过卧罐、履带式起重机入仓。采用上述两种方法时,都不搭设仓面脚手架。

用手推车、斗车或机动翻斗车等运输工具运送混凝土入仓时,必须在仓面搭设脚手架和进行模板的布置。

搭设脚手架前,应先预制混凝土支柱(断面约为 15 cm×15 cm,高度略小于底板,厚面应凿毛洗净)。柱的间距,视横梁的跨度而定,然后在混凝土柱顶上架立短木柱、横梁等以组成脚手架。当底板浇筑接近完成时,可将脚手架拆除,并立即对混凝土进行抹面。

板的上、下游一般都设有齿墙。浇筑混凝土时,可组成两人作业组分层浇筑。先由专业组共同浇筑下游齿墙,待齿墙浇平后,第一组由下游进行,抽出第二组去浇上游齿墙,当第一组浇到底板中部时,第二组的上游齿墙已基本浇平,然后让第二组转浇筑第二坏。当第二组浇到底板中部,第一组已到达上游底板边缘,这时第一组再浇筑第三坏。如此连续进行,可缩短每坏间隔时间,因而可以避免冷缝的发生,提高工效,加快施工进度。

钢筋混凝土底板往往有上下两层钢筋。在进料口处,上层钢筋易被砸变形,故开始浇筑混凝土时,该处上层钢筋可暂不绑扎,待混凝土浇筑面将要到达上层钢筋位置时,再绑扎,以免因校正钢筋变形延误浇筑时间。

闸的闸室部分质量很大,沉陷量也大;而相邻的消力池,则质量较轻,沉陷量也小。如两者同时浇筑,由于不均匀沉陷,往往造成沉陷缝的较大差别,可能将止水片撕裂。为了避免上述情况,最好先浇筑闸室部分,让其沉陷一段时间再浇消力池。但是这样对施工安排不利,为了使底板与消力池能够穿插施工,可在消力池靠近底板处留一道施工缝,将消力池分成大小两部分。在浇筑闸墩时,就可穿插浇筑消力池的大部分,当闸室已有足够沉陷后,便可浇筑消力池的小部分。在浇筑第二期消力池时,施工缝应进行凿毛、冲洗等处理。

二、闸墩施工

由于闸墩高度大、厚度小、门槽处钢筋较密、闸墩相对位置要求严格,所以闸墩的立模与混凝土浇筑是施工中的主要难点。

(一)闸墩模板安装

为使闸墩混凝土一次浇筑达到设计高程,闸墩模板不仅要有足够的强度,而且要有足够的刚度。所以闸墩模板安装以往采用"铁板螺栓、对拉撑木"的立模支撑方法。此法虽需耗用大量木材(对于木模板而言)和钢材,工序繁多,但对中小型水闸施工仍较为方便。由于滑模施工方法在水利工程上的应用,目前有条件的施工单位,闸墩混凝土浇筑逐渐采用滑模施工。

1. "铁板螺栓、对拉撑木"的模板安装

立模前,应准备好两种固定模板的对销螺栓:一种是两端都绞丝的圆钢,直径可选用12 mm、16 mm 或 19 mm,长度大于闸墩厚度,并视实际安装需要确定;另一种是一端绞丝的圆钢,另一端焊接一块 5 mm×40 mm×40 mm 扁铁的螺栓,扁铁上钻两个圆孔,以便固定在对拉撑木上。还要准备好等于墩墙厚度的毛竹管或预制空心的混凝土撑头。

闸墩立模时,其两侧模板要同时相对进行。先立平直模板,次立墩头模板。在闸底板上架立第一层模板时,上口必须保持水平。在闸墩两侧模板上,每隔 1 m 左右钻与螺栓直径相应的圆孔,并于模板内侧对准圆孔撑以毛竹管或混凝土撑头,再将螺栓穿入,且端头穿出横向双夹围图和竖直围图,然后用螺拧紧在竖直围图上。铁板螺栓带扁铁的一端与水平对拉撑木相接,与两端均绞丝的螺栓要相间布置。对拉撑木是为了防止每孔闸墩模板的歪斜与变形。若闸墩不高,可每隔二根对销螺栓放一根铁板螺栓。

当水闸为三孔一联整体底板时,则中孔可不予支撑。在双孔底板的闸墩上,则宜将两

孔同时支撑,这样可使三个闸墩同时浇筑。

2. 翻模施工

由于钢模板在水利水电工程上的广泛应用,施工人员依据滑模的施工特点,发展形成了用于闸墩施工的翻模施工法。立模时一次至少立三层,当第二层模板内混凝土浇至腰箍下缘,第一层模板内腰箍以下部分的混凝须达到脱模强度(以 98 kPa 为宜),这样便可拆掉第一层,去架立第四层模板,并绑扎钢筋。依次类推,保持混凝土浇筑的连续性,以避免产生冷缝。如江苏省高邮船闸,仅用了两套共 630 m² 组合钢模,就代替了原计划四套共 2 460 m² 木模,节约木材 200 多 m³。

(二)混凝土浇筑

闸墩模板立好后,随即进行清仓工作。用压力水冲洗模板内侧和闸墩底面,污水由底层模板上的预留孔排出。清仓完毕疏通小孔后,即可进行混凝土浇筑。

闸墩混凝土的浇筑,主要是解决好两个问题,一是每块底板上闸墩混凝土的均衡上升;二是流态混凝土的入仓及仓内混凝土的铺筑。

为了保证混凝土的均衡上升,运送混凝土入仓时应很好地组织,使在同一时间运到同一底板各闸墩的混凝土量大致相同。

为防止流态混凝土有 8 ~ 10 m 高度下落时产生离析,应在仓内设置溜管,可每隔 2 ~ 3 m 设置一组。由于仓内工作面窄,浇捣人员走动困难,可把仓内浇筑面分划成几个区段,每区段内固定浇捣工人,这样可提高工效。每坯混凝土厚度可控制在 30 cm 左右。

小型水闸闸墩浇筑时,工人一般可在模板外侧,浇筑组织较为简单。

(三)基础和墩墙止水

基础和墩墙止水施工时要注意止水片接头处的连接,一般金属止水片在现场电焊或用氧气焊接,橡胶止水片多用胶结,塑料止水片用熔接(熔点 180 ℃ 左右),使之联结成整体。浇筑混凝土时注意止水片下翼橡皮的铺垫料,并加强振捣,防止形成孔洞。垂直止水应随墙身的升高而分段进行,止水片可以分为左右两半,交接处埋在沥青井内,以适应沉陷不均的需要。

(四)门槽二期混凝土施工

采用平面闸门的中小型水闸,在闸墩部位都设有门槽。为了减少闸门的启闭力及闸门封水,门槽部分的混凝土中埋有导轨等铁件,如滑动导轨、主轮、侧轮及反轮导轨等。这些铁件的埋设可采取预埋及留槽后浇两种方法。小型水闸的导轨铁件较小,可在闸墩立模时将其预先固定在模板的内侧。闸墩混凝土浇筑时,导轨等铁件即浇入混凝土中。由于大、中型水闸导轨较大、较重,在模板上固定时较为困难,宜采用预留槽后浇二期混凝土的施工方法。

1. 门槽垂直度的控制

门槽及导轨必须铅直无误,所以在立模及浇筑过程中应随时用吊锤校正。校正时可在门槽模板顶端内侧,钉一根大铁钉(钉入 2/3 长度),然后把吊锤系在铁钉端部,待吊锤静止后,用钢尺量取上部与下部吊锤线到模板内侧的距离,如相等则该模板垂直,否则按照偏斜方向予以调正。

当门槽较高时,吊锤易于晃动,可在吊锤下部放一油桶,使吊锤浸于黏度较大的机油中。吊锤可选用0.5～1 kg的大垂球。

2. 门槽二期混凝土浇筑

在闸墩立模时,于门槽部位留出较门槽尺寸大的凹槽。闸墩浇筑时,预先将导轨基础螺栓按设计要求固定于凹槽的侧壁及正壁模板,模板拆除后基础螺栓即埋入混凝土中。

导轨安装前,要对基础螺栓进行校正,安装过程中必须随时用垂球进行校正,使其铅直无误。导轨就位后即可立模浇筑二期混凝土。

闸门底槛设在闸底板上,在施工初期浇筑底板时,若铁件不能完成,亦可在闸底板上留槽以后浇二期混凝土。

浇筑二期混凝土时,应采用细骨料混凝土,并细心捣固,不要振动已装好的金属构件。门槽较高时,不要直接从高处下料,而应分段安装和浇筑。二期混凝土拆模后,应对埋件进行复测,并做好记录,同时检查混凝土表面尺寸,清除遗留的杂物、钢筋头,以免影响闸门启闭。

3. 弧形闸门的导轨安装及二期混凝土浇筑

弧形闸门的启闭是绕水平轴转动,转动轨迹由支臂控制,所以不设门槽,但为了减小启闭门力,在闸门两侧应设置转轮或滑块,因此也有导轨的安装及二期混凝土施工。

为了便于导轨的安装,在浇筑闸墩时,根据导轨的设计位置预留20 cm×8 cm的凹槽,槽内埋设两排钢筋,以便用焊接方法固定导轨。安装前应对预埋钢筋进行校正,并在预留槽两侧设立垂直闸墩及能控制导轨安装垂直度的若干对称控制点。安装时,先将校正好的导轨分段与预埋的钢筋临时点焊接,待按设计坐标位置逐一校正无误,并根据垂直平面控制点,用样尺检验调整导轨垂直后再电焊牢固,最后浇筑二期混凝土。

第四节　渡槽工程

渡槽按施工方法分为现浇式渡槽和装配式渡槽两种类型。装配式渡槽具有简化施工、缩短工期、提高质量、减轻劳动强度、节约钢木材料、降低工程造价的特点,所以被广泛采用。

一、砌石拱渡槽施工

砌石拱渡槽由基础、槽墩、拱圈和槽身四部分组成。基础、槽墩和槽身的施工与一般圬工结构相似。下面着重介绍拱圈的施工,其施工程序包括砌筑拱座、安装拱架、砌筑拱圈及拱上建筑、拆卸拱架等。

(一)拱架

砌拱时用以支承拱圈砌体的临时结构称为拱架。拱架的形式很多,按所用材料分为木拱架、钢拱架、钢管支撑拱架及土(砂)牛拱胎等。

在小跨度拱的施工中,较多的采用工具式的钢管支撑拱架,它具有周转率高、损耗小、装拆简捷的特点,可节省大量人力、物力。土(砂)牛拱胎是在槽墩之间填土(砂)、层层夯实,做成拱胎,然后在拱胎上砌筑拱圈。这种方法由于不需钢材、木材,施工进度快,对缺乏木材、又不太高的砌石拱是可取的。但填土质量要求高,以防止在拱圈砌筑中产生较大的沉陷。如为跨越河沟有少量流水时,可预留一泄水涵洞。

拱自重和温度影响以及拱架受荷后的压缩(包括支柱与地基的压缩、卸架装置的压缩等),都将使拱圈下沉。为此在制作拱架时,应将原设计的拱轴线坐标适当提高,以抵消拱圈的下沉值,使建成后的拱轴线与设计的拱轴线接近吻合。拱架的这种预加高度称为预留拱度,其数值可通过查有关表格得来。

(二)主拱圈的砌筑

砌筑拱圈时,应注意施工程序和方法,以免在砌筑过程中拱架变形过大而使拱圈产生裂缝。根据经验,跨度在 8 m 以下的拱圈,可按拱的全宽和全厚,自拱脚同时对称连续地向拱顶砌筑,争取一次完成。跨度在 8~15 m 的拱圈,最好先在拱脚留出空缝,从空缝开始砌至 1/3 矢高时,在跨中 1/3 范围内预压总数 20% 的拱石,以控制拱架在拱顶部分上翘。当砌体达到设计强度的 70% 时,可将拱脚预留的空缝用砂浆填塞。跨度大于 15 m 的拱圈,宜采用分环、分段砌筑。

(1)分环。当拱圈厚度较大,由 2~3 层拱石组成时,可将拱圈全厚分环(层)砌筑,即砌好一环合拢后,再砌上面一环,从而减轻拱架负担。

(2)分段。若跨度较大时,需将全拱分成数段,同时对称砌筑,以保持拱架受力平衡。砌的次序是先拱脚,后拱顶,再 1/4 拱跨处,最后砌其余各段,每段长约 5~8 m。

分段砌筑拱圈,须在分段处设置挡板或三角木撑,以防砌体下滑。如拱圈斜度小于 20°,也可不设支撑,仅在拱模板上钉扒钉顶住砌体。

拱圈砌筑,在同一环中应注意错缝,缝距不小于 10 cm。砌缝面应成辐射状。当用矩形石砌筑拱圈时,可调节灰缝宽度,使其成辐射状,但灰缝上下宽差不得超过 30%。

(3)空缝的设置。大跨度拱圈砌筑,除在拱脚留出空缝外,还需在各段之间设置空缝,以避免拱架变形过程中使拱圈开裂。

为便于缝内填塞砂浆,在砌缝不大于 15 mm 时,可将空缝宽度扩大至 30~40 mm。砌筑时,在空缝处可使用预制砂浆块、混凝土块或铸铁块间断隔垫,以保持空缝。每条空缝的表面,应在砌好后用砂浆封涂,以观察拱圈在砌筑中的变化。拱圈强度达到设计的 70% 后,即可填塞空缝。用体积比 1.1、水灰比 0.25 的水泥砂浆分层填实,每层厚约 10 cm。拱圈的合拢和填塞空缝宜在低温下进行。

(4)拱上建筑的砌筑。拱圈合拢后,待砂浆达到承压强度,即可进行拱上建筑的砌筑。空腹拱的腹拱圈,宜在主拱圈落架后再砌筑,以免因主拱圈下沉不均,使腹拱产生裂缝。

(三)拱架拆除

拆架期限主要是根据合拢处的砌筑砂浆强度能否满足静荷载的应力需要确定,具体日期应根据跨度大小、气温高低、砂浆性能等决定。

拱架卸落前,上部建筑的重量绝大部分由拱架承受,卸架后,转由拱圈负担。为避免拱圈因突然受力而发生颤动,甚至开裂,卸落拱架时,应分次均匀下降,每次降落均由拱顶向拱脚对称进行,逐排完成。待全部降完第一次后,再从拱顶开始第二次下降,直至拱架与拱圈完全脱开为止。

二、装配式渡槽施工

装配式渡槽施工包括预制和吊装两个施工过程。

(一)构件的预制

1. 槽架的预制

槽架是渡槽的支承构件,为了便于吊装,一般选择在靠近槽址的场地预制。制作的方式有地面立模和砖土胎模两种。

(1)地面立模。在平坦夯实的地面上用1:3:8的水泥、黏土、砂浆抹面,厚约1 cm,压抹光滑作为底模,立上侧模后就地浇制,拆模后,当强度达到70%时,即可移出存放,以便重复利用场地。

(2)砖土胎模。其底模和侧模均采用砌砖或夯实土做成,与构件的接触面用水泥、黏土、砂浆抹面,并涂上脱模剂即可。使用土模应做好四周的排水工作。

高度在15 m以上的排架,如受起重设备能力的限制,可以分段预制。吊装时,分段定位,用焊接固定接头,待槽身就位后,再浇二期混凝土。

2. 槽身的预制

为了便于预制后直接吊接,整体槽身预制宜在两排架之间或排架一侧进行。槽身的方向可以垂直或平行于渡槽的纵向轴线,根据吊装设备和方法而定。要避免因预制位置选择不当,而在起吊时发生摆动或冲击现象。

U形薄壳梁式槽身的预制,有正置和反置两种浇筑方式。正置浇筑是槽口向上,优点是内模板拆除方便,吊装时不需翻身,但底部混凝土不易捣实,适用于大型渡槽或槽身不便翻身的工地。反置浇筑是槽口向下,优点是捣实较易,质量容易保证,且拆模快、用料少等,缺点是增加了翻身的工序。

矩形槽身的预制,可以整体预制也可分块预制。中、小型工程,槽身预制可采用砖土材料制模。

3. 预应力构件的制造

在制造装配式梁、板及柱时采取预应力钢筋混凝土结构,不仅能提高混凝土的抗裂性与耐久性,减轻构件自重,并可节约钢筋20% ~40%。预应力就是在构件使用前,预先加一个力,使构件产生应力,以抵消构件使用时荷载产生相反的应力。制造预应力钢筋混凝土构件的方法有很多,基本上分为先张法和后张法两大类。

(1)先张法。在浇筑混凝土之前,先将钢筋拉张固定,然后立模浇筑混凝土。等混凝土完成硬化后,去掉拉张设备或剪断钢筋,利用钢筋弹性收缩的作用通过钢筋与混凝土间的黏结力把压力传给混凝土,使混凝土产生预应力。

(2)后张法。后张法就是在混凝土浇好以后再张拉钢筋。这种方法是在设计配置预应力钢筋的部位,预先留出孔道,等到混凝土达到设计强度后,再穿入钢筋进行拉张,拉张锚固后,让混凝土获得压应力,并在孔道内灌浆,最后卸去锚固外面的张拉设备。

(二)装配式渡槽的吊装

装配式渡槽的吊装工作是渡槽施工中的主要环节。必须根据渡槽的形式、尺寸、构件重量、吊装设备能力、地形和自然条件、施工队伍的素质以及进度要求等因素,进行具体分析比较,选定快速简便、经济合理和安全可靠的吊装方案。

1. 槽架的吊装

槽架下部结构有支柱、横梁和整体排架等。支柱和排架的吊装通常有垂直起吊插装和就地转起立装两种。垂直起吊插装是用起重设备将构件垂直吊离地面后,插入杯形基础,先用木楔(或钢楔)临时固定,校正标高和平面位置后,再填充混凝土作永久固定。就地转起立装法,与扒杆的竖立法相同。两支柱间的横梁,仍用起重设备吊装。吊装次序由下而上,将横梁先放置在临时固定于支柱上的三角撑铁上。位置校正无误后,即焊接梁与柱连以钢筋,并浇二期混凝土,使支柱与横梁成为整体。待混凝土达到一定强度后,再将三角撑铁拆除。

2. 槽身的吊装

装配式渡槽槽身的吊装基本上可分为两类,即起重设备架立在地面上吊装和起重设备架立在槽墩或槽身上吊装。两类吊装方法的比较见表6-19。

表6-19 装配式渡槽槽身吊装方法的比较

项目	起重设备架立在地面上	起重设备架立在槽墩上或槽身上
优点	1. 起重设备架立在地面上进行组装、拆除、工作比较便利; 2. 设备立足于地面,比较稳定安全	1. 起重设备架立在槽墩上或已安装好的槽身上进行吊装,不受地形的限制 2. 起重设备的高度不大,降低了制造设备的费用
缺点	1. 起吊高度大,因而增加了起重设备的高度; 2. 易受地形的限制,特别是在跨越河床水面时,架立和移动设备更为困难	1. 起重设备的组装、拆除均为高空作业,较地面进行困难; 2. 有些吊装方法还使已架立的槽架产生很大的偏心荷载,必须加强槽架结构的基础
适用范围	适用于起吊高度不大和地形比较平坦的渡槽吊装工作	这类吊装方法的适应性强,在吊装渡槽工作中采用最广泛
采用的吊装起重机或起重机构	可利用扒杆成对组成扒杆抬吊、龙门扒杆吊装、摇臂扒杆或缆索起重机吊装。此外,履带式起重机、汽车式起重机等均可应用	在槽墩上架立 T 形钢塔、门形钢塔进行吊装;在槽墩上利用推拖式吊装进行整体槽身架设;在槽身上设置摇头扒杆和双人字扒杆吊装槽身等已被广泛采用

槽身质量和起吊高度不大时,采用两台或四台独脚扒杆抬吊。当槽身起吊到空中后,用滑车组将枕头梁吊装在排架顶上。这种方法起重扒杆移行费时,吊装速度较慢。

龙门扒杆的顶部设有横梁和轨道,并装有行车。操作时使四台卷扬机提升速度相同,并用带蝴蝶铰的吊具,使槽身四吊点受力均匀,槽身平稳上升。横梁轨道顶面要有一度坡度,以便行车在自重作用下能顺坡下滑,从而使槽身平移,在排架楔上降落就位。采用此法吊装渡槽者较多。

钢架是沿临时安放在现浇短槽身顶部的滚轮托架向前移动的,在钢架首部用牵引绳拉紧并控制前进方向,同时收紧推拉索,钢架便向前移动。

第五节　倒虹吸工程

倒虹吸工程的种类有砌石拱倒虹吸、倒虹吸管、钢管混凝土倒虹吸等,目前工程中应用的大都为倒虹吸管工程和大型的钢筋混凝土倒虹吸工程,也可分为现浇式倒虹吸管和装配式倒虹吸管,但大型的倒虹吸均为钢筋混凝土工程,其技术性高,质量要求也高,故要引起重视。本节只介绍现浇钢筋混凝土倒虹吸管的施工。

现浇倒虹吸管施工程序一般为放样、清基和地基处理→管座施工→管模板的制作与安装→管钢筋的制作与安装→管道接头止水施工→混凝土浇筑→混凝土养护与拆模。

一、管座施工

在清基和地基处理之后,即可进行管座施工。

(1)刚性弧形管座。刚性弧形管座通常是一次做好后,再进行管道施工。当管径较大时,管座事先做好,在浇捣管底混凝土时,则需在内模底部设置活动口,以便进料浇捣,从某些施工实例来看,这样操作还是很方便的。还有些工程为避免在内模底部开口,采用了管座分次施工的办法,即先做好底部范围(中心角约80°)的小弧座,以作为外模的一部分,待管底混凝土浇到一定程度时,即边砌小弧座旁的浆砌管座边浇混凝土,直到砌完整个管座为止。

(2)两点式及中空式刚性管座。两点式及中空式刚性管座均事先砌好管座,在基座底部挖空处可用土模作外模。施工时,对底部回填土要仔细夯实,以防止在浇筑过程中,土壤产生压缩变形而导致混凝土开裂。当管道浇筑完毕投入运行时,由于底部土模压缩量远远小于刚性基础的弹性模量,因而基本处于卸荷状态,全部垂直荷载实际上由刚性管座承受。中空式管座为使管壁与管座接触面密合也可采用混凝土预制块做外模。若用于敷设带有喇叭形承口的预应力管时,则不需再做底部土模。

上述刚性弧形管座的小型弧座和两点式及中空式管座的土模施工方法大体相同。

二、模板的制作与安装

(一)内模制作

(1)龙骨架。亦即内模内的支撑骨架,由3~4块梳形木拼成,内模的成型与支撑主要依靠龙骨架起作用,在制作每2 m长一节的内模时需龙骨架4个。圆形龙骨架结构形式视管径大小而定,一般直径小的管道(D_B < 1.5 m)可用3块梳形木拼成,直径大的管道(D_B > 1.5 m)可用4块梳形木拼成,在每两块梳形木之间必须设置木楔以便调整尺寸及拆模方便,整个龙骨架由5~6 cm厚的枋木制成或用φ10 cm圆木拼成即可。

(2)内模板。龙骨架拼好后,将4个龙骨圆圈置于装模架上,先用3~4块木板固定位置,然后将清好缝的散板一块一块地用6.35~7.62 mm(2.5~3.0英寸)圆钉钉于骨架上,初步拼成内模圆筒毛胚,然后再用压钉销子和钉锤将每颗圆钉头打进板内3~4 mm,

便于刨模。

（3）内模圆筒打齐头。每筒管内模成型后，还必需将两端打齐头，这道工序看起来很简单，但做起来较困难，特别是大管径两端打齐头更难，打得不好误差常为 2～3 cm，为了解决这个问题，可专做一个打齐头的木架，这个架子既可用于下部半圆骨架拼钉管模，又可打两端齐头，整个内模成型刨光以后，再以油灰（桐油、石灰）填塞表面缝隙、小洞，最后用废机油或肥皂水遍涂内模表面，以利拆卸，重复使用。

（二）外模制作

外模宜定型化，其尺寸不宜过大，一般每块宽度为 40～50 cm，过大不便于安装和振捣作业。

外模定型模板制作完成后，同样要以油灰填塞表面缝隙小洞，并用废机油或肥皂水遍涂外模内表面以利拆卸及重复使用。有些工程为使管道外型光滑美观，在外模内表面加钉铁皮，但这样做，在混凝土浇筑时，排出泌水的缝隙大为减少，养护时，模外养护水亦难以渗入混凝土表面，弊多利少，不宜采用。

（三）内外模的拼装

当管座基础施工和内外模制作完毕后，即可安装内外模板，大型内模是用高强度混凝土垫块来支撑的，垫块高度同混凝土壁厚，本身也是管壁混凝土的一部分。为了加强垫块与管壁混凝土的结合，可将垫块外层凿毛，并做成"Ⅰ"字形。垫块沿管线铺设间距为 1 m，尽量错开，不要布在一条直线上。内模安装完毕后，如内模之间缝隙过大，则必须在缝隙处钉一道黑铁皮或塞以废水泥袋以防漏浆。

内模拼装时，将梳形木接缝放在四个象限的 45°处，而不要将接缝布在管的正顶、正底和正侧，否则在垂直荷载作用下，内模容易产生沉陷变形。

外模是在装好两侧梯形桁架后，边浇筑混凝土边装外模的，许多管道在浇筑顶部混凝土时，为便于进料，总是在顶部（圆心角 80°左右）不装外模，致使混凝土震捣时水泥浆向两侧流淌。同时混凝土由于自重作用，在初凝期间，会向两侧下沉，因而使管顶混凝土成为全管质量薄弱带。这一问题在施工过程中应注意解决。

外模安装时还要注意两侧梯形桁架立筋布置，必须通过计算，以避免拉伸值超过允许范围，否则会导致管身混凝土松动甚至在顶部出现纵向裂缝。

近年来，由于木材短缺，一些施工单位已改用钢拖模代替木模。钢拖模优点为：①施工周期短，一节管道从扎筋、装模、浇筑、拆模仅需 2～3 d（木模需 10～15 d）。②管内壁平整光滑，设计时可以用较小的糙率减少过水断面。③节约木材，一套内径 $D_B = 2.1$ m、长 12 m 的钢模用钢材 6.5 t（其中钢外架 2.75 t），做一套同样长的木模及施工脚手架约需杉原条 32 m^3，钢材 0.8 t，1 t 钢枋可代替 4～5 m^3 木材。此处不详细介绍钢拖模的施工程序。

三、钢筋的安装

内模安装完成后，即可穿绕内环筋，其次是内纵筋、架立筋、外纵筋、外环筋，钢筋间距可根据设计尺寸，预先在纵筋及环筋上分别用红色油漆放好样。钢筋排好后可按照上述顺序，依次进行绑扎。绑扎时，可以采用梅花型，隔点绑扎，扎丝一般用 20～22#，用于制管的每吨钢筋,约需消耗扎丝 7 kg 左右。

环形钢筋的接头位置应错开,且应布置在圆管四个象限的 45°处为宜,架立筋亦可按梅花型设置。

一般情况下,倒虹吸管的受力钢筋应尽可能采用电焊,就在管模上进行。为确保钢筋保护层厚度,应在钢筋上放置砂浆垫块。

四、管道接头止水带的施工工艺

管道接头的止水设置,可以用塑料止水带或金属片止水带,此处仅介绍常用的几种止水带施工方法。

(一)金属片(紫铜片或白铁皮)止水带的加工工艺过程

(1)下料。

(2)利用杂木加工成弧面的鼻坎槽,将每块金属片按设计尺寸放于槽内加工成弧形鼻坎,并将止水片两侧沿环向打孔,以利与混凝土搭接牢靠。

(3)用铆打($18^\#$)连接成设计止水圆圈。

(4)在每个接头上再加锡焊,并注意将搭接缝隙及铆钉孔的焊缝用熔锡焊满,以防漏水。

(二)塑料止水带的加工工艺过程

塑料止水带的加工工艺主要是接头熔接,分叙如下:

(1)凸形电炉体的制作。凸形电炉体系采用一份水泥、三份短纤维石棉,再加总用量25%左右的水搅拌均匀,压实在木盒内,这种石棉水泥制品压得愈密实愈不易烧裂。在凸形电炉体上部的两侧各压两条安装电炉丝的沟槽,可按照电炉丝的尺寸,选四根细钢筋,表面涂油,压在指定炉丝的位置,待石棉水泥达到一定强度后,拉出钢筋,槽即成型,石棉水泥电炉体做好后,放置 10 余天,便可使用。

电炉丝一般用 220 V、2 000 W 的两根并联,分四股置于凸形电炉体两侧的沟槽中。

(2)止水带的熔接。把待粘接的止水带两端切削齐整,不要沾油污土等杂物,熔接时,由 2~3 人操作,一人负责加热器加热,并协助熔接工作,两人各持止水带的一端进行烘烤,加热约 3 min(180~200 ℃)。当端头呈糊状黏液下垂时(避免烤焦),随即将两个端头置于刻有止水带形浅槽的木板上,使之对接吻合,再施加压力,静置冷却即成一整体。

(三)止水带安装

金属片止水带或塑料止水带加工好后,擦洗干净,套在安装好的内模上,周围以架立钢筋固定位置,使其不致因浇筑混凝土而变位,浇筑混凝土时,应由专人负责,止水带周围混凝土必须密实均匀,混凝土浇完后,要使止水带的中线,对准管道接头缝中线。

(四)沥青止水的施工方法

接头止水中有一层是沥青止水层,若采用灌注的方法不好施工,可以将沥青先做成凝固的软块,待第一节管道浇好后至第二节管模安装前,将预制好的沥青软块沿着已浇好管道的端壁从下至上一块一块粘贴,直至贴完一周为止。沥青软块应适当做厚一些,以便溶化后能填满缝隙。

软块制作过程是:①溶化 $3^\#$ 沥青使其成液态;②将溶化的沥青倒入模内并抹平;③随

即将盛满沥青溶液的模子浸入冷水之中,沥青即降温凝固成软状预制块。

在使用塑料止水设施中不得使沥青玷污塑料带。因为这样会大大加速塑料的老化进程,从而缩短使用寿命。

五、混凝土的浇筑

在灌区建筑物中,倒虹吸管混凝土对抗拉、抗渗要求比一般结构的混凝土要严格得多。要求混凝土的水灰比一般控制在 0.5 ~ 0.6 以下,有条件时可达 0.4 左右。坍落度:机械振捣时为 4 ~ 6 cm,人工振捣不应大于 6 ~ 9 cm。含砂率常用值为 30% ~ 38%,以采用偏低值为宜。为满足抗拉强度高和抗渗性强的要求,可加塑化剂、加气剂、活化剂等外加剂。

(一)浇筑顺序

为便于整个管道施工,可每次间隔一节进行浇筑,例如先浇 1#、3#、5# 管,再浇 2#、4#、6# 管。

(二)浇筑方式

管道在完成浇筑前的检查以后,即可进行浇筑。

一般常见的倒虹吸管有卧式和立式两种,在卧式中,又可分平卧和斜卧,平卧大都是管道通过水平或缓坡地段所采用的一种方式,斜卧多用于进出口山坡陡峻地区;至于立式管道则多采用预制管安装。

(1)平卧式浇筑。此浇筑有两种方法,一种是浇筑层与管轴线平行,一般由中间向两端发展,以避免仓中积水,从而增大混凝土的水灰比。这种浇捣方式的缺点是混凝土浇筑缝皆与管轴线平行,刚好和水压产生的拉力方向垂直,一旦发生冷缝,管道最易沿浇筑层(冷缝)产生纵向裂缝。为了克服这一缺点,有采用斜向分层浇筑的,以避免浇筑缝与水压产生的拉力正交,当斜度较大时,浇筑缝的长度可缩短,浇筑缝的间隙时间也可缩短,但这样浇筑的混凝土都呈斜向增向,使砂浆和粗骨料分布不太均匀,加上振捣器都是斜向振捣,不如竖向振捣能保证质量。因此,两种浇筑方法各有利弊。

如果采用第一种浇筑方法,一定要做好浇筑前的施工组织工作,确保浇筑层的间歇时间不超过规范上的允许值。

(2)斜卧式浇筑。进出口山坡上常有斜卧式管道,混凝土浇筑时应由低处开始逐渐向高处浇筑,使每层混凝土浇筑层保持水平。

不论平卧还是斜卧,在浇筑时,都应注意两侧或周围进料均匀,快慢一致。否则,将产生模板位移,导致管壁厚薄不一,从而严重影响管道质量。

混凝土入仓时,若搅拌机至浇筑面距离较远,在仓前将混凝土先在拌和板上人工拌和一次,再用铁铲送入仓内。

(三)混凝土的捣实

除满足一般混凝土捣实要求外,倒虹吸混凝土浇筑还需严格控制浇捣时间和间歇时间(自出料时算起,到上一层混凝土铺好时为止),不能超过规范允许值,以防出现冷缝,总的浇筑时间不能拖得过长。例如:一节内径 2 m、长 15 m、总方量为 50 m³ 的管道,浇筑时间不宜超过 8 h。

其他如混凝土质量的控制和检查,冬季、夏季施工应注意事项,可参阅一般施工书籍。

六、混凝土的养护与拆模

(一)养护

倒虹吸管的养护比一般混凝土的要求更高一些,养护要做到"早""勤""足"。"早"就是及时洒水,混凝土初凝后,即应洒水,在夏季混凝土浇筑后 2~3 h,即用草帘、麻袋等覆盖,进行洒水养护,夜间则揭开覆盖物散热;"勤"就是昼夜不间断地洒水;"足"是指养护时间,压力管道至少养护 21 d。当气温低于 5 ℃时,不得洒水。

(二)拆模

拆模时间根据气温和模板承重情况而定。管座(若为混凝土时)、模板与管道外模为非承重模板可适当早拆,以利于养护和模板周转。管道内模为承重模板不宜早拆,一般要求在管壁混凝土强度达到 70% 后,方可拆除内模。倒虹吸管拆模时间可参考表 6-20 的规定。

表 6-20　拆模时间规定 （单位:d）

模板部位	夏季	正常温度	冬季
管座模板	1~2	2~4	3~5
管道外模	2~4	3~5	5~7
管道内模	4~6	5~7	7~10

第六节　涵洞工程

涵洞按其结构形式可分为管涵(钢筋混凝土)和圬工拱涵、拱涵等,圬工拱涵有砌石、砌砖的结构,各种涵洞由于其施工技术和设计要求不同,其具体施工方法也不同。

一、钢筋混凝土管涵的施工技术要求

(一)钢筋混凝土管的预制

现浇钢筋混凝土管的施工方法同前一节倒虹吸管现浇施工方法相似。此处专门介绍钢筋混凝土管的预制。

钢筋混凝土管应在工厂预制。新线施工时,可在适当地点设置圆管预制厂。

预制钢筋混凝土圆管宜采用震动制管器法、悬辊法、离心法或立式挤压法。本处只介绍前两种施工方法,后两种施工方法可参考其他施工书籍。

1. 震动制管器

震动制管器是由可拆装的钢外模与附有震动器的钢内模组成。外模由两片厚约为 5 mm 的钢板半圆筒(直径 2.0 m 时为三片)拼制,半圆筒用带楔的销栓连接。内模为一整圆筒,下口直径较上口直径稍小,以便取出内模。

用震动制管器制管,可在铺放水泥纸袋的地坪上施工。模板与混凝土接触的表面上应涂润滑剂(如废机油等)。钢筋笼放在内外模间固定后,先震动 10 s 左右使模型密贴地

坪,以防漏浆。每节涵管分5层灌注,每层灌好铲平后开动震动器,震至混凝土冒浆为止,再灌次1层,最后1层震动冒浆后,抹平顶面,冒浆后2～3 min即关闭震动器。固定销在灌注中逐渐抽出,先抽下边,后抽上边。停震抹平后,用链滑车吊起内模。起吊时应垂直,并辅以震动(震动2～3次,每次1 s左右),使内膜与混凝土脱离。内模吊起20 cm,即不得再震动。为使吊起内膜后能移至另一制管位置,宜用龙门桁车起吊。外模在灌注5～10 min后拆开,如不及时拆开须至初凝后才能再拆。拆开后混凝土表面缺陷应及时修整。

用制管器制管的混凝土和易性要好,坍落度要小,一般小于1 cm。工作度20～40 s,含砂率45%～48%,5 mm以上大粒径尽量减少,平均粒径0.37～0.4 mm,每立方米混凝土用水一般为150～160 kg,水泥以硅酸盐水泥或普通硅酸盐水泥为好。

震动制管器适用于制造直径200 cm、管长100 cm以下的钢筋混凝土管节,此法制管时需分层灌注,多次震动,操作麻烦,制管时间长,但因设备简单,建厂投产快,适宜在小批量生产的预制厂中使用。

2. 悬辊法

悬辊法是利用悬辊制管机的悬辊,带动套在悬辊上的钢模一起转动,再利用钢模旋转时产生的离心力,使投入钢模内的混凝土拌和物均匀地附着在钢模的内壁上,随着投料量的增加,混凝土管壁逐渐增厚,当超过模口时,模口便离开悬辊,此时管内壁混凝土便与旋转的悬辊直接接触,钢模依靠悬辊与混凝土之间的摩擦力继续旋转,同时悬辊又对管壁混凝土进行反复辊压,促使管壁混凝土能在较短时间内达到要求的密实度和获得光洁的内表面。

悬辊法制管的主要设备为悬辊制管机、钢模和吊装设备。

悬辊制管机由机架、传动变速机构、悬辊、门架、料斗、喂料机等组成。离心法所用钢模可用于悬辊法,离心法钢模的挡圈需用铸钢制造,成本高,悬辊法钢模的挡圈除可用铸钢制作外,还可采用厚钢板焊接加工制造。

悬辊制管法的操作程序如下:

(1)操纵液压阀门,拉开门架锁紧油缸,再开动门架旋转油缸,徐徐开启门架回转90°(对于小型制管机门架的开、关可用人力操作)。

(2)将钢模吊起并浮套于悬螺机的悬辊上,此时钢模不能落在悬辊上。

(3)操纵旋转油缸,并用锁紧油缸将门架锁紧。应注意门架开启和关闭时速度必须掌握适当,开启时间一般为20～30 s。

(4)将浮套着的管模落到悬辊上,摘去吊钩。

(5)开动电机,使悬辊转速由慢到快,稳步达到额定转速。

(6)当管模达到设计转速时,即可开动喂料机从管模后部(靠机架的一端)向前部和从前部向后部分两次均匀地喂入混凝土(如系小孔径混凝土管,料可1次喂完)。喂料必须均匀、适量,过量易造成管模在悬辊上跳动,严重时可能损坏机器;欠量则不能形成超高,致使辊压不实而影响混凝土质量。

(7)喂料完后继续辊压4～5 min,以形成密实光洁的管壁。

(8)停车、吊起管模、开启门架。

(9)吊出管模、养护、脱模。

悬辊法制管需用干硬性混凝土,水灰比一般为 0. 30 ~ 0. 36。在制管时无游离水析出,场地较清洁,生产效率比离心法高,每生产 1 根管节只需 10 ~ 15 min,其缺点是需带模养护,用钢模量较多。

(二)管节的运输与装卸

管节混凝土的强度应大于设计标准的 70%,并经检查符合圆管成品质量标准的规定时,管节方允许装运。

管节运输可根据工地车辆和道路情况,选用汽车、拖拉机或马车等。

管节的装卸可根据工地条件使用各种起重机械或小型机械化工具,如滑车、链滑车等,亦可用人力装卸。

管节在装卸和运输过程中,应小心谨慎,勿使管节碰撞破坏。严禁由汽车内直接将管节抛下,以免造成管节破裂。

(三)管节安装

管节安装可根据地形及设备条件采用下列方法:

(1)滚动安装法。管节在垫板上滚动至安装位置前,转动 90°使其与涵管方向一致,略偏一侧。在管节后端用木橇拨动至设计位置,然后将管节向侧面推开,取出垫板再滚回原位。

(2)滚木安装法。把薄铁板放在管节前的基础上,摆上圆滚木 6 根,在管节两端放入半圆形承托木架,以杉木杆插入管内,用力将前端撬起,垫入圆滚木,再滚动管节至安装位置,将管节侧向推开,取出滚木及铁板,再滚回来并以撬棍仔细调整。

(3)压绳下管法。当涵洞基坑较深,需沿基坑边坡侧向将管滚入基坑时,可采用压绳下管法。

压绳下管法是侧向下管的方法之一,下管前,应在涵管基坑外 3 ~ 5 m 处埋设木桩,木桩桩径不小于 25 cm,长 2. 5 m,埋深最少 1 m。桩为缠绳用。在管两端各套一根长绳,绳一端紧固于桩上,另一端在桩上缠两圈后,绳端分别由两组人或两盘绞车拉紧。下管时由专人指挥,两端徐徐松管子使其渐渐滚入基坑内,再用滚动安装法或滚木安装法将管节安放于设计位置。

(4)吊车安装法。使用汽车或履带吊车安装管节甚为方便,但一般零星工点,机械台班利用率不高,宜在工作量集中的工点使用。

(四)钢筋混凝土管涵施工注意事项

(1)管座混凝土应与管身紧密相贴,使圆管受力均匀。圆管的基底应夯填密实。

(2)管节接头采用对头拼接,接缝应不大于 1 cm,并用沥青麻絮或其他具有弹性的不透水材料填塞。

(3)管节沉降缝必须与基础沉降缝一致。

(4)所有管节接缝和沉降缝均应密实不透水。

(5)各管壁厚度不一致时,应在内壁取平。

二、拱圈、盖板的预制和安装

就地灌筑拱涵及盖板涵的施工方法与本章第四节的砌石拱渡槽施工方法相似。这里主要介绍拱圈、盖板的预制和安装方法。

（一）对预制构件结构的要求

（1）拱圈和盖板预制宽度应根据起重设备、运输能力决定，但应保证结构的稳定性和刚性。

（2）拱圈构件上应设吊孔，以便起吊，吊孔应考虑设置平吊及立吊两种，安装后可用砂浆将吊孔填塞。盖板构件可设吊环，若采用钢丝绳绑捆起吊可设吊环。

（3）拱圈和盖板砌缝宽为 1 cm。

（4）拼装宽度应与设计沉降缝吻合。

（二）预制构件常用模板

（1）木模。预制构件木模与混凝土接触的表面应平直，在拼装前，应仔细选择木模工，并将模板表面刨光。木模接缝可做成平缝、搭接缝或企口缝，当采用平缝时，应在拼缝内镶嵌塑料管（线）或在拼缝处钉以板条，在板条内压水泥袋纸，以防漏浆。

（2）土模。为了节约木材、钢材，在构件预制时，可采用土、砖模。土模分为地下式、半地下式和地上式三类。

土模宜用亚黏土，土中不含杂质，粒径应小于 15 mm，土的湿度要适当，夯筑土模时含水量一般控制在 20% 左右。

预制土模的场地必须坚实、平整。按照构件的放样位置进行拍底找平。为了减少土方挖填量，一般根据自然地坪拉线顺平即可。如场地不好，含砂多，湿度大，可以夯打厚10 cm 灰土（2∶8）后，再行拍实、找平。

（3）钢丝网水泥模板。用角钢作边框，直径 6 mm 钢筋或直径 4 mm 冷拔钢丝作横向筋，焊成骨架，铺一层钢丝网，上面抹水泥砂浆制成。

钢丝网水泥模板坚固耐用，可以周转使用，宜做成工具式模板。模板规格不宜过多，质量不能太大，便于安装和拆除，一般采用以下尺寸：模板长度 1 500 mm、2 000 mm、2 500 mm。

（4）翻转模板。适用于中、小型混凝土预制构件，如涵洞盖板、人行道板、缘石栏杆等。构件尺寸不宜过长，矩形板、梁长度不宜超过 4 m，宽度不宜超过 0.8 m，高度不宜超过 0.2 m。构件中钢筋直径一般不宜超过 14 mm。

翻转模板应轻便坚固，制造简单，装拆灵活，一般可做成钢木混合模板。

（三）构件运输

构件达到设计强度后才能搬运，常用的运输方法有：

（1）近距离搬运。可在成品下面垫放托木及滚轴沿着地面滚移，用 A 形架运输或用摇头扒杆起吊。

（2）远距离运输。可用扒杆或吊机装上汽车、拖车和平板车等运输。

（四）构件安装

（1）检查构件及边墙尺寸，调整沉降缝。

（2）拱座接触面及拱圈两边均应凿毛（沉降缝除外）并浇水湿润，用灰浆砌筑。灰浆坍落度宜小一些，以免流失。

（3）拱圈和盖板装吊可用扒杆、链滑车或吊车进行。

三、混凝土灌筑和砌石坵工

关于拱涵及盖板涵的边墙及石砌拱圈彻筑可参见水闸、渡槽及倒虹吸管的施工方法。

第七节　桥梁工程

桥梁的种类很多,根据不同的地理位置、作用,一般分为钢筋混凝土和强应力混凝土梁式桥、拱桥、钢桥、悬索桥、斜拉桥等,一般渠系工程大部分采用拱桥、钢筋混凝土和预应力混凝土梁式桥,本节主要介绍预应力混凝土梁式桥。

一、一般的规定

(1)模板支架和拱架的设计原则如下:

①宜优先使用胶合板和钢模板。

②在计算荷载的作用下对模板支架及拱架结构按受力程序分别验算其强度、刚度及稳定性。

③模板板面之间应平整,接缝严密,不漏浆,保障结构物外露面美观,线条流畅。

④结构简单,制作装拆方便。

(2)浇混凝土之前,模板可采用涂刷脱模剂。外露面混凝土模板的脱模剂应采用同一品种,不得使用机油等油料,且不得污染钢筋及混凝土的施工缝处。

(3)模板支架和拱架的材料,可采用钢材、胶合板塑料和其他符合设计要求的材料制作、钢材可采用现行国家的标准《碳素结构钢》(GB 700—2006)的标准。

(4)重复使用的模板支架和拱架应经常检查、维修。

二、模板支架和拱架的设计

(一)设计的一般要求

(1)模板支架和拱架的设计,应根据结构形式、设计跨径、施工组织、设计荷载的大小、地基土类别以及有关的设计施工规范进行。

(2)绘制模板支架和拱架的总装图、细部构造图。

(3)制订模板支架和拱架结构的安装使用、拆卸保养等有关技术安全措施和注意事项。

(4)编制模板支架及拱架材料的数量。

(5)编制模板支架及拱架的设计总说明等。

(二)模板的设计考虑的荷载

1. 荷载组合

(1)设计模板支架和拱架时,应考虑以下荷载并按表6-21 中的要求进行组合。

表6-21　模板支架和拱架设计计算的荷载组合

模板结构名称	荷载组合	
	计算强度	验算强度
梁板和拱的底模板以及支承支架、拱等	①+②+③+④+⑦	①+②+⑦
缘石人行道栏杆、柱梁板拱等的侧模板	④+⑤	⑤
基础墩台等厚大建筑物的侧模板	⑤+⑥	⑤

表6-21中的数字①~⑦的代表意义如下：①为模板支架、拱架的自重；②为新浇筑混凝土、钢筋混凝土或其他圬工结构的重力；③为施工人员和施工材料、机具等行走运输或堆放的荷载；④为振捣混凝土时所产生的荷载；⑤为新浇混凝土对侧面模板的压力；⑥为倾倒混凝土时所产生的水平荷载（见表6-22）；⑦为其他可能产生的荷载如雪荷重、冬季保温设计荷载等。

表6-22　倾倒混凝土时所产生的水平荷载

向模板中心供料方法	水平荷载（kPa）
用温槽、串筒或导管输出	2.0
用容量≤0.2 m³ 的运输器具倾倒	2.0
用容量0.2~0.8 m³ 的运输器具倾倒	4.0
用容量>0.8 m³ 的运输器具倾倒	6.0

（2）钢木模板支架及拱架的设计，可按《公路桥涵钢结构及木结构设计规范》（JTJ 025—86）的有关规定执行。

（3）计算模板支架和拱架的强度和稳定性时，应考虑作用在模板支架和拱架上的风力。设于水中的支架，尚应考虑水流压力、流冰压力和船只漂流物等冲击力荷载。

（4）组合箱形拱，如系就地浇筑，其支架和拱架的设计荷载可只考虑承受拱肋重力及施工操作时的附加荷载。

2. 稳定性要求

（1）支架的立柱应保持稳定，并且撑拉杆固定，当验算模板及其支架在自重和风荷载等作用的抗倾倒稳定性时，验算倾覆的稳定系数不得小于1.3。

（2）支架受压构件纵向弯曲系数可按《公路桥涵钢结构及木结构设计规范》（JTJ 025—86）进行计算。

3. 强度及刚度的要求

（1）验算模板支架及拱架的刚度时，其变形值不得超过下列数值：

①结构表面外露的模板，浇度为模板构件跨度的1/400。

②结构表面隐蔽的模板，浇度为模板构件跨度的1/250。

③支架、拱架受载后，挠曲的杆件（盖梁、纵梁）其弹性挠度为相应结构跨度的1/400。

④钢模板的面板变形为1.5 mm。

⑤钢模板的钢模和拉箍变形为 $L/500$ 和 $B/500$(其中 L 为计算跨度, B 为计算宽度)。

(2)拱架各截面的应力验算,根据拱架结构形式及所承受的荷载,验算拱顶、拱脚及 1/4 跨各截面的应力,铁件及节点的应力,同时应验算分阶段浇筑或砌浇时的强度及稳定性。验算时板拱架或桁拱架均作为整体截面考虑,验算倾覆稳定系数不得小于 1.3。

(三)模板的制作及安装的技术要求

1. 模板的制作要求

1)钢模板的制作要求

(1)钢模板宜采用标准化的组合模板。组合钢模板的拼装应符合现行国家标准《组合钢模板技术规范》(GB/T 50214—2013)。各种螺栓连接件应符合国家现行有关标准。

(2)钢板板及其配件应按批准的加工图加工成品,经检验合格后方可使用。

2)木模的制作要求

木模可在加工厂或施工现场制作,木模与混凝土接触的表面应平整光滑。多次重复使用的木模应在内侧加钉薄铁皮,木模的接缝可做成平缝、搭接缝和企口缝。当采用平缝时,应采取措施防止漏浆,有足够的强度和刚度。

重复使用的木模应始终保持其表面平整、形状准确,不漏浆,木模的转角处应加嵌条或做成斜角。

3)其他材料模板的制作要求

(1)钢框覆盖面胶合板模板的板面组配宜采用错缝布置,支撑系统的强度和刚度应满足要求,吊环应采用 I 级钢筋制作,严禁使用冷加工钢筋,吊环计算拉应力不应大于 50 MPa。

(2)高分子的合成材料面板、硬塑料或玻璃钢模板制作接缝必须严密,边肋及加强肋安装牢固,与模板成一整体。施工时安放在支架的横梁上,以保证承载能力及稳定。

2. 模板的安装技术要求

(1)模板与钢筋安装工作应配合进行,妨碍绑扎钢筋的模板应待钢筋安装完后安装,模板不应与脚手架联接,避免引起模板变形。

(2)安装侧模板时应防止模板移位和凸出。基础侧模可在模板外设立支撑固定,墩台梁的侧模可设立拉杆固定。浇筑在混凝土中的拉杆,应按拉杆拔出或不拔出的要求,采取相应的措施。对小型结构物可使用金属代替拉杆。

(3)模板安装完毕后,应对其平面位置、顶部高程、节点联系及纵横向稳定性进行检查,签认后方可浇筑混凝土,浇筑时,发现模板有超过允许偏差变形值的可能时,应及时纠正。

(4)模板在安装的过程中,必须设置防倾覆设施。

(5)当结构自重和汽车荷载产生的向下挠度超过跨径的 1/1 600 时,钢筋混凝土梁板的底模应设预拱度,预拱度值应等于结构自重和 1/2 汽车荷载所产生的挠度,纵向预拱度可做成抛物线或曲线。

(6)后张拉预应力梁板应注意预应力、自重和汽车荷载等综合作用下所产生的上拱或下挠,应设置适当的预挠或预拱。

3. 滑升、提升、爬升及翻转模板的技术要求

(1)滑升模板适用于较高的墩台和吊桥、斜拉桥的索塔施工。采用滑升模板时,除应遵守现行的《液压滑动模板施工技术规范》(GBJ113)外,还应遵守下列规定。

①滑升模板的结构应有足够的强度、刚度和稳定性,模板高度宜根据结构物的实际情况确定,滑升模板的支承杆及提升设备应能保持模板垂直均衡上升。应检查并控制模板位置,滑升速度宜为 100~300 mm/h。

②滑升模板组装时,应使各部分尺寸的精度符合设计要求,组装完毕经全面检查试验后,才能进行浇筑。

③滑升模板连续进行,如因故中断,在中断前应将混凝土浇平,中断期间模板仍应连续缓慢地提升直到混凝土与模板不至粘住时为止。

(2)提升模板的提升模架其结构应满足使用要求。大块模板应用整体钢模板,加劲肋在满足刚度需要的基础上应进行加强,以满足使用要求。

(3)爬升及翻转模板,模板模架爬升或翻转时,混凝土强度必须满足拆模时的强度要求。

(四)支架、拱架的制作及安装的技术要求

1. 支架、拱架的制作要求

(1)支架:支架整体、杆配件、节点、地基基础和其他支撑物应进行强度和稳定验算。就地浇筑梁式桥的支架应按规范规定执行。

(2)木拱架:拱架所用的材料规格及质量应符合要求,桁架拱架在制作时,各杆件应当采用材质较强、无损伤及湿度不大的木材。夹木拱架制作时,木板长短应搭配好,纵向接头要求错开,其间距及每个断面接头应满足使用要求。面板夹木按间隔用螺栓固定,其余用铁钉与拱肋固定。

木拱的强度和刚度应满足变形要求,杆件在竖直与水平面内要用交叉杆件联结牢固,以保证稳定。木拱架制作安装时应基础牢固,立轴正直节点连接应采用可靠措施以保证支架的稳定,高拱架横向稳定应有保证措施。

(3)钢拱架。

①常备式钢拱架纵横向距离应根据实际情况进行合理组合,以保证结构的整体性。

②钢管拱架、排架的纵横距离应根据承受拱圈自重计算,各排架顶部的标高要符合拱圈底的轴线。为保证排架的稳定应设置足够的斜撑、剪力撑扣件和缆风绳。

2. 支架、拱架

施工预拱度和沉落的要求如下。

(1)支架和拱架应预留施工拱度,在确定施工拱度时应考虑下列因素:

①支架和拱架承受施工荷载引起的弹性变形。

②超静定结构由于混凝土收缩、徐变及温度变化而引起的挠度。

③承受推力的墩台,由于墩台水平位移所引起的拱圈挠度。

④由结构重力引起的梁或拱圈的弹性挠度,以及 1/2 汽车荷载引起的梁或拱圈的弹性挠度。

⑤受载后由于杆件接头的挤压和卸落设备压缩而产生的非弹性变形。

⑥支架基础在受载后的沉陷。

（2）为了便于支架和拱架的拆卸,应根据结构形式、承受的荷载大小及需要的卸落量,在支架和拱架适当部位设置相应的木架、木马砂筒或千斤顶等落模设备。

3. 支架、拱架的安装技术要求

（1）支架和拱架宜采用标准化、系列化、通用化的构件拼装,无论使用何种材料的支架和拱架,均应进行施工图设计,并验算其强度和稳定性。

（2）制作木拱架、木支架对长杆件的接头应尽量减少,两相邻立柱的连接接头应尽量分设在不同的水平面上,主要压力杆的纵向连接应使用对接法,并用木夹板或铁夹板夹紧,次要构件的连接可用搭接法。

（3）安装拱架前对拱架立柱和拱架支承面应详细检查,准确调整拱架支承面和顶部标高,并复测跨度,确认无误后方可进行安装,各片拱架在同一节点处的标高应尽量一致,以便于拼装平联杆件,在风力较大的地区应设置风缆绳。

（4）支架和拱架应稳定坚固,能抗抵在施工过程中有可能发生的偶然冲撞和振动,安装时应注意以下几点:

①支架立柱必须安装在有足够承载力的地基上,立柱底端应设垫木来分布和传递压力,并保证浇筑混凝土后不发生超过允许的沉降量。

②支架和拱架安装完后应及时对其平面位置、顶部标高、节点联接及纵横向稳定性进行全面检查,符合要求后方可进行下一工序。

（五）模板、支架和拱架的拆除

1. 拆除期限的原则规定

模板、支架和拱架的拆除期限应根据结构物的特点、模板部位和混凝土达到的强度来决定。

（1）非承重侧模板应在混凝土强度能保证其表面及其棱角不致于因拆模而受损坏时方可拆除,一般应在混凝土抗压强度达到2.5 MPa时方可拆除侧模板。

（2）芯模和预留孔内模应在混凝土强度能保证其表面不发生坍陷和裂缝现象时,方可拔除,拔除时间按要求确定。

（3）钢筋混凝土结构的承重模板支架和拱架,应在混凝土强度能承受自重力及其他可能的叠加荷载时方可拆除。当构件跨度小于4 m时,在混凝土强度符合设计强度标准值的50%后方可拆除;当构件跨度大于4 m时,在混凝土强度符合设计强度标准值的75%后方可拆除。

如设计上对拆除承重模板支架、拱架另有规定,应按照设计规定执行。

2. 拆除时的技术要求

（1）模板拆除应按设计的顺序进行,设计无规定时,应遵循先支后拆、后支先拆的顺序,拆时严禁抛扔。

（2）卸落支架和拱梁应按拟定的卸落程序进行,分几个循环卸完,卸落量开始宜小,以后逐渐增大。在纵向应对称均衡卸落,在横向应同时一起卸落。在拟定卸落程序时应注意以下几点。

①在卸落前应在卸架,设备上画好每次卸落量的标记。

②满布式拱架卸落时,可以拱脚依次循环卸落;拱式拱架可在两支座处同时均匀卸落。

③简支梁、连续梁宜从跨中间支座依次循环卸落,悬臂梁应先卸挂梁及悬臂的支架。

④多孔拱桥卸架时,若桥墩允许承受单孔施工荷载,可单孔卸落,否则应多孔同时卸落或各连续孔分阶段卸落。

⑤卸落拱架时应设专人用仪器观测拱圈的挠度和墩台的变化情况,并详细记录,另设专人观察是否有裂缝现象。

(3)墩台模板宜在其上部结构施工前拆除。拆除模板卸落支架和拱架时,不允许用猛烈地敲打和强扭等方法进行。

(4)模板支架和拱架拆除后应维修、整理、分类,并善存堆放。

三、模板的质量检验

模板、支架和拱架的制作应根据设计要求确定,模板的形式及精度要求,在设计无规定时,可按表6-23的规定执行。

表6-23　模板、支架及拱架制作时的允许偏差　　　　（单位:mm）

项　目			允许偏差
木模板制作	模板的长度和宽度		±5
	不刨光模板相邻两板表面高低差		3
	刨光模板相邻两板表面高低差		1
	平板模板表面最大的局部不平	刨光模板	3
		不刨光模板	5
	拼合板中木板间的缝隙宽度		2
	支架、拱梁尺寸		±5
	榫槽嵌接紧密度		2
钢模板制作	外形尺寸	长和高	0, −1
		肋高	±5
	面板端偏斜		≤0.5
	连接配件(螺栓卡子等)的孔眼	孔中心与板面的间距	±0.3
		板端中心与板端的间距	0, −0.5
		沿板长宽方向的孔	±0.6
	板面局部不平		1.0
	板面和板侧挠度		±1.0

注:1. 木模板中"拼合板中木板间的缝隙宽度"已考虑木板干燥后在拼合板中发生缝隙的可能,2 mm 以下的缝隙,可在浇筑所浇湿模板时使其密合。

2. 板面局部不平用 2 m 靠尺、塞尺检测。

模板、支架和拱架安装的允许偏差,在设计无要求时应符合表 6-24 的规定。

表 6-24　模板、支架及拱架安装的允许偏差　　　　(单位:mm)

项目		允许偏差
模板标高	基础	±15
	柱、墙和梁	±10
	墩台	±10
模板内部尺寸	上部构造的所有构件	±5.0
	基础	±30
	墩台	±20
轴线偏位	基础	15
	柱或墙	8
	梁	10
	墩台	10
装配式构件支承面的标高		+2,−5
模板相邻两板表面高低差		2
模板表面平整		5
预埋件中心线位置		3
预留孔洞中心线位置		10
预留孔洞截面内部尺寸		±10.0
支架和拱架	纵轴的平面位置	跨度的 1/1 000 或 30
	曲线形拱架的标高	+20　 −10

四、预应力混凝土工程技术要求

预应力混凝土结构的施工内容包括采用预应力筋制作的预制构件和现浇混凝土结构。

(一)预应力筋的质量要求

1. 钢丝、钢绞线和热处理钢筋

预应力钢筋混凝土结构所采用的钢丝、钢绞线和热处理钢筋等的质量,应符合现行国家标准的规定。预应力混凝土用钢丝应符合《预应力混凝土用钢丝》(GB/T 5223—2002)的要求,预应力混凝土用热处理钢筋应符合《预应力混凝土用热处理钢筋》(GB 4463—84)的要求,其力学性能及表面质量的允许偏差按规范规定。

新产品及进口材料的质量应符合相应在现行国家标准的规定。

2. 冷拉钢筋和冷拔低碳钢丝

(1)冷拉Ⅳ级钢筋可用作预应力混凝土结构的预应力筋,其力学性能应符合规定。

（2）冷拔低碳钢丝的力学性能符合规范规定。

（3）预应力混凝土用钢丝力学性能及表面质量要求见表6-25～表6-29。

表6-25　刻痕钢丝的力学性能

公称直径（mm）	抗拉强度 σ_0 不小于（MPa）	规定非比例伸长应力不小于（MPa）	伸长率不小于（%）	弯曲次数		松弛		
				不小于（次数/180°）	弯曲半径（mm）	初始应力相当于公称抗拉强度的百分数（%）	1 000 h 应力损失不大于（MPa）	
							I级松弛	II级松弛
≤5.0	1 470 1 570	1 250 1 340	4	3	15	70	8	2.5
>5.0	1 470 1 570	1 250 1 340	4	3	20			

注：1. 规定非比例伸长应力值不小于公称抗拉强度的85%，下同。

2. I级松弛即普通松弛，II级松弛即低松弛，他们均适用于所有钢丝，下同。

3. 除非生产厂家另有规定，弹性模量取为(2.5±10) GPa，但不能作为交货条件，下同。

表6-26　消除应力钢丝力学性能

公称直径（mm）	抗拉强度不小于（MPa）	规定非比例伸长应力不小于（MPa）	伸长率（L=100 mm）不小于（%）	弯曲次数		松弛		
				不小于（次数/180°）	弯曲半径（mm）	初始应力相当于公称抗拉强度的百分数（%）	1 000 h 应力损失不大于（MPa）	
							I级松弛	II级松弛
4.0	1 470 1 570	1 250 1 330	4	3	10			
5.0	1 670 1 770	1 410 1 500			15	60	4.5	1.0
6.0	1 570 1 670	1 330 1 420		4		70	8	2.5
7.0					20			
8.0	1 470 1 570	1 250 1 330				80	12	4.5
9.0					25			

表 6-27　冷拉钢筋和冷拔低碳钢丝的力学性能表

钢筋级别	直径(mm)	屈服强度(MPa)	抗拉强度(MPa)	伸长率(%)	冷弯	
					弯曲直径	弯曲角度(°)
		不小于				
冷拉Ⅳ级钢筋	10～28	700	835	6	5d	90

注:1. 表中直径大于 25 mm 的钢筋冷弯弯曲直径应增加一个 d。

2. 屈服强度值不小于公称抗拉强度的 85%。

表 6-28　热处理钢筋的力学性能

公称直径(mm)	牌号	屈服强度(MPa)	抗拉强度(MPa)	伸长率(%)
		不小于		
6	40Si2Mn			
8.2	48Si2Mn	1.325	1.470	6
10	45Si2Mn			

表 6-29　冷拔低碳钢丝的力学性能

直径(mm)	抗拉强度不小于(MPa)		伸长率不小于(%)	反复弯曲次数(次数/180°)
	Ⅰ级	Ⅱ级		
4	200	650	2.5	4
5	650	600	3.0	

3. 精轧螺纹钢筋

用于预应力混凝土结构中的高强精轧螺纹钢筋,其力学性能和表面质量见表 6-30。

表 6-30　精轧螺纹钢力学性能

级别	屈服强度(MPa)	抗拉强度(MPa)	伸长率(%)	冷弯		10 h 松弛率不大于(%)
				弯曲直径	弯曲角度	
	不小于					
JL540	540	836	10	6d	90°	
JL785	785	980	7	7d	90°	1.5
JL930	930	1 080	6			

(二)预应力筋的检测要求

预应力筋进场应分批次验收,除应对其质量证明、包装标志和规格等进行检查外,尚须按下述规定进行检验。

1. 钢筋的检测要求

钢丝应分批检验,每批次的质量不大于 60 t,先从每批中抽查 5% 但不少于 5 盘,进行形状、尺寸和表面检查,如检查不合格,则将该批钢丝逐盘检查;在上述检查合格的钢丝中抽5%但不少于3盘,在每盘钢丝的两端取样进行抗拉强度、弯曲、伸长率等试验,其力学性能应符合规定要求。试验结果如有一样不合格时,不能使用并再从同一批次未试验的钢丝中取双倍数量的试样进行试验,如仍有一项不合格,则该批次产品为不合格。

2. 钢绞线的检测要求

从每批的钢绞线中任取3盘,并从每盘所选的钢绞线端部正常部位截取一根试样,进行表面质量、直径偏差和力学性能试验,如每批次不少于3盘,则应逐盘取出试样进行上述试验。试验结果如有一项不合格时,则不合格盘报废,并再从该批未试验过的钢绞线中取双倍数量的试样进行该不合格项的复验,如仍有一项不合格则该批次不合格。每批次检测的钢绞线质量应不大于60 t。

3. 热处理钢筋的检测要求

(1)从每批次钢筋中抽取10%的盘数且不小于25盘,进行表面质量和尺寸偏差的检查,如不合格,则应对该批次钢筋进行逐盘检查。

(2)从每批次钢筋中抽取10%的盘数(不小于25盘)进行力学性试验,试验结果如有一项不合格时,该不合格盘应报废,并再从未试验过的钢筋中取双倍数量的试样进行复验,如仍有一项不合格则该批次钢筋为不合格。

(3)每批钢筋的质量应不大于60 t。

4. 冷拉钢筋的检测要求

冷拉钢筋应分批次进行检测,每批次质量不得大于20 t,每批钢筋的级别和直径均应相同,每批钢筋外观经逐根检查合格后,再从任选的两根钢筋上各取一套试件,按照现行国家标准的规定进行拉力试验、屈服强度试验、抗拉强度试验、伸长率试验和冷弯试验,如有一项试验不合格,则另取双倍数量的试件重做全部各项试验,如仍有一项试验不合格,则该批次钢筋不合格,计算冷拉钢筋的屈服强度和抗拉强度,采用冷拉前的公称截面积。钢筋冷拉后,其表面不得有裂纹和局部缩颈。冷弯试验后冷拉钢筋的外观不得有裂纹鳞落或断裂现象。

5. 冷拔低碳钢丝的检测要求

应逐盘进行抗拉强度伸长率和弯曲试验。从每盘钢丝上任一端截出不少于50 mm后再取两个试样,分别做拉力和180°反复弯曲试验,试验结果应符合上面各表中的要求,弯曲试验后,不得有裂纹和断裂鳞落现象。

6. 精轧螺纹钢筋的检测要求

应分批进行检测,每批次质量不大于100 t,对表面质量应逐根目测检查,外观检查合格后在每批中任选2根钢筋截取试件进行拉伸试验,试验结果如有一项不合格,则另取双倍数量的试件重做全部各项试验,如仍有一根试件不合格则该批钢筋为不合格。

拉伸试验的试件不允许进行任何形式的加工。

预应力筋的实际强度不得低于现行国家标准的规定,预应力筋的试验方法应按现行国家标准的规定执行。

(三)锚具、夹具和连接器的要求

(1)预应力钢筋的锚具、夹具和连接器应具有可靠的锚固性、足够的承载能力和良好的适应性,能保证充分发挥预应力筋的强度,安全地实现预应力强拉作业,并符合现行的国家标准《预应力钢筋锚具、夹具和连接器》(GB/T 14370—2007)的规定。

（2）预应力锚具、夹具应按设计要求采用,锚具应满足分级张拉、补张拉以及放松预应力的要求,用于后张结构时锚具及其附件上宜设置压浆孔或排气孔,压浆孔应满足截面面积以保证浆液的畅通。

夹具应具有良好的自锚性能、松锚性能和重复使用性能,需敲击才能松开的夹具,必须保证其对预应力筋的锚固没有影响,且对操作人员的安全不造成危险。

（3）用于后张法的连接器必须符合锚具的性能要求,用于先张法的连接器必须符合夹具的性能要求。

（4）进场验收的规定。锚具、夹具和连接器进场时,除按出厂合格证和质量检验说明书外核查其锚固性能、类别、型号、规格及数量外,还应按下列规定进行验收。

①外观检查,应从每批次中取10%的锚具且不少于10套,检查其外观和尺寸,如有一套表面有裂纹或超过产品标准及设计图纸规定尺寸的允许偏差,则应另取双倍数量的锚具重做检查,如仍有一套不符合要求,则应逐套检查合格后方可使用。

②硬度检查,应从每批次中抽取5%的锚具且不少于5套,对其中有硬度要求的零件,做硬度试验,对多孔夹片式锚具的夹片每套中有硬度要求的零件做硬度试验,每套至少取5片,每个零件测验3点,其硬度应在设计要求的范围内,如有一个零件不合格,则另取双倍数量的零件重做试验,如有一个零件不合格则应逐个检查,合格者方可使用。

③静载锚固性能试验。对大桥等重要工程,当质量证明书不齐全、不正确和质量有疑点时,经上述两项试验合格后应从同批中抽取6套锚具(夹具或连接器)组成3个预应力筋锚具组装件,进行静载锚固性试验。如有一个试件不合格,则应另取双倍数量的锚具重做试验,如仍有一个试件不合格,则该批锚具为不合格。

对用于其他桥梁的锚具,进场验收其静载锚固性能可由锚具生产厂提供试验报告。

预应力筋锚具、夹具和连接器验收批的划分,在同种材料和同一生产工艺条件下锚具、夹具应以不超过1 000套组为一个验收批,连接器以不超过500套组为一个验收批次。

五、管道的技术要求

（一）一般规定

（1）在后张有黏结预应力混凝土结构件中,力筋的孔道宜由浇筑在混凝土中的刚性或半刚性管道构成,对一般工程也可采用钢管抽芯胶管抽芯及金属伸缩套管抽芯等方法进行预留。

（2）浇筑在混凝土中的管道应不允许有漏浆现象,管道应具有足够的强度,以使其在混凝土的重量作用下能保持原有的开状,且能按要求传递黏结应力。

（二）管道材料的要求

刚性或半刚性管道应是金属的,刚性管道应具有适当的形状而不出现卷曲或被压扁,半刚性管道应是波纹状的金属螺旋管。金属管道宜尽量采用镀锌材料制作。

制作半刚性波纹状金属螺旋管的钢带,应符合现行《铠装电缆冷轧钢带》(GB 4175.1—84)和现行《铠装电缆镀锌钢带》(GB 4175.2—84)的有关规定,并附有合格证,钢带厚度一般不宜小于 0.3 mm。

(三)金属螺旋管的检验

(1)金属螺旋管进场时,除应按出厂合格证和质量保证书核对其类别、型号、规格及数量外,还应对其外观尺寸集中荷载下的径向刚度、荷载作用后的抗渗漏及抗弯曲渗漏等进行检验,工地自行加工制作的管道亦应进行上述检测。

(2)金属螺旋管应按批次进行检查,每批次应由同一钢带生产厂生产的同一批钢带所制造的金属螺旋管组成,累计半年或 50 000 m 生产量为一批,不足半年产量或 50 000 m 也作为一批的则取产量最多的规格。

(四)管道的其他要求

(1)在桥梁的某些特殊的部位,当设计规定时,可采用符合要求的平滑钢管和高密度聚乙烯管。

(2)用作平滑的管道钢管和聚乙烯管其壁厚不得小于 2 mm。

(3)一般情况下管道的内横截面至少应是预应力筋净截面积的 2.0 ~ 2.5 倍,如果因某种原因管道与预应力筋的面积比低于给定的极限值,则应通过试验来确定其面积比。

(4)制孔采用塑胶抽芯法时,钢管表面应光滑焊接,接头应平顺,抽芯时间应通过试验确定,以混凝土的抗压强度达到 0.4 ~ 0.8 MPa 时为宜。抽拔时不应损伤结构混凝土,抽芯后,应用通孔器或压水等方法对孔道进行检查,如发现孔道堵塞或有残留物或与邻孔道相串通,应及时处理。

六、预应力材料的保护

(1)预应力材料必须保持清洁,在存放和搬运过程中应避免机械损伤和有害的锈蚀,进场后如需长时间存放时,必须安排定期的外观检查。

(2)预应力筋和金属管道在仓库内保管时,应干燥、防潮、通风、无腐蚀气体和介质,在室外存放时,时间不宜超过 6 个月,不得直接堆放在地面上,必须采取以枕木支垫并用苫布覆盖等有效措施防止雨露和各种腐蚀性气体、介质的影响。

(3)锚具、夹具和连接器均应设专人保管,存放搬运时候均应妥善保护,避免锈蚀沾污、遭受机械损伤或散失,临时性的防护措施应不影响安装操作的效果和永久性防锈措施的实施。

七、预应力筋的制作要求

1. 预应力筋的下料

下料长度应通过计算确定,计算时应考虑结构的孔道长度或台座长度锚、夹具厚度,千斤顶长度,焊接接头或墩头预留量,冷拉伸长值,弹性回缩值,张拉伸长值和外露长度等因素。

钢丝束两端采用镦头锚具时,同一束中各根钢丝下料长度的相对差值,当钢丝束长度小于或等于 20 m 时不宜大于 1/3 000,当钢丝束长度大于 20 m 时不宜大于 1/5 000 且不大于 5 mm。长度不大于 6 m 的先张构件,当钢丝成组张拉时,同组钢丝下料长度的相对差值不得大于 2 mm。

2. 预应力筋的切断

钢丝、钢绞线、热处理钢筋、冷拉Ⅳ级钢筋、冷拔低碳钢丝及精轧螺纹钢筋的切断,宜采用切断机或砂轮锯,不得采用电弧切割。

3. 冷拉钢筋接头

(1)冷拉钢筋接头应在钢筋冷拉前采用一次闪光顶锻法进行对焊,焊后尚应进行热处理,以提高焊接质量。钢筋焊接后其轴线偏差不得大于钢筋直径的1/10,且不得大于2mm,轴线曲折的角度不得超过4°。采用后张法张拉的钢筋焊接后尚应敲除毛刺,但不得减损钢筋的截面积。

对焊接头的质量检验方法应符合相关规定。

(2)预应力筋有对焊接头时,除非设计量有规定,宜将接头设置在变力较小处。在结构受拉区及在相当于预应力筋的直径30倍长度的区域(不小于500 mm)范围内,对焊接头的预应力筋截面积不得超过该区段预应力筋的总截面积的25%。

(3)冷拉钢筋采用螺丝端杆锚具时,应在冷拉前焊接螺丝端杆,并应在冷拉时将螺母置于端杆端部。

4. 预应力筋墩头

预应力筋镦头锚固时,对于高强钢丝宜采用液压冷镦,对于冷拔低碳钢丝可采用冷冲镦头,对于钢筋宜采用电热镦头,但Ⅳ级钢筋镦头应进行电热处理,冷拉钢筋端头的镦头的热处理工作应在钢筋冷拉之前进行,否则应对镦头逐个进行张拉检查,检查时的控制应力不小于钢筋冷拉的控制应力。

5. 预应力筋的冷拉

预应力筋的冷拉可采用控制应力或控制冷拉率的方法,但对不能分清炉号批次的热轧钢筋,不应采取控制冷拉力下的最大冷拉率,应符合表6-31的规定:冷拉时应检查钢筋的冷拉率,当超过表中的规定时应进行力学性能检测,当采用控制冷拉率的方法冷拉钢筋时,冷拉率必须由试验确定,测定同炉批次钢筋冷拉率时,其试样不少于4个,并取其平均值作为该批钢筋实际采用的冷拉率,测定冷拉率时钢筋的冷拉应力应符合表6-32的规定。

表6-31　冷拉控制应力及最大冷拉率

钢筋级别	钢筋直径(mm)	冷拉控制应力(MPa)	最大冷拉率(%)
Ⅳ级	10~28	700	4.0

表6-32　测定冷拉率时钢筋的冷拉应力

钢筋级别	钢筋直径(mm)	冷拉应力(MPa)
Ⅳ级	10~28	730

注:当钢筋平均冷拉率低于1%时仍应按1%进行冷拉。

冷拉多根连接的钢筋,冷拉率可按总长计,但冷拉后每根钢筋的冷拉率应符合表6-32中的规定。

钢筋的冷拉速度不宜过快,宜控制在5 MPa/s左右,冷拉至规定的控制应力或冷拉率后,应停置 1~2 min,在放松冷拉后,有条件时宜进行时效处理,应按冷拉率大小分组堆放,以备编束时选择,冷拉钢筋时应做记录。

当采用控制应力方法冷拉钢筋时,对使用的测力计应经常进行校验。

6. 预应力筋的冷拔

预应力筋采用冷拔低碳钢丝时,应采用 6~8 mm 的 I 级热轧钢筋盘条拔制,拔丝模孔为盘条原直径的 0.85~0.9,拔丝次数一般不超过 3 次,超过 3 次时,应进行拔丝退火处理,拔拉总压缩率应控制在 60%~80%,平均拔丝速度为 50~70 m/min,冷拔达到要求直径后,应进行检测,以决定其组别和力学性能(包括伸长率)。

7. 预应力筋编束的要求

预应力筋由多根钢丝或钢绞线组成时,同束内应采用强度相等的预应力钢材,编束时应逐根理顺绑扎牢固,防止互相缠绕。

八、混凝土浇筑的施工技术要求

混凝土用料(水泥、细骨料、粗骨料、水)及配合比应符合混凝土施工规范的规定。可掺入适量的外加剂,但不得掺入氯化钙、氯化钠等氯盐,从各种组成材料引进混凝土中的氯离子总含量不宜超过水泥用量的 0.06%,当超过 0.06% 时宜采取掺加阻锈剂、增加保护层厚度、提高混凝土密度等防锈措施。对于干燥环境中的小型构件,氯离子含量可提高 1 倍。

混凝土的水泥用量不宜超过 500 kg/m^3,特殊情况下不应超过 500 kg/m^3,浇筑混凝土时,宜根据结构的不同形式选用插入式、附着式或平板式等振动器进行振捣,对箱梁腹板与底板及顶板连接处的承托、预应力筋锚固区及其他钢筋密集部位,宜特别注意振捣。

浇筑混凝土时,对先张构件应避免振动器碰撞预应力筋,对后张结构应避免振动器碰撞预应力管道、预埋件等,并经常检查模板、管道锚固、端垫板及支座预埋件等,以保证其位置及尺寸符合设计要求。纵向拼接的后张梁梁段接缝应符合设计规定,施工注意事项应符合施工规范要求。

浇筑箱形梁段混凝土时应尽可能一次浇筑完成,梁身较高时也可分两次浇筑,分次浇筑时宜先底板及腹板根部,其次腹板,最后浇顶板及翼板,同时应符合有关规范规定。

混凝土浇筑完并初凝后,应立即开始养护。

九、施加预应力的技术要求

(一)机具及设备

施加预应力所用的机具设备以及仪表应由专人使用和管理,并定期维护和校验,千斤顶和压力表应配套校验,以确定张拉力与压力表之间的关系曲线,校验应经主管部门授权的法定计量技术机构定期进行。

张拉机具设备应与锚具配套使用,并应在进场时进行检查和检校,对常期不使用的张拉机具设备,应在使用前进行全面校检,使用期间的校检期限应视机具设备的情况确定,当千斤顶使用超过 6 个月或 200 次、在使用过程中出现不正常现象或检修以后应重新校验,弹簧测力计的校检期限不宜超过 2 个月。

(二)施加预应力的准备工作

(1)对力筋施加预应力之前必须完成或检验以下工作:

①施工现场应具备经批准的张拉程序和现场施工说明书。

②现场已具备预应力施工知识和正确操作的施工人员。

③锚具安装正确,对后张构件混凝土已达到要求的强度。

④施工现场已具备确保全体操作人员和设备安全的必要的预防措施。

(2)实施张拉时应使千斤顶的张拉力作用线与预应力筋的轴线重合一致。

(3)张拉应力的控制。

①预应力筋的张拉控制应力应符合设计要求,当施工中预应力筋需要超张拉或计入锚固口预应力损失时,可比设计要求提高5%,但在任何情况下不得超过设计规定的最大张拉控制应力。

②预应力筋采用应力控制方法张拉时,应以伸长值进行校核,实际伸长值与理论伸长值的差值,应符合设计要求,设计无规定时,实际伸长值与理论伸长值的差值应控制在6%以内,否则应暂停张拉,待查明原因并采用措施予以调整后方可连续张拉。

③预应力筋的理论伸长值,ΔL(mm)可按式(6-5)计算:

$$\Delta L = \frac{P_p L}{A_p E_p} \tag{6-5}$$

式中　P_p——预应力筋的平均张拉力,N;

　　　L——预应力筋的长度,mm;

　　　A_p——预应力筋的截面面积,mm^2;

　　　E_p——预应力筋的弹性模量,N/mm^2。

直线筋取张拉端的拉力,两端张拉的曲线筋,计算方法及预应力筋平均张拉力按式(6-6)计算:

$$P_p = \frac{P(1 - e^{-kx+\mu\theta})}{kx + \mu\theta} \tag{6-6}$$

式中　P——预应力筋张拉端的张拉力,N;

　　　X——从张拉端至计算截面的孔道长度,m;

　　　θ——从张拉端到计算截面曲线孔道部分切线的夹角之和,rad;

　　　k——孔道每米局部偏差对摩擦角的影响系数;

　　　μ——预应力筋与孔道壁的摩擦系数,系数 k 及 μ 可参照表6-33。

表6-33　系数 k 及 μ

孔道成型方式	k	μ		
		钢丝束钢铰线光面钢筋	带肋钢筋	精轧螺纹钢筋
预埋铁皮管道	0.003 0	0.35	0.40	—
抽芯成型孔道	0.001 0	0.55	0.60	—
预埋金属螺栓管道	0.001 5	0.20 ~ 0.25	—	0.50

(4)预应力筋张拉时应先调整到初应力,该初应力宜为张拉控制应力的 10% ~15%,伸长值应从初应力量开始量测,力筋的实际伸长值除量测的伸长值外,必须加上初应力以下的推算伸长值,对后张法构件在张拉过程中产生的弹性压值缩一般可省略。

预应力筋张拉的实际伸长值 ΔL,可按式(6-7)计算:

$$\Delta L = \Delta L_1 + \Delta L_2 \qquad (6-7)$$

式中　ΔL_1——从初应力至最大张拉应力间的实测伸长值,mm;

　　　ΔL_2——初应力以下的推算伸长值,可采用相邻级的伸长值,mm。

(5)必要时应对锚固吸孔道摩阻损失进行测定,张拉时予以调整。锥形锚具摩阻损失值的测定方法按规范要求。

(6)预应力筋的锚固应在张拉控制应力处于稳定状态下进行。锚固阶段张拉端预应力筋的内缩量,应不大于设计规定或不大于表 6-34 的容许值。

表 6-34　锚具变形预应力筋回缩和接缝压缩容许值　　　　　（单位:mm）

锚具接缝类型		变形形式	容许值
钢制锥形锚具		力筋回缩锚具变形	6
夹片式锚具		力筋回缩锚具变形	6
镦头锚具		缝隙压密	1
JM15 锚具	用于预应力钢丝时	力筋回缩锚具变形	3
	用于预应力钢绞线时		6
粗钢筋锚具		力筋回缩锚具变形	1
每块后加垫板的缝隙		缝隙压密	1
水泥砂浆接缝		缝隙压密	1
环氧树脂砂浆接缝		缝隙压密	1

(7)预应力筋张拉及放松时,均应填写施工记录。

(三)先张法施工技术要求

1.台座

先张法墩式台座结构应符合下列规定:

(1)承力台座须具有足够的强度和刚度,其抗倾覆安全系数应不小于 1.5,抗滑移系数应不小于 1.3。

(2)横梁须有足够的刚度,受力后挠度应不大于 2 mm。

(3)在台座上铺放预应力筋时,应保持采取措施防止玷污预应力筋。

(4)张拉前,应对台座、横梁及各项张拉设备进行详细检查,符合要求后方可进行操作。

2.张拉的技术要求

(1)同时张拉多根预应力筋时,应预先调整其初应力,使相互之间的应力一致,张拉过程中,应使活动横梁与固定横梁始终保持平行,并应抽查力筋的预应力值,其偏差的绝对值不得超过按一个构件全部力筋预应力总值的 5%。

（2）预应力筋张拉完毕后，与设计位置的偏差不得大于 5 mm，同时不得大于构件最短边长的 4%。

（3）预应力筋的张拉应符合设计要求，设计无规定时其张拉程序可按表 6-35 的规定进行。

表 6-35　先张法预应力筋张拉程序

预应力筋种类	张拉程序
钢筋	0→初应力→1.05δcon(持荷 2 min)→0.9δcon→δcon(锚固)
钢丝、钢绞线	0→初应力→1.05δcon(持荷 2 min)→0→δcon(锚固)
	对于夹片式等具有自锚性能的锚具 普通松弛力筋:0→初应力→1.03δcon(锚固) 低松弛力筋:0→初应力→δcon(持荷 2 min 锚固)

注:1. 表中 δcon 为张拉时的控制应力值,包括预应力损失值。

　2. 超张拉数值超过最大超张应力阈值时,应按规定的限制张拉应力进行张拉。

　3. 张拉钢筋时,为保证施工安全应在超张放张至 0.9δcon 时安装拱板普通钢筋及预埋件等。

（4）张拉时预应力筋的断丝数量不得超过表 6-36 的规定。

表 6-36　先张法预应力筋断丝限制

类别	检查项目	控制数
钢丝、钢绞丝	同一构件内断丝数不得超过钢丝总数的	1%
钢筋	断筋	不容许

3. 放张的技术要求

（1）预应力筋放张时的混凝土强度必须符合设计要求，设计未定时，不得低于设计的混凝土强度等级值的 75%。

（2）预应力筋的放张顺序应符合设计要求，设计未规定时，应分阶段对称、相互交错地放张，在力筋放张之前应将限制位移的侧模、翼缘模板或内模拆除。

（3）多根整批预应力筋的放张可采用砂箱法或千斤顶法，用砂箱法放张时，放张砂速度应均匀一致，用千斤顶放张时，放张宜分数次完成。单根钢筋采用拧松螺母的方法放张时，宜先两侧后中间，并不得一次将一根力筋松完。

（4）钢筋放张后，可用乙炔—氧气切割，但应采取措施防止烧坏钢筋端部。钢筋（钢丝）放张后，可用切割锯断或剪断的方法切断，钢绞线放张后可用砂轮锯切断。

长线台座上预应力筋的切断顺序应由放张端开始，逐渐逐次切向另一端。

（四）后张法施工的技术要求

1. 预留孔道要求

（1）预应力筋预留孔道的尺寸与位置应正确，孔道应平顺，端部的预埋件、钢垫板应垂直于孔道中心线。

（2）管道应采用定位钢筋固定安装，使其能牢固地置于模板内的设计位置，并在混凝土浇筑期间不产生位移。固定各种成孔管道用的定位钢筋的间距,对于钢管不宜大于1 m,对于波纹管不宜大于0.8 m,对于胶管不宜大于0.5 m,对于曲线管道宜适当加密。

(3)金属管道接头处的连接管宜采用大一个直径级别的同类管道,其长度宜为被连接管内径的5~7倍,连接时不使接头处产生角度变化及在混凝土浇筑期间发生管道的转动或移位,并应缠裹紧密,防止水泥浆的渗入。

(4)所有管均应设压浆孔,还应在最高点设排气孔及需要时在最低点设排水孔,压浆管、排气管和排水管应是最小内径为20 mm的标准管或适宜的塑料管,与管道之间的连接应采用金属或塑料结构扣件。

(5)管道在模板内安装完毕后,应将其端部盖好,防止水或其他杂物进入。

2. 预应力筋安装的要求

(1)预应力筋可在浇筑混凝土之前或之后穿入管道,对钢绞线,可将一根钢束中的全部钢绞线编束后整体装入管道中,也可逐根将钢绞线穿入管道。穿束前应检查锚垫板和孔道,锚垫板应位置准确,孔道内应畅通,无水及其他杂物。

(2)预应力筋安装后的保护。

①对在混凝土浇筑及养护之前安装在管道中,但在下列规定时限内没有压浆的预应力筋,应采取防止锈蚀或其他防腐蚀的措施,直至压浆。

不同暴露条件下未采取防腐蚀措施的力筋在安装后至压浆时的容许间隔时间如下:

空气湿度大于70%或盐分过大时,7 d;空气湿度40%~70%时,15 d;空气湿度小于40%时,20 d。

②在力筋安装在管道中后,管道端部开口应密封以防止湿气进入,采用蒸气养生时,在养生完成之前不应安装力筋。

③在任何情况下,当在安装有预应力筋的构件附近进行电焊时,对全部预应力筋和金属件均应进行保护,防止溅上焊渣或造成其他损坏。

(3)对在混凝土浇筑之前穿束的管道,力筋安装完成后应进行全面检查,以查出可能被损坏的管道,在混凝土浇筑之前,必须将管道上切非有意留的孔、开口或损坏之处进行修复,并应检查力筋能否在管道内自由滑动。

3. 张拉的技术要求

(1)对力筋施加预应力之前应对构件进行检验,外观和尺寸均应符合质量标准要求,张拉时构件的混凝土强度应符合设计要求,设计未规定时,不应低于设计强度等级值的75%。

(2)预应力筋的张拉顺序应符合设计要求,当设计未规定时可采取分批分阶段对称张拉。

(3)应使用能张拉多根钢绞线或钢丝的千斤顶同时对每一钢束中的全部力筋施加应力,但对扁平管道中不多于4根的钢绞线除外。

(4)预应力筋张拉端的设置应符合设计要求,当设计无具体要求时应符合下列规定:

①对曲线预应力筋或长度大于或等于25 m的直线预应力筋宜在两端张拉,对长度小于25 m的直线预应力筋可在一端张拉。

②曲线配筋的精轧螺纹钢筋应在两端张拉,直线配筋的可在一端张拉。

③当同一侧面中有多束一端张拉的预应力筋时,张拉端宜分别设置在构件的两端,预应力筋采用两端张拉时,可先在一端张拉锚固后,再在另一端补足预应力值进行锚固。

(5)后张法预应力筋的张拉应符合设计要求,设计无规定时,其张拉程序可按表 6-37 进行。

表 6-37　后张法预应力筋张拉程序

预应力筋		张拉程序
钢筋、钢筋束		0—初应力—1.05δcon(持荷 2 min)—δcon(锚固)
钢绞线束	对于夹片式等具有自锚性能的锚具	普通松弛力筋:0—初应力—1.03δcon(锚固) 低松弛力筋:0—初应力—δcon(持荷 2 min 锚固)
	其他锚具	0—初应力—1.05δcon(持荷 2 min)—δcon(锚固)
	对于夹片式等具有自锚性能的锚具	普通松弛力筋:0—初应力—1.03δcon(锚固) 低松弛力筋:0—初应力—δcon(持荷 2 min 锚固)
	其他锚具	0—初应力—1.05δcon(持荷 2 min)—0—δcon(锚固)
精轧螺纹钢筋	直线配筋	0—初应力—δcon(持荷 2 min 锚固)
	曲线配筋时	0—1.05δcon(持荷 2min)—0(上述程序可反复几次)—初应力—δcon(持荷 2 min 锚固)

注:1. 表中 δcon 为张拉时的控制应力,包括预应力损失值。

2. 两端同时张拉时,两端千斤顶升降压画线侧伸长插垫等工作应基本一致。

3. 梁的竖向预应力筋可一次张拉到控制应力,然后于持荷 5 min 后测伸长和锚固。

4. 超张拉数值超过规定的最大超张拉应力限值时,应按该条规定的限值进行张拉。

(6)后张法拉预应力筋断丝及滑移不得超过表 6-38 中的规定。

表 6-38　后张法预应力筋断丝、滑移限制

类别	检查项目	控制数
钢丝束和钢绞线束	每束钢丝断丝或滑丝	1 根
	每束钢绞线断丝或滑丝	1 丝
	每个断面断丝之和不超过该断面钢丝总数的	1%
单根钢筋	断筋或滑丝	不容许

注:1. 钢绞线断丝是指单根钢绞线内钢丝的断丝。

2. 超过表列控制数时,原则上应更换,当不能更换时,在许可的条件下可采取补救措施,如提高其他束预应力值,但须满足设计上各阶段极限状态的要求。

(7)预应力筋在张拉控制应力达到稳定后方可锚固,预应力筋锚固后的外露长度不宜小于 30 mm,锚具应用封端混凝土保护,当需长期外露时,应采取防止锈蚀的措施。一般情况下锚固完毕并经检验合格后即可切割端头多余的预应力筋,严禁用电弧焊切割,强调用砂轮机切割。

4. 后张法孔道压浆的技术要求

(1)预应力筋强拉后孔道应尽早压浆。

（2）孔道压浆宜采用水泥浆,所用材料应符合下列要求:

①水泥:宜采用硅酸盐水泥或普通水泥,采用矿渣水泥时应加强检验,防止材性不稳定,水泥的强度等级不宜低于 42.5 级,水泥不得含有任何团块。

②水:应不含有对预应力筋或水泥有害的成分,每升水不得含 500 mg 以上的氯化物离子或任何一种其他有机物,可采用清洁的饮用水。

③外加剂:宜采用只有低含水量、流动性好、最小渗出及膨胀性等特性的外加剂,它们应不得含有对预应力筋或水泥有害的化学物质,外加剂的用量应通过试验确定。

（3）水泥浆的强度应符合设计规定,设计无具体规定时应不低于 30 MPa,对载面较大的孔道,水泥浆中可掺入适量的细砂,水泥浆的技术条件应符合下列规定:

①水灰比宜为 0.40 ~ 0.45,掺入适量减水剂时,水灰比可减小到 0.35。

②水泥浆的泌水率最大不得超过 3%,拌和后 3 h 泌水率宜控制在 2%,泌水应在 24 h 内重新全部被浆吸回。

③通过试验后水泥浆中可掺入适量膨胀剂,但其自由膨胀率小于 10%,泌水率和膨胀率的试验按规范进行。

④水泥浆的稠度宜控制在 14 ~ 18 s。

（4）孔道的准备工作。压浆之前应对孔道进行清洁处理,对抽芯成型的混凝土空芯孔道应洗干净,并使孔壁完全湿润,金属管道必要时亦应冲洗以清除有害材料,对孔道内可能发生的油污等,可采用已知对预应力筋和管道无腐蚀作用的中性洗涤剂,用水稀释后进行冲洗,冲洗后应使用不含油的压缩空气将孔道内的所有积水吹出。

（5）水泥浆自拌制至压入孔道的延续时间视气温情况而定,一般在 30 ~ 45 min 的流动度降低的水泥浆不得通过加水来增加其流动度。

（6）压浆时对曲线孔道和竖向孔道应从最低点的压浆孔压入,由最高点的排气孔排气和泌水,压浆顺序宜先压注下层孔道。

（7）压浆应缓慢均匀地进行,不得中断,并应将所有最高点的排气孔依次开放和关闭,使孔道内排气通畅。较集中和邻近的孔道宜尽量连续压浆完成,不能连续压浆时,后压浆的孔道应在压浆前用压力水冲洗通畅。

（8）对掺加外加剂、泌水率较小的水泥浆,通过试验证明能达到孔道内饱满时,可采用一次压浆的间隔时间宜为 30 ~ 45 min。

（9）压浆应使用活塞式压浆泵,不得使用压缩空气,压浆的最大压力宜为 0.5 ~ 0.7 MPa,当孔道较长或采用一次压浆时最大压力宜为 1.0 MPa,梁体竖向预应力筋孔道的压浆最大压力可控制在 0.3 ~ 0.4 MPa。压浆应达到孔道另一端饱满和出浆,并应达到排气孔排出与规定稠度相同的水泥浆为止。为保证管道中充满灰浆,关闭出浆口后应保持不小于 0.5 MPa 的一个稳压期,该稳压期不宜少于 2 min。

（10）压浆过程中及压浆后 48 h 内,结构混凝土的温度不得低于 5 ℃,否则应采取保温措施,当气温高于 35 ℃时,压浆宜在夜间进行。

（11）压浆后应从检查孔抽查压浆的密实情况,如有不实,应及时处理和纠正,压浆时每一工作班应留取不少于 3 组的 70.7 mm × 70.7 mm × 70.7 mm 立方体试件,标准养护 28 d,检查其抗压强度,作为评定水泥浆质量的依据。

（12）对需封锚的锚具,压浆后应先将其周围冲洗干净,并对梁端混凝土凿毛,然后设置钢筋网浇筑封锚混凝土,封锚混凝土的强度应符合设计要求,一般不宜低于构件混凝土强度等级的80%,必须严格控制封锚后的梁体长度,长期外露的锚具应采取防锈措施。

（13）对后张预制构件,在管道压浆前不得安装就位,在压浆强度达到设计要求后方可移运和吊装,孔道压浆应填写施工记录。

十、质量检验及质量标准

（1）对工程质量的检验除一般混凝土钢筋混凝土的应有检验项目外,尚应进行钢筋冷拉预应力、钢材编束、孔道预留、施工预应力孔道压浆等项目的施工检验以及预应力筋张拉机具、锚夹具的质量检验。

（2）预应力筋制作安装的允许偏差见表6-39、表6-40。

表6-39　先张法预应力筋制作安装允许偏差

项目		允许偏差（mm）
镦头钢丝同束长度相对差	束长 >20 m	$L/5\,000$ 及 5
	束长 6~20 m	$L/3\,000$
	束长 <6 m	2
冷拉钢筋接头在同一磁面的轴线偏位		2 及 1/10 直径
力筋张拉后的位置与设计位置之间偏位		4% 构件最短边长及 5

表6-40　后张法预应力筋制作安装允许偏差

项目		允许偏差（mm）
管道坐标	梁长方向	30
	梁高方向	10
管道间距	同排	10
	上下层	10

（3）梁体质量应符合下列规定:混凝土表面应平整、密实,预应力部位不得有蜂窝露筋现象,混凝土的各项指标均应达到设计要求。

第八节　堤防道路

堤防道路的施工主要注重两方面的施工技术,一是路基工程的施工质量控制,二是路面工程的施工质量控制。

一、路基工程的施工质量控制

路基施工前需要对堤顶进行必要的清理工作,需对所属的范围内的植物、垃圾、碎石、有机杂质等进行清理掘除压实,各工序均要达到《公路路基设计规范》和《堤防工程设计规范》的标准,并符合表 6-41 的要求。

表 6-41　路基压实度的控制指标

填挖类别	路槽底面以下深度(cm)	压实度(轻击实)(%)
新修土方	0 ~ 80	≥95
	80 以下	≥94

旧大堤按不小于 94% 的压实度(轻击)修筑。为确保路面的施工质量,在路面基础铺设之前应对现状堤顶进行平整,并用 12 t 钢筒液压振动压路机微振平碾 6 遍。路基宽度应根据《公路工程技术标准》和设计要求的标准路基边坡的技术指标确定,帮宽后大堤临河边坡度为 1:3 左右,背河边坡度为 1:3 左右。

二、路面工程的施工质量控制

路面工程的施工质量主要从路面结构及其标准、主要材料等几个方面来控制。

(一)路面结构

1. 面层

路面的面层可改善路面的行车条件,坚实耐磨、平整且能防雨水渗入基层,具有抗高温变形、抗低温开裂的温度稳定性。设计要求:沥青碎石石层的厚度应为 5 cm(含下封层),其中上层为 AM-10 沥青碎石细粒层厚 2 cm,下层为 AM-16 沥青碎石中立层厚 3 cm。沥青碎石路面压实度应以马歇尔试验密度为标准,应达到 94%。

2. 基层

基层要有足够的强度和稳定性,设计采用石灰稳定细粒土作为基层,基层厚度为 30 cm,分上下两层,各 15 cm。基层土料应选用细黏性土,掺入料应选用符合要求的熟石灰粉。设计允许在上基层石灰土混合料中掺入适量水泥,具体比例为土:石灰:水泥(干重) = 90:10:3,下基层为土:石灰(干重) = 88:12,具体用量在现场进行配比试验,确定其最佳掺入量,并报监理审阅。

基层灰土的压实度(重击)应达到上基层的 95%,下基层的 93%;控制要点:石灰稳定土应按试验配比进行施工,要做到拌匀充分、混合摊铺、碾压平整,养护好成型路面基层结构,其养护龄期(25℃条件下湿养 6 d,浸水 1 d)内的无侧限抗压强度达到,上基层 0.8 MPa,下基层 0.5 ~ 0.7 MPa,施工时模坡应为 2%,以利于分层排除路面积水。

3. 封层及粘层

由于沥青碎石面层与基层之间有一定的空隙,须在沥青面层的下表面铺筑沥青稀料下封层,以利层面间排水,为便于沥青路面与路缘石紧密联结,防止表面雨水顺混凝土路缘石表面下渗,应在混凝土路缘石内侧表面涂刷沥青粘层。

封层与粘层沥青稀料的稠度均应通过试验确定,并将试验情况报监理认证。

(二)路面结构的标准

按设计要求沥青碎石面层加下封层其厚度共 5 cm,宽 600 cm。预制 C20 素混凝土路缘石断面 10 cm×30 cm,石灰土基层厚 30 cm,宽 650 cm。堤顶路高为 25 cm,底宽的石灰石,其余为红土。路肩坡面应植草皮进行保护,路肩边坡临水面坡度为 1∶1.5,背水面为1∶1.5。各堤段路面结构按设计图纸标准控制。

(三)主要材料的控制要求

(1)基层土料:应选用细粒黏性土,其塑性指数 12~18,下基层细黏性土,塑性指数为7~12。

(2)石灰:石灰稳定土的效果视石灰和土混合后能产生多少硅酸钙化合物而定,因此石灰土的强度随石灰中 CaO 的含量增多而提高。一般石灰中含有效钙 + MgO 就分为Ⅲ级,见表 6-42,石灰土所用石灰的质量应符合规定中的Ⅲ级标准。

表 6-42　石灰的技术指标

项目	钙质生石灰			镁质生石灰			钙质消石灰			镁质消石灰		
	Ⅰ	Ⅱ	Ⅲ	Ⅰ	Ⅱ	Ⅲ	Ⅰ	Ⅱ	Ⅲ	Ⅰ	Ⅱ	Ⅲ
有效钙 + MgO 含量不小于(%)	85	80	70	80	75	65	65	60	55	60	50	50
未消化残渣含量(5 mm 圆筛筛余量)不大于(%)	7	11	17	10	14	20	—	—	—	—	—	—
消石灰粉含水量不大于(%)	—	—	—	—	—	—	4	4	4	4	4	4
0.71 mm 方孔筛的筛余量不大于(%)	—	—	—	—	—	—	0	1	1	0	1	1
0.125 mm 方孔筛的筛余量不大于(%)	—	—	—	—	—	—	13	20	—	13	20	—
钙镁石灰的分类界限(MgO 含量%)	≤5	≤5	≤5	75	75	75	≤4	≤4	≤4	>4	>4	>4

注:硅、铝、铁氧化物含量之和大于 5% 的生石灰,有钙效 + MgO 的含量指标,一等≥75%,二等≥70%,三等≥60%。

(3)粗料碎石:碎石由坚硬耐久的岩石轧制而成,应有足够的强度和耐磨性能,主要指标应达到表 6-43 的规定,含砂量的要求按标准规定。

表 6-43　碎石的主要技术指标

序号	项目	质量标准
1	石料压碎值(%)	≤30
2	细长扁平颗粒含量(%)	≤20
3	软弱颗粒含量(%)	≤5
4	水洗法小于 0.075 mm 颗粒含量(%)	≤1
5	洛杉矶磨耗损失(%)	≤40
6	表观密度(t/m³)	≥2.45
7	吸水率(%)	≤3.0
8	对沥青的黏附	≥3 级

砂:采用洁净坚硬、满足规定级配、细度模数在 2.5 以上的中(粗)砂,砂的质量控制指标见表6-44。

表 6-44　砂的质量控制指标

序号	项目	质量标准
1	泥土杂物含量(%)	≤5
2	有机物含量	颜色不应深于标准的颜色
3	其他杂物	不得混有石、煤渣、草根等杂物
4	表观密度(L/m³)	≥2.45
5	坚固性(%)	由试验确定
6	砂当量(%)	≥50
7	砂率(%)	32 ~ 37

(4)水泥:按技术要求,每批次进场水泥都要取样试验并附有厂家出厂化验单,结果应报监理批审。

(5)沥青:要按设计标准选用,加热到 180 ℃时不起泡沫,每批次沥青材料进场都应附有厂家的技术标准试验报告及合格证,且要符合 JTJ 032—94 规范的要求。

(6)水:应采用清洁不含有害物质的水,遇有可疑水源时,应进行试验,鉴定合格后方可使用。

(7)透层材料,选用慢裂的洒布型乳化沥青或中慢凝液体石油沥青 AL(M) – 2、AL(S) – 2。

(8)粘层材料:选用慢裂的洒布型乳化沥青或快、中凝液体石油沥青 AL(R) – 2、AL(M) – 2。

(9)封层材料:选用道路石油沥青 AH – 110、AH – 130。

以上沥青均应符合 JTJ 032—94 规范规定的技术要求和设计要求,并要有出厂合格证及试验报告(单)使用说明书。

(10)填料:应采用不含有杂质和团粒的石灰石、大理石等碱性岩石磨制的石粉,其表观密度应不小于 2.45 t/m³。

混合料组成各种集填料应符合 JTJ 032—94 的规定,沥青用量应通过试验确定,沥青混合料的配比应符合马歇尔稳定度试验方法的要求,试验用沥青混合料试件的组数应不少于 5 组,每组不少于 6 个,制备石灰稳定土试件要根据试验项目拟定试件个数,平行试验的试件数,石灰土 3 ~ 6 个,掺水泥料石灰土 6 ~ 10 个,通过试验确定混合料的组成,包括混合料的级配、结合量、含量、拌和温度、马歇尔稳定度、流值、密实度、空隙率以及集料类型、来源、种类、最佳含水量、饱和度等,报请监理工程师批准后方可使用。

三、施工质量控制标准

堤防道路的施工质量控制标准见表6-45 的规定。

表 6-45　堤防道路施工质量控制标准

编号	项目		质量标准与允许误差	检验方法及频率
1	路槽	平整度	≤2 cm	用 3 m 直尺和路拱板检测
		压实度	符合设计要求	每 200 m 路段至少检测 1 处
2	拌和均匀程度		上下颜色应均匀一致，无灰团、灰条、灰层	进行目测，每 400 m 段检测不少于 3 处
3	混合料	剂量	+1.5%	每 400 m 段检测不少于 3 处
			−1.0%	
4	15～25 mm 团含量		≤10%	每 400 m 段检测不少于 3 处
5	各项强度		符合规范及设计规定	每种相同剂量混合料检测应不少于 3 个试件
6	压实度	基层	95%	每 200 m 至少检测左、中、右各 3 点
		底基层	93%	
		面层	95%	
7	厚度		±10%	每 200 m 检测 3～5 处
8	宽度		±5 cm	边线平直整齐，每 200 m 检测 3 处
9	横坡宽		±0.5%	与路肩衔接，每 200 m 检测 3 处
10	纵向平整度	基层	≤1 cm	应平顺无波浪，每 200 m 段应至少检测 1 处
		底基层	≤1.5 cm	
		面层	≤1 cm	

对主要控制项目的控制标准如下：

（1）材料：应主要检测材料的品种、质量、规格，如不符合要求，应提前采取有效措施，以免影响工程质量。

（2）配料：应控制石灰稳定土的配合比和混合料中集料的级配及沥青混合料的配合比等。

（3）拌和：应主要控制石灰稳定土、石灰土粉碎拌匀程度、含水量情况及热拌沥青碎石的拌匀程度和沥青混合料的拌匀程度。

（4）摊铺：主要检查各种材料拌和是否均匀，拱度、平整度、摊铺接头情况等是否符合设计要求。

（5）碾压：主要检查方法、遍数、轮迹情况。

对路缘石及路槽的质量要求，路缘石应按设计图纸要求进行，预制混凝土配合比要做试验确定，并求出坍落度、水灰比，采用 28 d 抗压强度作为控制指标，路缘石埋置深度应达到设计要求，要牢稳，平整顺直，缝宽均匀，勾缝严密，线条平顺美观，路槽平整度不大于 2 cm，压实度 94%。

对稳定土基层的实测项目,见表6-46。

表6-46　稳定土基层实测项目

项次	检查项目	规定值或允许偏差	检测方式和频率
1	压实度(%)	上基层97,下基层95	每200 m检测4处
2	平整度(%)	上基层15,下基层20	每200 m检测2×10尺3 m尺检测
3	纵断高程(mm)	上基层+5,-15,下基层+5,-20	每200 m测4个断面
4	宽度(mm)	不小于设计值	每200 m每车道检查4点
5	厚度(mm)	上基层-10,底基层-12	每车道量4个断面
6	横坡比(%)	±0.5	每2 000 m² 检测4处
7	上基层强度 $R_{上}$(MPa)	≥0.8	每2 000 m² 检测1处试件6个
8	下基层强度 $R_{下}$(MPa)	≥0.6	每2 000 m² 检测1处试件6个

第七章　　施工现场管理

第一节　　施工安全管理

一、施工安全管理的目的和任务

施工安全管理的目的是最大限度地保护生产者的人身安全,控制影响工作环境内所有员工(包括临时工作人员、合同方人员、访问者和其他有关人员)安全的条件和因素,避免因使用不当对使用者造成安全危害,防止安全事故的发生。

施工安全管理的任务是建筑生产安全企业为达到建筑施工过程中安全的目的,所进行的组织、控制和协调活动,主要内容包括制订、实施、实现、评审和保持安全方针所需的组织机构、策划活动、管理职责、实施程序、资源等。施工企业应根据自身实际情况制订方针,并通过实施、实现、评审、保持、改进来建立组织机构、策划活动、明确职责、遵守安全法律法规、编制程序控制文件、实施过程控制,提供人员、设备、资金、信息等资源,对安全与环境管理体系按国家标准进行评审,按计划、实施、检查、总结循环过程进行提高。

二、施工安全管理的特点

(一)安全管理的复杂性

水利工程施工项目的固定性、生产的流动性、外部环境影响的不确定性,决定了施工安全管理的复杂性。

(1)生产的流动性主要指生产要素的流动性,它是指生产过程中人员、工具和设备的流动,主要表现有以下几个方面:①同一工地不同工序之间的流动;②同一工序不同工程部位之间的流动;③同一工程部位不同时间段之间流动;④施工企业向新建项目迁移的流动。

(2)外部环境对施工安全影响因素很多,主要表现为露天作业多,气候变化大,地质条件变化,地形条件影响,地域、人员交流障碍影响等。

以上生产因素和环境因素的影响,使施工安全管理变的复杂,考虑不周会出现安全问题。

(二)安全管理的多样性

受客观因素影响,水利工程项目具有多样性的特点,使得建筑产品具有单件性,每一个施工项目都要根据特定条件和要求进行施工生产。安全管理具有多样性特点,表现在以下几个方面:

(1)不能按相同的图纸、工艺和设备进行批量重复生产。

(2)因项目需要设置组织机构,项目结束组织机构不存在,生产经营的一次性特征突出。

（3）新技术、新工艺、新设备、新材料的应用给安全管理带来新的难题。

（4）人员的改变、安全意识、经验不同带来安全隐患。

（三）安全管理的协调性

施工过程的连续性和分工决定了施工安全管理的协调性。水利施工项目不能像其他工业产品一样可以分成若干部分或零部件同时生产，必需在同一个固定的场地按严格的程序连续生产，上一道工序完成才能进行下一道工序，上一道工序生产的结果往往被下一道工序所掩盖，而每一道工序都是由不同的部门和人员来完成的，这样，就要求在安全管理中，不同部门和人员做好横向配合和协调，共同注意各施工生产过程接口部分的安全管理的协调，确保整个生产过程和安全。

（四）安全管理的强制性

工程建设项目建设前，已经通过招标投标程序确定了施工单位。由于目前建筑市场供大于求，施工单位大多以较低的标价中标，实施中安全管理费用投入严重不足，不符合安全管理规定的现象时有发生，从而要求建设单位和施工单位重视安全管理经费用的投入，达到安全管理的要求，政府也要加大对安全生产的监管力度。

三、施工安全控制的特点、程序、要求

（一）安全控制的概念

1.安全生产的概念

安全生产是指施工企业在生产过程避免人身伤害、设备损害及其不可接受的损害风险的状态。不可接受的损害风险通常是指超出了法律、法规和规章的要求，超出了方针、目标和企业规定的其他要求，超出了人们普遍接受的要求（通常是隐含的要求）。安全与否是一个相对的概念，根据风险接受程度来判断。

2.安全控制的概念

安全控制是指企业通过对安全生产过程中涉及的计划、组织、监控、调节和改进等一系列致力于满足施工安全措施所进行的管理活动。

（二）安全控制的方针与目标

1.安全控制的方针

安全控制的目的是安全生产，因此安全控制的方针是"安全第一，预防为主"。

安全第一是指把人身的安全放在第一位，安全为了生产，生产必须保证人身安全，充分体现以人为本的理念。

预防为主是实现安全第一的手段，采取正确的措施和方法进行安全控制，从而减少甚至消除事故隐患，尽量把事故消除在萌芽状态，这是安全控制最重要的思想。

2.安全控制的目标

安全控制的目标是减少和消除生产过程中的事故，保证人员健康安全，避免财产损失。安全控制目标具体包括：①减少和消除人的不安全行为的目标；②减少和消除设备、材料的不安全状态的目标；③改善生产环境和保护自然环境的目标；④安全管理的目标。

(三)施工安全控制的特点

1. 安全控制面大

水利工程,由于规模大、生产工序多、工艺复杂、流动施工作业多、野外作业多、高空作业多、作业位置多、施工中不确定因素多。因此,施工中安全控制涉及范围广、控制面大。

2. 安全控制动态性强

水利工程建设项目的单件性,使得每个工程所处的条件不同,危险因素和安全措施也会有所不同。员工进驻一个新的工地,面对新的环境,需要时间去熟悉,有时需要对工作制度和安全措施进行调整。

工程施工项目施工具有分散性,现场施工分散于场地的不同位置和建筑物的不同部位,面对新的具体的生产环境,除需熟悉各种安全规章制度和技术措施外,还需做出自己的研判和处理。有经验的人员也必须适应不断变化的新问题、新情况。

3. 安全控制体系交叉性

工程项目施工是一个系统工程,受自然和社会环境影响大,施工安全控制和工程系统、质量管理体系、环境和社会系统联系密切,交叉影响,建立和运行安全控制体系要相互结合。

4. 安全控制的严谨性

安全事故的出现是随机的,偶然中存在必然性,一旦失控,就会造成伤害和损失,因此,安全状态的控制必须严谨。

(四)施工安全控制程序

1. 确定项目的安全目标

按目标管理的方法,在以项目经理为首的项目管理系统内进行分解,从而确定每个岗位的安全目标,实现全员安全控制。

2. 编制项目安全技术措施计划

对生产过程中的不安全因素,应采取技术手段加以控制和消除,并采用书面文件的形式,作为工程项目安全控制的指导性文件,落实预防为主的方针。

3. 落实项目安全技术措施计划

安全技术措施包括安全生责任制、安全生产设施、安全教育和培训、安全信息的沟通和交流,通过安全控制使生产作业的安全状况处于可控制状态。

4. 安全技术措施计划的验证

验证包括安全检查、纠正不符合因素、检查安全记录、安全技术措施修改与再验证。

5. 安全生产控制的持续改进

此项工作直到工程项目全部工作的结束。

(五)施工安全控制的基本要求

(1)必须取得安全行政主管部门颁发的《安全施工许可证》后方可施工。

(2)总承包企业和每一个分包单位都应持有《施工企业安全资格审查认可证》。

(3)各类人员必须具备相应的执业资格才能上岗。

(4)新员工都必须经过安全教育和必要的培训。

(5)特种工种作业人员必须持有特种工种作业上岗证,并严格按期复查。

（6）对查出的安全隐患要做到五个落实：落实责任人、落实整改措施、落实整改时间、落实整改完成人、落实整改验收人。

（7）必须控制好安全生产的六个节点：技术措施、技术交底、安全教育、安全防护、安全检查、安全改进。

（8）现场的安全警示设施齐全，所有现场人员必须带安全帽，高空作业人员必须系安全带等防护工具，并符合国家和地方的有关安全规定。

（9）现场施工机械，尤其是起重机械等设备必须经安全检查合格后方可使用。

四、施工安全控制的方法

（一）危险源

1. 危险源的定义

危险源是可能导致人身伤害或疾病、财产损失、工作环境破坏或几种情况同时出现的危险和有害因素。

危险因素强调突发性和瞬时作用，有害因素强调在一定时间内的慢性损害和积累作用。危险源是安全控制的主要对象，也可以将安全控制称为危险源控制或安全风险控制。

2. 危险源分类

施工生产中的危险源是以多种多样的形式存在的，危险源所导致的事故主要有能量的意外释放和有害物质的泄露。根据危险源在事故中的作用，把危险源分为两大类：第一类危险源和第二类危险源。

1）第一类危险源

可能发生能量意外释放的载体或危险物质称为第一类危险源。能量或危险物质的意外释放是事故发生的物理本质，通常把产生能量的能量源或拥有能量的载体作为第一类危险源进行处理。

2）第二类危险源

造成约束、限制能量的措施破坏或失效的各种不安全因素称为第二种危险源。在施工生产中，为了利用能量，使用各种施工设备和机器，让能量在施工过程中流动、转换、做功，加快施工进度，而这些设备和设施可以看成约束能量的工具，正常情况下，生产过程中的能量和危险物受到控制和约束，不会发生意外释放，也就是不会发生事故，一旦这些约定或限制措施受到破坏或者失效，包括出现故障，则会发生安全事故。这类危险源包括三个方面：人的不安全行为、物的不安全状态、环境的不良条件。

3. 危险源与事故

安全事故的发生是以上两种危险源共同作用的结果。第一类危险源是事故发生的前提，第二类危险源的出现是第一类危险源导致安全事故的必要条件。在事故发生和发展过程中，两类危险源相互依存和作用，第一类是事故的主体，决定事故的严重程度，第二类危险源出现决定事故发生的大小。

(二)危险源控制方法

1. 风险源识别与风险评价

1)危险源识别方法

(1)专家调查法。

专家调查法是通过向有经验的专家咨询、调查、分析、评价危险源的方法。

专家调查法的优点是简便、易行,缺点是受专家的知识、经验限制,可能出现疏漏。常用方法是头脑风暴法和德尔菲法。

(2)安全检查表法。

安全检查表法就是运用事先编制好的检查表实施安全检查和诊断项目,进行系统的安全检查,识别工程项目存在的危险源。安全检查表的内容一般包括项目类型、检查内容及要求、检查后处理意见等。可回答是、否或做符号标识,注明检查日期,并由检查人和被检查部门或单位签字。

安全检查表法的优点是简单扼要,容易掌握,可以先组织专家编制检查表,制定检查项目,使施工安全检查系统化、规范化,缺点是只能做一些定性分析和评价。

2)风险评价

风险评价是评估危险源所带来的风险大小,及确定风险是否允许的过程。根据评价结果对风险进行分级,按不同的风险等级有针对性地采取风险控制措施。

2. 危险源的控制方法

1)第一类风险源的控制方法

(1)防止事故发生的方法:消除风险源,限制能量,对危险物质隔离。

(2)避免或减少事故损失的方法:隔离,个体防护,使能量或危险物质按事先要求释放,采取避难、援救措施。

2)第二类风险源的控制方法

(1)减少故障:增加安全系数,提高可靠度,设置安全监控系统。

(2)故障安全设计:最乐观方案(故障发生后,在没有采取措施前,系统和设备处于安全的能量状态之下),最悲观方案(故障发生后,系统处于最低能量状态下,直到采取措施前,不能运转),最可能方案(保证采取措施前,设备、系统发挥正常功能)。

3. 危险源的控制策略

(1)尽可能完全消除不可接受风险的风险源,如用安全品取代危险品。

(2)不可能消除时,应努力采取降低风险的措施,如使用低压电器等。

(3)在条件允许时,应使工作环境适合于人,如考虑降低人精神压力和体能消耗。

(4)应尽可能利用先进技术来改善安全控制措施。

(5)应考虑采取保护每个工作人员的措施。

(6)应将技术管理与程序控制结合起来。

(7)应考虑引入设备安全防护装置、维护计划的要求。

(8)应考虑使用个人防护用品。

(9)应有可行有效的应急方案。

(10)预防性测定指标要符合监视控制措施计划要求。

（11）应根据自身的风险选择适合的控制策略。

五、施工安全生产组织机构建立

人人都知道安全的重要，但是安全事故却又频频发生，为了保证施工过程不发生安全事故，必须建立安全管理的组织机构，健全安全管理规章制度，统一施工生产项目的安全管理目标、安全措施、检查制度、考核办法、安全教育措施等。具体工作如下：

（1）成立以项目经理为首的安全生产施工领导小组，具体负责施工期间的安全工作。

（2）项目副经理、技术负责人、各科室负责人和生产工段的负责人作为安全小组成员，共同负责安全工作。

（3）设立专职安全员，聘用有国家安全职业资格的人员或经培训持证上岗，专门负责施工过程中的安全工作。只要施工现场有施工作业人员，安全员就要上岗值班。在每个工序开工前，安全员要检查工程环境和设施情况，认定安全后方可进行工序施工。

（4）各技术及其他管理科室和施工段队要设兼职安全员，负责本部门的安全生产预防和检查工作，各作业班组组长要兼本班组的安全检查员，具体负责本班组的安全检查。

（5）工程项目部应定期召开安全生产工作会议，总结前期工作，找出问题，布置落实后面工作。利用施工空闲时间进行安全生产工作培训，在培训工作中和其他安全工作会议上，安全小组领导成员要讲解安全工作的重要意义，学习安全知识，增强员工安全警觉意识，把安全工作落实在预防阶段。根据工程的具体特点，把不安全的因素和相应措施制订成册，使全体员工学习和掌握。

（6）严格按国家有关安全生产规定，在施工现场设置安全警示标识，在不安全因素的部位设立警示牌，严格检查进场人员是否佩戴安全帽、高空作业人员是否佩戴安全带，严格持证上岗工作，风雨天禁止高空作业，严格落实施工设备专人使用制度，严禁在场内乱拉用电线路，严禁非电工人员从事电工工作。

（7）安全生产工作和现场管理结合起来，同时进行，防止因管理不善产生安全隐患，工地防风、防雨、防火、防盗、防疾病等预防措施要健全，都要由专人负责，以确保各项措施及时落实到位。

（8）完善安全生产考核制度，实行安全问题一票否决制、安全生产互相监督制，提高自检自查意识，开展科室、班组经验交流和安全教育活动。

（9）对构件和设备吊装、爆破、高空作业、上下交叉作业、夜间作业、疲劳作业、带电作业、汛期施工、地下施工、脚手架搭设与拆除等重要安全环节，必须开工前进行技术交底、安全交底、联合检查，确认安全后，方可开工。施工过程中，加强安全员的旁站检查。加强专职指挥协调工作。

六、施工安全技术措施计划与落实

（一）工程施工安全技术措施计划

（1）施工安全技术措施计划的主要内容。

包括工程概况、控制目标、控制程序、组织机构、职责权限、规章制度、资源配置、安全措施、检查评价、激励机制等。

（2）特殊情况应考虑安全技术措施。

①对高处作业、井下作业等专性强的作业,电器、压力容器等特殊工种作业,应制订单项安全技术规程,并对管理人员和操作人员的安全作业资格和身体状况进行检查。

②对结构复杂、施工难度大、专业性较强的工程项目,除制订总体安全保证计划外,还须制定单位工程和分部分项工程安全技术措施。

（3）制定和完善施工安全操作规程,编制各施工工种,特别是危险性大的工种的施工安全操作要求,作为施工安全生产规范和考核的依据。

（4）施工安全技术措施包括安全防护设施和安全预防措施,主要有防火、防毒、防爆、防洪、防尘、防雷击、防触电、防坍塌、防物体打击、防机械伤害、防起重机械滑落、防高空坠落、防交通事故、防寒、防暑、防疫、防环境污染等方面的措施。

（二）施工安全技术措施计划的落实

1. 安全生产责任制

安全生产责任制是指企业对项目经理部各部门、各类人员所规定的,在他们各自职责范围内对安全生产应负责任的制度,建立安全生产责任制是施工安全技术措施的重要保证。

2. 安全教育

要树立全员安全意识,安全教育的要求如下:

（1）广泛开展安全生产的宣传教育,使全体员工真正认识到安全生产的重要性和必要性,掌握安全生产的的基础知识,牢固树立安全第一的思想,自觉遵守安全生产的各项法律、法规和规章制度。

（2）安全教育的主要内容有安全知识、安全技能、设备性能、操作规程、安全法规等。

（3）对安全教育要建立经常性的安全教育考核制度,考核结果要记入员工人事档案。

（4）对一些特殊工种,如电工、电焊工、架子工、司炉工、爆破工、机操工、起重工、机械司机、机动车辆司机等,除一般安全教育外,还要进行专业技能培训,经考试合格后,取得资格,才能上岗工作。

（5）工程施工中采用新技术、新工艺、新设备,或人员调动新工作岗位时,也要进行安全教育和培训,否则不能上岗。

3. 安全技术交底

1）基本要求

（1）实行逐级安全技术交底制度,从上到下,直到全体作业人员。

（2）安全技术交底工作必须具体、明确、有针对性。

（3）交底的内容要针对分部分项工程施工中给作业人员带来的潜在危害,应优先采用新的安全技术措施。

（4）应将施工方法、施工程序、安全技术措施等优先向工段长、班级组长进行详细交底。定期向多工种交叉施工或多个作业队同时施工的作业队进行书面交底,并保持书面交底的交接的书面签字记录。

2）主要内容

安全技术交底的主要内容包括:工程施工项目作业特点和危险点,针对各危险点的具体措施,应注意的安全事项,对应的安全操作规程和标准,发生事故应及时采取的应急措施。

七、施工安全检查

施工安全检查的目的是消除安全隐患、防止安全事故发生、改善劳动条件及提高员工的安全生产意识,是施工安全控制工作的重要内容,通过安全检查可以发现工程中的危险因素,以便有计划地采取相应措施,保证安全生产的顺利进行。项目的施工生产安全检查应由项目经理组织,定期进行检查。

(一)安全检查的类型

施工安全检查类型分为日常性检查、专业性检查、季节性检查、节假日前后检查、及不定期检查等。

1. 日常性检查

日常性检查是经常的、普遍的检查,一般每年进行一至四次。项目部、科室每月至少进行一次,施工班组每周、每班次都应进行检查,专职安全技术人员的日常检查应有计划、有部位、有记录、有总结,周期性进行。

2. 专业性检查

专业性检查是指针对特种作业、特种设备、特殊场地进行的检查,如电焊、气焊、起重设备、运输车辆、锅炉压力熔器、易燃易爆场所等,由专职专业检查员进行。

3. 季节性检查

季节性检查是根据季节的特点,为保障安全生产的特殊要求所进行的检查,如春季空气干燥、风大,重点查防火、防爆;夏季多雨雷电、高温,重点防暑、降温、防汛、防雷击、防触电;冬季重点防寒、防冻等。

4. 节假日前后检查

节假日前后检查是针对节假期间容易产生麻痹思想的特点而进行的安全检查,包括假前的综合检查和假后的遵章守纪检查等。

5. 不定期检查

不定期检查是指在工程开工前、停工前、施工中、竣工、试运转时进行的安全检查。

(二)安全检查的注意事项

(1)安全检查要深入基层,紧紧依靠员工,坚持领导与群众相结合的原则,组织好检查工作。

(2)建立检查组织领导机构,配备适当的检查力量,选聘具有较高技术业务水平的专业人员。

(3)做好检查各项准备工作,包括思想、业务知识、法规政策、检查设备和奖励等准备工作。

(4)明确检查的目的、要求,既严格要求,又防止一刀切,从实际出发,分清主次,力求实效。

(5)把自查与互查相结合,基层以自查为主,管理部门之间相互检查,互相学习,取长补短,交流经验。

（6）检查与整改相结合,检查是手段,整改是目的,发现问题及时采取切实可行的防范措施。

（7）建立检查档案,结合安全检查的实施,逐步建立健全检查档案,收集基本数据,掌握基本安全状态,为及时消除隐患提供数据,同时也为以后的职业健康安全检查打下基础。

（8）制定安全检查表时,应根据用途和目的具体确定安全检查表的种类。安全检查表的种类主要有设计用安全检查表、厂级安全检查表、车间安全检查表、班组安全检查表、岗位安全检查表、专业安全检查表等。制定安全检查表要在安全技术部门指导下,充分依靠员工来进行,初步制定检查表后,需经过讨论、试用再加以修订。

（三）安全检查的主要内容

安全生产检查主要做好五查：

（1）查思想：主要检查企业干部和员工对安全生产工作的认识。

（2）查管理：主要检查安全管理是否有效,包括安全生产责任制、安全技术措施计划、安全组织机构、安全保证措施、安全技术交底、安全教育、持证上岗、安全设施、安全标识、操作规程、违规行为、安全记录等。

（3）查隐患：主要检查作业现场是否符合安全生产的要求,是否存在不安全因素。

（4）查事故：查明安全事故的原因、明确责任、对责任人做出处理,明确落实整改措施等要求。还要检查对伤亡事故是否及时报告、认真调查、严肃处理。

（5）查整改：主要检查对过去提出的问题的整改情况。

（四）安全检查的主要规定

（1）定期对安全控制计划的执行情况进行检查、记录、评价、考核,对作业中存在的安全隐患,签发安全整改通知单,要求相应部门落实整改措施并进行检查。

（2）根据工程施工过程的特点和安全目标的要求确定安全检查的内容。

（3）安全检查应配备必要的设备,确定检查组成人员、明确检查方法和要求。

（4）检查方法采取随机抽样、现场观察、实地检测等,记录检查结果,纠正违章指挥和违章作业。

（5）对检查结果进行分析,找出安全隐患,评价安全状态。

（6）编写安全检查报告并上交。

（五）安全事故处理的原则

安全事故处理要坚持四个原则：

（1）事故原因不清楚不放过。

（2）事故责任者和员工没受教育不放过。

（3）事故责任者没受处理不放过。

（4）没有制定防范措施不放过。

八、安全事故处理程序

（1）报告安全事故。

（2）处理安全事故,抢救伤员、排除险情、防止事故扩大,做好标识、保护现场。

（3）进行安全事故调查。

（4）对事故责任者进行处理。

（5）编写调查报告并上报。

第二节　环境安全管理

一、环境安全管理概念及意义

（一）环境安全管理的概念

环境安全是指在工程项目施工过程中保持施工现场良好的作业环境、卫生环境和工作秩序。环境安全主要包括以下几个方面的工作：

（1）规范施工现场的场容，保持作业环境的清洁卫生。

（2）科学组织施工，使生产有序进行。

（3）减少施工对当地居民、过路车辆和人员及环境的影响。

（4）保证职工的安全和身体健康。

环境保护是按照法律法规、各级主管部门和企业的要求，保护和改善作业现场的环境，控制现场的各种粉尘、废水、固体废弃物、噪声、振动等对环境的污染和危害。环境保护也是文明施工的重要内容之一。

（二）环境安全管理的意义

（1）文明施工能促进企业综合管理水平的提高。保持良好的作业环境和秩序，对促进安全生产、加快施工进度、保证工程质量、降低工程成本、提高经济和社会效益有较大作用。文明施工涉及人、财、物各个方面，贯穿于施工全过程，体现了企业在工程项目施工现场的综合管理水平，也是项目部人员素质的充分反映。

（2）文明施工是适应现代化施工的客观要求。现代化施工更需要采用先进的技术、工艺、材料、设备和科学的施工方案，需要严密组织、严格要求、标准化管理和较好的职工素质等。文明施工能适应现代化施工的要求，是实现优质、高效、低耗、安全、清洁、卫生的有效手段。

（3）文明施工代表企业的形象。良好的施工环境与施工秩序能赢得社会的支持和信赖，提高企业的知名度和市场竞争力。

（4）文明施工有利于员工的身心健康，有利于培养和提高施工队伍的整体素质。文明施工可以提高职工队伍的文化、技术和思想素质，培养尊重科学、遵守纪律、团结协作的大生产意识，促进企业精神文明建设，从而达到促进施工队伍整体素质的提高。

（三）现场环境保护的意义

（1）保护和改善施工环境是保证人们身体健康和社会文明的需要。采取专项措施防止粉尘、噪声和水源污染，保护好作业现场及其周围的环境是保证职工和相关人员身体健康、体现社会总体文明的一项利国利民的重要工作。

（2）保护和改善施工现场环境是消除外部干扰、保护施工顺利进行的需要。随着人们的法制观念和自我保护意识的增强，尤其对距离当地居民或公路等较近的项目，施工扰民和影响交通的问题比较突出,项目部应针对具体情况及时采取防治措施,减少对环境的污染和对他人的干扰,这也是施工生产顺利进行的基本条件。

(3)保护和改善施工环境是现代化大生产的客观要求。现代化施工广泛应用新设备、新技术、新的生产工艺,对环境质量要求很高,如果粉尘、振动超标就可能损坏设备、影响功能发挥,使设备难以发挥作用。

(4)保护和改善施工环境是保护人类生存环境、保证社会和企业可持续发展的需要。人类社会即将面临环境污染危机的挑战。为了保护子孙后代赖以生存的环境,每个公民和企业都有责任和义务保护环境。良好的环境和生存条件,也是企业发展的基础和动力。

二、环境安全的组织与管理

(一)组织和制度管理

(1)施工现场应成立以项目经理为第一责任人的文明施工管理组织。分单位应服从总包单位的文明施工管理组织的统一管理,并接受监督检查。

(2)各项施工现场管理制度应有文明施工的规定,包括个人岗位责任制、经济责任制、安全检查制度、持证上岗制度、奖惩制度、竞赛制度和各项专业管理制度等。

(3)加强和落实现场文明检查、考核及奖惩管理,以促进施工文明和管理工作的提高。检查范围和内容应全面周到,包括生产区、生活区、场容场貌、环境文明及制度落实等内容。应对检查发现的问题采取整改措施。

(二)收集环境安全管理材料

环境安全管理材料主要包括:

(1)上级关于文明施工的标准、规定、法律法规等资料。

(2)施工组织设计(方案)中对施工环境安全的管理规定、各阶段施工现场环境安全的措施。

(3)施工环境安全自检资料。

(4)施工环境安全教育、培训、考核计划的资料。

(5)施工环境安全活动各项记录资料。

(三)加强环境安全的宣传和教育

(1)在坚持岗位练兵的基础上,要采取派出去、请进来、短期培训、上技术课、登黑板报、广播、看录像、看电视等方法狠抓教育工作。

(2)要特别注意对临时工的岗前教育。

(3)专业管理人员应熟练掌握文明施工的规定。

三、现场环境安全的基本要求

(1)施工现场必须设置明显的标牌,标明工程项目名称、建设单位、设计单位、施工单位、项目经理和施工现场总代理人的姓名、开工日期、竣工日期、施工许可证批准文号等。施工单位负责施工现场标牌的保护工作。

(2)施工现场的管理人员在施工现场应当佩戴证明其身份的证卡。

(3)应当按照施工中平面布置图设置各项临时设施。现场堆放的大宗材料、成品、半成品和机具设备不得侵占场内道路及安全防护设施。

（4）施工现场的用电线路、用电设施的安装和使用必须符合安装规范和安全操作规程，并按照施工组织设计进行架设，严禁任意拉线接电。施工现场必须设有保证施工安全要求的夜间照明设施；危险潮湿场所的照明以及手持照明灯具，必须采用符合安全要求的电压。

（5）施工机械应当按照施工总平面布置图规定的位置和线路设置，不得任意侵占场内道路。施工机械进场需经过安全检查，经检查合格后方能使用。施工机械人员必须建立机组责任制，并依照有关规定持证上岗，禁止无证人员操作。

（6）应保持施工现场道路畅通，排水系统处于良好使用状态；保持场容场貌整洁，随时清理建筑垃圾。在车辆、行人通行的地方施工，应当设置施工标志，并对沟井、坎穴进行覆盖和铺垫。

（7）施工现场的各种安全设施和劳动保护器具，必须定期进行检查和维护，及时消除隐患，保证其安全有效。

（8）施工现场应当设置各类必要的职工生活设施，并符合卫生、通风、照明等要求。职工的膳食、饮水供应等应当符合卫生要求。

（9）应当做好施工现场安全保卫工作，采取必要的防盗措施，在现场周边设立围护设施。

（10）应当严格依照《中华人民共和国消防法》的规定，在施工现场建立和执行防火管理制度，设置符合消防要求的消防设施，并保持完好的备用状态。在容易发生火灾的地区施工，或者储存、使用易燃易爆器材时，应当采取特殊的消防安全措施。

（11）施工现场发生工程建设重大事故的处理，应依照《工程建设重大事故报告和调查程序规定》执行。

（12）对项目部所有人员应进行言行规范教育工作，大力提倡精神文明建设，严禁赌、毒、黄、打架、斗殴等行为的发生，用强有力的制度和频繁的检查教育，杜绝不良行为的出现。对经常外出的采购、财务、后勤等人员，应进行专门的用语和礼貌培训，增强交流和协调能力，预防因用语不当或不礼貌、无能力等原因发生争执和纠纷。

（13）大力提倡团结协作精神，鼓励内部工作经验交流和传帮学活动，专人负责并认真组织参建人员业余生活，订购健康文明的书刊，组织职工收看、收听健康活泼的音像节目，定期组织项目部进行友谊联欢和简单的体育比赛活动，丰富职工的业余生活。

（14）重要节假日项目部应安排专人负责采购生活物品，集体组织轻松活泼的宴会活动，并尽可能地提供条件让所有职工与家人进行短时间的通话交流，以改善他们的心情。定期将职工在工地上的良好表现反馈给企业人事部门和职工家属，以激励他们的积极性。

四、现场环境污染防治

要达到环境安全管理的基本要求，主要应防治施工现场的空气污染、水污染、噪声污染，同时对原有的及新产生的固体废弃物进行必要的处理。

（一）施工现场空气污染的防治

（1）施工现场垃圾、渣土要及时清理出现场。

（2）上部结构清理施工垃圾时，要使用封闭式的容器或者采取其他措施处理高空废弃物，严禁临空随意抛撒。

（3）施工现场道路应指定专人定期洒水清扫，形成制度，防止道路扬尘。

（4）对于细颗粒散体材料（如水泥、粉煤灰、白灰等）的运输、储存要注意遮盖、密封，防止和减少扬尘。

（5）车辆开出工地要做到不带泥沙，基本做到不洒土、不扬尘，减少对周围环境的污染。

（6）除设有符合规定的装置外，禁止在施工现场焚烧油毡、橡胶、塑料、皮革、树叶、枯草、各种包装物等废弃物品以及其他会产生有毒、有害烟尘和恶臭气体的物质。

（7）机动车都要安装减少尾气排放的装置，确保符合国家标准。

（8）工地锅炉应尽量采用电热水器。若只能使用烧煤锅炉时，应选用消烟除尘型锅炉，大灶应选用消烟节能回风炉灶，使烟尘降至允许排放范围。

（9）在离村庄较近的工地应当将搅拌站封闭严密，并在进料仓上方安装除尘装置，采用可靠措施控制工地粉尘污染。

（10）拆除旧建筑物时，应适当洒水，防止扬尘。

（二）施工现场水污染的防治

1. 水污染主要来源

（1）工业污染源：指各种工业废水向自然水体的排放。

（2）生活污染源：主要有食物废渣、食油、粪便、合成洗涤剂、杀虫剂、病原微生物等。

（3）农业污染源：主要有化肥、农药等。

（4）施工现场废水和固体废弃物随水流流入水体的部分，包括泥浆、水泥、油罐、各种油类、混凝土外加剂、重金属、酸碱盐和非金属无机毒物等。

2. 施工过程水污染的防治措施

（1）禁止将有毒有害废弃物作为土方回填。

（2）施工现场搅拌站废水、现制水磨石的污水、电石（碳化钙）的污水必须经沉淀池沉淀合格后再排放，最好将沉淀水用于工地洒水降尘或采取措施回收利用。

（3）现场存放油料的，必须对库房地面进行防渗处理，如采用防渗混凝土地面、铺油毡等措施。使用时，要采取防止油料跑、冒、滴、漏的措施，以免污染水体。

（4）施工现场 100 人以上的临时食堂，污水排放时可设置简易有效的隔油池，定期清理，防止污染。

（5）工地临时厕所、化粪池应采取防渗漏措施。中心城市施工现场的临时厕所可采取水冲式厕所，并有防蝇、灭蛆措施，防止污染水体和环境。

（三）施工现场的噪声控制

1. 施工现场噪声的控制措施

噪声控制措施可以从声源、传播途径、接收者的防护等方面来考虑。

1）从噪声产生的声源上控制

（1）尽量采用低噪声设备和工艺代替高噪声设备与工艺，如低噪声振捣器、风机、电机空压机、电锯等。

（2）在声源处安装消声器消声，即在通风机、压缩机、燃气机、内燃机及各类排气放空装置等进出风管的适当位置设置消声器。

2）从噪声传播的途径上控制

在传播途径上控制噪声的方法主要有以下几种：

（1）吸声：利用吸声材料（大多由多孔材料制成）或由吸声结构形式的共振结构（金属或木质薄板钻孔制成的空腔体）吸收声能，降低噪声。

（2）隔声：采用隔声结构，阻碍噪声向空间传播，将接收者与噪声声源分隔。隔声结构包括隔声室、隔声罩、隔声屏障、隔声墙等。

（3）消声：利用消声器阻止传播。允许气流通过消声器降噪是防治空气动力性噪声的主要装置，如控制空气压缩机、内燃机产生的噪声等。

（4）减振降噪：对来自振动引起的噪声，通过降低机械振动减小噪声，如将阻尼材料涂在振动源上，或改变振动源与其他刚性结构的连接方式等。

3）对接收者的防护

让处于噪声环境下的人员使用耳塞、耳罩等防护用品，减少相关人员在噪声环境中的暴露时间，以减轻噪声对人体的危害。

4）严格控制人为噪声

进入施工现场不得高声呐喊、乱吹口哨，限制高音喇叭的使用，最大限度地减少噪声扰民。

5）控制强噪声作业的时间

凡在人口稠密区进行强噪声作业，须严格控制作业时间，一般晚10点到次日早6点停止强噪声作业。确系特殊情况必须昼夜施工时，尽量采取降低噪声的措施，并会同建设单位找当地居委会、村委会或当地居民协调，出安民告示，求得群众谅解。

2. 施工现场噪声的控制标准

根据国家标准《建筑施工场界噪声限值》（GB 12523—2011）的要求，对不同施工阶段作业的噪声限值如表7-1所列。在距离村庄较近的工程施工中，要特别注意噪声尽量不得超过国家标准的限值，尤其是夜间工作时。

表 7-1　不同施工阶段作业噪声限值　　　　　　　　（单位：dB）

施工阶段	主要噪声源	噪声限制	
		昼间	夜间
土石方	推土机、挖掘机、装载机等	75	75
打桩	各种打桩机	85	禁止施工
结构	振捣棒、电锯等	70	55
装修	吊车、升降机等	62	55

（四）固体废弃物的处理

1. 建筑工地常见的固体废弃物

（1）建筑渣土：包括砖瓦、碎石、渣土、混凝土碎块、废钢铁、废屑、废弃材料等。

（2）废弃建筑材料：如袋装水泥、石灰等。

（3）生活垃圾：包括炊厨废弃物、丢弃食品、废纸、生活用具、碎玻璃、陶瓷碎片、废电池、废旧日用品、废塑料制品、煤灰渣、废交通工具等。

（4）设备、材料等的废弃包装材料。

（5）粪便。

2. 固体废弃物的处理和处置

（1）回收利用。回收利用是对固体废弃物进行资源化、减量化处理的重要手段之一。建筑渣土可视其情况加以利用，废钢可按需要用作金属原材料，废电池等废弃物应分类回收，集中处理。

（2）减量化处理。减量化是对已经产生的固体废弃物进行分选、破碎、压实浓缩、脱水等处理，减少最终处置量，降低处理成本，减少对环境的污染。减量化处理的过程中，也包括和其他处理技术相关的工艺方法，如焚烧、热解、堆肥等。

（3）焚烧技术。焚烧用于不适合再利用且不宜直接予以填埋处理的废弃物，尤其是对受到病菌、病毒污染的物品，可以用焚烧进行无害化处理。焚烧处理应使用符合环境要求的处理装置，注意避免对大气的二次污染。

（4）稳定的固化技术。利用水泥、沥青等胶结材料，将松散的废物包裹起来，减少废物的毒性和可迁移性，减少二次污染。

（5）填埋。填埋是固体废弃物处理的最终技术，经过无害化、减量化处理的废弃物残渣集中于填埋场进行处置。填埋场利用天然或人工屏障，尽量使需处理的废弃物与周围的生态环境隔离，并注意废弃物的稳定性和长期安全性。

第八章 渠系工程的安全监测

渠系工程的安全监测主要是监测主要建筑物（如倒虹吸及闸室）在施工期和运行期的工作实态，对建筑物的运行状况进行评估和预测，为保证工程安全，改进和提高设计、施工和管理的技术水平提供科学依据。

建筑物的安全监测范围主要是建筑物（倒虹吸）的管身水平段和上下游段对建筑物安全有直接关系的因素。安全监测的内容包括巡视和安装埋设仪器设备观测。

建筑物（如倒虹吸）的安全监测，必须根据设计要求、工程等级、结构形式及其地形、地质条件和地理环境等因素，设置必要的监测项目及其相应的设施，定期进行系统的观测。各类监测项目及埋设均应遵守设计及《土石坝安全监测技术规范》（SL 551—2012）的各项规定。

第一节 安全监测应遵循的原则

建筑物工程安全监测的主要内容有外部变形、内部变形和应力渗流等，其主要设备和项目有水平固定倾斜仪、土压力计、应变计、钢筋计、界面变统计、电缆及水位尺等。为实现预定的监测目的和任务，监测的重点应依建筑物（主要是倒虹吸）的等级和工作阶段而不同，因此建筑物的安全监测必须遵循以下原则并满足设计要求：

（1）各监测仪器设备的布置应密切结合工程的具体条件，既能较全面地反映工程的进行状态，又突出重点并做到少而精，相关项目应统筹安排，配合布置。

（2）各监测仪器设备的选择要在可靠、耐久、经济、实用的前提下，力求先进和便于实现自动化。

（3）各监测仪器设备的安装埋设必须按设计要求精心施工，确保质量，安装和埋设完毕，应绘制竣工图填写考证表，存档备查。

（4）应保证在恶劣气候条件下仍能进行必要的项目观测，必要时可设专门的观测站（房）和观测廊道。

（5）设计应能全面反应建筑物的工作状态，仪器布置要目的明确，突出观测的重点应该放在建筑物结构或地质条件复杂的地段，观测设备应及时安装埋设，以保证第一次运行时能获得必要的观测成果。

（6）安全监测仪器设备应精确、可靠、稳定、耐久，监测仪器使用时应有良好的照明、防潮，采用自动化观测时，还应安排人工进行必要的观测工作，以保证在自动化仪器发生故障时，观测数据不至于中断。

（7）应切实做好观测工作，严格遵守规程、规范和设计的要求，做到记录真实、注记齐全，填写好考证表观测数据，应立即整理好并存档。

第二节　安全监测工作的要求

建筑物的安全监测工作应符合以下要求：

（1）施工阶段应根据安全监测的设计和技术要求提出施工详图，施工单位应做好仪器设备的选购、率定、埋设、安装、调试和保护工作，并固定专人进行现场观测，保证观测设施、仪器安装技术的完善和良好及观测数据的连续、准确，工程竣工验收时应将观测施工埋设记录和施工观测记录及竣工图等全部资料整编成正式文件移交给管理单位。

（2）安全监测设备的埋设应随土建工程进行，为避免或减少仪器埋设过程的干扰，应严格按《土石坝安全监测技术规范》（SL 551—2012）的有关规定，保证监测设施埋设时的施工质量，并特别注意对已埋设仪器设备和电缆线路等的保护，以避免造成观测数据的缺失。

（3）仪器的安装埋设必须按设计所选的仪器型号、类别的说明书规定进行，同时遵守有关技术规范操作程序进行施工。

（4）监测仪器使用的电缆要求使用监测专用的水工电缆，以保证质量，不允许用其他类型的电缆替代。

（5）施工单位施工应由专职技术人员组织实施，严格按施工详图和《土石坝安全监测技术规范》（SL 551—2012）的要求和设计规定及仪器使用说明书中的安装工艺来进行全部监测仪器的安装埋设，并对设备仪器的仪表插电缆口及监测断面等进行统一编号（应与施工详图编号一致），建立档案卡。

（6）施工单位应负责整个施工过程中对已埋设的监测仪器进行观测，监视险情，及时提供施工期观测报告，一般为月报，并根据工程实际情况需要进行调整。如发现观测值异常，应立即通报监理工程师及业主设计等人员，以便共同分检原因，及时采取处理措施，并相应增加测次，必要时进行连续观测。

（7）监测仪器安装调试，埋设在电缆敷设的线路上应设置明显的警告标志，监测仪器至测站（或临时测站）及堤顶电缆应尽可能减少电缆接头，电缆的连接和测试应满足《土石坝安全监测技术规范》（SL 551—2012）及《混凝土坝安全监测技术规范》（DL/T 5178—2016）中的有关要求。

（8）施工单位在工程竣工后应向承包（监理）单位移交全部埋设仪器的档案资料，主要包括测点埋设布置图、仪器检验率定资料以及包括初始读数施工现场时间在内的全部原始和整编监测资料。

（9）初始运行资料应制订监测工作计划和主要的监控技术指标，在建筑物开始运行时就做好安全监测工作，取得连续的初始值，并对建筑物的工作状态做出初步的评估。

（10）运行阶段应进行经常的及特殊情况下的巡视检查和观测工作，并负责监测资料的整编、监测报告的编写以及监测技术档案的建立，要求管理单位根据巡视检查和观测资料，定期对建筑物工程的工作状态（工作状态可分为正常、异情和险情三类）提出分析和评估，为建筑物的安全鉴定提供依据。

（11）各项观测值应使用标准记录表格认真记录，严格遵守填写制度，不准涂改和遗失。观测的数据应随时整理和计算,如有异常应立即复测,当影响安全时,应立即分析原因和采取对策,并上报主管部门。

(12)当发生有感地震、建筑物工作状态出现异常等特殊情况时,应加强巡视检查,并对重点部位的有关项目加强观测。

(13)在采用自动化观测系统时,必须进行技术经济论证,仪器设备要稳定、可靠,监测数据要连续,正确完善系统功能,包括数据采集数据传输、数据处理和分析等。数据采集自动化可按各监测项目的仪器条件分别实现自动化设备应有自检自校功能,并应长期稳定,以保证数据的准确性和连续性,数据采集实现自动化后,仍应适当进行人工监测,并继续做好巡视检查以及数据储存、分析预报及报警等的自动化工作,已有条件优先实现基本观测的数据和主要成果仍应具备硬拷贝存档的功能。

第三节　安全监测系统的布置

渠系建筑物安全监测的内容主要是指监测项目的确定、监测断面高程部位的选择,以及监测仪器的选型等,所有的这一切都应体现工程的具体特点与要求,因此,监测布置应从整体上规定一个工程的监测规模投资与效益目录,所以对于重要的工程应当进行多方案的对比取舍。

一、监测布置设计应考虑的因素

(1)工程的等级规模与施工条件,主要的施工工期、施工进度、技术工艺水平等。

(2)建筑物工程本身的特点,建筑物的变形问题,在正常运行时期的渗流和沉降等问题。

(3)地形地质条件,例如建筑物的位置,河谷宽窄、陡缓,有无断层、破碎带、软泥不良地质及覆盖层等的情况。

(4)监测仪器的类型与性能,包括仪器性能的选择、确认和研究,仪器监测方面的确认与校测,前者可考虑监测仪器的重复布置、对比布置,后者可考虑校测布置。

(5)专门问题的考虑,指工程设计未能充分论证而遗留的问题,也可以是工程中的特殊问题,或拟研究的问题。

(6)监测变量之间的校核与验证,监测布置有条件时应尽可能使相关监测变量之间能相互校核与验证,同时也要尽可能使其形成分布线、等值线。

二、安全监测系统布置的原则

(1)各监测仪器设施的布置,应密切结合工程的具体条件,既能较全面地反映工程的运行状态,又宜突出重点,少而精,相关项目应统筹安排配合布置。

(2)各监测仪器设备的选择要在可靠耐久、经济、实用的前提下,力求先进和便于实现自动化观测。

(3)各监测仪器设施的埋设要按工程或试验研究的需要、地质条件结构特征和观测项目来确定,选择有代表性的部位布置仪器,仪器布置要合理,并注意时空关系,控制关键部位。

(4)埋设仪器位置应选能反映预测施工和运行情况,特别是关键部位和关键施工阶段情况的地方,有条件的场地应在开工初期进行仪器埋设观测,以便得到连续、完整的记录,在施工中尽早获取资料并逐步修正数学解析模型中用到的参数。

(5)埋设选择应有灵活性,以便根据施工中的具体资料修改仪器的具体位置,为了掌握岩土介质的固有特性或建筑物的性能,要准备随时布置。

(6)为了校核设计的计算方法,观测断面应在典型区段选择岩体或结构形态变化最大的部位,监测施工和运行的观测断面应选在条件最不利的位置,断面数量和仪器数量取决于被测工程尺寸,并与控制的目标相吻合。

(7)在观测断面上应考虑岩体和结构的性态变化规律、结构物的尺寸与形状预计的变形、应力和其他参数的分布特征、测点的数量,在考虑到结构特征和地质代表性后,依据上述特性变化情况和预测参数的变化梯度来确定,梯度大的部位测点间距小,梯度小的部位间距大。

(8)监测布置要考虑到便于计算和参照模型的比较与验证。

(9)有相关因素的监测仪器要注意仪器的相关性,布置要相互配合以便综合分析。

(10)仪器的布置,力求以合理的最少量达到观测的目的,在满足精度的要求下达到观测方便,测值能相互对比,校核要尽量排除影响精度的因素。

(11)仪器设备布置的原则是突出重点兼顾全局,并应满足建立安全监测数学模型的需要,同时兼顾指导施工校核,达到提高设计水平的目的。

三、安全监测布置的方法

(1)当监测断面确定之后,监测高程一般按三分点、四分点等均匀布设,亦可在建筑物的进出口段及结构物体中段布设。

(2)一般情况下测点的布设多遵循均布的原则,但对于建筑物的沉降土压力及接缝的位移等,着重强调的是重点布设。

(3)仪器组的布设,有些项目在同一测点布设成组仪器,如土压力计、变形计等。

(4)土压力观测可设 1~2 个观测横断面,特别重要的工程可增设 1 个观测断面。

第四节　监测仪器现场检验与率定

安全监测所用的仪器,应根据设计要求的标准选用,根据其所选用的类型、种类,在现场进行检验与率定。

一、安全监测仪器检验与率定的目的

(1)校核该仪器出厂参数的可靠性。

(2)检验仪器的稳定性,以保证仪器性能长期稳定。

(3)检验仪器在搬运中是否损坏。

二、安全监测仪器现场检验与率定的内容

（1）检查出厂仪器资料数据卡片是否齐全，仪器数据与发货单是否一致。

（2）外观检查：仔细检查仪器外部有无损伤痕迹、锈斑等。

（3）用专用仪表测量仪器线路有无断线。

（4）用兆欧表测量仪器本身的绝缘是否达到出厂值。

（5）用工作仪表测试仪器测值是否正常。

三、安全监测仪器的各项率定值的要求

目前，我国使用的安全监测仪器主要有差动电组式仪器和钢弦式仪器，通常使用的有大小应变计、应力计、土压力计、钢筋计、测缝计等，其率定的内容有最小读数（f）、温度系数（α）、绝缘电阻（防水能力）等。

（一）最小读数 f 的率定

（1）率定设备及工具：大小校正设备各1台、水工比例电桥1台、活动扳手2把、尖嘴钳1把、螺丝刀1把。

（2）率定准备：在记录表中填好日期、仪器名称、率定人员，按仪器芯线颜色接入水工比例电桥的接线柱，测量自由状态下电阻比及电阻值，将大应变计放入校正仪两夹具中，用扳手紧螺丝将两端凸缘夹紧，拧螺丝时，四颗要同时缓慢地进行，边紧螺丝边监测电阻比的变化。仪器夹紧时，电阻比读数与自由状态下电阻比之差应小于20，否则放松后重新按上述方法进行。然后安装千分表支座，以便千分表活动杆顶住仪器端面并顶压0.25 mm之后，固定千分表支座转动表盘，使长针指零，摇动校正仪手柄，对仪器预拉0.15 mm，回零再压0.25 mm，这样经过三次之后可正式进行率定。

（3）正式率定开始时，千分表盘上的小指针指向0.05 mm，长指针指零，摇动校正仪手柄，每拉0.05 mm读一次电阻比并记入表中。拉三次后反摇手柄分级压，每级仍为0.05 mm读一次，再继续反摇手柄，使仪器压0.05 mm读一次电阻比，照此继续使仪器压0.25 mm后又分级退压直到回零，完成一个循环的率定，即可结束该支应变计的率定工作，取下仪器，测量率定后自由状态下电阻比及电阻值。小应变计率定步骤同上，拉伸范围为0.05 mm，压缩范围为0.12 mm。

（4）率定后最小读数的计算：

$$f = \frac{\Delta L}{L(Z_{\max} - Z_{\min})} \tag{8-1}$$

式中　ΔL——拉压全量程的变量，mm；

　　　L——应变计算距长度，mm；

　　　$Z_{\max}$——拉伸至最大长度时的电阻比（$\times 0.01\%$）；

　　　$Z_{\min}$——压缩至最小长度时的电阻比（$\times 0.01\%$）。

率定结果值相差小于3%认为合格。

（5）直线性 a 的计算：

$$a = \Delta Z_{\max} - \Delta Z_{\min} \tag{8-2}$$

式中　ΔZ_{max}——实测电阻比最大极差（×0.01%）；

　　　ΔZ_{min}——压缩至最小长度时的电阻比极差（×0.01%）；

率定结果，若 $a \leqslant 6 \times 0.01\%$ 为合格。

（二）温度系数 α 的率定

差动电阻式变应计对温度很敏感，它可作温度计使用，计算应变时须用温度修正值，因此应率定温度系数。

1. 率定设备及工具

恒温水浴 1 台、水银温度计 1 支（读数范围为 -20~50 ℃，精度为 0.1 ℃）、水工比例电桥 1 台、千分表 1 块、扳手 2 把、记录表若干张等。

2. 率定步骤

（1）将若干冰块敲碎，冰块直径小于 30 mm，备用。

（2）在恒温水浴底均匀铺满碎冰，厚 100 mm，把仪器横卧在冰上，仪器与浴壁不能接触，再覆盖 100 mm 厚的碎冰，仪器电缆按色接在电机的接线柱上，把温度计插入冰中间，放好仪器的碎冰槽内，注入自来水与冰的比例为 3:7 左右，恒温 2 h 以上。

（3）0 ℃电阻测定，每隔 10 min 读一次温度和电阻值，并记下测值连续 3 次读数不变后，结束 0 ℃试验，得到 0 ℃时的电阻值（R_0）。

（4）再加入水或温水搅动，使温度升到 10 ℃左右，恒温 30 min，保持 10 min 读 1 次温度和电阻，连续测读 3 次，结束该级温度测试，再加入温水搅匀使温度保持恒温后读数，按上述方法测 4 次。

（5）温度系数 α 的计算：

$$\alpha = \frac{\displaystyle\sum_{i=1}^{n} T_i}{\displaystyle\sum_{i=1}^{n} (R_i - R_0)} \tag{8-3}$$

式中　T_i——各级实测温度，℃；

　　　R_i——各级实测电阻值，Ω；

　　　R_0——0 ℃时电阻值，Ω。

（6）温度 T 的计算：

$$T = \alpha \times (R_i - R_0) \tag{8-4}$$

式中　R_i——计算温度时用的电阻值，Ω；

　　　其他符号意义同前。

如果率定值温度之差小于 0.3 ℃则认为合格。

（三）防水试验

1. 试验设备及工具

压力容器、压力表、进水管、排水管、排水阀、手动或电动压水试验泵、水工比例电桥、兆欧表、扳手等。

2. 试验步骤

（1）用兆欧表测仪器绝缘度，将绝缘值大于 50 MΩ 的仪器放入水中，浸泡 24 h 之后测浸泡后的绝缘值,若浸泡后绝缘值下降,视为不能防水。

（2）将初验合格的仪器放入压力容器,把电缆线从出线孔中引出,将封盖关好,用高压皮管将泵与压力器连接,启动压力泵,使高压容器充水,待水从压力表安装孔溢出,排出压力容器内所有的空气后,再装上0.2级的标准压力表,拧紧电缆出线孔螺丝。

（3）试压水可加压到最高压力,看密封处是否已经堵好,打开水阀降至零,如果没有封堵好,处理好后再试压直到完全密封不漏水。

（4）把仪器的电缆按芯线颜色接到水工比例电桥上。

（5）按最高水压力分为4~5级(等分),从零开始分级加压至高压力后,又分级退压直到回零,各级测读一次电阻比并记录入正式的记录表中,完成上述试验循环结束。

（6）用500 V兆欧表测仪器的绝缘电阻,绝缘电阻大于50MΩ为防水性能合格。

四、应变计(钢弦式)的率定

(一)灵敏度 K 的测定

1. 率定设备及工具

率定架1台、千分表1块、8号扳手2把、螺丝刀1把、钢弦式频率计1只。

2. 率定步骤

（1）在规定的表上填写好率定日期、试验者姓名、仪器编号、自由状态下的频率。

（2）将应变计放入率定夹头内,用扳手将仪器的两端夹紧,前后的频率变化不得大于20 Hz。

（3）在率定架上安装千分表,使千分表测杆压0.5 mm后固定转动表盘,使长针指零。

（4）对仪器拉压三次,拉0.15 mm后压0.25 mm,记录零位,频率分级拉压,0.05 mm为一级,完成一次拉压之后回零为一个循环,每级测读一次频率,做三个循环后结束,取下仪器,测其自由状态下的频率。

3. 计算灵敏系数 K

灵敏系数 K 计算公式为:

$$K = \frac{\sum\limits_{i=1}^{n} \dfrac{L_i}{L}}{\sum\limits_{i=1}^{n}(f_i^2 - f_0^2)} \tag{8-5}$$

式中　　L_i——各级拉压长度,mm;

　　　　L——仪器长度,mm;

　　　　n——拉压次数;

　　　　f_0——未拉时的频率,Hz;

　　　　f_i——各级测读的频率,Hz。

4. 判断率定合格的方法

具体计算公式为:

$$\varepsilon_i' = \frac{K(f_i^2 - f_0^2)}{L} \tag{8-6}$$

$$\Delta = \frac{\varepsilon_i - \varepsilon_i'}{\varepsilon_i} \qquad (8\text{-}7)$$

式中　Δ——相对误差,当$|\Delta| \leqslant 0.01$时为合格;

　　　　ε_i——实测的各级应变值;

　　　　ε_i'——计算的各级应变值。

(二)防水试验

钢弦式应变计的防水试验与差动电阻式应变计率定的方法相同,只是测量仪表改用频率计。

五、压力计的率定

压力计的率定应根据使用条件采用相应的试验方法,不同的使力介质所率定出的参数有一定的差别,因此标定工作需在压力计使用前标定方向,常用如下方法标定。

(一)油压标定

(1)方法:油压标定是把压力计放入高压容器中,用变压器油作为介质、试验方法同差动式应变计防水试验,校定时应等分五级以上的压力级,每级稳压 10 ~ 30min 之后才能加压或减压。

(2)灵敏系数 K 的计算:

$$K = \frac{\sum_{i=1}^{n} P_i}{\sum_{i=1}^{n} (f_i^2 - f_0^2)} \qquad (8\text{-}8)$$

式中　P_i——各级压力时标准压力表读数,MPa;

　　　　f_i——各级压力下的频率,Hz;

　　　　f_0——压力为零时的频率,Hz。

(3)仪器误差 Δ 的计算

$$p_i' = K(f_i^2 - f_0^2), \Delta = \frac{p_i - p_i'}{p_i} \qquad (8\text{-}9)$$

式中　p_i'——计算得到的压力值,MPa;

　　　　其他符号意义同前。

$|\Delta| \leqslant 1\%$ 为合格,若此规定与国家有关规范有出入以规范为准。

(二)水压或气压标定方法

(1)主要设备:砂石标定罐(其内径应大于压力计外径的 6 倍,罐的底板和盖要有足够的刚度,在高压下应无大的变形)、0.35 级标准压力表 1 只、小型空压机 1 台、频率计 1 只。

(2)标定的方法:将压力计放在标定罐的底板上,让压力计受力膜向上,盒底与放置底板紧密接触,导线从出线孔引出罐外。

标定用砂要与工程实际用砂相似,如为土则需要夯实,厚度应大于 10mm,正式标定前先试加压至最大量程,观察标定罐有无漏气、仪器是否正常,再按压力计允许量程等分五级,逐级加荷、卸荷,照此做一个循环,在各级荷载下测读仪器的频率值。

(3)灵敏度系数 K 的计算及合格判断均同油压试验。

压力计使用前还应通过率定确定压力盒或液压枕边缘效应的修正系数、转换器膜片的惯性大小和温度修正系数。

第五节　常用安全监测仪器安装和埋设

常用安全监测仪器的安装埋设,施工前应进行充分的准备,准备工作的主要内容有材料设备准备、技术准备、仪器检验与率定、仪器与电缆的连接、仪器编号、土建施工等。

一、材料设备准备

材料设备准备的内容见表8-1。

表 8-1　仪器安装埋设施工的主要材料设备

项目	内容	说明
1. 土建设备	(1)钻孔和清基开挖机具; (2)灌浆机具与混凝土施工机具; (3)材料设备运输机具	在岩土体内部安装埋设仪器时,需要钻孔、凿石、切槽和灌浆回填,机具的型号根据工程需要填写
2. 仪器安装设备、工具	(1)仪器组装工具; (2)工作人员登高设备及安全装置; (3)仪器起吊机具和运输机具; (4)零配件加工,如传感器安装架及保护装置等	根据现场条件和仪器设备情况加以选用; 安装仪器要借助一些附件,这些附件有厂家带的,大多数情况是根据设计要求和现场实际情况自行设计加工的; 登高和起吊设备应根据地面或地下工程现场条件选择灵活多用的设备
3. 材料	(1)电缆和电缆连接与保护材料; (2)灌浆回填材料; (3)零配件加工材料,电缆走线材料和脚手架材料; (4)零星材料、电缆接线材料及零配件加工材料等	电缆应按设计长度和仪器类型选购; 零星材料需配备齐全,避免仪器安装因缺一件小材料而影响施工进度和质量
4. 办公系统	(1)计算机、打印机及有关软件; (2)各种仪器专用记录表; (3)文具、纸张等	计算机软件包括办公系统、数据库和分析系统; 记录表应使用标准表格
5. 测试系统	(1)有关的二次仪表; (2)仪器检验率定设备、仪表; (3)仪器维修工具; (4)测量仪表工具; (5)有关参数测定设备、工具	二次仪表是与使用的传感器配套的读数仪; 岩土、回填材料和其他材料检验时需用材料参数测定设备、工具

二、技术准备

技术准备的目的是为了解决设计意图、布置和技术规程,以便施工满足设计要求,达到设计的目的,技术准备的主要内容有:

(1)阅读监测工程设计报告及各项技术规程,熟知设计图纸和实施技术方法与标准。

(2)施工人员技术培训是设计交底的主要过程,通过培训使工作人员了解技术方法和技术标准,确保施工质量。

(3)研究现场条件,仪器安装埋设施工既要达到设计的实际要求又要克服恶劣环境的影响,避免干扰,因此仪器埋设前要对现场条件进行全面的分析,研究提出具体措施,在施工中还要随时进行研究和调整。

三、仪器检验与率定

仪器安装埋设前应按规程规范进行检验和率定,合格后才能进行安装埋设工作。

四、仪器与电缆的连接

仪器与电缆的连接是保证监测仪器能长期运行的重要环节之一,尽管仪器经过各种测试保证无任何质量问题,如果因电缆或连接头有问题,仪器也不能正常的工作,因此电缆与仪器的连接在安装前必须引起足够的重视。

(一)电缆的质量要求

以差动电阻式仪器对电缆的要求为例,要求芯线的电阻小、防水等,因此要求选购观测专用电缆,其橡胶外套具有耐酸、耐碱、防水、质地柔软等特点,芯线直径不小于 0.2 mm,钢丝镀锡,100 m 单芯电阻小于 1.5 Ω,电缆有两芯、三芯、四芯、五芯。用前应做浸水试验检查,检查时把电缆浸泡在水中,线端露出水面不得受潮,浸泡 12 h 后线与水之间的绝缘值大于 200 MΩ 为合格。若电缆埋在水压下,应在压力水中进行检查。用万用表测芯线有无折断、外皮有无破损,如与要求一致,电缆质量为合格。

(二)仪器与电缆的连接要求

仪器与电缆的连接必须按要求进行。

(1)电缆的长度:按仪器到现场双侧网实际需要的长度加上松弛长度,进行裁料。松弛长度根据电缆所经过的路线要求确定,一般建筑物的松弛长度为实际长度的 15%(倒虹吸工程),但不得少于 5%,如有特殊要求另行考虑。

(2)剪线头:将选好的线端彩色橡胶皮剪除 100 mm,如表 8-2 和图 8-1 所示。

表 8-2　电缆连接时对接芯线应留长度　　　　　　　(单位:mm)

芯线颜色	仪器电缆接头芯线长度	接长电缆接头芯线长度
黑	25	65(85)
红	45	45(65)
白	65	25(45)
绿	85	(25)

注:当电缆为四芯时应用括号内数值,五芯时可依次加线。

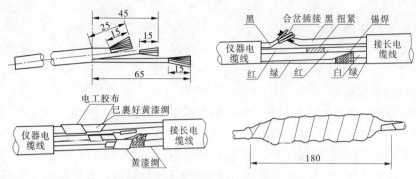

图 8-1　电缆连接工艺　（单位：mm）

把芯线剪成长度不等的线端,另一线的一端按相同颜色的长度相应剪短,各芯线连接之后,长度一致,结点错开,切忌搭接在一起。

(3)接线:把铜丝的氧化层用砂布擦除,按同颜色互相搭接,铜丝相互交叉拧紧,涂上松香粉,放入已溶化好的锡锅内摆动几下取出,使上锡处表面光滑无毛刺,如有应挫平。

(4)包扎:用共漆绸小条裹好焊接部位,再用高压绝缘胶带缠线一层,用木挫打毛电缆端,橡皮长约 30 mm。用脱脂棉蘸酒精洗净后涂以适当的胶水,将芯线并在一起,裹上高压绝缘胶带或硅橡胶带,或宽度 20 mm 的生橡胶,裹时一圈一圈地依次进行,并用力拉长胶带,边拉边缠,但粗细一致。包扎体内不能留空气,总长度约 180 mm,直径 30 mm,比硫化器模子长 2 mm,外径也比硫化器大约 2 mm 为宜。为使胶带之间易胶合,缠前宜在胶带表面涂以汽油。

(5)硫化:电缆接头硫化时,在硫化器模上均匀地撒上滑石粉,将裹扎好的电缆接头放入模槽中,合上模,拧紧旋扭,合上电源加热,一边加热,一边拧紧压紧旋钮,升温到 155 ~ 180 ℃,恒温 15 min,关闭电源,自然降温,冷却至 80 ℃后方可脱模。

电缆的连接也可以采用热缩材料代替硫化。目前热缩管广泛应用于观测电缆的连接,它操作简单,有密封、绝缘、防潮、防蚀的效力。接线时,芯线采用 $\phi5 \sim 7$ mm 的热缩套管,加温热缩,用火从中部向两端均匀地加热,使热缩管均匀地收缩,管内不留空气,热缩管紧密地与芯线结合。缠好高压绝缘胶带后,将预先套在电缆上的 $\phi18 \sim 20$ mm 的热缩套管移至缠胶带处加温热缩。热缩前在热缩管与电缆外皮搭接段涂上热熔胶。

(6)检查:当接头扎好后测试一次,硫化过程中和结束后各测一次,如发现异常,立即检查原因,如果断线应重新连接。

五、仪器编号

(一)仪器编号的原则

仪器编号是整个埋设过程中一项十分重要的工作。工作中常常由于编号不当,难以分辨每支仪器的种类和埋设位置,造成观测不便,资料整理麻烦,甚至发生错乱。仪器编号应能区分仪器种类、埋设位置,力求简单明了,并与设计布置图一致。如某仪器编号为 M1－2－3,它的含义是:"M"为多点位移计,"1"是第一个断面,"2"是第二个孔,"3"是第三测点。只要知道编号的含义,一见编号就知道是什么仪器,在第几个断面以及孔号和测点号。

(二)编号标注的位置

编号应标注在电缆端头与二次仪表连接处附近,为了防止损坏和丢失,宜同时标上两套编号标签备用,传感器上无编号时,也应标注编号。

(三)仪器编号标签

仪器编号比较简单的方法是在不干胶的标签纸上写好编号,贴在应贴部位,再用优质透明胶纸包扎保护,也可用电工铝质孔头,用钢码打上编号,绑在电线上。电缆打号机把编号打在电缆上更好,编号必须准确可靠,长期保留。

钢弦式仪器常使用多芯电缆,除在电缆上注明仪器编号外,各芯线也要编号,也可用芯线的颜色来区分,最好按规律连接,如红、黑、白、绿分别连1、2、3、4各号仪器。

六、土建施工要求

安全监测工程的土建施工包括临时设施工程、施工仪器安装埋设土建施工、电缆走线工程土建施工、观测站及保护设施土建施工等。这些土建施工在各类工程监测中也有具体的方法和标准,这类土建施工工艺和技术标准比一般工程高而且细,这是仪器性能和观测精度的需要,所以仪器安装埋设前应做好土建施工,并经验收合格后才能安装埋设仪器。

七、仪器安装埋设的要点

安全监测仪器的安装埋设工作是最重要的环节,这一工作若没有做好,监测系统就不能正常使用,大多数已埋设的仪器是无法返工或重新安装的,这样会导致测量成果质量不高,甚至整个工作失败。因此,仪器的安装埋设必须事前做好各种施工准备,埋设仪器时应尽量减少对其他施工的干扰,确保埋设质量。下面按仪器种类分别介绍安装埋设的要求。

(一)建筑物填筑过程中土压力计的安装埋设

在建筑物填筑的回填过程中,土压力计的埋设方法有两种,一是坑埋,二是非坑埋,并根据工程和施工现场的情况决定采用哪种方式。

(1)坑埋:根据所埋区域材料的不同,在填方高程超过埋设高程$1.2 \sim 1.5$ m时,在埋设位置挖坑至埋设高程,坑底面积约1 m^3。在坑底制备基石,仪器就位后将土分层回填压实。对于水平方向和倾斜方向埋设的压力计,按要求方向在坑底挖槽埋设,槽宽为$2 \sim 3$倍仪器厚度,槽深为仪器半径,回填方向同上。

(2)非坑埋:在埋土压力的设计高程快达到时,在填筑面上测点位置制备仪器基石,基石要求必须平整均匀、密实,并符合规定埋设方向。在建筑物回填体内的仪器面应分层填筑,先以回填土填筑表面和四周并压实(夯实)确保仪器安全,在填筑过程中应尽量使仪器周围的材料级配、含水量、密实度等与邻近填方接近,确保不损坏受压板。

(3)压力计埋设后的安全覆盖厚度一般在土中填筑应不小于1.2 m,压力计的埋设可采用分散埋设,但间距应不大于1.0 m。

(4)接触面压力计的安装埋设:根据已有基石和填筑材料的类型,可采用同样的方法进行埋设,但首先在埋设的位置按要求制备基石,然后用水泥砂浆或中细砂将基石垫平,放置压力计,密贴定位后,回填密实。

(5)土压力计组的埋设:依据成组土压计的数量,可采用就地分散埋设法,分散时各土压力计之间的距离不应超过 1 m,其水平方向以外的土压力计的定位定向借助模板或成型体进行。

(6)土压力计连接电缆的敷设及电缆之上的填土,要求在黏性土填方中应不小于0.5 m。

(二)界面位移计的埋设方法

测定建筑物的位移或应变宜采用坑埋法。对于测定建筑物与岸坡交界面切向位移,宜采用表面埋设法,根据需要可单只埋设,也可串联埋设。

(三)测斜仪的测斜管埋设

测斜仪的测斜管埋设主要的技术要求如下:测斜管下端一般应埋入岩基约 2 m 或覆盖层足够伸出接长管道时,应使导向槽严格对正不得偏扭,每节管道的沉降长度不大于10 ~ 15 cm,当不能满足预估的沉降量时应缩小自节管长。测斜管道的最大倾斜度不得大于 1°,测斜仪的埋设应尽量随建筑物体填筑时填设。

(四)渗压计的安装埋设要求

渗压计用于观测土体内的渗透水压力,安装埋设前应做好以下准备工作:

(1)仪器室外处理,仪器检验合格后取下透水石,在钢膜片上涂一层防锈油,按需要长度接好电缆。

(2)将渗压计放入水中浸泡 2 h 以上,使其充分饱和,排除透水面中的气泡。

(3)用饱和细砂袋将测头包好,确保渗压计进口通畅,并继续浸入水中。

(4)土料填筑过程中埋设渗压计的要点:土料填筑过程中超过仪器埋设高程 0.5 m后暂停填筑,测量并放出仪器的位置,以仪器点为中心,人工挖出长 × 宽 × 深为 1 m × 0.8 m × 0.5 m 的坑,在坑底用与渗压计直径相同的、前端呈锥形的铁棒插入土层中,深度与仪器长度一样。拔出铁棒后将仪器取出读一个初始读数,做好记录,然后将仪器迅速插入孔内,再把仪器末端电缆盘成一圈,其余电缆从挖好的电缆沟向观测站引去,分层填土夯实。

(5)在土方填筑体的基岩石上埋设渗压计,也可采用坑埋方法。当土石料填筑高于仪器埋设处 0.5 ~ 1.0 m 时暂停填筑,测量人员按设计要求测出仪器埋设位置,挖出周围50 cm 内的填土,露出基岩。在底部铺上 20 ~ 30 cm 厚的砂,浇水使砂饱和,在上面填土并分层夯实。电缆线从已挖好的电缆沟引到观测站,电缆间距宽 0.5 m,深 0.5 m,电缆线之间相互平行排列,呈 S 形向前引,而后分层填土夯实。

(6)测压管的安装埋设,在建筑物结构身段安装测压管,一般均使用钻孔埋设法,也可使用随填筑升高不断拉长测压管的埋设方法,采用该方法埋设在每次加长测压管时,必须保证接头处不渗水,在进水管测头段,处理方法与单管测量相同。测压管安装、封孔完毕后,需进行灵敏度检验,检验的方法采用注水试验法,一般试验前先测定管中水位,然后向管内注入清水。若进水段周围为壤土料,注水量相当于每米测压管容积的 3 ~ 5 倍;若为砂砾料,则为 5 ~ 10 倍。注入水后不断观测水位的变化,直至恢复到注水前的水位,对于黏壤土,注水位于昼夜内降至原水位,为灵敏度合格;对于砂壤土昼夜内降至原水位,为灵敏度合格;对于砂砾土,1~2 h 降至原水位或注入后水位升高不到 3~5 m,为灵敏度合格。

八、安全监测的电缆走线的一般要求

(1)施工期电缆临时走线应根据现场条件,采取相应敷设方法并加注标志,还应注意保护,尤其在条件十分恶劣的地下工程施工中,监测电缆的保护需要有切实可靠的措施。

(2)电缆走线敷设时,应严格按照电缆走线设计图和技术规范施工,尽可能减少电缆接头,遇有特殊情况需要更改时,应以设计修改通知为依据。

(3)在电缆走线的线路上,应设置警告标志。尤其是暗埋线,应对准确的暗线位置和范围埋设明显标志,设专人监测电缆,进行日常维护,并健全维护制度,树立破坏观测电缆是违法行为的意识。

(4)电缆在通过施工缝时,应有 5~10 cm 的弯曲长度。穿越阻水设施时,应单根平行排列,间距 2 cm,均应加水环或阻水材料回填,在建筑物回填土内走线时,应严防电缆线路成为渗水通道,在填筑过程中,电缆随着填筑升高垂直向上,引伸时可采用立管引伸。管外填料压实后将立管提升,管内电缆周围用相应的填料填实。

(5)电缆敷设明线的技术要求。

①裸线敷设:当电缆线路上的环境较好、没有损坏、走线距离较短、根数较少时,引导裸线成束,悬挂或托架走线。悬挂的撑点间距视电缆质量和强度而定,一般不大于 2 m,每个撑点处不得使用细线直拉绑扎来固定电缆。电缆较多时可采用托盘。

②缠裹敷设:当电缆线路上环境较好、电缆的数量较大时,一般均可采用将电缆缠裹成束敷设,条件许可时,均应悬挂或托架走线。

缠线的材料以防水、绝缘的塑料袋为宜,电缆应理顺,不得相互交绕,一般在电缆束内复加加强缆,加强缆应耐腐。

悬挂走线的撑点间距视电缆质量而定,质量较大时,应设连续托架。

③套护管敷设:户外走线或户内条件不佳时,需要将电缆束套上护管敷设,护管一般为钢管、PVC 管或硬塑料管。

④监测电缆暗线敷设:暗线敷设是常用的方法,在建筑物填筑体内走线穿越,避免干扰等均要采用暗线,其具体要求如下:

a. 堤线敷设:在土方填筑段的施工过程中埋设的仪器,观测电缆均要直接埋入填筑体内。敷设时,电缆有裸线的也有缠裹的。走线时,在设计路线上,在已经压实的土体上挖槽埋线,在变形较大的填筑体内,电缆应呈 S 形敷设。

b. 埋管穿线敷设:埋管穿线一般在观测电缆走线与工程交叉时进行,需要在先期工程中沿线路预埋走线管,待观测电缆形成之后,再穿管敷设。预埋穿线管时,管径应大于电缆束直径 4~8 cm,管壁光滑平顺,管内无积水;转变角度大于 10°时,应设接线坑断开,坑的尺寸不得小于 50 cm×50 cm×50 cm。穿线敷设时电缆应理顺,不得相互交绕,绑成裸线束或缠裹塑料膜,穿线根数多时,束中应加加强缆,线束涂以滑石粉。

c. 钻孔穿线敷设:线路穿越岩体或已有建筑物时,需要钻孔穿线敷设,具体要求与埋管穿线相同,注意钻孔应冲洗干净,电缆应缠裹,避免电缆护套损坏。

d. 电缆沟槽走线敷设:电缆数量较大或有特殊要求时,可修建电缆沟或电缆槽进行走线敷设,也可利用对监测电缆使用无影响的已有电缆沟走线。在沟内敷设时,需要有电缆托架;在槽内敷设时,槽内不得有积水,应考虑排水设施。沟槽上盖要有足够的强度,严防损坏、砸断电缆,室外电缆沟槽的上盖应锁定。

第六节　通信工程与监控管道

通信工程与监控管道的主要工作内容包括各类材料的采购、运输、保管,土建施工,明渠段的土方开挖,由渠道至通信监测站硅芯管的埋设,硅芯管和保护用钢的敷设,混凝土包封保护、平孔砌筑、浇筑、养护及硅芯管道的充气试验、检验和验收等。本节对通信工程与监控管道的施工方法作一介绍。

一、施工流程

通信与监测工程的施工流程为管沟开挖—硅芯管铺设—管沟回填。

二、施工的技术要求

(一)管沟开挖

(1)开挖管道沟应平直,沟底平整,无硬坝,无突出的坚石和石块。

(2)沟坝及转角处应将管道沟清平截直。

(3)遇沟坎或转角处沟槽应保持平缓过渡,转角处的弯曲半径应大于550 mm。

(二)管沟开挖后硅芯管铺设

(1)硅芯管采用"固定拖车法"或"移动拖车法"等进行铺设,铺设硅芯管要从轴盘上方出盘入沟。

(2)硅芯管在铺设前,先检查硅芯管两头端帽是否有脱落,若有脱落应补齐,封堵严密,严禁铺设过程中有水、泥土及其他杂物进入管沟内。

(3)铺设硅芯管时,保证硅芯管顺直,无扭绞,无缠绕,无环扣和死扣。

(4)硅芯铺设后尽快连接密封,对于入渠中的硅芯管要及时对端口加以封堵。

(5)管道沟内有地下水时,铺管前要先将水抽干,并采用砂袋法将硅芯管压平,在沟底排列硅芯管困难时可采用固定支架或竹片分割,确保硅芯管道的顺直和埋深。

(6)硅芯管从保护钢管内或障碍物下方穿过时,要将硅芯管抬起,避免管皮与钢管壁摩擦和拖地。

(7)硅芯管道铺设完后,要在土建部位回填前,采用过筛细土先回填掩埋300 mm,尽量减少硅芯管道裸露时间,以防硅芯管道受到人为或外界带来的其他各种损伤。

(8)同沟铺设2根以上的硅芯管道时,要采用不同色条的塑料管作为分辨标记,并按施工图设计要求进行管道的布放排序。

(9)同沟铺设2根以上硅芯管时,采用专用绑带每隔10 m对管道捆绑一次,以增加塑料管的挺直性,并保持一定的管群断面。

(10)硅芯管道进入手孔后需要将其断开时,其管道在手孔内预留长度不小于400 mm。

（11）硅芯管管道进入手孔窗口前，管壁与管壁之前要留有 20 mm 间隔，管缝间充填水泥砂浆，确保密实不漏水。

（12）钢管套管在施工前先将两端管口做成喇叭口，管口处不得留有飞刺，钢管采用加套管满焊连接，焊口处要做防腐处理，钢管安装时有缝则要面向上方。

（13）两平孔间硅芯管道作为一个井段，一个井段内的硅芯管铺设中不准出现接头。

（三）硅芯管接头的处理

（1）平孔内的硅芯管，根据使用要求需要做接续时，采用专用的标准接头件。

（2）硅芯管的接口断面应平直、无毛刺。

（3）硅芯管接头件的规格程式应与硅芯管规格配套，接头件的橡胶垫圈及两端硅芯管应安放到位。

（4）接续过程中应防止泥砂、水等杂物进入硅芯管内。

（5）硅芯管接续后应不漏气、不进水。

（四）管沟回填的技术要求

（1）管沟回填时，不得将石头、砖头和大块混凝土等直接填入硅芯管道沟槽内。

（2）硅芯管道沟槽回填土密实度，应满足道路工程标准的要求。

（3）建在回填土范围内的硅芯管道，回填土压实系数达到 0.98 以上。

（五）平孔建设的要求

（1）平孔的荷载与强度，要符合设计标准及规定。

（2）平孔采用砖砌材料，其平孔规格选用 1.2 m（宽）×1.7 m（长）×1.4 m（高）车行道平孔。

（3）平孔埋设深度以施工详图设计要求为标准。

（4）建在回填土范围内的平孔基础需要做加筋处理。

（5）平孔内部的专用电缆、铁架、拉力环、积水罐安装位置应符合设计图纸的要求。

（6）平孔口圈应以所在的位置处路面或地面高程为准。

（六）监控系统和视频监视系统室外线缆埋设管理

（1）水位计、流量计线缆管引至闸室电缆沟。

（2）闸后既有水位计又有流量计时，闸水位计和流量计线缆合用一根线缆管道，线缆管采用 ϕ80 镀锌钢管。

（3）仅有水位计的闸线缆管采用 ϕ50 镀锌钢管。

（4）线缆管每隔 20 m 预留平井。

（5）闸室至监控不采用电缆沟。

（6）立竿基础是指室外摄像机安装的配套设施。

（7）室外视频线缆管引至室外电缆沟。

（8）室外视频线缆管道采用 2×ϕ50 镀锌钢管。

（9）埋管深度及铺设要求应遵循通信管道相关规范要求。